江西省高校生态学学科联盟系列著作

生态学与打好污染防治攻坚战

黄国勤　主编

中国环境出版集团·北京

图书在版编目（CIP）数据

生态学与打好污染防治攻坚战/黄国勤主编. —北京：中国环境出版集团，2022.8
ISBN 978-7-5111-4913-8

Ⅰ. ①生… Ⅱ. ①黄… Ⅲ. ①生态学—文集②环境污染—污染防治—文集 Ⅳ. ①Q14-53②X5-53

中国版本图书馆 CIP 数据核字（2021）第 201349 号

出 版 人 武德凯
责任编辑 孔 锦
文字编辑 谭嫣辞
责任校对 薄军霞
封面设计 岳 帅

出版发行 中国环境出版集团
　　　　 （100062 北京市东城区广渠门内大街 16 号）
　　　　 网　　址：http://www.cesp.com.cn
　　　　 电子邮箱：bjgl@cesp.com.cn
　　　　 联系电话：010-67112765（编辑管理部）
　　　　　　　　　 010-67112735（第一分社）
　　　　 发行热线：010-67125803，010-67113405（传真）
印　　刷 北京建宏印刷有限公司
经　　销 各地新华书店
版　　次 2022 年 8 月第 1 版
印　　次 2022 年 8 月第 1 次印刷
开　　本 787×960　1/16
印　　张 24.25
字　　数 400 千字
定　　价 79.00 元

本书编委会

主　编：黄国勤

编　委：王　海　樊后保　肖宜安　葛　刚

　　　　刘　影　吕爱清　王淑彬　杨滨娟

前　言

　　2017 年 10 月 18 日，习近平总书记在党的十九大报告中明确提出要坚决打好三大攻坚战，其中之一就是打好污染防治攻坚战。2018 年 6 月 16 日，中共中央、国务院印发《关于全面加强生态环境保护　坚决打好污染防治攻坚战的意见》，对打好污染防治攻坚战作了全方位的战略部署。全国上下积极响应党中央号召，全力投入打好污染防治攻坚战的各项工作之中，并已取得积极进展和显著成效。

　　为了以实际行动投身到打好污染防治攻坚战的伟大事业中，将学术研究与国家需求紧密结合起来，为国家生态环境保护和生态文明建设做出应有贡献，2019 年 12 月 8 日，由江西省高校生态学学科联盟主办、江西农业大学生态科学研究中心承办的"江西省高校生态学学科联盟2019 年学术年会暨打好污染防治攻坚战学术研讨会"在江西农业大学召开。来自江西农业大学、南昌大学、江西师范大学、江西财经大学、南昌工程学院、井冈山大学、宜春学院、九江学院等高校生态学及相关学科的教师、研究生代表共 60 余人出席会议。会议由江西省高校生态学学科联盟理事会理事长、江西农业大学生态学学科负责人、首席教授黄国勤主持。会议围绕"生态学学科发展""生态学与打好污染防治攻坚战"等主题开展学术交流和研讨，取得良好效果。

为了更好地梳理与会代表提出的有价值的学术观点，加强学科发展过程的学术积累，促进学科发展和服务于生产实践，现将会议交流的学术论文及有关研究成果整理、汇编，结集成书，由中国环境出版集团出版发行。

全书由五部分共 32 篇论文组成。第一部分为土壤生态学，收录论文 7 篇，对南方红壤生态系统可持续发展面临的水土流失、土壤酸化、肥力退化等突出问题及其对策进行了探讨，对我国土壤污染的现状及其治理措施进行了分析；第二部分为农业生态学，收录论文 10 篇，主要对农业生态系统的结构、功能、过程和典型模式等进行了广泛调研，尤其是对国内外有机农业的现状及发展对策进行了深入研究，具有一定的创新性；第三部分为森林生态学·植物生态学，收录论文 7 篇，涉及植物入侵、资源植物、化感作用、农田杂草、种质资源、森林土壤等相关研究内容；第四部分为打好污染防治攻坚战，收录论文 8 篇，就打好污染防治攻坚战的若干理论与实践问题，尤其是稻田减排、农药减量及污染防控等进行了深入研究与实践探索；第五部分为附录，收录了《中共中央　国务院关于全面加强生态环境保护　坚决打好污染防治攻坚战的意见》、《中华人民共和国环境保护法》、《大气污染防治行动计划》、《水污染防治行动计划》和《土壤污染防治行动计划》。本书内容既有理论性、学术性，又有实践性、针对性和可操作性，尤其是书中提出的新观点、新方法、新技术，对打好污染防治攻坚战具有很强的现实参考价值。

    本次学术研讨会的成功召开和本书的顺利出版,得到了江西省人民政府学位委员会办公室、江西省教育厅的大力支持与指导,得到了江西省高校生态学学科联盟理事会挂靠单位江西农业大学有关领导和部门的大力支持与帮助,得到了江西省高校生态学学科联盟理事会各成员单位及全省相关高校教师、研究生的参与和支持,还得到了江西农业大学生态学"十三五"重点建设学科项目的资助,以及中国环境出版集团的大力支持。在此,一并致以衷心的感谢!

    因时间仓促,错误和疏漏之处难免,请各位同仁批评指正。

江西省高校生态学学科联盟理事会　理事长

江西农业大学生态科学研究中心　主任、二级教授、博导

黄国勤

2020 年 7 月 18 日于南昌

目 录

第三部分　森林生态学·植物生态学

第四部分　打好污染防治攻坚战

第五部分　附　录

第一部分

土壤生态学

红壤生态系统可持续发展研究[*]

黄国勤　李淑娟　袁嘉欣

（江西农业大学生态科学研究中心，南昌330045）

摘　要：本文在广泛调查研究的基础上，对红壤生态系统可持续发展的模式与技术措施进行了分析和总结。①从气候、水文、植被、土地利用方式等方面，简述了红壤生态系统概况；②从植被演变、耕地质量演变和水土流失状况演变三个方面，阐述了红壤生态系统演变的过程和基本规律；③从绿色植被增多、水土保持加强和土壤质量提高三个方面，论述了红壤生态系统开展生态环境建设取得的成效；④从水土流失治理、红壤酸化阻控和红壤肥力提升三个方面，系统总结了红壤生态系统综合治理的模式和关键技术措施。本文研究成果对指导红壤开发利用和促进红壤生态系统可持续发展具有现实意义。

关键词：红壤生态系统　生态环境建设　综合治理　可持续发展　中国南方

一、概况

我国红壤主要分布在长江以南的低山丘陵区，包括广东、海南、广西、云南、贵州、福建、浙江、江西、湖南、台湾 10 省（区），以及安徽、湖北、江苏、重庆、四川、西藏和上海 7 省（区、市）的部分区域，总面积为 218 万 km^2，占全国土地总面积的 22.7%，其中红壤系列的土壤面积约为 128 万 km^2，占全区总面积的 58.7%。南方红壤丘陵区以低山丘陵为主，地形起伏多变，北部有大别山、桐柏山、江南丘陵，南部有南岭山地丘陵，东部有浙闽山地丘陵，中部有赣中低

* 基金项目：江西省科技厅下达、中科吉安生态环境研究院委托、江西农业大学生态科学研究中心承担的科研项目"南方红壤丘陵区现代农业发展模式现状调研"阶段性成果之一。

山丘陵，西部有湘西山地、湘中丘陵；同时包含了长江中下游平原（如洞庭湖平原、鄱阳湖平原）、东南沿海平原等。区域内低山、丘陵交错分布，丘陵、山区面积超过区域总面积的 50%，地形破碎程度高，高低悬殊，起伏显著且坡度大。区域最低点位于洞庭湖平原、鄱阳湖平原以及东部沿海地区，最高点是黄岗山，是福建省和江西省的界山，是武夷山脉最高峰，号称"华东屋脊"，海拔 2 158 m。

（一）气候

该区域位于我国南方地区，属中亚热带温暖湿润季风气候，气候四季分明，降雨充沛。但受季风气候影响，降雨分配不均，夏季高温多雨，冬季低温少雨；全年降水量在 800 mm 以上，年均气温为 11～23℃；无霜期较长，为 225～350 d；区域日照时数为 1 500～2 200 h，最低月均温不低于 0℃，最高月均温高于 22℃，秋季气温高于春季气温；由北向南，年气温、降雨逐渐增加。整个地区受大气环流、海陆分布及地形条件等因素的影响，气候变化比较复杂，多数地区湿与热、干与冷同季，干湿季节明显。由于地形变化和距海的远近不同，在气候上出现由南向北、由东向西、由低到高的明显差异。如由南到北共跨越 26 个纬度，贯穿南热带、南亚热带、中热带、中亚热带、北热带五个温度带。由低到高，海拔每升高 300～500 m 转变为另一个温度带。我国红壤地区与世界同纬度地区相比具有许多优越之处，如在世界同纬度的其他地区，多酷热而干旱，大多为沙漠或半荒漠及稀树草原气候，而我国红壤地区不但热量丰富，而且降水充沛，拥有得天独厚的气候资源，但降水分布不均，降水强度大而集中，干、湿季节明显。在广东、福建一带，热量虽高，但常有寒潮及台风侵袭，易受洪涝风灾威胁。云贵高原气候虽较温和，但干、湿变化悬殊，干季（11 月—翌年 4 月）雨量少，风势大；雨季（5—10 月）降水多，湿度大。贵州省全年温度变化虽然不大，但云雾与雨天多，日照少。其他如江西、湖南、广西等省份，降水集中，在每年 3—8 月多出现暴雨，极易产生崩岗、滑坡、泥石流等，引起水土流失，给农业生产带来不良影响。

（二）水文与水环境

1．水文

我国红壤地区主要分布在长江流域和珠江流域。该区域河流具有汛期长、无结冰期、水量大、含沙量较少等特点。同时区域内湖泊众多，以长江中下游地区分布最为集中，主要有鄱阳湖、洞庭湖，其中鄱阳湖为我国最大的淡水湖。众多湖泊在涵养水量、调节水位、气候改善、渔业资源利用等方面起到了重要作用。

受地形及降水的影响，整个红壤地区水量分布不均衡。东南沿海和台湾山区是我国地表径流最丰富的地区。另外，红壤地区的地面水资源也具有丰富而不均衡的特点，在石灰岩地区地表径流大量潜入地下深层。因此，在红壤地区水资源的农业利用方面必须因地制宜，采取大气水、地面水、地下水综合利用的措施。

2. 水环境

由于长期过度开发利用，我国红壤地区生态稳定性降低，自然环境恶化，已成为我国生态环境脆弱地区之一。受土壤流失和侵蚀作用以及土地利用方式和周围工业发展的影响，该区域地表水环境发生变化。部分水域存在恶化现象，例如湖南东部的浏阳河流域是典型的红壤丘陵区，红壤面积占流域总面积的 52%，流域地势特征为东部高、西部低。从源头起共设立了双江口大溪和小溪、城关、三水厂、闸坝、樟树冲、朗梨、黑石渡、三角洲九个水文水质监测断面。土地的大量开发、林地覆盖率的降低、周围居民生活污水的排入等造成的面源污染增加了河流中氨氮的含量，加重了水质污染。从空间来看，河流的污染从上游到下游呈增加的趋势，上游的水质较好，而中游水质受重金属铅和汞的污染较大，下游则是氨氮的污染加剧。总体来看，浏阳河的污染程度在近 10 年呈加剧的趋势。区域内有些水域的水质较好，如江西省吉安市泰和县东南部灌溪镇的雁门水流域，是我国中亚热带典型红壤丘陵区，流域面积为 169 km^2。该河流经灌溪镇腹地注入仁善河汇入赣江，雁门水流域整体水质良好，水中绝大部分元素未超过国家标准，这与该流域内工业、养殖业较少，土地类型主要以林地和耕地为主有关。

（三）植被

我国红壤地区植被组成非常丰富，区系成分也非常复杂。据不完全统计，世界植物种属有 80% 在该地区出现。该地区代表性植被为常绿阔叶林，主要由壳斗科、樟科、茶科、冬青、山矾科、木兰科等构成，此外还有竹类、藤本、蕨类植物等。一般低山浅丘多稀树灌丛及禾本科草类植物，少量为马尾松、杉木和云南松组成的次生林，湖南省、湖北省和贵州省东南部有成片的人工油茶林分布。森林植被分布具有水平地带性和垂直地带性，水平地带由北向南从亚热带常绿阔叶林向常绿落叶阔叶混交林带过渡，在海拔高差较大的山地区域，由低到高呈现出亚热带常绿阔叶林—常绿落叶阔叶混交林—常绿针叶林—高山草甸过渡的垂直地带性分布特点。由于该地区自然条件极有利于植物的生长发育，因此地面四季常青，生物富集量大，生物物质循环快，为土壤培肥提供了丰富的物质基础。

红壤地区处于南方亚热带地区，由于受东亚季风的影响，没有形成世界同纬度地区那样的亚热带干旱、半干旱气候和草原荒漠景观，而是形成了高温多雨的亚热带湿润季风气候和常绿阔叶林景观。该地区地貌以山地丘陵为主，生态环境脆弱，但在良好的气候环境下，人类历史悠久，人口密度大，人类活动强烈。因此，由于长期的人类活动和不合理的利用土地，我国南方的红壤丘陵区植被破坏和水土流失严重，以致不少地方出现了土地质量下降及至完全丧失其生产力并以侵蚀劣地为标志的类似荒漠景观。这一现象被民间和学术界称作"红色荒漠化现象"。

（四）土地利用

红壤地区地带性土壤以红壤、黄壤和砖红壤性红壤为主，非地带性土壤有农田区的水稻土。该地区土地利用程度较高，基本土地利用类型是坡耕地、水田、旱地、坡地果园、人工林、灌木林地、草地等，以农业、林业用地为主，其中林地面积最大，森林覆盖率超过55%，区域森林资源极为丰富，林地以天然林、灌木林和人工林为主，主要树种有马尾松、樟树、杉树、桉树等；人工林树种以马尾松和桉树为主。坡地果园多分布在红壤地区中的南岭山地丘陵区、江南山地丘陵区、浙闽山地丘陵区等。红壤土质偏酸，适宜柑橘类果树和茶树生长，因此该地区从事茶树、柑橘种植的产业较多，如赣南脐橙。坡耕地主要分布于长江中游丘陵平原区、江南山地丘陵区等。区域内水田多以水稻种植为主，结合水旱轮作实现一年多熟，此外还有水田立体种养等生态种养模式；旱地种植作物种类丰富，粮食作物、绿肥作物、经济作物等多种作物相结合，利用其优越的气候资源可以达到一年多熟。

二、红壤生态环境演变

（一）植被时空演变

分析近 30 年红壤地区植被的时空变化，从时间序列上看，区域内的植被指数（NDVI）呈现出先增加再减小最后增加的趋势。在空间分布上，受海拔高度影响，海拔较高区域 NDVI 较高，海拔较低区域 NDVI 较低。1985—2015 年划分为 4 个时期，在不同时期，红壤地区 NDVI 正增长区域面积占比呈现由减少到增加的过程，负增长区域占比呈现先增加后减少的趋势。负增长区域在 1985—1992 年主要分布于研究区耕地区域，1993—1999 年主要分布于低山丘陵海拔较低的林地和耕地过渡区域，2000—2007 年主要分布于广西与广东南岭经济发展较为快速的地区，2008—2015 年主要分布于城市周边区域；正增长区域在 1985—1992 年主要分布于海拔较高的林地区域，1993—1999 年和 2000—2007 年主要分布于洞庭湖平原以及鄱阳湖平原区域，2008—2015 年，显著正增长区域面积占比达 60.46%，主要分布于离城市距离较远的山地丘陵地区，其中极显著正增长区域面积达 20.02%，主要分布于低山地区。

1. 年均植被指数空间格局分布特征

红壤地区 1985—2015 年 NDVI 为 -0.13~0.91。统计表明，整个区域 NDVI 平均值为 0.63，这说明区域内植被覆盖率较高。由于红壤地区地形破碎，NDVI 空间分布差异明显；NDVI 小于 0.30 的地区占总面积的 2.40%，主要分布于水域地区以及沿海周边区域。NDVI 大于 0.60 的地区面积最大，占区域总面积的 68.10%，其中 NDVI 大于 0.75 的地区面积占区域总面积的 22.13%，主要分布于海拔较高的山地地区。从整体上看，NDVI 较高的区域主要分布于福建中部和西部、江西西部、湖南西部、安徽南部等海拔较高的林地区域；NDVI 较低的区域主要分布于洞庭湖平原、鄱阳湖平原、东部沿海，以及城市分布密集的地区等海拔较低区域。

2. 年均植被指数时间序列特征

红壤地区 1985—2015 年年均 NDVI 总体呈现上升的趋势，其中，最大值出现在 2015 年，NDVI 为 0.651；最小值出现在 1999 年，NDVI 为 0.601。NDVI 在

1987 年有较大幅度的升高，此后两年基本保持不变；1989 年大幅度下降，1989—1994 年先后经历了一次小幅度下降后升高的波动过程，NDVI 回到 1988 年水平；1995—1999 年 NDVI 大幅下降，并在 1999 年达到最低值；2000—2008 年经历了两次连续多年上升后大幅下降，但整体呈现明显的上升趋势；2008—2011 年连续 4 年保持基本不变；2011—2015 年 NDVI 大幅上升，并在 2015 年达到最大值。

（二）耕地质量演变

1. 红壤性水稻土

红壤地区不同区域的稻田肥力演变不同。海南省水稻土有机质的时空变异研究结果表明，近 20 年来海南省水稻土有机质下降十分明显。对浙江省水稻土养分变化趋势的抽样调查结果显示，水稻土有机质含量平均水平比 20 年前略有增加，变异程度有所增大；全氮含量较 20 年前有所提高，磷素含量增加最为突出，钾含量呈下降趋势。桂林市水稻土养分状况研究结果表明，相较于 20 年前，土壤有机质、全氮呈上升趋势，土壤速效磷无明显变化，土壤速效钾含量略有下降，pH 呈下降趋势。

以湖南省宁乡县为例，简述红壤地区水稻土土壤酸碱度、有机质、氮、磷、钾含量的变化。

（1）土壤酸碱度变化。土壤酸碱度是影响土壤环境质量的一个重要化学指标，不仅影响土壤养分的有效性及土壤肥力，而且土壤酸碱性的强弱会影响土壤养分的有效性及养分间的平衡性，影响土壤生物尤其是微生物的群落构成及其数量与活性，影响土壤物质的转化、转移、淀积等，对植物本身也有直接影响。作物生长对土壤酸碱度的适应能力有限，各种养分在植物生长吸收过程中的有效性与土壤 pH 密切相关。

土壤酸碱度除受重金属含量、植物残茬、施肥方式、盐基饱和度、耕作措施和种植制度的影响以外，还与成土母质、土地利用方式和工业结构及工业发展状况等有关。宁乡县地力调查资料反映了其耕地土壤酸碱度的变化，水稻土的酸性普遍增强，平均每年下降 0.025 个单位，其中，降幅最大的是白散泥，2002 年比 1979 年下降了 1.49 个 pH 单位，但矿毒型水稻土的 pH 却呈升高趋势，尤其是非金属矿毒田。

（2）土壤有机质含量变化。不同土壤的有机质变化不同，水稻土以黄沙泥土壤有机质增长最快，2002年有机质含量比1979年高出52.9%；灰黄泥增长最慢，24年间只高出17.8%。水稻土不同亚类有机质含量都呈升高趋势，但升高幅度有较大差异。其中，变化最大的是渗育型水稻土，24年间其有机质含量的绝对增量和相对增量都是最大的，绝对量增加了16.28 g/kg，相对量升高了70.24%，变化最小的是潴育型水稻土，绝对量增加了7.56 g/kg，相对量升高了26.93%。造成这种差异的原因，一方面可能是渗育型水稻土的水分条件接近潴育型水稻土，这有利于土壤有机质的积累；另一方面可能是渗育型水稻土基础有机质含量较低。

耕地土壤有机质增加的主要原因是，自20世纪80年代我国农村实行联产承包责任制以来，农村经济得到了显著发展，农民对土壤的化肥施用量明显增加，稻草还田更为普遍，施肥更趋合理；实施长江流域绿化工程、退耕还林措施等，从而增加了有机肥和化肥的投入量。

（3）土壤全氮含量变化。不同类型土壤的氮素含量变化与其土壤有机质变化并不完全一致。水稻土氮素增幅最大的是黄泥田，提高了124.49%；河沙泥和麻沙泥的氮素增幅最低，分别为64.41%和62.10%；有机质增幅最低的是灰黄泥。这可能是由于有机质的增加受土壤水气协调性的影响，而氮素的积累除了与有机质有关，也与土壤吸附和淋溶有关。

（4）土壤有效磷素含量变化。水稻土有效磷都呈大幅增加趋势，增加量在5.4～17.6 mg/kg，最多的是河沙泥，最少的是黄沙泥田和紫泥田；增加幅度在49.5%～963.6%，最高的是冷浸田，最低的是紫泥田。增加的绝对值和相对值不同，这与基础值有关，冷浸田的有效磷大幅提高，可能是因为冷浸田的不良状态得到一定程度的改善。

（5）土壤中钾素含量变化。宁乡县土壤中速效钾含量总体上呈下降趋势，但也有速效钾呈上升趋势的土壤。其中，水稻土中速效钾含量下降比旱土严重。在水稻土的不同土属中，黄泥田的速效钾含量明显升高，1979—2002年土壤中速效钾含量提高了50.9%，其余都有不同程度的降低，降低幅度为1.3%～62.6%，其中岩渣田降幅为62.6%，居首位。

2．红壤旱地土壤

1979—2002年，通过对红壤旱地的定位监测研究，发现在红壤旱地长期坚持有机肥料与无机肥料配合施用,土壤中有机质含量会逐步提高,从开始的 11.5 g/kg 上升到 24.3 g/kg,主要增长的是易氧化的有机质。红壤长期施用化学磷,明显提高了土壤中有效磷的含量,使土壤供磷性能大为改善,施用有机肥料能减少土壤对磷的固定,提高磷肥的有效性和利用率。红壤长期施用单一化学肥料,土壤明显酸化,使作物产量降低。施用有机肥料,能够明显降低土壤交换性氢铝含量,增加土壤养分,保持作物的稳产和高产。有学者认为红壤地区约有 1/4 的旱地缺镁。研究表明,广东省耕作土壤氮、磷、钾供应不足仍为主要养分障碍,旱地和坡耕地果园土壤的养分障碍问题尤为突出。

以湖南省宁乡县为例,简述红壤旱地土壤酸碱度、有机质、氮、磷、钾含量的变化。

(1)旱地土壤酸碱度变化。众多学者针对红壤地区不同地域和不同土壤类型进行了红壤旱地酸碱度变化研究。有学者利用宁乡县地力调查资料对其耕地土壤酸碱度的变化进行了研究。研究表明,旱土的土壤酸碱度有升有降,升高得最多的是黄泥土,23 年间升高了 0.9 个 pH 单位;降低得最多的是灰红土,23 年间下降了 1.13 个 pH 单位。

(2)旱地土壤有机质含量变化。旱地土壤以黄沙土有机质增长最快,2002 年有机质含量比 1979 年高出 81.2%;熟红土增长最慢,有机质含量只比 24 年前增长了 17.6%。而熟红土的有机质增幅最低,这可能是因为熟红土主要用于种植大豆而有利于土壤中氮素的增加。

(3)旱地土壤中全氮含量变化。旱地土壤中氮素增幅最大的是熟红土,提高了 207.32%,增幅最低的是黄泥土,只提高了 30.41%。

(4)旱地土壤有效磷素含量变化。旱地土壤中不同土种的有效磷增加量在 10.5~51.9 mg/kg,增加最多的是黄红岩渣土,增加最少的是紫红土。从总体上看,旱地土壤中有效磷增幅远高于水稻土。

(5)旱地土壤钾素含量变化。旱地土壤中速效钾含量有 3 个土种上升,有 5 个土种下降。旱地土壤中速效钾含量的增减与土壤质地的关系十分密切。黏性土壤,如灰红土、熟红土、黄泥土等的速效钾含量有较大幅度的增加,增幅分别为 50.8%、68.3% 和 122.3%。而砂性土壤,如黄沙土、红沙土、麻沙土、黄红岩渣土等的速效钾含量都有不同程度的降低,其中,黄沙土降幅达 54.9%,居首位。

3. 红壤园地土壤

红壤园地土壤质量因利用方式、管理投入、地域差异在几十年内产生了不同的演变趋势。湖北省红壤园地的土壤质量得到明显改善，尤其是由其他利用方式（旱地、林地等）转化为园地的茶园和果园，这主要是因为园地收益明显比其他土地利用方式获得的收益高，因此它的施肥和管理水平较其他土地利用类型高。针对典型农户的调查统计表明，该区域内农户64%的农家肥和12%的化肥用在园地，但该地区一些茶园由于经济效益下降，导致投入和管理水平降低，土壤质量有不同程度的下降。广西红壤果园土壤肥力总体上也有退化趋势，尤其是西部最为严重，主要表现在以下几个方面。

（1）红壤园地土壤酸碱度变化。广西红壤果园土壤 pH 较低，平均在 4.45～5.02，表层和下层相差不大；不同种植年限的果园，土壤 pH 呈"N"形走势，差异显著。1980—2001 年，广西红壤区土壤呈酸性和强酸性（pH<5.5）的果园占参与调查果园的比重为 81%，增加了 28%，。不同地区果园土壤酸化程度也有所不同，以南部酸化最为严重。2001 年调查时，pH<4.5 的强酸性果园增加了 46%，pH 平均值下降了 0.99 个单位，降幅达 18.2%；西部果园土壤 pH 平均值下降幅度最小，下降了 0.3 个单位，降幅为 5.5%，该地区果园土壤酸化程度相对较小是由于少数芒果园施用石灰。

（2）红壤园地土壤有机质含量变化。广西红壤果园表层土壤有机质明显高于下层；30 年以上果园土壤有机质含量较高，含量变化呈"N"形走势。1980—2001年，广西红壤果园土壤有机质普遍下降，整体上土壤有机质平均含量下降了 4.3 g/kg，降幅达 19.54%，其中降幅最大的是西部地区，土壤有机质含量下降了 12.3 g/kg，降幅达 51.46%；北部次之，土壤有机质平均含量下降了 24%，中部和东部土壤有机质下降幅度最小，降幅分别为 4.6%和 6.5%。

（3）红壤园地土壤全氮含量变化。全区果园土壤全氮含量略有增加，中高含量（>0.8 g/kg）果园增加 6%，平均值增加 0.06 g/kg，增幅为 5.61%。东部、南部及中部区域果园土壤全氮平均含量增加，而西部和北部则减少，其中东部增幅最为明显，平均含量增加了 49.12%，西部则是含量下降最为明显的区域，平均含量减少了 30.80%。果园土壤中碱解氮与全氮的变化不完全一致，全区果园土壤中碱解氮平均含量略有下降。

（4）红壤园地土壤有效磷素含量变化。2001 年，广西红壤果园土壤全磷含量较低，平均为 0.45 g/kg，比 1980 年下降了 0.05 g/kg，降幅为 10%。东部和北部区域土壤全磷含量增加，其他区域减少，其中北部增加得最多，平均土壤全磷含量增加 0.22 g/kg，增幅 61.11%；西部下降最严重，平均土壤全磷含量减少 0.29 g/kg，降幅为 52.73%。全区果园土壤速效磷含量明显增加，平均增加 5.1 mg/kg，增幅为 127.50%。除西部区域下降以外，其余区域都有增加，其中东部增幅最大，平均土壤全磷含量增加 10.6 mg/kg，增幅为 278.95%；北部次之，增幅为 233.33%；西部则下降了 0.5 mg/kg，降幅为 17.24%。

（5）红壤园地土壤钾素含量变化。广西红壤果园土壤全钾含量有所提高，平均含量增加 3.4 g/kg，增幅为 34%，不同区域间，除中部以外都有所增加，其中增幅最大的是北部地区，平均土壤钾素含量增加 10.9 g/kg，增幅为 129.76%。全区果园土壤钾素含量增加 7.1 mg/kg，增幅为 12.26%，西部、中部地区有所下降，其他地区有所增加，其中北部增幅最大，平均含量增加 41.7 mg/kg，增幅为 73.67%；西部降幅最大，平均土壤钾素含量减少 20.6 mg/kg，降幅为 35.09%。

（三）水土流失状况演变

1．水土流失总体面积变化

20 世纪 50 年代初 8 省（湖北、安徽、福建、浙江、江西、湖南、海南和广东）水土流失总面积为 10.5 万 km²，1986 年为 25.0 万 km²，1996 年为 20.0 万 km²，2002 年为 19.6 万 km²。将 2002 年的水土流失面积与 20 世纪 50 年代初相比较可以发现，50 年来 8 省水土流失面积依然呈增加趋势，净增加 9.1 万 km²，年均增加 1 820 km²，增幅高达 86.7%。

8 省水土流失面积占土地面积的比例也呈先增后减的趋势，该比例在 20 世纪 50 年代初为 9.3%，1986 年为 21.8%，1996 年为 17.5%，2002 年为 17.2%。总体来看，50 年来 8 省水土流失面积占土地面积的比例增加了 7.9%。

50 年来，8 省水土流失面积的演变趋势各不相同：浙江省和安徽省有所减少，浙江省水土流失面积减少了 3 400 km²，安徽省水土流失面积减少了 1 400 km²；其余 6 省水土流失面积均有不同程度的增加，其中增幅较大的是湖北省、湖南省和江西省，水土流失面积分别增加了 2.9 万 km²、2.8 万 km² 和 2.2 万 km²，福建省和广东省的水土流失面积增幅较小，均增加了 0.8 万 km²。

2．水土流失发展阶段变化

（1）水土流失面积增加阶段。从 20 世纪 50 年代初到 1986 年，8 省水土流失总面积增幅高达 1.38 倍，年均增长 0.36 万 km²，年平均增长率约为 3.4%。水土流失面积占土地总面积的百分比增加了 12.5%，每年递增约 0.3%。由此可见，8 省水土流失面积在该时段呈上升趋势。

在该时段，出现 3 个水土流失发生的高峰期：一是 20 世纪 50 年代末至 60 年代初的"大跃进"时期，由于大炼钢铁，植被破坏严重，水土流失面积增加很快；二是"文革"期间；三是 20 世纪 70 年代中期到 80 年代末，由于人口迅速膨胀，实行家庭联产承包责任制，森林植被迅速减少，加上不合理的经营开发活动，水土流失面积快速上升，达到峰值。

各个省份水土流失面积增幅有所不同，增幅最大的是江西省和福建省，增幅最小的是浙江省。从水土流失面积占土地面积的百分比来看，增幅从大到小依次是江西省、湖北省、湖南省、福建省、安徽省和广东省，分别增加了 20.8%、20%、16.2%、13.9%、7.5% 和 2%。

（2）水土流失面积逐步减少阶段。1986—2002 年，8 省水土流失总面积从 25.0 万 km² 减少到了 13.12 万 km²，共减少了 11.88 万 km²，减幅为 20%，水土流失面积占土地总面积的比例从 21.8% 减少到了 15.1%，减少了 6.7%。由此可见，该时段 8 省水土流失呈下降趋势，生态环境恶化的趋势得到初步遏制。

不同流失等级的面积变化趋势不同，除中度流失面积增加 147.9 km² 以外，其余 4 个级别的流失面积均有不同程度的减少。其中减幅最大的是极强度流失面积，减幅为 34.17%；其次是强度流失面积，减幅为 32.27%；减幅最小的是剧烈流失面积，减幅为 16.17%。由此可见该时段 8 省水土流失面积的减少主要是极强度流失面积和强度流失面积的大幅减少。

8 省的演变趋势有所不同。除广东省水土流失面积增加 27.59 km² 以外，其余 7 省都有不同程度的减少，减幅从大到小依次是湖北省、安徽省、福建省、浙江省、江西省、湖南省和海南省，其减幅分别为 91.2%、77.1%、38.6%、35.4%、27.1%、14.1% 和 3.0%。从 8 省水土流失面积减少量的贡献率来看，除了广东省，贡献率最大的湖北省为 52.9%，贡献率小的海南省仅有 0.01%，其余 5 省的贡献率为

5.6%～18.8%。

（3）面积增减相持阶段。将 2002—2005 年 8 省的水土流失演变趋势分为减轻、加剧和持平 3 种情况。分析 2 187 个水土流失考察点，有 21.49%的加剧，25.06%的减轻，53.45%的持平。8 省普遍存在治理和破坏并存的现象，如浙江省兰溪市 2002—2005 年的治理面积为 70 km²，但新增水土流失面积 50 km²，只是治理区和新增区分布在不同的地方。因此，这一时期为水土流失面积增减相持阶段。

三、红壤生态建设成效

新中国成立以来，我国在红壤生态建设、红壤环境治理和红壤生态系统可持续发展方面进行了不断探索和实践，并取得了巨大成效，突出表现在以下三个方面。

（一）绿色植被增多

1．植被覆盖率提高

自 20 世纪 80 年代末起，随着大规模的植树造林运动和水土流失治理的进行，红壤区林地面积大幅增加，森林覆盖率得到了明显提高，由 1990 年的平均 40.2%提高到 2004 年的 52.9%，有的治理地区森林覆盖率已提高到 70%，在减轻水土流失方面起到了非常关键的作用。从各省（区、市）典型重点治理区来看，植被覆盖率均有显著提高。广东省粤北水土流失严重区五华县森林覆盖率由 33.7%上升到 65.6%；江西省兴国县山地植被覆盖率上升了 43.5%，宁都县森林覆盖率由 1986年的 39.9%提高到 2004 年的 71%；浙江省东阳市林草覆盖率提高了 14.3%；湖南省岳阳县李段河小流域植被覆盖率由 1983 年的 36%提高到 2004 年的 74%，娄底市新化县为长江流域中游水土保持重点治理区，治理后森林覆盖率提高了 4%；福建省长汀县森林覆盖率由 1982 年的 54%增加到 2003 年的 81%。

2．林相结构趋于合理

红壤地区的林相结构趋于合理，由原来单一的马尾松纯林，逐步向乔灌草结合、针阔叶混交的良好森林生态结构转变，林下植物种类更加丰富，林内生态环境明显改善。

（二）水土保持加强

1．土壤侵蚀模数下降

近年来，红壤地区土壤侵蚀面积减少、强度降低，不同等级的侵蚀面积变化趋势各不相同，中度侵蚀面积明显减少，而轻度侵蚀面积显著增加。采用水土保持防控技术后，采取封禁补植乔、灌、草结合的混交林，开发利用低丘缓坡地建设经济果木林，开挖水平竹节沟等水土保持治理措施。同时，通过造林种草，促使生态自然修复，左马小流域植被覆盖率达到81%，侵蚀量大为减少，侵蚀强度下降了1个等级，且随着输沙量显著下降，小流域内植被覆盖率和农民人均纯收入不断增加，其平均土壤侵蚀模数也呈下降趋势。蓄水效益高达67.6%，保土效益达85.0%以上，防治水土流失的作用显著。

2．保水保土能力增强

从水土保持措施的实施情况可以发现，植物茎秆减弱雨滴和水流能力是减沙效益的主控因素，同时植物根系也提高了土壤的抗侵蚀能力，使得小流域的产流产沙量明显降低。坡耕地改为梯田后改变了地面坡度，缩短了坡长，减少了雨水对地表的冲刷。水土保持措施具有明显的保土减沙作用，河流含沙量下降，径流泥沙减少，成效显著。经过多年的综合治理，南方红壤区水土流失面积减少了11.8万 km^2，其中，湖北、安徽两省水土流失面积减幅最高；其次为福建省、浙江省和江西省，水土流失面积减幅在25%以上；湖南省减幅在10%以上。这说明8省水土流失的面积总体上呈现出减少的趋势，有利于拦截雨水资源。

3．污染减少水质优化

通过对水土流失的治理，减少了土壤侵蚀量，即减少了进入水体的 N 和 P，这在一定程度上相当于减轻了面源污染。1986—2002 年，8 省土壤流失量减少 3.8 亿 t，综合各方面的土壤分析研究结果，8 省低山丘陵地区红壤 N、P、Pb、Cd、Hg、As 的含量分别为 1.6 mg/kg、460 mg/kg、30 mg/kg、0.28 mg/kg、0.20 mg/kg、8 mg/kg，相当于 60 万 t 的 Cd、75 万 t 的 Hg 和 3 020 t 的 As 被截留于土壤而没有进入水体。水体面源污染减缓，水质得到优化。

4．洪涝灾害威胁减轻

自 20 世纪 90 年代以来，我国南方地区几乎年年发生洪灾。引起洪涝灾害的原因除了降水集中、降水量大、防洪工程标准偏低，水土流失严重也是不可忽视的一个重要原因。水土流失治理和水土保持加强，可在一定程度上减轻洪涝灾害的威胁。1986—2005 年，8 省水灾面积由 262 万 hm^2 降低到 212 万 hm^2，降低幅度为 19%，总体上反映了洪涝灾害有减轻的趋势。

（三）土壤质量提高

1．物理结构改善

对红壤耕地进行整治，将原有"一般耕地"建成"高标准梯田"后，能够有效地改善土壤的物理性状，增加土壤孔隙度，提高土壤体积质量，使土壤的持水能力增强，蓄水效果显著提升。

2．保肥能力增强

通过对红壤地区的治理，林草覆盖率大幅提高，减少了地表径流的冲刷影响，土壤有机质含量明显增加，土壤保肥能力有所提升。

在红壤地区生态建设过程中，创立了一系列有效的治理模式，积累了成功经验，取得了显著的治理成效。虽然目前还存在一些问题，但只要做到"科技领先，坚持生态，突出管理，长效治理"，并且在国家统筹、地方推动下，充分发挥社会各界建设红壤地区的积极性与创造性，红壤地区的生态建设工作将会取得更大的成绩。

3．次生土壤形成

从坡改梯等有效拦截雨水的措施来看，梯田比坡耕地具有更明显的保水保土效果，地表径流量明显减少，土壤抗蚀性显著增强。坡面工程和植物措施的综合作用提高了土壤蓄水量和保土量，增加了土壤中的有机质，使土壤肥力得到了提高。监测数据分析表明：塘背河小流域的蓄水效率比治理前提高了 37.6%，年增蓄水量 440 万 m^3，保土效率为 79.6%，年保土量达 4.23 万 m^3，有效地促进了土壤的重新形成和发育。林地枯枝落叶层平均厚度达 0.5～1.5 cm。

四、红壤综合治理模式

我国红壤地区普遍存在三大突出问题——水土流失、土壤酸化和肥力贫瘠。

为有效解决这三大问题，在生产实践中有针对性地采取了以下模式和技术，分别简述如下。

（一）水土流失治理

治理红壤地区水土流失，常采取生态工程模式、生态技术模式和生态农业模式三种模式。

1. 生态工程模式

（1）模式之一：小流域综合治理模式

我国于 20 世纪 80 年代提出了小流域综合治理的思路。近 40 年来，小流域综合治理在理论、实践、技术、体制、机制等方面不断创新和发展，已成为我国水土保持生态建设的一条重要技术路线，为改善我国水土流失地区生态与环境、发展农村经济、促进经济社会可持续发展做出了显著的贡献。小流域综合治理成为我国治理水土流失的一种成功模式。

红壤地区结合自身的特点，采用以小流域为单元统一规划，做到"山、水、田、园、林、路、村"统一布局，"林、果、茶、竹、粮、加工、旅游"等全面规划，打造出一批精品小流域，树立了典型。工程实践最初在江西省兴国县塘背河小流域试点，继而以国家水土保持重点建设工程（原全国"八片"水土保持重点治理工程）和国家农业综合开发水土保持项目（原长江上中游水土保持重点防治工程）为代表，通过"技术＋项目驱动"的方式重点治理集中连片水土流失地块。

①"封禁＋补种＋管护"生态修复模式。对于轻度侵蚀区，利用红壤地区植被自然恢复能力强的特点，对小流域中水土流失强度小、植被条件较好的地块推行"大封禁，小治理"；对轻度流失地区实行封山禁采禁伐、封育管护，适当补植林草，抚育施肥。"大封禁"是对水土流失区的绝大部分区域实行封山禁采禁伐、封育保护治理，依靠大自然的自我修复能力，恢复植被和生态。"小治理"是对水土流失剧烈区域辅以人工治理，通过撒种、补植、修建水平沟、治理崩岗等生物或工程措施，为生态自我修复创造条件，加快大自然修复的速度。"大封禁"一方面是封禁力度大：一是由政府颁布《封山育林命令》，建立责任追究制度，县、乡、村制订公约；二是对封山育林范围"一刀切"，取消半封山；三是查源头——灶头，

组织专业人员进村入户检查灶头，改柴火灶为煤灶或气灶。另一方面，为解决群众燃料问题，在封育保护治理区内农户全部改灶，烧煤由政府出资，实行煤炭价格补贴并积极推广沼气建设，引导农民以煤、电、沼代柴，从源头上解决农民烧柴对植被的破坏。"小治理"方法：针对水土流失区主要是纯马尾松林地"林下流"问题，推广"老头松"抚育施肥，种植草灌植物，促进草灌乔结合，控制水土流失。村户周围的荒山荒沟则采用"草牧沼果"生态开发治理模式，生态优先，种植果树，把治山与治穷结合起来，防止农民因贫困乱砍滥挖，造成水土流失反弹。

②"顶林—腰果—谷农"立体治理模式。对于环境条件较好的中度、强烈侵蚀区，通过"山顶戴帽、山腰种果、山脚建塘"的模式，把侵蚀治理与种植业和养殖业有机结合。"顶林"指山丘顶部的水保林等水源涵养林，在山丘的果园开发治理中通常采用沟埂梯田技术。山丘底部塘坝的蓄水，一方面用于养殖（鸭、鹅、鱼等）或种植，另一方面可用作"腰果"的水源，把养殖业与种植业等有机结合在一起。

③千烟洲模式。千烟洲位于江西省泰和县灌溪镇，是典型的亚热带红壤丘陵地区。20 世纪 80 年代初，为解决当地水土流失和农民口粮等问题，该地区采取了"丘上林草丘间塘，河谷滩地果渔粮"千烟洲模式，实现了生态与经济"双赢"，在国际上影响广泛。

（2）模式之二：生态清洁小流域治理模式

为践行"节水优先、空间均衡、系统治理、两手发力"新时期治水思路，满足人民群众对水资源、水生态、水环境的需求，适应新时代生态文明建设要求，近些年的小流域综合治理大多要求按照生态清洁小流域的标准进行设计和实施。根据"山水林田湖草沙系统治理"的思路，参照"三道防线"的理论，结合红壤低山丘陵区乡村实际，江西省提出了以下两种生态清洁小流域治理模式。

①"治山理水—控源减污—截污净水—生态修复"清洁小流域模式。基础条件较差的小流域和小流域内污染情况较为严重、需要整治的，适用于此模式。"治山理水"指在山坡地按照"截、引、排、蓄"相结合的原则，根据实际配置各类地块的水土流失防治措施，拦蓄和排泄坡面径流，以改良立地条件、增加植被覆盖、恢复受损生态系统、改善农业生产条件。"控源减污"指对造成小流域污染的各种因素进行控制，尽可能地减少污染负荷量。除减少和控制点源的排放以外，

更需控制面源污染的排放，做到荒坡地径流污染控制、农田径流污染控制和村落面源污染控制。"截污净水"包括生活污水处理和固体废物处理等。生活污水的处理包括分散处理和集中处理两种方式。技术工艺中，对于水污染较为严重的小流域，有 MBR（膜生物反应器）膜处理、地埋式无动力处理、人工湿地、氧化塘、生态沟、生态浮岛等；对于人口较少的村庄，可采用潜流式人工湿地的处理工艺。对于生活垃圾，一般采用分类、收集、搬运、焚烧、填埋的方式处理。"生态修复"指在控源减污和截污净水之后，需要利用植物措施等的作用，在美化环境的同时，修复生态环境，发挥水体的自净功能，使小流域生态系统达到良性循环，如农田塘渠系统、植被缓冲带、人工湿地措施等。

②"护山养水—治坡理水—入村净水—开发宜水"清洁小流域模式。基础条件较好的小流域，小流域内污染和生态状况良好，需要保护和局部整治，并且需要利用流域内资源加快发展的情况，适用于此模式。"护山养水"指利用雨量充沛、水热条件等优越自然条件进行水土保持生态修复，采取封禁补植措施，充分依靠大自然的力量，促进生态系统的改善，以减少山地水土流失，涵养水源。"治坡理水"主要针对农业生产和经济开发，对山坡地开发利用采取相应的水土保持措施。措施可分为坡耕地和山地果园两种情况，坡耕地治理的措施有沟坝梯田、等高耕作、沟垄种植、等高植物篱、秸秆覆盖等；山地果园治理的措施有沟坝梯田、带状生草覆盖、农林复合系统等。同时，在农业生产中需要利用新技术、推广新品种，鼓励施用有机肥，采用生物方法防治病虫害，减少化肥、农药施用量，降低农业耕作对土壤与水质的污染程度，建设绿色生态农业基地。"入村净水"的技术可与"控源减污、截污净水"的技术和措施相结合，因采用这一模式的小流域基础条件较好，故治理的重点为门塘和水系。需严禁生活垃圾倒入门塘内，对于汇入塘内的水流进行强化去污技术处理；水系整治主要是水系连通，使河网水系畅通，提高河网的防洪排涝、引配水能力，同时也有利于改善水质。"开发宜水"以小流域的河道整治和打造为重点，主要建设生态河道和沟渠、人工湿地，打造水景观等。在水系两侧的消落带区域按照"乔木林—灌丛—草地—挺水植物—浮水植物—沉水植物"格局建设岸边植被拦污缓冲带，减轻污染物对水质的影响，改善河道水环境。采用的林草措施和工程措施不仅要考虑水土保持功能，还要把生态与艺术相结合，适当安排园林小品以满足游憩和观赏需求。

（3）模式之三：坡耕地治理模式

把坡耕地整修成水平梯田（以下简称"坡改梯"）是保持水土的一项重要措施，也是增强地力、提高粮食产量的有效手段。多年来，在我国的山区丘陵地区，坡改梯已成为农田水利基本建设的一项重要内容而广泛开展起来。红壤地区坡耕地的特点是坡短、坡陡、土壤瘠薄、径流强、顺坡耕作普遍，导致水土流失非常严重。但是经过长期实践，也形成了一套行之有效的坡耕地水土保持治理方法。

不同坡度采用不同的坡耕地治理办法：3°～5°的坡耕地，采取保土耕作、建设地埂植物带截断坡长，改传统的顺坡方式为等高耕作，将顺垄与斜垄改为横垄耕作；5°～8°的坡耕地修筑水平梯田；8°以上的坡耕地，采取退耕还林，因地制宜营造水土保持林、用材林、经济林。

①坡改梯模式。对荒坡地修建等高梯田后开发种植水果林。根据"生态优先、绿色发展"的要求，坡地果园可采用"一高双低"的模式，即雨水资源高效利用、低侵蚀、低污染，可通过雨水就地利用和雨水异地利用两种方式实现。坡地果园雨水就地利用可采用的技术有：反坡梯田＋前埂后沟＋梯壁植草、带状生草覆盖、农林复合系统等，坡地上可种植柑、橘、脐橙、柚、油茶等经济果木；对于立地条件较好、土壤养分含量较高、坡度不大的坡地，可采用带状生草覆盖、农林复合系统使果园利用雨水径流；对于坡度较大、立地条件较差的坡地，可采用沟埂梯田技术；对于顺坡种植及梯田平台不达标的果园，应强化水土保持措施，做到前有埂、后有沟。等高种植果树，并以百喜草覆盖果园田埂，套种豆科植物（大豆、花生等），起到拦截径流、泥沙，降低地表径流流速的作用，减少泥沙的流失和雨水对田埂的冲击。通过此改造技术，大大加强蓄水、保水能力，基本控制土壤侵蚀，改善自然环境，从而使果树和草被及套种作物在良好的环境中生长，达到开发与治理兼顾、经济与生态"共赢"的局面。

②坡地茶果园节水灌溉工程。南方降水丰富，但因山地果园居多，果园灌溉条件较差，夏秋干旱（常发生于夏秋之交的8—10月，尤其是"伏旱"）和冬春干旱（12月—翌年2月多发）对各种果树影响很大。采取灌溉和蓄水保墒耕作是确保高产、优质的重要措施。水土流失山地开发的果园，由于土壤蓄水调节能力弱，节水灌溉设施更为重要。坡地果园的雨水合理利用需通过坡面水系工程实现，即雨水集蓄工程。根据当地的降水、地形、土壤、植被和土地利用特点，充分利用

和发挥成熟的水土保持技术功能，构建完整的坡面集雨蓄水工程技术体系。坡面集雨蓄水工程分为集雨系统、引流系统、蓄水系统和灌排系统。步骤包括集雨面选择、引水系统优化选择和建设、蓄水池大小及数量确定和建设等。集雨系统、引流系统、蓄水系统和灌排系统要用相应的水土保持技术构建，也需要结合雨水就地利用模式。例如，集雨系统的水土保持技术包括用作集雨面的乔灌草植物优化组合和梯田措施等，引流系统的水土保持技术包括山边沟、草沟和草路等技术，蓄水系统的水土保持技术包括嵌入式蓄水池、沉沙池和山塘等。

③生态河岸治理模式。在河岸种植景观树如柳树、桂花、香椿、竹子等根系发达品种，以达到土体和生物相互涵养，形成较好的植物篱笆，防止水土流失；在河滩湿地种植净化树种；对河道进行疏通清淤。通过整治重建"自然型"河道，形成集防洪效应、生态效应、景观效应和自净效应于一体的生态护岸，努力实现人与自然的和谐相处。

2．生态技术模式

（1）模式之一：崩岗"上截—中削—下堵"治理模式

崩岗是红壤地区生态系统退化的典型代表，是红壤地区最严重的土壤侵蚀类型之一，在江南山地丘陵区、浙闽山地丘陵区、南岭山地丘陵区等区域分布较多。最初人们只采用生物措施，选取抗逆性强，根系发达的树、草种在崩岗区内种植，取得了一定的实效。在治理过程中，除工程措施以外，加入生物措施，把崩岗看作一个系统综合考虑，探索出一套比较完整的包括生物和工程措施的崩岗立体综合治理技术。

工程措施。①上截。采用沟头防护工程截断上方坡面径流，固定沟头，防止崩岗溯源侵蚀。沟头防护工程可制止或减缓崩岗沟壁的崩塌，控制集水坡面的跌水动力条件。在崩岗顶部外沿左右布设天沟，防止坡面径流进入崩岗内，崩口顶部已到分水岭的，在其两侧布设"品"字形排列的短截水沟。采用半挖半填的沟埂式梯形断面。②中削。对崩岗内的陡壁进行等高削级，降低崩塌面的坡度，截短坡长，以减缓土体重力和径流的冲刷力。③下堵。在崩岗沟口处修筑谷坊进行堵口，以防止泥沙外流，制止沟底继续下切。根据崩岗的不同形态布设拦蓄工程。爪形崩岗宜采用谷坊；群条形崩岗宜从上到下分段筑小谷坊，节节拦蓄；其他类型的崩岗，宜在崩岗口修建容量较大的谷坊。在崩岗群的汇水处，布设拦沙坝，对崩岗积体一般采用削坡，填平侵蚀沟，通过整地后种植植物。

生物措施。由于崩壁、崩积物经冲刷后，虽然土层深厚，但有机物含量少，经常处于不稳定状态，且经常受高温的影响，如何形成快速植被覆盖是治理崩岗的难点及关键所在。在崩岗内部和外部坡面种草造林，按照"适地、适树、适草"的原则进行绿化。崩岗内部水土条件较好，栽植松树、杉树、黄竹等。壁缓处开条带种草与灌木，崩壁陡处要先削坡再挖成台阶种灌草。在崩岗外集水坡面上因地制宜地修建竹节水平沟、反坡梯地等工程，并种树进行绿化。

①坡地植物措施。坡地种植植物的主要目的是利用植被的阻滞作用，增加径流的渗透时间，从而减缓地表径流的流速和流量，削减沟缘迭水强度，固定和稳定侵蚀沟顶，制止其溯源侵蚀。根据红壤地区的土壤和气候特点，可选择具有深根性、耐瘠、速生、快长的林草种类，主要有马占相思、木荷、黎芦、竹类、合欢、百喜草、糖蜜草等。

②崩壁植物措施。根据治理实践经验，崩壁植物措施必须在改善崩壁小环境的基础上进行，即对崩壁削坡减载，减缓崩壁坡度，开挖阶梯反坡平台，内置微型蓄排水沟渠，蓄存雨水，增加雨水入渗，改善崩壁土壤水分条件。崩壁植物宜选用草和小灌木相结合，崩壁造林在崩壁小环境改造的基础上，宜穴植耐干旱瘠薄的灌乔木，以灌木为主，穴植营养杯灌草或小苗带土移栽草类；根据崩岗沟底下垫面情况，可在崩岗沟底种植野葛藤、爬山虎等攀缘植物覆盖。攀缘植物栽植方便，工程量小，需要改善种植立地条件的范围小，藤蔓爬附于崩壁能有效减缓暴雨径流对崩壁的直接溅蚀和冲刷，对保护和改善崩壁环境具有明显效果。液压喷播植草护坡，根据目前的护坡技术，崩壁绿化可采用液压喷播植草护坡。该技术属于边坡植物防护措施，将植物种子加上一定量的辅助材料，如黏合剂、保水剂、土壤改良剂、纤维、色素、肥料和水等按一定比例在混合箱内搅拌均匀，通过机械加压，喷射到边坡坡面从而完成植草施工，防护效果好。土工网植草护坡，是国外近年来新开发的一项集坡面加固和植物防护于一体的复合型边坡植物防护措施。该技术所用土工网是一种边坡防护新材料，通过特殊工艺生产的三维立体网，不仅具有加固边坡的功能，在播种初期还可以起到防止冲刷、保持土壤以利草籽发芽、生长的作用。随着植物生长、成熟，坡面逐渐被植物覆盖，植物与土工网共同对边坡起到了长期防护作用。

③沟谷植物措施。沟谷植物措施是控制崩岗进一步发展的重要防线，也是控制崩岗危害的重要程序。沟谷植物措施在改善崩岗内部环境的同时，能有效促使泥沙停淤，阻滞泥沙流动，延缓径流冲刷切割。一是沟谷造林。林种选择分蘖性强，抗淤埋，具蔓延生长特性的乔灌木。如果沟底较宽，沟道平缓，可种植草带，以分段拦蓄泥沙，减缓谷坊压力，草带沟套种绿竹和麻竹。在沟道较小且适应砂层较厚的沟段，种植较为耐旱瘠的藤枝竹等。谷坊内侧的淤积地经过土壤改良，可以种植绿竹、麻竹或茶果等经济林。二是种植香根草。香根草属热带植物，在非常贫瘠、坚实、强酸、强碱甚至在被重金属污染的土壤中都能生长，具有抵抗长期干旱或渍水的能力，即使在茎叶中部分长期淹水的情况下亦能存活。

④洪积扇植物措施。洪积扇植物措施能控制洪积扇物质再迁移和崩岗沟底的下切，以尽量减少崩岗积堆的再侵蚀，从而达到稳定整个崩岗系统的目的。冲积扇的治理建议以种植竹草为主，即等高种植香根草带，中间套种竹类。因立地条件较差，应以耐旱瘠的竹类为主，以便在较短的时间内控制泥沙下泄。在冲积扇上种植植物，施加客土是生物治理获得成功的重要措施。

⑤封禁治理措施。对崩岗区域，应充分利用红壤地区水热条件优势和生态自我修复能力，采用全封禁，同时结合补植和套种草灌，加强病虫害防治和防火，促进植被的恢复，控制水土流失和坡面径流汇入崩岗。

（2）模式之二：林下水土流失治理模式

我国红壤地区虽然森林覆盖率较高，但由于林下灌木或草本稀疏，易造成中度以上的水土流失，"远看青山在，近看水土流"的"林下流"问题十分突出。针叶林纯林林下和经果林林下易出现林下水土流失，马尾松等针叶林下植被稀少；经果林林下，因锄草、翻耕和大量使用除草剂，造成地表覆盖度低。对于针叶林的"林下流"治理，可采用林下补种草灌治理、针阔混交改造等模式。在侵蚀强度较高的地区，则结合工程措施和补植改造等措施进行治理，如水平沟等。在江西省信丰县崇墩沟小流域的径流试验表明，马尾松低效林中，补植木荷、灌木、草本植物，减水、减沙、保肥效果显著。对于经果林林下水土流失的治理，应合理整地，依照地方标准科学建园，采取带状留林，农林复合（间作、套种），林草复合（带状植草）等模式。

①"林—油"模式。在林下种植花生、大豆等油料作物。此种模式具有以下

优势：立体种植，充分占用空间，尽可能最大化利用土地资源；种植技术简单易操作，一般不需要使用大型机械，适合个体劳动；经济投入小，劳动力消耗较少，因而易被广大林农接受。油料作物属于浅根作物，不与林木争肥争水，覆盖地表可防止水土流失，改良土壤，秸秆还田又可增加土壤有机物含量。生产出来的农产品备受人们喜欢，经济效益较好。

例如，油茶林下套种花生、黄豆、芝麻等。油茶是南方红壤区特有的油料树种，效益期长，但在油茶苗造林后第 8～10 年才能进入盛果期，产生效益，所以油茶幼林期套种农作物，可提高林农的经济收入，弥补造林前期只有投入没有产出的缺陷。油茶幼林中套种的农作物一定要有所选择，秆高、根系太发达，争光、争水肥的农作物均不适宜种植。油茶树和花生的生长习性几乎一致，都是喜温作物，适宜土层深厚的酸性土，在油茶林下套种花生完全可行。也可在林间倒茬种植甘薯、大豆，第 1、3 年种大豆，隔年种一茬花生。这种种植方式可以为林地增绿肥，提高土地利用率，还可达到以耕代抚的目的，使林地当年就有收益。

②"林—菌"模式。在高湿度或高荫蔽的环境下，种植已经通过室内培养的菌类产品，如木耳、平菇、香菇、草菇和鸡腿菇等具有食用价值和药用价值的菌类。

红壤地区速生林长到第 4～5 年的时候，大树遮阴，林间地利用不上，极大地浪费土地资源，但是阴暗潮湿的林下环境正适合林菌间作，林木还能给这些菌类带来生长所需的原料。在人工林下反季节（夏季）栽培食用菌，既能提高土地利用率，又能带来显著的经济效益。以竹林下种植灵芝为例：灵芝属于高温型品种，是一种木材腐生菌，灵芝生长对温度、空气相对湿度有较高要求，灵芝还是一种向光性较为明显的菌类，其子实会向着强光的一面生长。所以，灵芝的栽培场地需要具备均匀的散射光条件。灵芝喜欢在偏酸的土壤中生长，土壤的 pH 宜为 4～5。在红壤地区竹林下培养灵芝恰好能提供适宜的光照、温度、湿度等条件。

③"林—药"模式。在人工林下种植适宜的药用植物。培育的药材主要有人参、板蓝根、甘草、三七、黄精、五味子及桔梗等。我国天然植物药材在近年间需求量增长了 8～9 倍，年需求量为 6 亿 kg。过度的开发和利用使得相当一部分野生中药资源物种供不应求，甚至濒临灭绝，人工种植药用植物已经成为大势所趋。由于每种药材所需的环境、气候和土壤都不相同，在种植时需要根据实际情

况采用科学的方法。宜根据林下的环境状况来选择适合生长的药用植物，培育要有针对性，能充分发挥所栽植物的药用价值。例如，黄精喜欢比较阴暗、湿润的地方；中度阴暗的地方可以选择种植板蓝根、山药等；白芨喜阴暗潮湿、不耐涝，应在排水良好、疏松的砂质以及腐殖质壤土的阴坡，郁闭度为 0.35～0.5、坡度≤25°的毛竹林下种植。

④"林—草"模式。这是由森林和草地结合形成的多层次人工植被，把多年生木本植物与农业、牧业组合在同一土地上，并采取时空分布或短期相间栽种来提高林业经济的一种新型模式。在郁闭度为 0.7 以下的林地，可种植紫花苜蓿、黑麦草等优质牧草，可供出售，也可放养畜禽，还可以在林下种植适宜园林绿化的草坪。林地种草，以草养畜，畜粪肥林，这是一种循环型生态模式。在此模式中，草本植物可以作为纽带，使系统成为自给自足的经济型生态系统。林下种草既能增加地表覆盖，有效抑制幼林地的水土流失；又能改善树木生长环境，降低盛夏地表温度，减少病虫害发生；还能改土肥田，保水保肥，减少化肥的施用量，降低对环境的污染。

⑤"林—花"模式。利用林地空闲的土地资源，根据部分花卉的耐阴性，发展种植食用性、观赏性等花卉植物。林中的温度、湿度等十分适合花卉生长，一般种植的花卉有剑兰、春兰、石斛等。对于稀疏林可以培育木本花卉苗，间距大时还可培育喜光的观赏花木。而对于种植密度较大的林分地或果园，多以种植草本花卉为主，如宿根花卉。宿根花卉为多年生草本花卉，一般耐寒性较强，可以露地过冬。宿根花卉可分为两类：一类是菊花、芍药、玉簪、萱草等，以宿根越冬，地上部分茎叶每年冬季全部枯死，翌年春季又从根部萌发出新的茎叶，生长开花；另一类是万年青、吉祥草、一叶兰等，地上部分全年保持常绿。

⑥"林—禽"模式。这是在林下放养或圈养鸡、鸭、鹅等禽类的一种林下立体种养模式。根据不同禽类所需要的环境不同，将不同禽类养在不同地方，如鸭、鹅应在靠近水源的地方饲养，而鸡应在山坡地饲养。林下的草木、昆虫可以作为禽类的饲料，禽类的粪便经过处理可作林地的肥料。禽类可以清除林地上的杂草，有效预防林区病虫害的发生。林下种养模式不仅可以节省饲料成本投入，家禽粪便还能给林木生长提供充足养分，增加经济效益。

3．生态农业模式

生态农业模式是红壤地区在治理水土流失过程中探索和总结的一种新型的综合治理模式。它应用农业生态的基本原理，综合系统论、水土保持学、农学、生态经济学、生态恢复学等，以农业、果业、茶业、林业、畜牧业为主体，建立良性物质循环和优化的能量利用系统，以达到发展农户经济、解决农户能源、重建植被的目的。福建省采取"草—牧—沼—果"的生态农业模式，取得了良好的生态效益、社会效益和经济效益。这种模式已成为福建省重建侵蚀山地的生态环境、发展水土流失区经济、协调社会发展的有效途径。此外，其他地区也根据自己的实际情况开发出适合自身发展的综合治理模式，如江西省的"猪—沼—果"农业生态工程模式，广西壮族自治区在邕宁、兴安、灵山等县推广的"猪—沼—果—灯—鱼"生态模式，广东省的都市休闲农业等。生态农业在发展过程中存在着一些共同问题，如资金短缺、政策不健全、技术滞后，更重要的是人们的生态意识淡薄，单纯追求经济利益，加剧了生态环境的恶化。

（1）模式之一："猪—沼—果"生态农业模式

"猪—沼—果"水土保持生态治理模式是江西省赣南山地丘陵区在治理水土流失过程中，探索和总结的一种新型的小流域综合治理模式。它应用水土保持学、生态经济学和系统工程学等学科原理，以小流域为单元，以农户为基础，以沼气为纽带，立足农村"四荒"资源，围绕主导产业，采取"山顶戴帽水保林、山腰种果（经果林）、山脚建池养猪、水面养鸭（鹅）、水中养鱼"的立体治理开发模式，把沼气池、猪舍和厕所结合起来，因地制宜地开展"三沼"（沼气、沼渣和沼液）综合利用，从而把养殖业（猪）、农村能源建设（沼气）和种植业（果）等有机地结合在一起，实现"四荒"资源的综合治理和高效开发利用。此模式是集生态、经济、社会效益于一体的水土保持生态治理模式。"猪—沼—果"模式的推广，使得资源利用良性循环，改善了生态环境，增加了农民收入。

（2）模式之二：生态果园模式

生态果园复合循环模式是红壤地区一种典型的水土流失治理模式，其中最为典型的是福建长汀县的"草—木—沼—果"循环种养模式。具体做法是：侵蚀荒地部分开发为果园，初期在侵蚀山地种植牧草（二系狼尾草），结合长汀县当地最普遍的生猪养殖，利用畜粪生产沼气，沼液、沼渣返回经过开辟的果园，部分沼液也可作为鱼饲料；而鱼塘定期清理的塘泥也可返回果园，在上述生态链的基础上发展后续的产业链，提高农副产品的附加值。此种模式将动植物代谢与土壤结合形成系统，促进土壤肥力提高，带动植物生长。系统内各组分物质、能量形成快速稳定的良性循环，改善生态环境的同时，带动了当地经济发展。目前，长汀县运用此模式较为成功的示范基地，有三州乡旺发养猪场＋黄金果种植场、策武乡黄馆马古坑养猪场和策武乡万亩果场。这些示范基地已经发展成当地养殖规模最大，经济效益、社会效益明显的水保产业，在水土流失治理与产业发展方面，起到了很好的示范作用，具有推广价值。

（3）模式之三：生态茶园建设模式

生态茶园是以生态学原理为基础，以茶树种植为建设核心，结合自然条件，因地制宜地建设茶园。建设生态茶园，有利于营造适宜茶树生长的理想小气候，促进生态平衡，提高茶园水土保持能力，改善茶园土壤物理特性，恢复地力；有利于茶园中有益生物的繁衍，有效控制和减少病虫害发生，提高茶叶产量和品质。据研究发现，生态茶园建设方式主要包括：茶园路网建设、茶园排蓄水系统建设、等高梯层茶园建设、防护林及遮阴树种植、茶园种草留草和铺草。福建省经过多年对生态茶园建设的研究，培养出适宜福建省茶区种植的树种和草种。生态茶园的提升是要实行超坡度区域退茶还林，推动茶园由单一模式向原生态复合模式转变，逐步实现改善自然环境、提高茶叶产量和提升茶叶品质。并且，红豆杉、桂花等珍贵树种的种植和花卉观赏也为茶农开拓了一条新的致富之道，带动茶农加入水土保持事业之中。

（4）模式之四：生态高值型水土保持模式

"生态高值农业"是有机结合生态化生产与集约化经营，具有可持续发展特性的现代农业。将生态高值型农业理论实践与水土流失治理措施进行有机结合，通过建立水土保持院士工作站，整合南方红壤区水土保持研究力量，构建具有生态高值功能的水土保持模式，设立示范基地。生态高值型水保模式不仅能有效地防治水土流失，有利于提高土地利用率和生产力，还能巩固区域水土流失治理成果，兼顾经济效益和生态效益，推动区域经济和农业产业化的发展。根据赵其国院士的研究，构建县域尺度生态高值型水保模式在宏观布局上需要做到以下三点：①立足生态高值。在实地勘察与遥感技术相结合的基础上，找出适宜发展不同生态高值水土保持模式的区域。同时，对县域尺度内土壤侵蚀、植被恢复以及资源环境现状开展综合调查，掌握县域自然条件。②建立类型分区原则、方法化及指标体系。合理划分侵蚀治理类型区，明确各类型区主要问题及治理方向，进行顶层设计，将不同类型区的治理方向与生态高值型治理模式相结合。③研制县域尺度的生态高值型水土保持模式的发展规划，并提供规划区生态高值型水土保持模式的适应性评价。以福建长汀县为例，适宜该县的生态高值型水保模式有 5 种：竹林集约经营生态高值模式开发与示范、畜禽粪便快速腐熟与功能性农产品生产技术集成、"草—牛—蚓—鸡"循环利用的生态高值型水保模式、马尾松林下植被多样性恢复模式与示范、基于农业利用的崩岗区开发技术集成与示范，这些模式部分已逐步实施或规划实施。

（5）模式之五："山水林田湖草"生态循环农业模式

近年来，国家提出建立红壤地区小流域尺度的"山水林田湖草"生态循环农业模式，融合治水、改土、造林措施，建立特色种养产业链，提高红壤坡地生产能力和农业综合开发规模，实现区域经济效益和生态效益的"双赢"。以鹰潭红壤实验站为例，不断完善"顶林、腰果、谷农、塘鱼"立体种养模式，丘顶部种植马尾松、湿地松等用材林和水保林；丘岗中部种植经济型水果和作物（如柑橘、甜柿、葡萄、油茶、花生、油菜等）；塘麓种植粮食作物和饲料（如水稻、玉米、牧草等），发展家畜家禽养殖和沼气；池塘养鱼，配合人工小湿地处理和循环利用养殖废弃物。基于线性规划模型建立了小流域立体循环模式中养分循环利用的合理配比，针对中小型养殖场（年出栏 1 200 头猪，年产生 48 t 猪粪和 360 t 冲栏水），沼气池处理有机粪尿后在果园、旱地、水田系统中循环利用养分的适宜比例为 1：6：1，年产生有机肥资源可以满足 100 亩旱地、50 亩水田和 10 亩柑橘园的养分需求，这一技术为处理该地区集约化畜禽养殖业的有机废弃物提供了解决方案。

（二）红壤酸化阻控

对红壤酸化进行阻控，是当前推动红壤地区生态系统可持续发展的重要任务，也是提升红壤地区生态系统功能的重要途径之一。

酸化土壤的改良技术主要是无机改良剂、有机改良剂的应用和生物修复技术。目前，广泛用于酸性土壤的改良剂又可分为无机类改良剂、有机类改良剂、有机—无机复合型改良剂三大类。

1. 酸性土壤的无机改良技术

目前，广泛用于酸性土壤的无机改良剂主要包括生石灰、熟石灰、石灰石粉、白云石粉、石膏、磷矿粉、磷石膏和粉煤灰等，其中应用最广泛、研究最多的是石灰类改良剂。徐仁扣（2013）将酸性土壤常用无机改良剂分为化肥类改良剂、矿物类改良剂、工业副产品类改良剂和无机复合型改良剂四大类。

化肥类改良剂主要包括各种无机肥料，如钙镁磷肥及中微量元素硅、钙肥等。钙镁磷肥对酸性土壤具有改良作用，是一种弱碱性肥料。其不仅含有磷，而且含有钙、镁等红壤较缺乏的元素。施用钙镁磷肥在供给作物营养的同时可以降低土壤酸性，易被农民接受。在酸性旱作土壤和淹水土壤中施用硅肥均能显著提高土壤的 pH。施用石灰、石膏、炉渣等钙肥可提高土壤的 pH，还可调节土壤对钙、镁等中微量元素的供应。

矿物类改良剂主要包括各种石灰石、磷矿粉等，尤其是石灰类物质，在酸性土壤改良上应用广泛。施用石灰是改良酸性土壤最有效的措施之一。石灰是碱性物质，可中和土壤中活性酸和潜性酸。大量研究表明，施用石灰可以提高土壤 pH 和交换性 Ca^{2+} 含量，降低土壤中交换性 H^+、Al^{3+} 含量，提高土壤养分有效性，降低铝和重金属元素对作物的毒害。常用的石灰类改良剂包括生石灰（CaO）、熟石灰 [$Ca(OH)_2$]、石灰石、方解石粉（$CaCO_3$）和白云石粉 [$CaMg(CO_3)_2$] 等。除了施用石灰改良酸性土壤，磷矿粉也可作为磷肥和酸性土壤改良剂用于酸性土壤中，磷矿粉只需将天然磷矿石直接磨成粉状，其能够改良酸性土壤主要是因为所含的氧化钙和硅，不仅能中和土壤酸度，还可直接增加土壤中的钙含量，提高 Ca/Al 比，降低铝毒。磷矿粉可在酸性土壤中直接施用，也可与农家肥堆沤后施用。

近年来，一些工业副产品也被应用到酸性土壤改良中，即工业副产品改良剂，如碱渣、磷石膏、硫石膏、粉煤灰和钢渣等，对酸性土壤改良起到一定的作用。碱渣富含钙、镁、钾、硅、锌、铜、钼等营养元素，可直接施用于改良酸性土壤，也可作为生产其他复合型酸性改良剂的原料。磷石膏是磷酸生产过程中产生的固体废渣，主要成分是硫酸钙，能中和土壤酸度，增加土壤中磷、钾、硫等速效养分。粉煤灰是煤炭燃烧产生的无定形铁铝与硅酸盐矿物的混合物，是燃煤厂的工业副产品，施入土壤后通过与氢离子形成硅酸来中和土壤酸度。这些工业副产品虽然在改良酸性土壤上具有较好的效果，但大多含有一定量的重金属元素，在应用过程中应考虑其潜在的环境风险。

无机复合型改良剂一般是将不同无机矿物和化肥、营养元素等混合制备而成，利用不同物料成分和性质上的互补性，在改良酸性土壤和提高土壤养分上具有良好的效果和应用前景。

2．酸性土壤的有机改良技术

有机类改良剂主要包括作物秸秆、畜禽粪便、生物质炭、培养（酿造）废渣、粉煤灰、秸秆灰、污泥等工农业有机废弃资源等，这些有机改良剂不仅会释放碱性物质中和土壤酸度，而且可以降低土壤交换性铝离子含量，减弱对植物的伤害。利用农作物秸秆等农业有机废弃物也是改良酸性红壤的重要措施。秸秆还田可阻止红壤酸化和促进作物持续增产。农作物秸秆中含有一定量的碱性物质，可中和土壤酸度，提高土壤 pH。有机物料施入酸性红壤后，释放的碱性物质在中和土壤酸度的同时，也会降低土壤交换性铝离子含量，提高土壤交换性盐基阳离子含量。但不同作物秸秆的碱含量不同，豆科作物秸秆碱含量一般高于非豆科作物，非豆科作物中油菜和玉米秸秆碱含量较高，稻草和小麦秸秆碱含量较低。施用有机物料降低土壤交换性铝离子含量，还与施入有机物料后土壤腐殖质含量的增加有直接关系，特别是与胡敏酸的形成有关。胡敏酸分子量大，聚合度高，易与铝络合形成难溶性盐类，从而降低铝活性，增加土壤交换性盐基阳离子。但也有研究表明，秸秆还田提高了土壤酸碱缓冲性能，同时显著降低了土壤 pH，认为这可能与秸秆本身的含氮量及阴阳离子组成有关。因此，有机物料对土壤酸度的改良效果主要与其碱性物质含量和元素组成以及土壤自身的理化性质有关。

有机—无机复合改良技术是将有机改良剂和无机改良剂配合施用，一般是将不同无机矿物、化肥、营养元素等混合制备而成，添加上述一种或者多种有机物料，利用不同物料成分和性质上的互补性，在改良酸性土壤和提高土壤养分上具有良好的效果。在酸性土壤改良过程中采用这种技术比单施有机改良剂或单施无机改良剂的改良效果更好。红壤地区稻草、油菜秸秆、花生秸秆和紫云英绿肥等资源丰富，可将这些有机物料粉碎后与石灰、碱渣等物质配合用于酸性红壤的改良。

3．酸性土壤的生物修复技术

酸性土壤生物修复主要利用土壤动物、植物和微生物对酸性土壤的修复作用和植物根系分泌物对酸性土壤进行修复改良。

蚯蚓对酸性土壤修复有一定的作用。蚯蚓的排泄物中含有较多的交换性钙、镁、钾，在某些环境下还含有碳酸钙颗粒，蚯蚓的排泄物排入土壤对土壤酸度降低有一定的效果；当在土壤中施用酸性土壤改良剂时，蚯蚓的活动还有利于改良剂由表层向下扩散，降低下层土壤的酸度。一些耐酸微生物与水生植物的根共生，在根系周围形成保护层，可降低氢和铝对根系的毒害，微生物保护根系分泌氨分子，也可中和根际环境的酸度。

利用作物吸收硝态氮和根系释放氢氧根可在一定程度上阻控土壤酸化。对已发生严重酸化的土壤，施用硝态氮肥的同时配合种植西红柿、玉米和小麦等喜硝植物，可以提高土壤 pH，达到修复酸化土壤的目的。

4．生物质炭在酸性土壤改良修复中的应用

近年来，生物质炭在酸性土壤修复中的应用成为酸化土壤修复改良的热点研究问题。生物质炭是在厌氧或完全绝氧条件下将生物质进行加热生成的含碳丰富的固体物质。生物质炭一般呈碱性并含有丰富的盐基阳离子。生物质炭中的碳酸盐可以直接中和土壤酸度，从而提高土壤 pH，还可提高土壤的盐基饱和度和土壤酸碱缓冲容量，以及对养分离子的吸持能力，改良酸性土壤。制备生物质炭的材料包括各种农业和工业有机废弃物、畜禽粪便、城市固体垃圾、木屑等，但大部分来自农业废弃物。在不同温度下制备的生物质炭对土壤酸度中和作用的机理有所不同，低温下制备的生物质炭主要通过阴离子缔合作用修复和改良酸性土壤，高温下制备的生物质炭主要通过碳酸盐中和作用修复和改良酸性土壤。

（三）红壤肥力提升

我国对红壤地力提升进行了长期的研究，20 世纪 50—70 年代就提出了种植绿肥、施用农家肥和施用磷肥改良红壤地力的技术。80 年代开始在全国建立了多个红壤施肥长期定位试验区，研究不同的有机无机肥配比、氮磷钾配比对红壤肥力变化的影响。90 年代以后，农业废弃物资源肥料化利用、缓控释肥料、高效复合肥、有机无机复合肥、微生物肥等研究成果开始在红壤地区应用，也取得了很大成效。在科学合理施肥的基础上，研究人员又提出了以"作物轮套作、林茶复合种植、浅耕秸秆覆盖、绿肥种植、结构改良"等为主要技术的红壤耕地水养扩

容技术。在实际应用中，研究人员因地制宜地提出了各种沃土技术模式，主要包括以下几种。

1．果园间种绿肥

果园间种绿肥即在果树行间种植一年生或多年生绿肥植物以覆盖园地的一种果园土壤管理方法，技术措施包括绿肥植物施肥（薄肥），并将割草覆盖园地和割草填埋相结合，可解决坡地果园土壤有机质短缺的难题，提升土壤有机质含量，提高土壤肥力；涵养水源，减少降水对园地表层土壤的冲刷，防止水土流失。

2．茶园增施微肥

茶园增施微肥即在茶树有机无机平衡施肥的基础上，增施镁肥和硼肥，在茶树行间套种豆科牧草，可以提高茶园土壤 pH，提高有机质、全氮和碱解氮含量，从而提高春秋两季鲜茶青总产量。

3．植烟土壤轮间作

植烟土壤轮间作即烤烟间作花生或甘薯（或红苕、大豆、马铃薯等），次年在种植花生或甘薯的土壤上种植烤烟，反复交替种植的就地轮间作模式，用养结合，可显著提高烤烟产量、植烟土壤总产值，有效减轻烤烟青枯病的发病率。此模式适用于云南省、贵州省、重庆市的植烟土壤，效果较好。

4．旱作物间轮套种植模式

各地区根据气候特征、农作物种植制度，形成了多种种植模式，如花生/甘薯间作、玉米/甘薯间作、"冬菜—花生"→"大豆—芝麻"→"冬菜—甘薯"复种轮作等技术模式，适用于闽、赣、浙一带。此模式不仅能够较好地克服连作障碍，而且能够改良土壤，提高作物产量和种植效益。

5．耕作栽培技术

耕作栽培技术即通过农艺措施配合改良剂来改善土壤耕层结构和理化性状、提高作物产量的一种模式。在合理复种轮作的基础上，浅耕秸秆覆盖并结合冬种绿肥、有机无机肥料配施、施用土壤改良剂，可改善红壤旱地土壤结构板结、通气不良、保水保肥能力差、结构差的情况，在一定程度上能够提高土壤保水保肥能力，显著增加土壤氮库、磷库和碳库，同时能显著增加土壤阳离子交换量，并缓解土壤酸化问题。

五、结语

我国在红壤开发利用和生态环境治理方面进行了长期不懈的实践和探索，取得了丰富的经验和显著的经济效益、社会效益、生态效益。

当前红壤地区生态系统仍然面临着水土流失局部区域加重和新增面积不断增加、土壤酸化加速、土壤肥力贫瘠等问题，红壤地区生态系统建设和环境综合治理任务仍然艰巨。

水土流失综合治理需要将生态工程模式、生态技术模式、生态农业模式三者有机融合，形成治理技术集成与政策配套组合的模式。在土壤酸化调控方面，要特别关注具有潜在酸化趋势土壤的酸化阻控研究，研发新技术、新措施，减缓土壤的酸化进程；将化学方法、物理方法、生物学方法与农艺措施相结合，建立综合调控技术，实现对红壤加速酸化的长效控制。在红壤肥力提升方面，则应将物理的、化学的、生物的土壤培肥措施综合利用起来，实行化肥与有机肥结合，发展生物、生态培肥技术，实现红壤绿色培肥、绿色发展。

总之，推进红壤地区生态系统的保护、修复与建设，实现"清洁红壤""绿色红壤"，并最终实现"美丽中国"的战略目标，是未来发展的方向。只要朝着这个目标努力，红壤地区生态系统结构将更加合理，功能将更加强大，发展将更加持续。

参考文献

[1] 聂坤照. 南方红壤丘陵区 NDVI 时空变化及其影响因素研究[D]. 武汉：华中农业大学，2018.

[2] 漆智平，张黎明，桑爱云，等. 海南水稻土有机质的时空变异[J]. 中国农学通报，2007（7）：547-551.

[3] 谢锦良. 部分水稻土养分变化趋势的抽样调查[J]. 浙江农业科学，2003（6）：39-41.

[4] 蒋毅敏. 桂林市水稻土养分状况研究[J]. 土壤肥料，2001（6）：12-15.

[5] 蒋端生. 红壤丘陵区耕地肥力质量演变规律及其影响因素研究[D]. 长沙：湖南农业大学，2008.

[6] 王伯仁，徐明岗，文石林. 长期不同施肥对旱地红壤性质和作物生长的影响[J]. 水土保持学报，2005（1）：97-100.

[7] 徐明岗. 镁肥南方红壤不可缺[J]. 农村实用技术，2005（7）：34.

[8] 陈建生. 广东省耕作土壤主要养分障碍及其对策[J]. 广东农业科学，2001（1）：30-32.

[9] 史志华，蔡崇法，王天巍，等. 红壤丘陵区土地利用变化对土壤质量影响[J]. 长江流域资源与环境，2001（6）：537-543.

[10] 江泽普，韦广泼，谭宏伟. 广西红壤果园土壤肥力演化与评价[J]. 植物营养与肥料学报，2004（3）：312-318.

[11] 江泽普，韦广泼，谭宏伟，等. 广西红壤果园土壤肥力时空分异与评价[J]. 土壤肥料，2004（4）：10-13.

[12] 梁音，张斌，潘贤章，等. 南方红壤区水土流失动态演变趋势分析[J]. 土壤，2009，41（4）：534-539.

[13] 钟子知，邓城佑，张文超. 综合治理使五华县生态环境大改善[J]. 中国水土保持，2006（3）：45-46.

[14] 廖宝生. 强度水土流失区种植类芦后林地生物多样性变化分析[J]. 亚热带水土保持，2005，17（3）：30-32.

[15] 宋月君，杨洁，旺邦稳，等. 塘背河小流域水土保持生态建设成效分析[J]. 中国水土保持，2012（4）：63-64.

[16] 莫明浩，谢颂华，聂小飞，等. 南方红壤区水土流失综合治理模式研究——以江西省为例[J]. 水土保持通报，2019，39（4）：207-213.

[17] 龚云龙. 南方红壤丘陵区坡改梯后土壤水分概况分析[J]. 亚热带水土保持，2018，30（4）：17-21.

[18] 孙昕. 南方红壤区典型小流域水土保持综合效益评价[D]. 南京：南京林业大学，2009.

[19] 刘光德，李其林，等. 三峡库区面源污染现状与对策研究[J]. 长江流域资源与环境，2003，12（5）：462-466.

[20] 刘守龙，黄道友，吴金水，等. 典型红壤丘陵区土壤氮素含量及其分布的演变规律[J]. 植物营养与肥料学报，2006，12（1）：12-17.

[21] 吴华林，沈焕庭. 我国洪灾发展特点及成灾机制分析[J]. 长江流域资源与环境，1999，8（4）：445-451.

[22] 史德明. 长江流域水土流失与洪涝灾害关系剖析[J]. 土壤侵蚀与水土保持学报，1999，5（1）：1-7.

[23] 胡健民，胡欣，左长清. 红壤坡地坡改梯水土保持效应分析[J]. 水土保持研究，2005，12（4）：271-273.

[24] 刘震. 我国水土保持小流域综合治理的回顾与展望[J]. 中国水利，2005（22）：17-20.

[25] 张淼，查轩. 红壤侵蚀退化地综合治理范式研究进展[J]. 亚热带水土保持，2009，21（4）：34-39.

[26] 莫明浩，方少文，杨洁，等. 红壤小流域水土治理模式及其环境效益分析[J]. 江苏农业科学，2017，45（7）：284-286.

[27] 潘竟虎，魏宏庆. 区域水土保持生态修复模式及效果评价：以长江流域两河上游为例[J]. 中国生态农业学报，2008，16（1）：192-195

[28] 卢晓香. 长汀县水土流失综合治理实施"大封育小治理"模式探讨[J]. 福建水土保持，2002（3）：30-32.

[29] 周万龙. "大封禁小治理"加快水土保持生态建设[J]. 中国水土保持，2002（2）：5-6.

[30] Zou Jingdong, Liu Wenjing, Wang Jingsheng, et al. A study of the Qianyanzhou mode in the subtropical red soil hilly region of China[J]. Journal of Resources and Ecology，2018，9（6）：654-662.

[31] 周萍，文安邦，贺秀斌，等. 三峡库区生态清洁小流域综合治理模式探讨[J]. 人民长江，2010，41（21）：85-88.

[32] 何文健，史东梅. 重庆市饮用水源地生态清洁型小流域构建原理及技术体系[J]. 水土保持研究，2016，23（6）：369-373，380.

[33] 孙昕. 南方红壤区典型小流域水土保持综合效益评价[D]. 南京：南京林业大学，2009.

[34] 林盛. 南方红壤区水土流失治理模式探索及效益评价[D]. 福州：福建农林大学，2016.

[35] 肖胜生，杨洁，方少文，等. 南方红壤丘陵崩岗不同防治模式探讨[J]. 长江科学院院报，2014，31（1）：18-22.

[36] 许礼哲，卢鸿畴. 种植麻竹治理崩岗的实验研究[J]. 水土保持通报，1994，14（5）：19-25.

[37] 廖建文. 广东省崩岗侵蚀现状与防治措施探讨[J]. 亚热带水土保持，2005（4）：28-30.

[38] 徐礼煌，等. 香根草系统及其在中国的研究与应用[M]. 香港：亚太国际出版有限公司，2003.

[39] 郑昭欣，施悦忠. 泉州市几种崩岗治理模式的探讨[J]. 福建水土保持，2004，16（3）27-34.

[40]　赵其国. 我国南方当前水土流失与生态安全中值得重视的问题[J]. 水土保持通报, 2006, 26（2）: 1-8.

[41]　李德成, 梁音, 赵玉国, 等. 南方红壤区水土保持主要治理模式和经验[J]. 中国水土保持, 2008（12）: 54-56.

[42]　王建华, 罗嗣忠, 叶冬梅. 赣南山地水土保持生物措施效益研究[J]. 中国水土保持科学, 2008, 6（5）: 37-43.

[43]　明廷柏, 李爱华, 袁知雄, 等. 油茶幼林不同套种模式与综合效益分析[J]. 林业工程学报, 2012, 26（4）: 98-101.

[44]　郑平. 林下经济的主要模式及优劣分析[J]. 绿色科技, 2019（11）: 220-221.

[45]　张发根, 范伟青, 傅金贤, 等. 毛竹林下仿野生种植白及技术探讨[J]. 绿色科技, 2019（7）: 227-228.

[46]　陈永奎. 紫花苜蓿栽培技术[J]. 农民致富之友, 2016（12）: 183.

[47]　福建省长汀县水土保持事业局. 草—牧—沼—果循环模式与长汀水土保持实践[J]. 亚热带水土保持, 2007, 19（1）: 27-30.

[48]　张秀青, 龙雯, 叶丹. 广西生态农业存在的主要问题及对策初探[J]. 广西大学学报（哲学社会科学版）, 2008（30）: 307-308.

[49]　王建新. 广东都市休闲农业发展现状及分析[J]. 广东农业科学, 2008（9）: 169-171.

[50]　徐红. 对我国发展生态农业问题的思考[J]. 安徽农业通报, 2008, 14（21）: 14-16.

[51]　胡建民, 左长清, 杨洁. 小流域"猪沼果"生态治理模式及其效益分析[J]. 水土保持通报, 2005, 25（5）.

[52]　赵其国. 开拓资源优势, 创新研发潜力, 为我国南方红壤地区社会经济发展作贡献——纪念中国科学院红壤生态实验站建站30周年[J]. 土壤, 2015, 47（2）: 197-203.

[53]　孙波, 梁音, 徐仁扣, 等. 红壤退化与修复长期研究促进东南丘陵区生态循环农业发展[J]. 中国科学院院刊, 2018, 33（7）: 746-757.

[54]　鲁艳红, 廖育林, 聂军, 等. 我国南方红壤酸化问题及改良修复技术研究进展[J]. 湖南农业科学, 2015（3）: 148-151.

[55]　徐仁扣. 酸化红壤的修复原理与技术[M]. 北京: 科学出版社, 2013.

[56]　赵明, 蔡葵, 孙永红, 等. 石灰和硅肥对非污染土壤Cd有效性和花生Cd含量的影响[J]. 农业环境科学学报, 2012, 31（9）: 1723-1728.

[57] 杨丹，刘鸣达，姜峰，等. 酸性和中性水田土壤施用硅肥的效应研究 Ⅰ. 对土壤 pH、Eh 及硅动态的影响[J]. 农业环境科学学报，2012，31（4）：757-763.

[58] 朱洪霞，狄彩霞，王正银，等. 钙对酸性土壤不同品种莴苣产量和品质的效应[J]. 西南农业大学学报（自然科学版），2005，27（4）：456-458，463.

[59] Xu R K，Xiao S C，Jiang J，et al. Effect of amorphous $Al(OH)_3$ on the desorption of Ca^{2+}, Mg^{2+} and Na^+ from soils and minerals as related to layer overlapping[J]. Journal of Chemical Engineering Data，2011，56：2536-2542.

[60] 王代长，胡红青，李学垣. 酸性土壤上磷矿粉释磷机理与农学效应[J]. 中国农学通报，2006，22（9）：242-245.

[61] Wang N，Li J Y，Xu R K. Use of various agricultural by-products to study the pH effects in an acid teagarden soil[J]. Soil Use and Management，2009，25：128-132.

[62] 张永春，汪吉东，沈明星，等. 长期不同施肥对太湖地区典型土壤酸化的影响[J]. 土壤学报，2010，47（3）：465-472.

[63] Baker G H，Barrett V J，Carter P J，et al. Abundance of earthworms in soils used for cereal production in south-eastern Australia and their role in reducing soil acidity//Plant-Soil Interactions at Low pH：principles and management[J]. Developments in Plant and Soil Sciences，1995，64：213-218.

[64] 万青，徐仁扣，黎星辉. 酸性条件下氮素形态对西红柿根系羟基释放的影响[J]. 土壤，1999，43（4）：554-557.

[65] Yuan J H，Xu R K，Zhang H. The forms of Alkalis in the biochar produced from crop residues at different temperatures[J]. Bioresource Technology，2011，102：3488-3497.

[66] 刘晓利，孙波，梁音，等. 中国科学院红壤生态实验站长期监测研究进展[J]. 土壤，2015，47（2）：278-282.

[67] 黄丹丹，李冬初，张陆彪，等. 湖南祁阳红壤实验站与英国洛桑实验站比较分析[J]. 世界农业，2014（4）：146-151.

[68] 曾希柏. 耕地质量培育技术与模式[M]. 北京：中国农业出版社，2014.

[69] 李成亮，何圆球. 低丘红壤旱地水分问题及其解决途径研究进展[J]. 土壤通报，2002，33（4）：306-309.

[70] 喻荣岗，杨洁，王农，等. 侵蚀红壤区不同水土保持措施的土壤改良效果研究[J]. 中国水

土保持，2012（7）：40-42.

[71] 林兰稳，詹银表. 广东红壤赤红壤荔枝园土壤肥力状况及改良对策[J]. 热带亚热带土壤科学，1998，7（4）：334-336.

[72] 何玉亭，王昌全，沈杰，等. 两种生物质炭对红壤团聚体结构稳定性和微生物群落的影响[J]. 中国农业科学，2016，49（12）：2333-2342.

[73] 陈先茂，章发根，邓国强，等. 红黄壤土壤结构改良剂应用效果研究[J]. 江西农业学报，2013，25（12）：86-88.

[74] 杨洁，喻荣岗，谢颂华. 水土保持措施对红壤坡地果园土壤结构和肥力的影响[J]. 安徽农业科学，2010（33）：18784-18786.

[75] 朱捍华，黄道友，刘守龙，等. 稻草易地还土对丘陵红壤团聚体碳氮分布的影响[J]. 水土保持学报，2008，22（2）：135-140.

[76] 肖润林，彭晚霞，宋同清，等. 稻草覆盖对红壤丘陵茶园的生态调控效应[J]. 生态学杂志，2006（5）：17-21.

[77] 柳开楼，李亚贞，秦江涛，等. 香根草篱和稻草覆盖对红壤坡耕地土壤肥力的影响[J]. 土壤，2015，47（2）：305-309.

红壤地区水土流失的现状、危害及其治理*

黄国勤　李淑娟

（江西农业大学生态科学研究中心，南昌330045）

摘　要：我国红壤地区水土流失严重，且具有斑点状分布、隐蔽性强、潜在危险性大、崩岗侵蚀剧烈、林下水土流失明显，以及新增水土流失加剧等显著特征。红壤地区水土流失是由自然因素和人为因素共同作用的结果。红壤地区水土流失带来的主要危害有：养分流失，质量下降；泥沙淤积，河床抬高；水质下降，污染环境；耕地面积减少，人地矛盾突出；影响生产力提高，制约经济社会发展。为了防治红壤地区水土流失，必须综合采取工程措施、生物措施和封育措施。

关键词：水土流失　水土保持　综合治理　红壤地区

红壤地区是我国水土流失最严重的区域之一，尤其是一些山地丘陵，土壤贫瘠、水土流失剧烈、治理难度较大。据统计，长江流域以南的红壤丘陵地区水土流失面积达 67.48 万 km^2。

一、水土流失现状

红壤地区是我国水土流失最严重的区域之一，水土流失面积为 13.12 万 km^2，占土地总面积的 15.06%，其中轻度侵蚀、中度侵蚀、强度以上侵蚀水土流失面积分别占红壤地区面积的 7.03%、5.56%、2.47%。以轻度和中度侵蚀流失面积为主，共占我国南方红壤地区总水土流失面积的 83.54%，而强度以上水土流失面积占红

* 基金项目：江西省科技厅下达、中科吉安生态环境研究院委托、江西农业大学生态科学研究中心承担的科研项目"南方红壤丘陵区现代农业发展模式现状调研"阶段性成果之一。

壤地区总流失面积的 16.46%。从宏观上来看，赣南山地丘陵区、湘西山区、湘赣丘陵区、闽粤东部沿海山地丘陵区是水土流失较为严重的区域，也是较为典型的水土流失区。在红壤考察区的 8 个省区中，均有不同程度的水土流失面积分布，其中湖南的水土流失面积最大，占红壤考察区总土地面积的 4.7%；江西次之，占 3.8%；其余 6 省水土流失面积占红壤考察区总土地面积的比例均在 2% 以下（安徽省和湖北省长江以南的面积）。严重时，有深厚花岗岩风化壳的红壤地区每年土壤侵蚀模数在 1 000 t/km² 以上，仅长江上游 35.2 万 km² 水土流失区的土壤流失量就达 15.6 亿 t，年均侵蚀模数达 4 432 t/km²。

根据水土流失与生态安全综合科学考察结果，结合南方红壤地区尤其是江西省实际，目前崩岗、林下水土流失、坡耕地、坡地果园、强烈侵蚀劣地等侵蚀地块，是水土流失的主要来源，也是水土流失防治的难点。虽然自 20 世纪 50 年代起经过多年的治理，水土流失现象整体有所好转，但局部仍出现了恶化趋势。

二、水土流失特征

1．斑点状分布，隐蔽性强，潜在危险性大

红壤地区土地面积有 2.3 万 km²，土层厚度在 10 cm 以下，如果植被遭到破坏，在 10 年内很可能将土层流失殆尽，成为无法耕作的光石山，潜在危险性很大。红壤丘陵考察区水土流失多呈斑点状分布，集中连片分布的很少，这种分布特点掩盖了水土流失的现象，容易被人们忽视。对浙江省水土流失的图斑大小，以及图斑之间的相连度的分析表明，浙江省 1.37 万 km² 的水土流失面积上，共有 34.3 万个图斑，平均每个图斑仅有 0.039 km²，而且图斑之间的相连度很低，75% 的图斑面积太小，是被合并的对象。此外，水土流失是一个渐变的过程，在这个过程中人们意识不到或者不易发觉它的危害性，具有隐蔽性。一旦发生突变，其结果是基岩裸露。据调查，该区域许多陡坡耕地的表土，每年被侵蚀的深度 1 cm 左右，对于十几到几十厘米的耕作层来说，抗蚀年限很短。

2．崩岗侵蚀剧烈

崩岗是南方红壤丘陵区一种特殊的水土流失形式，主要发生在海拔 150～250 m、相对高度为 50～150 m 的花岗岩风化红壤丘陵山地上，广东省、江西省和

福建省分布较为集中。据 2005 年 4 月长江水利委员会调查统计：南方红壤丘陵考察区各类崩岗超过 20 万个，其中 88.9%的崩岗属于活动型，相对稳定型的崩岗仅占 11.1%；崩岗侵蚀沟总面积为 11.1 万 hm^2，其中活动型崩岗侵蚀面积占崩岗侵蚀沟总面积的 93.4%。崩岗侵蚀所产生的沟谷多且深，崩岗沟壑区面积有时可超过坡面面积的 50%，崩岗密度为 380 个/km^2，有的地方甚至高达 600～700 个/km^2，使地表支离破碎，如广东省五华县崩岗侵蚀面积为 190 km^2，共有大小崩岗 22 117 个，其中 38%的崩岗深度和宽度在 10 m 以上，崩岗密度约为 116 个/km^2。崩岗侵蚀面积虽然较小，但侵蚀量很大。据粗略估计，南方红壤丘陵考察区中所有崩岗区，在过去的 70～120 年，已经将 92.9 亿 t 土壤和泥沙搬出了崩岗侵蚀区域，年均产沙量约为 6 720 万 t，崩岗区平均的土壤侵蚀模数高达 5.9 万 t/（$km^2 \cdot a$），这个侵蚀模数是国家标准中剧烈侵蚀标准的 4 倍左右。

3．林下水土流失明显

保护土壤不受侵蚀，不能单靠树木本身，而应该更多地依赖于林下的枯枝落叶层、腐殖质层以及低矮的草本、灌木或苔藓层的立体庇护。南方红壤丘陵区存在大片的马尾松林、杉木林、山地茶园、果园以及桉树林，但林下缺少草本和灌木的覆盖，林地土壤的裸露程度较高，存在严重的林下水土流失问题。

马尾松林是我国南方地区分布最广的森林类型，在自然（林下植被匮乏；地形破碎，起伏较大；降水量大且集中，降水侵蚀力高；土壤可蚀性较高）和人为因素（乱垦滥伐，人工干扰）的双重作用下，有近 1/4 的马尾松群落存在严重的林下水土流失问题和不同程度的退化。

杉木是重要的商品用材树种，在南方广泛种植。20 世纪末，南方 9 省（区）（广东、广西、湖南、湖北、江西、安徽、浙江、江苏、福建）杉木林面积占全国杉木林总面积的 93.1%。杉木林下水土流失以纯林为主，其整地方式又以全垦挖穴或火烧炼山后挖穴较常见，炼山的杉木林地水土流失随降水的年分布特点而呈明显的季节性变化，雨季为严重水土流失期，雨季后期为中度水土流失期，旱季为轻度水土流失期。

近年来，南方地区桉树林面积已达 170 万 hm^2，且每年大约以 20 万 hm^2 的速度递增，主要分布在广西、广东、海南、福建、江西、湖南等省（区），是南方地区发展最为迅速的人工林。据研究，2～6 年的桉树纯林林地年土壤侵蚀模数为

1 382～2 308 t/km^2，年均土壤侵蚀模数为 1 845 t/km^2，属于轻度侵蚀，但是与荒地相比，桉树人工林种植 4 年内土壤侵蚀量约增加了 18.86%。

福建省和江西省是南方红壤区茶果园水土流失典型地区。据统计，2003 年福建省近一半（46.62%）的茶园存在水土流失现象，其面积高达 635.0 km^2；果园水土流失面积为 1 742.5 km^2，占种植总面积的 31.82%。研究表明，幼龄茶园年土壤流失量达 4 500 t/km^2 以上，土壤侵蚀强度为中度甚至极强烈，赣南脐橙果园水土流失总面积为 1 097 km^2，占果园总面积的 92%；其中轻度、中度、强烈流失面积分别占果园水土流失面积的 53.92%、33.62%、12.46%，轻度、中度流失主要发生在 3 年以上的果园，而 1～3 年果园水土流失以强烈为主。

4．新增水土流失加剧

随着区域经济的高速增长，基础设施建设和农业大规模开发项目增多，开发建设与保护生态环境的矛盾日益凸显。在开发建设过程中，大面积扰动和破坏原有地貌与植被，扰动地表土壤状况，减弱土壤抗蚀能力，造成新的人为水土流失。红壤地区造成人为水土流失的主要原因有两类：一类是非农开发项目，如城镇和开发区建设、采矿区和土石场、修建铁路及高速公路等；另一类是不合理的农业措施，如种植结构更替、陡坡开垦、大型农业开发项目等。据调查，浙江省在 2000—2005 年，12 类开发建设项目共 8 176 项，占地面积为 2 250.6 km^2，其中在山区的建设项目占地面积为 721 km^2，丘陵区的建设项目占地面积为 885 km^2。这些项目的实施，不可避免地要扰动自然环境，开挖山体、采石取土等都将导致植被的破坏和新水土流失的产生。此外，由于得天独厚的自然条件和对经济效益的追求，果园和茶园发展十分迅速，现有各类园地面积超过 4.0 万 km^2，在建设初期都有不同程度的水土流失产生。

三、水土流失成因

水土流失是自然因素和人为因素共同作用的结果。红壤地区低山和丘陵交错，山地面积占总面积的 33.8%，丘陵面积占总面积的 26.7%，岗地面积占总面积的 11.4%，三者合计占70%以上，地形起伏大，坡度陡，为地表径流提供了巨大的冲刷势能。区域内雨量充沛，强度大，降水集中，多以台风暴雨出现，有时一次降水量可达 200～300 mm，高强度的降水和短时间形成的径流对地表土壤的破坏作用非常显著，极易诱发严重的水土流失。严重的土壤侵蚀往往就发生在几场暴雨之中，一次大的降水引起的流失量有时可超过全年流失量的 60%，输沙量则可超过全年输沙量的 50%。红壤地区气温高、辐射热量大，且高温和多雨同季，风化作用强烈，形成了结构松软、抗侵蚀能力差的深厚风化物，可蚀性大。农耕历史悠久，自然植被破坏严重，也是诱发水土流失的原因，加上该区域人口密度大、耕地面积少，人地矛盾突出、社会经济发展迅猛，坡耕地开垦、坡园地开发、农村薪柴需求、矿石开采以及各类开发建设活动强度大，加剧了新的人为水土流失的发生。

四、水土流失危害

1．养分流失，质量下降

红壤地区每年因水土流失带走的氮、磷、钾总量约为 128 万 t，其中氮约为 80 万 t。侵蚀红壤的有机质含量大多低于 5 g/kg，水解氮大多低于 50 mg/kg，速效磷大多低于 5 mg/kg，有些侵蚀土壤的速效磷含量甚至检出等级仅为痕迹，土壤质量下降，土地生产力降低。

2．泥沙淤积，河床抬高

红壤地区水土流失导致泥沙淤积河道和水库，抬高河床，影响航运，减少蓄水库容，防洪能力相应下降。水土流失地区在同样的降水条件下，发生洪涝灾害的可能性增大、频率增高，出现小流量、高水位、大险情的现象。由于泥沙淤积，福建、江西等省的内河航运在 10 年间缩短了 1/4。福建省淤积废弃的山塘和水库总库容超过 1 550 万 m³，被泥沙淤塞的大小渠道长达 1.53 万 km，大大削弱了输水、灌溉与发电能力。广东省韩江上游的梅江受泥沙淤高的河道达 379 段，支流五华河、宁江在 1980—1985 年河床已高出田面 0.5～1.0 m，成为地上河。湖南省的河流长达 5 km 以上的有 5 431 条，其中约有 10%的河流淤积特别严重，有的河流已经形成地上悬河。

3．水质下降，污染环境

水土流失使泥沙随径流进入水体，使河流、水库浑浊度和养分负荷增加。据推算，每年该区域有 580 万 t 氮和 110 万 t 磷通过径流进入水体，影响水质，易引起水体富营养化。

4．耕地面积减少，人地矛盾突出

据估算，南方红壤丘陵考察区 1984—2004 年耕地面积减少了 232 万 hm²，其中多数地区因水土流失导致耕地减少的比例在 10%左右，加剧人地矛盾。

5．影响生产力提高，制约经济社会发展

严重的水土流失导致耕地面积下降、土壤质量下降，影响当地生产力，严重制约当地的农业和经济的可持续发展，加剧农村贫困并制约脱贫进程。据统计，南方红壤丘陵考察区共有 48 个国家级贫困县，这些贫困县基本上都分布在水土流失严重的丘陵山区。

五、水土流失治理

自 20 世纪 50 年代以来，红壤地区的水土流失治理工作持续至今，坚持"控增量，减存量"的原则，不断探索新技术，已经初步取得成效。目前水土流失的主要防控技术大致分为工程措施、生物措施、封育措施三类。

从工程措施来看，主要有：①坡面治理工程，包括坡改梯工程、坡面水系工程（如排灌沟渠、蓄水池窖、沉沙池等）和田间道路工程，主要开垦水平沟，结合水平台地等措施加以组合配置。②沟道防护工程，在沟道建设一系列的拦沙坝和谷坊群，并在沟岸扩张和沟头溯源侵蚀严重的沟道栽种刺槐等植物，进行多层拦蓄，防止沟道下切，减少入河入库泥沙，进一步巩固退耕还林还草和生态自然修复的成果。③疏溪固堤工程，在流域面积在 10 km² 以内，沟道比较开阔并且保护农田面积较大的小流域沟道上疏浚河道，清理沟道中的淤积物，提高防洪能力，减轻山洪灾害，稳定退耕还林还草成果。④治塘筑堰工程，主要是清淤山塘，疏通排灌沟渠，并根据农田灌溉需要和部分地方人畜饮水需求，新建部分塘堰，以改善农业生产条件，提高小流域的减沙率。⑤崩岗治理工程，针对不同类型的崩岗实施相适宜的治理工程。

从生物措施来看，主要通过植树种草，并结合发展经济植物和畜牧业，提高地面森林覆盖率，保持水土与涵养水源，包括种植水土保持林、经济林果和种草等具体措施。如实行封育措施，在具有一定数量母树或根蘖更新能力较强植物的中轻度水土流失区，主要包括划定封禁区域周边界线，设立封禁标志碑牌，实施全封、轮封、半封或季节性封育管护，采取抚育管理、补植补种、舍饲养畜、沼气池建设、草场改良、围栏建设和生态移民等措施。

参考文献

[1]　黄国勤，赵其国. 红壤生态学[J]. 生态学报，2014，34（18）：5173-5181.

[2]　梁音，张斌，潘贤章，等. 南方红壤丘陵区水土流失现状与综合治理对策[J]. 中国水土保持科学，2008（1）：22-27.

[3]　莫明浩，谢颂华，聂小飞，等. 南方红壤区水土流失综合治理模式研究——以江西省为例[J]. 水土保持通报，2019，39（4）：207-213.

[4]　赵其国. 我国南方当前水土流失与生态安全中值得重视的问题[J]. 水土保持通报，2006（2）：1-8.

[5]　梁音，张桃林，史德明.南方红壤丘陵区土壤侵蚀评价[M]//中国科学院红壤生态实验站，红壤生态系统研究：第3集. 北京：中国农业科技出版社，1995：50-56.

[6]　鲁胜力. 加快花岗岩区崩岗治理的措施建议[J]. 中国水利，2005（10）：44-46.

[7]　何圣嘉，谢锦升，杨智杰，等. 南方红壤丘陵区马尾松林下水土流失现状、成因及防治[J]. 中国水土保持科学，2011，9（6）：65-70.

[8]　何绍浪，何小武，李凤英，等. 南方红壤区林下水土流失成因及其治理措施[J]. 中国水土保持，2017（3）：16-19.

[9]　王维明，林敬兰，陈文祥，等. 福建省山地水土流失现状及其防治对策[J]. 中国水土保持，2005（7）：28-29.

[10]　陈小英，查轩，陈世发. 山地茶园水土流失及生态调控措施研究[J]. 水土保持研究，2009，16（1）：51-54.

[11]　孙永明，叶川，王学雄，等. 赣南脐橙果园水土流失现状调查分析[J]. 水土保持研究，2014，21（2）：67-71.

[12]　江涛，刘祖发，陈晓宏，等. 广东省水库富营养化评价[J]. 湖泊科学，2005（4）：378-382.

[13]　李小强，李相玺，孟菁玲. 江西省崩岗侵蚀防治对策[J]. 江西水利科技，2002（4）：256-258.

[14]　林福兴，黄东风，林敬兰，等. 南方红壤区水土流失现状及防控技术探讨[J]. 科技创新导报，2014，11（12）：227-228.

我国水土流失的现状及其治理对策

郑　琛[1]　黄国勤[1, 2*]

（1. 江西农业大学农学院，南昌330045；

2. 江西农业大学生态科学研究中心，南昌330045）

摘　要：当前，我国水土流失具有面积大、分布广、形式多样、类型复杂、危害大、损失重的特点。水土流失治理需要遵循综合性原则、地域性原则、科学性原则、群众性原则和持续性原则。我国水土流失治理应采取以下措施：①推进水土保持工程的建设；②加强水土流失治理和生态环境修复技术的创新与研发；③加大水土流失治理与生态环境建设的宣传力度，提高公众认知度；④建立健全政府部门监督执法体系。

关键词：水土流失　水土保持　生态环境建设　生态环境修复　可持续发展

一、引言

　　水是人类生存必不可少的物质，是社会发展和进步的重要因素，是维持社会经济发展不可代替的自然资源。水资源的枯竭就意味着生命的灭绝。作为万物生长基础的土壤，也是人类必不可少的生存条件。我国的水土资源具有地域结构分布不均、水土资源地域性明显的特征。近年来，人类为了生存和发展无节制地向大自然索取，导致水土流失加剧、生态恶化、洪灾泛滥、河道断流、绿洲消失、沙尘暴肆虐等一系列生态灾难的发生，人与自然的矛盾十分尖锐。随着我国经济社会的快速发展，对水土保持工作也相应提出了更高的要求，加强水土流失防治，

*　通信作者：黄国勤，教授、博导，E-mail：hgqjxes@sina.com。

基金项目：江西农业大学生态学"十三五"重点建设学科项目。

遏制我国生态恶化势在必行。因此，分析我国水土流失的现状及其危害，并提出水土流失治理的相关措施，对有效缓解水土流失、实现可持续发展的目标具有重要意义。

二、我国水土流失现状与特点

作为世界上水土流失最严重的国家之一，我国山丘面积比重大，土壤抗蚀力差，垦殖面积大，植被面积小，降水时空分布不均、强度大，风力作用强。当前，我国水土流失具有以下特点：

1．面积大，分布广

水利部年度水土流失动态监测结果显示，2018 年我国水土流失面积 273.69 万 km²，占全国土地面积的 28.6%。其中轻度水土流失面积占总水土流失面积的 61.5%，中度及以上水土流失面积占总水土流失面积的 38.5%。从西部、中部、东部地区分布来看，西部地区水土流失最为严重，占全国水土流失总面积的 83.7%；中部地区次之，占全国水土流失总面积的 11%；东部地区最轻，占全国水土流失总面积的 5.3%。

2．形式多样，类型复杂

侵蚀形式多样，如水力侵蚀、风力侵蚀、冻融侵蚀及滑坡、泥石流等重力侵蚀，其特点各异，相互交叉，成因复杂。从全国省份分布来看，水力侵蚀在全国 31 个省（区、市）均有分布，风力侵蚀主要分布在"三北"地区。青藏高原以冻融侵蚀为主，西部干旱地区风沙区和草原区风蚀非常严重，西北半干旱农牧交错带则是风蚀、水蚀共同作用区。

3．危害大，损失重

严重的水土流失造成耕地面积减少，草原退化、沙化、碱化程度加剧；泥沙淤积江河湖库，水利设施调蓄功能和天然河道泄洪能力下降，加剧洪涝灾害；水资源综合开发利用受到影响，水资源随泥沙大量下泄，加剧了水的供需矛盾；生态环境和生产条件恶化，造成严重的经济损失，且危及生态安全。

三、水土流失治理的原则

1．综合性原则

水土流失是由多种因素造成的，涉及多个方面。水土流失治理则是一个较复杂的过程，需要各方面协调，实行综合治理。

2．地域性原则

不同地区水土流失及生态环境的破坏情况不同，要结合区域特征，因地制宜地进行生态环境修复和水土流失治理。

3．科学性原则

土壤、水资源与生态环境之间相互联系、相互影响。为了提高水土流失治理效果，需要应用多种生态学的原理，包括与生态系统恢复关键因子确定相关的限制因子原理、与物种空间配置确定相关的种群密度制约和分布格局原理、与生态系统中物种及其位置确定相关的生态位原理、与缩短生态系统恢复时间相关的演替理论以及植物入侵理论等。

4．群众性原则

水土流失治理关系到每一个公民的切身利益，需要提高公民的生态环境意识和水土保持意识，并充分发挥群众在水土流失治理和生态环境修复工作中的积极性和创造性。

5．持续性原则

水土流失治理和生态环境建设是一个长期的、复杂的过程。这意味着我们需要持久的努力来治理水土流失、改善生态环境，促进生态系统的平衡，实现可持续发展。

四、水土流失治理的措施

1．推进水土保持工程的建设

因地制宜地开展水土保持建设是防止水土流失的重要举措之一。如梯田，将山区坡度较大的土地进行平整，使之成为小块平整的土地，以减少因雨水冲刷造成的水土流失和土壤贫瘠化，所以梯田建设成为山区防止水土流失的重要措施。另外，在山区海拔较低的地区建设水窖和水坝实施蓄水，将雨水收集管理用于旱季的灌溉，一方面能够缓解干旱地区的缺水问题，另一方面也能减少雨水造成的水土流失。此外，生态修复技术应用的要点在于植被的选择与应用。在选择植物品种时要遵守最小干预原则，尽可能利用当地材料恢复健康、良好的生态系统；植物品种还需多样化选择，单一品种会导致病虫灾害频繁发生且影响植物层次性和景观多样性，并最终影响修复效果。

2．加强水土流失治理和生态环境修复技术的创新与研发

科学技术是第一生产力，而目前我国水土流失治理和生态环境修复的研究仍在初级阶段，即退耕还林和种植草皮。我们需要充分利用现代科技促进水土保持和自然环境修复工作，利用科学技术来建设生态文明，促进资源可持续利用，提升生态自然修复的科技水平。需要注意的是，水土流失治理和生态环境修复技术的创新与应用既要遵循自然演替规律，又要满足用户的不同需求。具体要求：一是水土流失治理和生态环境修复技术的适用性，要能满足我国不同地域水土保持的需要，并实现水土问题的高效治理；二是新技术的应用需具有生态保护及优化环境的功能，既能调节相应地区的小气候，又能通过吸收灰尘和有害气体有效保护环境。

3．加大水土流失治理与生态环境建设的宣传力度，提高公众认知度

水土流失治理是生态环境修复和建设的重要内容，生态环境修复和建设则是实现可持续发展的关键步骤。由于人们对水土流失治理、生态环境修复理念认识不到位，导致其在实际应用中并不广泛。要提升水土流失治理和生态环境修复技术的应用水平，应加强水土保持的宣传和教育，从观念上转变人们的思想认识，尽可能让公民了解如今生态环境所面临的严峻状况，树立人人有责的观念，为水土保持及生态环境修复技术应用创造良好的环境氛围。同时，宣传工作不仅要有详细的计划和具体的方案及负责人员，还要充分利用网络等平台来开展宣传，发挥宣传的实际效果。

4．建立健全政府部门监督执法体系

为了使水土流失治理和生态环境建设的各项政策与措施顺利推行，政府的监督必不可少。首先，我国应建立一套完善的监督体系，政府及相关部门严格遵守，

加大水土保持以及生态环境保护法律的执行力度，确保水土保持和生态建设的有序进行。其次，相关部门应该加强对工业园区、建筑、电力以及化工等企业的监管，禁止随意丢弃废弃物以及随意排放"三废"等，加大对违法行为的惩处力度，进而增强生态环境保护的效果，为水土保持和生态修复提供可能。最后，应建立举报奖励制度，发挥群众的监督作用，积极引导群众对违规行为进行检举，并给予适当的奖励。

五、结语

水土流失会对生态环境造成严重的破坏。进行水土流失治理和生态环境建设是一项长期的、复杂的过程，关系到我国的经济发展与社会进步，关系到广大人民群众的切身利益。在治理措施上要全面规划，工程措施、生物措施和农耕措施因地制宜、科学配置。在实际操作中一定要全面正确地理解水土流失治理和生态环境建设的丰富内涵，尤其是对生态环境建设和修复工程的定位要准确，治理措施要具体。同时，国家需要制定有力的措施确保水土保持和生态建设的效果，并通过加强监管确保措施落实的效果；通过加强宣传提高全民的生态建设意识，使人们在明确水土流失治理和生态环境建设重要性的基础上，为生态文明建设贡献自己的一份力量。

参考文献

[1]　中华人民共和国国家统计局. 中国统计年鉴（2019年）[M]. 北京：中国统计出版社，2019.

[2]　刘震. 中国的水土保持现状及今后发展方向[J]. 水土保持科技情报，2004（1）：1-4.

[3]　黄国勤. 江西生态系统研究[M]. 北京：中国环境出版社，2016.

我国土壤污染现状及其对策

袁嘉欣　黄国勤*

（江西农业大学生态科学研究中心，南昌330045）

摘　要：土壤是一个国家最重要的物质资源，它是农业发展的物质基础，是人类赖以生存的主要自然资源之一。随着我国工农业的发展，造成了土壤的严重污染，农业生态环境迅速恶化。本文对我国土壤污染的状况进行了一些探讨，分析了土壤污染的主要类型并提出一些具体建议。

关键词：土壤污染　主要类型　基本特征　防治对策

随着我国经济的快速发展，不断扩大的人口规模及城市规模造成的工业固体废物以及生活垃圾越来越多，开始向农业环境转移并对农业土壤的安全性造成严重威胁。我国是一个人口大国，但人均耕地面积少，只有大力保证农业的发展、提高土地利用率，才能维护社会的稳定发展。所以，我们一方面要保障土地的使用安全、不受污染；另一方面要杜绝土地的不合理开发。

一、土壤污染的产生

根据污染物质的性质不同，土壤污染物分为无机物和有机物两类。无机物主要有汞、铬、铅、铜、锌等重金属和砷、硒等非金属，有机物主要有酚、有机农药、油类、苯并芘类和洗涤剂类等。这些化学污染物主要是由污水、废气、固体废物、农药和化肥带进土壤并积累起来的。

* 通信作者：黄国勤，教授、博导，E-mail：hgqjxes@sina.com。

基金项目：江西农业大学生态学"十三五"重点建设学科项目。

1．不合理的污水排放

根据数据显示，人们对生活污水以及工业废水灌溉的忽视程度占九成以上，导致出现生活污水及工业废水排放不合理现象。生活污水和工业废水中含有氮、磷、钾等许多植物所需要的养分，所以合理地使用污水灌溉农田，一般可达到增产效果。但污水中还含有重金属、氰化物等许多有毒有害物质，污水如果没有经过必要的处理而直接用于农田灌溉，就会将污水中的有毒有害物质带至农田，导致污染土壤。如冶炼、电镀、燃料、汞化物等工业废水能引起镉、汞、铬、铜等重金属污染，石油化工、肥料、农药等工业废水会引起酚、三氯乙醛、农药等有机物的污染。

2．不合理的废气排放

大气中的有害气体主要是工业中排出的有毒废气，其污染面大，会对土壤造成严重污染。工业废气的污染大致分为气体污染，如二氧化硫、氟化物、臭氧、氮氧化物、碳氢化合物等；气溶胶污染，如粉尘、烟尘等固体粒子及雾气等液体粒子，通过沉降或降水进入土壤，从而造成污染。例如，有色金属冶炼厂排出的废气中含有铬、铅、铜、镉等重金属，会对附近的土壤造成污染；生产磷肥、氟化物的工厂会对附近的土壤造成粉尘污染和氟污染。

3．固体废物的丢弃

土壤污染的固体污染物主要来源是人们生活所产生的工业废物和城市垃圾。例如，各种农用塑料薄膜作为大棚、地膜覆盖物被广泛使用，如果管理不善，大量残膜碎片散落田间，则造成农田"白色污染"。这样的固体污染物既不易蒸发和挥发，也不易被土壤微生物分解，是一种长期滞留于土壤中的污染物。

4．农药和化肥的过度使用

农药能防治病、虫、草害，如果施用得当，可保证作物的增产，但它是一类危害性很大的土壤污染物，如施用不当，会造成土壤污染。喷施于作物体上的农药（粉剂、水剂、乳液等），除部分被植物吸收或逸入大气以外，约有一半散落于农田，这部分农药与直接施用于田间的农药（如拌种消毒剂、地下害虫熏蒸剂和杀虫剂等）构成农田土壤中农药的主要来源。农作物从土壤中吸收农药，在根、茎、叶、果实和种子中积累，通过食物、饲料危害人体和牲畜的健康。此外，农药在杀虫、防病的同时，也使有益于农业的微生物、昆虫、鸟类遭到伤害，破坏了生态系统，使农作物遭受间接危害。

目前，我国土壤污染的主要因素是农药和化肥的过度使用。在农业生产中，人们为了提高作物产量，大多会使用农药和化肥，但是对用量的把握还不够，导致农药和化肥残留在土壤中。

二、土壤污染的基本特征

1．长期积累性

由于土壤被污染以后污染物不会自然迁移，因此会对土壤造成深层污染。当污染物在土壤中长期大量积累以后，就会导致土壤污染表现出一定的地域性特点。

2．不可逆转性

在土壤污染物中，占据较大比重的重金属产生的污染几乎是不可逆转的，一旦发生，可能需要数十年甚至上百年才能通过自然净化。

3．强辐射性

受污染的土地可能会具有较强的辐射性，对农作物及人体产生危害。

4．治理难度相对较大

土壤污染具有积累性，导致土壤污染物很难自然降解。治理土壤污染需要消耗大量的资金和较长的时间，一般的治理方法很难见效。

三、土壤污染防治的必要性

土壤污染是日积月累造成的，与大气、河道相比，土壤和地下水污染的修复更为复杂和困难。调查结果显示，我国工业区土壤中多环芳烃含量的平均值为 4.3 mg/kg，其中大多数会致癌。土壤污染还会污染粮食作物，导致其减产等。土壤修复具有很强的紧迫性和必要性。

1．减轻环境污染的需要

土壤污染不仅会损害土壤的生态系统，还会因水力、风力等作用的影响直接进入水体或大气中，导致地下水、大气等生态环境污染。例如，空气中的扬尘大部分来自地表，当受污染的土壤因风力产生扬尘，被人体吸收后，土壤中的病原菌、放射性元素以及有机污染物等都会影响人体健康。因此，加强土壤污染修复是减轻环境污染的现实需要。

2．保障食品安全和人体健康的需要

土壤是农业生产的重要物质基础。近年来，工业化进程的加快，以及大量农药和化肥的使用，导致了土壤中重金属含量急剧上升，加重了土壤重金属污染。土壤中种植的蔬菜、水果以及粮食作物等中的砷、铬、铅以及镉等重金属物质含量超标，进入人类食物链后会直接影响人体健康，诱发各种疾病。因此，做好土壤修复工作，从源头降低重金属在食品中的含量，提高食品质量，保证食品安全，防止有毒有害农作物进入食物链，也是保障人体健康的现实需要。

3．提高农业收入的现实需要

根据公布的数据显示，目前我国每年有 1 200 万 t 的粮食受到了土壤重金属污染，由此造成每年 200 亿元的经济损失。因此，土壤重金属污染治理工作十分紧迫和必要，能有效减轻对粮食作物的影响，提高粮食产量，降低农业经济损失。

四、土壤污染的防治对策

1．防止新的土壤污染物的产生

一是加强未污染土壤的保护，防止土壤污染面积的增加。对未利用地的开发利用应遵循科学有序的原则。对于新的建设项目，尤其是排放污染物多的项目，要求对土壤进行环境影响评价，并提出防范土壤污染的具体措施。

二是对污染源进行严格监管，做好预防土壤污染的相关工作。这就要求生态环境主管部门定期对重点监管企业和工业园区周边土壤进行监测，严格执行重金属污染物排放标准，并落实相关总量控制指标。

三是推广农业的清洁生产，对农业废弃物进行二次利用。其中包括增加有机肥的施用量，科学施用农药，加强废弃农膜的回收利用，对兽药及饲料添加剂的生产和使用加以规范，开展灌溉水质监测。

四是加强土壤环境的日常监管。严厉打击非法排放有毒有害污染物的行为，开展重点行业、企业专项环境监查工作。

五是减少生活污染。实行垃圾分类投放收集和综合循环利用，促进垃圾减量化、资源化、无害化；实施生活污水治理工程。

2．针对污染土壤的不同类型采取相应措施进行修复，恢复或提高土壤生产力

一是对被重金属等无机污染物污染的土壤可以采用物理、化学、植物等方法进行修复。物理修复法主要有换土法、热处理法等；化学修复法是利用改良剂与重金属之间发生化学反应来固定、分离从而将重金属从土壤中提取出来，主要有化学固定、化学淋洗、电动修复三种方法；植物修复法是利用超富集植物对土壤中的污染物进行固定、吸收，以清除土壤环境中的污染物，达到降低或清除其有害性的目的。

二是对被有机污染物污染的土地的修复可以采用物理化学修复法、植物修复法和微生物修复法等。物理化学修复法修复被污染土壤的机理是通过溶剂洗脱、热脱附、吸附和浓缩等物理化学过程将有机化合物从土壤中去除。植物修复法是利用植物生长吸收、转化、转移污染物的原理修复土壤。微生物修复法是使部分微生物在土壤污染胁迫下，产生自然突变形成新的变种，并由基因调控产生诱导酶，在新的微生物酶作用下产生与环境相适应的代谢功能，从而对污染物进行降解。

3．加强土壤污染治理的宣传推广

在当前经济形势下，土壤污染日趋严重，土壤污染治理迫在眉睫，这不仅是政府部门的工作，也是企业和个人的责任。相关部门应加大对土壤污染防治的宣传，通过电视、广播、互联网和报纸等渠道，使公众了解土壤污染带来的危害，增强人们的治理意识。

4．鼓励社会资本投资土壤污染治理

我国还应鼓励社会资本投资土壤污染治理。我国土地面积大，土壤污染治理需要投入大量的资金，仅依靠政府财政远远不能满足土壤管理需要，应按照"谁投资、谁受益"的原则，引导和鼓励社会资本参与土壤污染治理。针对城市商业用地污染治理，社会资本在完成一部分土壤污染治理时，可以将一部分土地所有权或经营权作为补偿，社会资本所有者可以通过转售这些权利获得收益。针对农业用地，我国应鼓励有实力的企业进行投资，这样不仅能有效控制土壤污染，还有利于实现农业规模经营。

五、结语

　　土壤污染的防范与治理任重道远，针对当前土地污染防范与治理领域中存在的各种问题，迫切需要改善土壤生态环境和提高土壤利用率。在防范土壤污染方面，我国应引导社会各界力量加强合作，推动土壤污染防治立法，建立健全相关标准体系，才能有效解决土壤污染问题。在治理土壤污染方面，首先要了解土壤污染的原因，然后有针对性地进行治理，从源头上控制污染，以减少土壤污染的发生概率，促进土壤生态平衡。

参考文献

[1]　刘建福. 我国土壤污染治理制度体系的问题与对策[J]. 厦门理工学院学报，2015（4）：62-65.

[2]　姚喜军，张衍毓，王志勇. 内蒙古污染土地修复模式与对策研究[J]. 安徽农业科学，2014（31）：10951-10955.

[3]　蔡继明，陈玉红，熊柴. 城市化与耕地保护[J]. 经济学动态，2015（5）.

[4]　陈浩，杨达源，金晓斌. 石河子垦区耕地土壤污染问题分析[J]. 干旱区资源与环境，2013（2）：186-192.

[5]　陈浩. 中国耕地土壤污染问题研究简析[J]. 黑龙江农业科学，2012（9）：49-52.

[6]　钱庆英. 探讨土壤污染及农业环境保护[J]. 节能环保，2019，9（1）：34-35.

[7]　高强. 论土壤污染问题及治理措施[J]. 南方农机，2018，49（2）：200.

[8]　周世燕. 土地资源污染的有效防治和建议[J]. 山西农经，2015（3）：53-54.

[9]　丁华毅. 生物炭的环境吸附行为及在土壤重金属镉污染治理中的应用[D]. 厦门：厦门大学，2014.

[10]　毛思奇，刘奥强，徐少帅. 城市土地重金属污染分析[J]. 中国科技信息，2014（10）：36-38.

[11]　查湘义. 我国农村土地污染现状及对策[J]. 乡村科技，2018（9）：105，108.

我国土壤污染防治新阶段存在的问题及对策

李新梅　黄国勤*

（江西农业大学生态科学研究中心，南昌330045）

摘　要： 土壤污染具有隐蔽性、滞后性，而一旦出现明显的危害特征，说明已经对农产品质量、人体健康、生态环境产生了极大损害。根据发达国家土壤污染治理经验，污染预防、风险管控、治理修复的投入比例大致为1：10：100，有的污染土壤即使采取治理与修复措施，也难以完全恢复其原有结构和功能，因此必须坚持以预防土壤污染为主。

关键词： 土壤污染　防治　修复技术

一、我国土壤污染的特点及其造成的原因

随着工业化进程的不断加快，污染现状呈现不断加重的趋势，土壤污染在我国已成为亟须解决的问题。土壤污染潜伏期长，短时间内不能及时发现各种有害物质对土壤产生的危害，但从各地环境及经济发展状况来看，长期的各种污染已对当地土壤造成了不同程度的伤害。土壤、水和大气息息相关，在土壤遭受污染的同时，也会对整体环境造成较大危害，从而引发生态系统方面的一系列问题。

1. 我国土壤污染的主要特点

土壤污染主要是由于人类将日常工作和生活中的工业废料、生活垃圾等污染物遗弃到土壤中所导致的土壤质量恶化。相对于大气污染、水体污染等其他污染

* 通信作者：黄国勤，教授、博导，E-mail：hgqjxes@sina.com。

基金项目：江西农业大学生态学"十三五"重点建设学科项目。

来说，土壤污染具有隐蔽性、累积性、滞后性和不可逆性等特点。从视觉感观上来讲，土壤污染的污染源通常在地表以下，如果不经过专业的土壤样品检测试验，很难被人们所察觉，因此土壤污染具有较强的隐蔽性。另外，土壤的可移动性极低，污染源一旦进入土壤内部就很难被稀释或发生扩散，污染物质在土壤中累积，最终导致超标形成严重污染。土壤形成污染后不仅破坏了其质量和结构，污染源还会不断向下渗透污染地下水体，而地下水是人类进行灌溉和饮用的主要水源，因此土壤污染造成的危害具有不确定性，也就是污染影响的滞后性。土壤污染具有不可逆性，与大气污染和水体污染不同，土壤中有机物质产生的污染往往需要几年甚至几十年、几百年才能完全降解，也可以说土壤污染在短期内很难恢复。通过以上分析可知，一旦发生污染，很难仅通过切断污染源使土壤质量得到恢复，为了解决这一问题，往往需要进行土壤更换或者土壤冲洗。因此，土壤污染的治理和修复是一项耗时、耗力的工作。

2．造成我国土壤污染的主要因素

（1）人为因素

第一，人类对于土地资源的开发和利用缺乏合理性，在实施土地开发时，没有进行科学的规划和完善的管理，使土地受到了污染和破坏。另外，传统粗犷的农业生产方式，化肥、农药、除草剂等化学物质的过量使用都会导致土壤受到不同程度的损害，造成土壤污染。

第二，我国土地资源有限而人口众多，人均土地占有率极低，因此不得不想方设法在有限的资源上获取最多的利益。

（2）法律因素

现阶段我国对于土壤保护的法律法规还不够完善。多数法律法规都侧重某一项土壤污染的防治和修复，但是对于土壤生态系统整体性的保护却有所忽视，对土壤污染的预防规定和措施并不明显，且更侧重于事后处理和修复，缺乏一定的合理性。

（3）认识因素

人们未充分认识到土壤的重要性以及对土壤过度开发利用的危害性。在人们的意识中，土壤具有较强的公共性和较弱的私有性，所以很少有人愿意损失自身的利益去换取公众的利益。人们往往将土地的经济利用价值和功能利用价值摆在第一位，而对土壤的生命支撑价值有所忽略，没有认识到土壤更深层次、更重要的价值，以及没有充分意识到土壤污染对人类自身产生的影响和危害。

二、土壤污染的治理和修复技术

土壤污染的治理和修复技术通常采用物理修复技术、化学修复技术和生物修复技术三种。

1．物理修复技术

（1）固化稳定修复技术。这是一种向土壤中投入一定量的固化剂或稳定剂的修复方法，投入的固化剂或稳定剂与土壤中的污染物质充分结合，在一定环境作用下发生理化反应，进而改变土壤的物理性质，降低土壤的受污染程度。这种固化稳定修复技术的优点是能够在短时期内快速改善土壤的污染情况，但是它同样也存在明显的缺点，即这种改善只是在一定时间内缓解了土壤的污染情况，随着时间的推移，土壤中的污染物会进行二次释放，因此这种修复技术缺乏长久性。

（2）换土技术。换土技术是向受污染的土壤中加入新土，降低单位体积内污染物质的浓度，降低土壤污染的危害程度。这种方法起到了对污染物的稀释作用，通常适用于土壤受污染程度较轻的情况。

2．化学修复技术

化学修复技术是添加能促进土壤中污染物发生化学反应的化学试剂，去除或者降低环境中污染物的修复方式。针对污染物的特点，选用合适的化学清除剂，利用其对污染物的吸附、吸收、迁移、淋溶、挥发、扩散和降解作用，改变污染物在环境中的残留累积状态，清除污染物或降低污染物的浓度至标准范围。同时，要确保使用的化学药剂不会对环境造成二次污染。

根据作用原理不同，化学修复技术主要包括化学氧化技术、土壤淋洗技术、溶剂浸提技术、化学固化/稳定化技术等。相比较而言，化学氧化技术是一种快捷、积极，对污染物类型和浓度不是很敏感的修复方式。土壤淋洗技术对去除溶解度和吸附力较强的污染物更加有效，使用淋洗液对受污染土壤进行淋洗，淋洗后土壤中的有害污染物会从固体土壤中转移至液体洗液中，再使用一定的技术方法将土壤中含有污染物的液体进行抽取，达到减少土壤污染源、修复土壤的目的。这种方法虽然修复较为彻底，但是工作量极大，且修复成本极高，另外，淋洗液作为一种化学物质，同样会影响土壤的原有结构，降低土壤的肥力。溶剂浸提技术是一种利用溶剂将有害化学物质从污染土壤中提取出来或去除的技术，如 PCBs、油脂类等为疏水性物质，易吸附或黏结在土壤上，常规方法处理难度较大，但溶剂浸提技术可部分克服这些"瓶颈"，使土壤中 PCBs 与油脂类污染物的处理成为现实。化学固化/稳定化技术是将污染物在污染介质中固定，使其处于长期稳定状态，它是较普遍应用于土壤重金属污染的快速控制修复方法，对同时处理多种重金属复合污染土壤具有明显的优势。

3. 生物修复技术

生物修复技术是指一切以利用生物为主体的土壤污染治理技术，包括利用植物、动物和微生物吸收、降解、转化土壤中的污染物，使污染物的浓度降低到可接受的水平，或将有毒有害的污染物转化为无毒无害的物质，也包括将污染物固定或稳定，以减少其向周围环境的扩散。土壤生物修复技术主要分为植物修复技术、动物修复技术、微生物修复技术三大类。相对以上物理、化学修复技术来说，生物修复技术更加经济安全，同时不会对土壤产生二次伤害，近年来已经得到相关人员的重视，有望未来在解决土壤污染问题上广泛应用。

三、结语

总的来说，当前我国土壤污染状况不容乐观，生态环境主管部门对土壤污染防治与修复技术进行了深入的探索和研究，在实际操作中应结合土壤的具体情况，制定出一套合理、经济、有效的治理改良方案，以达到彻底解决土壤污染的目的。

参考文献

[1]　骆永明. 污染土壤修复技术研究现状与趋势[J]. 化学进展，2009，21（Z1）：558-565.

[2]　吴小华. 污染土壤修复技术选择与策略分析[J]. 智库时代，2019（16）：295-298.

[3]　易芳，龙斌，王涛. 中国土壤污染防治管理体系思考[J]. 环境科学与管理，2017，42（3）：26-29.

[4]　池道杰. 我国污染土壤修复技术及产业现状研究[J]. 中国资源综合利用，2018，36（5）：126-128.

[5]　单源源. 我国土壤重金属污染及其防治对策探析[J]. 云南化工，2019，46（5）：89-90.

[6]　施烈焰，易军，赵丽莉. 河南省农用地土壤污染防治现状与对策研究[J]. 江西农业，2019（18）：34-35.

[7]　姜欢欢，李媛媛，刘黎明，等. 美国土壤污染风险管理经验及对中国的启示[J]. 世界环境，2018（3）：41-44.

[8]　高阳，刘路路，王子彤，等. 德国土壤污染防治体系研究及其经验借鉴[J]. 环境保护，2019，47（13）：27-31.

[9]　谷庆宝，张倩，卢军，等. 我国土壤污染防治的重点与难点[J]. 环境保护，2018，46（1）：14-18.

[10]　徐永攀. 我国土壤污染防治的重点与难点[J]. 居舍，2017（25）：168.

[11]　刘秀梅. 土壤环境安全及其污染防治对策的研究[J]. 环境与发展，2019，31（7）：40-42.

[12]　吴媛媛，项正心. 土壤污染防治现状与展望[J]. 环境与发展，2017，29（3）：116-117.

[13]　彭亚远. 土壤环境安全及其污染防治对策的研究[J]. 环境与发展，2018，30（7）：37-38.

[14]　孙新宗. 浅析土壤污染防治的难点与对策[J]. 环境与可持续发展，2019，44（3）：140-142.

[15]　魏佳. 浅谈我国土壤污染原因及防治措施[J]. 农家参谋，2019（13）：19.

我国土壤重金属污染及其修复技术研究

郑　琛[1]　黄国勤[1, 2*]

（1. 江西农业大学农学院，南昌330045；

2. 江西农业大学生态科学研究中心，南昌330045）

摘　要：土壤重金属污染是近年来逐渐受到关注的社会问题，我国土壤重金属污染严重，状况不容乐观。土壤重金属污染不仅会对作物产量与品质、动物和人体健康造成严重危害，还会影响到整个环境质量。重金属污染具有难降解、易累积、隐蔽性强等特点，在很长一段时间内将是中国乃至世界需要应对的主要环境问题。本文探讨了土壤重金属污染的现状、来源和特点，总结了目前已广泛应用的重金属污染土壤修复技术，分析了各种修复技术的优缺点，以期为土壤重金属综合治理与污染修复提供科学依据。

关键词：土壤重金属污染　污染土壤修复技术

一、引言

陆地表面具有肥力、能够生长植物的疏松表层即为土壤。土壤是人类赖以生存的主要自然资源，是经济社会可持续发展的物质基础，同时也是生态环境的组成部分。土壤具有总量有限、难以再生的特点。

重金属是指单质密度大于 4.5 g/cm^3 的一类金属元素的统称，包括 Mn、Cd、Cu、Pb、Zn、Au、Ag、Co、Ni、Hg、Mo、Fe 等元素，其中 Fe、Zn 等少量元素对人体有益，但大多数重金属元素对生物体与环境均有毒害作用。砷是一种准金

*通信作者：黄国勤，教授、博导，E-mail：hgqjxes@sina.com。

基金项目：江西农业大学生态学"十三五"重点建设学科项目。

属，由于其化学性质和环境行为与重金属有相似之处，通常也归并于重金属的研究范畴。重金属污染物很难被化学或生物降解，易通过食物链在植物、动物和人体内积累，毒性大，对生态环境、食品安全和人体健康构成严重威胁。

近年来，随着人口快速增长、工业生产规模不断扩大、城市化发展的加快、农业生产大量施用化肥农药以及污水灌溉等，许多有害物质进入土壤系统从而造成土壤污染。其中，重金属污染会引起土壤的组成、结构和功能发生变化，微生物活动受到抑制，有害物质或分解产物在土壤中逐渐积累并通过食物链的富集作用对其他动物造成伤害，还可直接通过吞食、吸入、皮肤接触等方式进入人体，从而损害造血系统其至中枢系统等，损害人们的身体健康。土壤重金属污染已经成为现代生态自然环境建设需要攻克的难关。本文在分析土壤重金属污染物现状、来源及特点的基础上，评述了土壤重金属污染修复技术研究进展，旨在为重金属污染土壤的有效修复提供科学依据。

二、我国土壤重金属污染现状

由于各区域土壤类型与环境质量的多样化，我国土壤存在不同程度的重金属污染。据统计，污染的耕地面积已接近 2 000 万 hm^2，其中有近 1/5 的耕地受到了 Cd、Zn、Hg、Pb 等重金属的污染，沿海地区由于存在污水灌溉农田的状况，重金属对土壤的污染尤为明显。农业部门的调查表明，我国污灌区面积约 140 万 hm^2，遭受重金属污染的土地面积占污染总面积的 64.8%，其中轻度污染面积占污染总面积的 46.7%，中度污染面积占污染总面积的 9.7%，严重污染面积占污染总面积的 8.4%，以 Hg 和 Cd 的污染面积最大。全国目前约有 1.3 万 hm^2 的耕地受到 Cd 的污染，涉及 11 个省（市）的 25 个地区；约有 3.2 万 hm^2 的耕地受到 Hg 的污染，涉及 15 个省（市）的 21 个地区。此外，我国土壤重金属污染呈现出中部地区污染程度重，东、西部地区污染程度轻的特点。

1. 土壤重金属污染来源

按照污染源来分，我国土壤重金属污染源主要有内源污染和外源污染。不同环境条件下所形成的土壤类型也有所不同。因此，内源污染主要是由于受到植被类型、地貌特征、水文气象等因素的影响。而外源污染主要有以下几种形式：

（1）大气沉降

污染物的大气沉降是土壤重金属污染的重要途径。大气中的颗粒物可携带多种重金属元素，如 Pb、Hg、Cd、Cr、As 等，而这些重金属元素主要来源于能源、运输、冶金和建筑材料生产产生的气体和粉尘。除 Hg 以外，重金属基本上是以气溶胶的形态进入大气，经过自然沉降和降水进入土壤，从而导致土壤遭受重金属污染。对农田土壤造成重金属污染的大气沉降主要分为自然来源与人为来源，但人为来源是造成当前农田严重污染的主要原因。人口密度、土地利用率以及重工业发展程度较大都是影响该因素的原因。程珂等认为，天津郊区蔬菜地的大气沉降和土壤扬尘对蔬菜 Cd 的贡献率达到 33.7%、As 的贡献率达到 83.7%、Pb 的贡献率达到 72.8%、Cr 的贡献率为 71%。

（2）固体废物污染

固体废物种类繁多，成分复杂，不同种类的固体废物其危害方式和污染程度不同，以矿业和工业固体废物污染最为严重。这类废弃物在堆放或处理过程中，由于日晒、雨淋、水洗，重金属极易移动，以辐射状、漏斗状向周围土壤、水体扩散，这使得固体废物成为土壤重金属污染的主要原因之一。同时，在电子废物的拆解中，由于电器中含有大量重金属，且我国未形成废旧电子垃圾收集的完善体系，一般将其与普通生活垃圾一起进行简单的堆肥、焚烧处理。在某些地方采用传统手工方法拆解电子废物，造成重金属泄漏并进入耕地，从而导致土壤中大量 Hg、Cd、Zn、Mn、Ni、Fe、Cu 等重金属富集。

固体废物可通过风的传播使污染范围扩大，土壤中重金属的含量随着与污染源的距离增大而降低。如大冶冶炼厂，每年排放数千吨的粉尘，引起大冶市广大农田的污染，直径 20 km 范围内的土壤 Cr、Zn、Pb、Cd 含量均远高于背景值。

（3）农用物资施用

农药、化肥和地膜是重要的农用物资，对农业生产的发展起着重大推动作用，但长期不合理施用，也会导致土壤重金属污染。绝大多数的农药为有机化合物，少数为有机—无机化合物或纯矿物质，个别农药在其组成中含有 Hg、As、Cu、Zn 等重金属。肥料中报道最多的污染物质是重金属元素。氮、钾肥中重金属含量较低，磷肥中含有较多的有害重金属，复合肥的重金属主要来源于母料及加工流程所带入。肥料中重金属含量一般为磷肥＞复合肥＞钾肥＞氮肥。Cd 是土壤环境中重要的污染元素，随磷肥进入土壤的 Cd 一直受到人们的关注。地膜生产过程中的镉与铅等热稳定剂也是增加土壤重金属污染的原因之一。许多研究表明，随着磷肥及复合肥的大量施用，土壤有效 Cd 的含量不断增加，作物吸收 Cd 量也相应增加。

（4）污水灌溉

按来源和数量可将污水分为城市生活污水、石油化工污水、工业矿山污水和城市混合污水等。其中生活污水中重金属含量很少，但由于我国工业迅速发展，工矿企业污水未经分流处理而排入下水道与生活污水混合排放，从而造成污灌区土壤重金属 Hg、As、Cr、Pb、Cd 等含量逐年增加。随污水灌溉进入土壤的重金属，以不同的方式被土壤截留固定，主要集中于其表层，自上而下递减，并且越靠近污染源其累积量也越高。土壤表层中的一部分重金属元素会通过不同的途径进入食物链，在生物体内残留，向食物链顶端传递、堆积，逐渐传递给人类，影响着人类健康。

2．土壤重金属污染的特点

土壤重金属污染的主要特点如下：

（1）隐蔽性。土壤污染往往要通过对土壤样品进行分析化验和对农作物的残留检测，甚至要通过研究对人畜健康状况的影响才能确定。

（2）滞后性。需要漫长的时间且发生危害事件才能被人们意识到。

（3）持久性和难降解性。重金属不易被微生物降解的特点，意味着土壤重金属污染需要较长时间才能得以修复。

（4）累积性。重金属污染物进入土壤后易被吸附进而形成难溶盐或与土壤中的有机物、无机物形成配合物，从而不断累积而超标，造成毒害。

三、重金属污染土壤修复技术

现有的修复技术按类型分为物理修复、化学修复、生物修复和农业生态修复。

1．物理修复

物理修复主要包括工程措施、电动修复和热处理法。

工程措施包括客土、换土、去表土和深耕翻土等措施。客土是将干净未受污染的土壤混入受污染的土壤中以降低土壤重金属污染浓度；换土和去表土是将土壤表面移除，换上无污染、肥沃的土壤；深翻土壤，使上层土壤分散到更深层次的方法是深耕翻土。深耕翻土用于轻度污染的土壤处理，而客土和换土则用于重污染区土壤处理。这些措施对于污染土壤中重金属含量去除效率高、见效快，是最直接的措施，但成本高，工程量大，对土壤结构的破坏也大，仅适用于小面积污染的农田土壤。且土壤仍存在重金属，未彻底去除，易产生二次污染。

电动修复是指在含污染土壤的两侧插入电极，输入直流电或交流电。在电场的作用下，土壤中的重金属和无机离子沿着一定方向移动。此方法成本较低，操作简便，也不会破坏土壤结构。但易引起土壤理化性质的改变，实际操作中土体发热及 pH 等变化可能会引起设备成本增加，且电场会对土壤中的微生物造成一定影响。此方法较适用于低渗透性的黏土与淤泥土，方便控制污染物的流动方向，二次污染较少。

热处理法是指利用微波、蒸汽或红外辐射等技术加热受污染土壤，使挥发性 Se、As、Hg 等重金属从土壤中析出的方法。此外，还可把重金属污染区土壤置于高温高压下，形成玻璃态物质。此方法工艺简单，能够有效修复受 Hg、Se 污染的土壤，从根本上消除重金属。但能耗大，成本高，对难挥发的重金属修复效果较差，需对脱附的气体进行收集处理，还可能破坏土壤中有机质与结构水、产生大气污染。

2．化学修复

化学修复包括化学淋洗、固化/稳定化修复、离子拮抗等。

化学淋洗是指向土壤中加入化学溶剂，通过重金属与化学试剂之间发生的溶解、螯合及沉淀等反应，从而将土壤中的重金属转移至化学溶剂中，达到修复受重金属污染土壤的目的。淋洗剂主要有水、酸、碱等无机淋洗剂、螯合剂及表面活性剂。此方法操作便利，可处理的污染物范围广，适用于大面积、重度污染土壤的治理，尤其是在轻质土和砂质土中的治理效果较好，但对渗透系数很低的土壤治理效果不太好。如果控制不当，淋洗废液反而会造成地下水污染，产生二次污染。

固化/稳定化修复是指向土壤中加入固化/稳定化化学试剂，降低重金属的迁移能力。固化/稳定化化学试剂有生物炭、黏土矿物、碳酸钙、磷酸盐、硅酸盐和促进还原作用的有机物质等。此方法成本较低、修复快速、操作简单，适用于大面积中低度土壤污染的修复，但只是改变了重金属在土壤中的存在形态，并未将其有效根除，重金属存在再度活化造成二次污染的风险。

离子拮抗技术主要是利用重金属离子间的拮抗作用，加入对土壤和人体无害，最好是对农作物有促进作用的重金属，从而达到降低作物对有害重金属的吸收的目的。如果利用 Zn 对植物吸收 Cd 的拮抗作用，向 Cd 污染土壤中加入适量的 Zn，减少植物对 Cd 的吸收积累。

3．生物修复

生物修复是利用生物的新陈代谢作用吸收去除土壤中的重金属或使重金属形态转化，从而达到降低毒性、净化土壤的目的。生物修复包括植物修复、动物修复和微生物修复。生物修复效果好、易于操作，日益受到人们的重视，成为污染土壤修复研究的热点。

植物修复是利用植物的提取、吸收、分解、转化和固定等作用降低土壤重金属浓度。如江西红壤中生长的苋菜对镉的富集系数高达 1.165。此方法成本低、经济实用，在植物修复受重金属污染的土壤时，能起到保持周围水土环境的作用，可提高土壤中有机质的含量，改善土壤质量。但植物生长缓慢、耐性有限、修复目标单一，且根际分泌物对其他有害重金属可能具有活化作用、修复周期长。

动物修复是利用土壤中的某些低等生物（如蚯蚓等）吸收土壤中的金属。蚯蚓主要通过被动扩散和摄食两种途径富集重金属，即土壤中的重金属可从土壤溶液中穿过蚯蚓体表进入体内，或者被蚯蚓吞食进入体内，进而形成金属硫蛋白，在代谢作用下金属硫蛋白被分解成多肽，从而重金属的活性得到降解，毒性被解除。而且蚯蚓对不同重金属的吸收顺序有所不同，依次为 Zn、Cu、Pb 和 Hg。

微生物修复是利用微生物细胞中含有的—NH_2、—SH、PO_4^{3-} 等阴离子基团，通过离子交换、络合作用等与重金属离子结合，从而达到吸附土壤中重金属的目的。同时，在重金属的胁迫下微生物能够通过自身活动积极改变环境中重金属的存在状态。微生物还能够改善土壤团粒结构，改良土壤理化性质和影响植物根分泌。

4．农业生态修复

农业生态修复是合理利用和改良土壤重金属污染的综合措施，包括农艺修复和生态修复。农艺修复是指因地制宜地改变耕作管理制度来减轻土壤重金属危害，如选育抗污染品种；种植不进入食物链的植物，即花草、树木等观赏型或经济型作物；增施有机肥等。生态修复是通过调节生态因子，如土壤养分、pH 和温（湿）度等，来调控污染物所处环境介质。该技术修复效果好，但修复时间较长。

四、结语

我国土地资源短缺，土壤污染加剧了土地资源短缺的严重程度。对已污染的土地资源开展有效修复，是解决这一问题的有效途径之一。重金属污染土壤的修复技术很多，但就单一技术来看，任何一种修复技术都有其优缺点，难以达到预期效果，进而无法大力推广。土壤重金属污染修复作为一项系统工程，不仅需要土壤学、植物生理学、遗传学、分子生物学等多个学科的共同努力，还需要多种修复技术的综合应用，即将物理修复、化学修复、生物修复科学地结合起来，取长补短，才能达到更好的效果。对未受到污染的土地，有效的防治及合理的利用方式是非常重要的。

技术、资金与管理都是今后修复和治理土壤重金属污染所需要解决的关键问题。超累积植物的筛选与培育、分子生物学和基因工程技术的应用和生物修复综合技术的研究等是未来需要攻克的重点。同时，由于土壤修复所需消耗的成本较大，对于土地所有者与经营者来说承担全部修复费用是比较困难的，即使政府等相关部门以及土地开发商能够承担资金支持，但资源十分有限，很有可能出现弃耕或弃管等现象。因此，可借鉴国外治理经验，制定环境保险制度，由污染者承担主要责任。国家也要制定更为严格的标准以及出台和执行更为严厉的处罚措施，并开展分级管理，严加监管农业种植行为、污染行为。

参考文献

[1]　李培军, 刘宛, 孙铁珩, 等. 我国污染土壤修复研究现状与展望[J]. 生态学杂志, 2006（12）: 1544-1548.

[2]　王婷, 常高峰. 重金属污染土壤现状与修复技术研究进展[J]. 环境与发展, 2017, 29（1）: 33-36.

[3] Wenzel W W，Unterbrunner R，Sommer P，et al. Chelate-assisted phytoextraction using canola (*Brassica napus* L.) in outdoors pot and lysimeter experiments[J]. Plant & Soil，2003，249（1）：83-96.

[4] RAJKUMAR M，PRASAD M N V，FREITAS H，et al. Biotechnological applications of serpentine bacteria for phytoremediation of heavy metals[J]. Critical Reviews in Biotechnology，2009，29（2）：120-130.

[5] Qiu Cai，Mei-Li Long，Ming Zhu，et al. Food chain transfer of cadmium and lead to cattle in a lead–zinc smelter in Guizhou，China[J]. Environmental Pollution，2009，157（11）.

[6] 黄益宗，郝晓伟，雷鸣，等. 重金属污染土壤修复技术及其修复实践[J]. 农业环境科学学报，2013，32（3）：409-417.

[7] 樊霆，叶文玲，陈海燕，等. 农田土壤重金属污染状况及修复技术研究[J]. 生态环境学报，2013，22（10）：1727-1736.

[8] 廖玉芬. 浅析重金属污染土壤的治理途径[J]. 中国农业信息，2016（17）：3-4.

[9] 王丽娟. 土壤重金属污染的危害及修复[J]. 现代农业，2017（1）：73-75.

[10] 谢博文，王艺，赵晟雯，等. 土壤重金属污染研究综述[J]. 广州化工，2016，44（1）：21-23.

[11] 陈怀满. 土壤—植物系统中的重金属污染[M]. 北京：科学出版社，1996：27-28.

[12] 宋伟，陈百明，刘琳. 中国耕地土壤重金属污染概况[J]. 水土保持研究，2013，20（2）：293-298.

[13] 王文全，孙龙仁，吐尔逊·吐尔洪，等. 乌鲁木齐市大气 $PM_{2.5}$ 中重金属元素含量和富集特征[J]. 环境监测管理与技术，2012，24（5）：23-27.

[14] 刘磊，王宇峰，丁文，等. 浅析我国农田土壤重金属污染修复现状[J]. 科技创新导报，2019，16（15）：131-135.

[15] 程珂，杨新萍，赵方杰. 大气沉降及土壤扬尘对天津城郊蔬菜重金属含量的影响[J]. 农业环境科学学报，2015，34（10）：1837-1845.

[16] 宋玉婷，彭世逞. 我国土壤重金属污染状况及其防治对策[J]. 吉首大学学报（自然科学版），2018，39（5）：71-76.

[17] 崔德杰，张玉龙. 土壤重金属污染现状与修复技术研究进展[J]. 土壤通报，2004（3）：366-370.

[18] 崔斌，王凌，张国印，等. 土壤重金属污染现状与危害及修复技术研究进展[J]. 安徽农业

科学，2012，40（1）：373-375，447.

[19] 陈兴兰，杨成波. 土壤重金属污染、生态效应及植物修复技术[J]. 农业环境与发展，2010，27（3）：58-62.

[20] 齐双. 土壤重金属植物修复技术研究进展[J]. 农家参谋，2018（5）：69-70.

[21] 邱孺，康雅楠，胡昆，等. 浅谈土壤重金属污染现状及治理措施[J]. 内蒙古林业调查设计，2017，40（5）：1-3.

[22] 周启星，吴燕玉，熊先哲. 重金属 Cd—Zn 对水稻的复合污染和生态效应[J]. 应用生态学报，1994（4）：438-441.

[23] 罗玉虎. 重金属污染土壤修复研究进展[J]. 南方农业，2019，13（22）：73-76，86.

[24] 曹心德，魏晓欣，代革联，等. 土壤重金属复合污染及其化学钝化修复技术研究进展[J]. 环境工程学报，2011，5（7）：1441-1453.

[25] 韩润平，陆雍森. 用植物消除土壤中的重金属[J]. 江苏环境科技，2000，13（1）：28-29.

土壤铜污染的现状、危害及对策

俞　霞　肖世豪　杨文亭　黄国勤*

（江西农业大学生态科学研究中心，南昌330045）

摘　要：时代的进步，科学技术的发展带动了农业生产技术的发展与变革，同时也引起了农田土壤污染问题。重金属铜污染引起的生态和环境问题已经引起人们的高度重视。土壤中铜对生物的毒害作用主要取决于它的赋存形态。土壤组成成分、pH、土壤中其他污染物以及环境因素都会对铜在土壤中的赋存形态和吸附解吸产生影响。因此，不同土壤对外来铜污染的缓冲能力有一定的差异。已经有学者研究出针对铜污染土壤的几种有效的修复技术。本文主要探讨的是植物修复技术、种植模式修复技术和生物炭修复技术等对铜污染的修复效果。

关键词：重金属　铜污染　种植模式　生物炭

一、引言

铜既是生物生长必需的营养元素，又是一种污染元素。随着工农业生产的快速发展，铜的用途越来越广泛，用量也迅速增加。由于铜矿的过度开采，农业生产上含铜杀菌剂和畜牧业中含铜饲料的大量使用及工业生产中含铜污染物的大量排放，使得生态系统中铜污染程度不断加重，铜污染已成为世界性问题。在前人的研究中，主要集中在添加生物炭对改善土壤肥力、土壤作物产量等方面研究较多，对重金属污染研究较少，尤其是对重金属铜污染研究更是少之又少。同时，随着我国畜禽养殖量不断扩大，养殖污染已成为农业农村环境污染的主要来源。

* 通信作者：黄国勤，教授、博导，E-mail：hgqjxes@sina.com。

基金项目：江西农业大学生态学"十三五"重点建设学科项目。

通过 30 年长期定位研究表明，长期施用猪粪可以显著提高土壤 Cu 含量和生物有效性。因此，加强对畜禽粪便引起的农田铜污染及其修复的研究显得非常重要。

土壤酶是最活跃的土壤有机成分之一，可表征土壤物质能量代谢程度高低，是土壤肥力、生态环境质量重要的生化评价指标。土壤酶活性大小与土壤重金属污染存在显著或极显著的相关关系。对于铜污染土壤的修复和其他重金属污染土壤的修复技术相同，有物理、化学和生物三大类，物理方法投入大，化学方法难持久，对大面积土壤污染更是由于成本太高而无法实施。其中，植物修复是重要的生物修复技术，具有成本低、环境扰动小、二次污染少、有利于景观恢复、能激发微生物等优点，近年来已成为研究热点。另外，合理的间套作体系能够降低一部分农作物重金属累积，修复重金属污染。间套作体系是一种能够充分利用自然资源（光、热、水、养分）、提高土地利用率、有效减少病虫草害的生态种植模式，其中禾本科—豆科间作在我国传统农业中保证粮食产量方面发挥了重要作用。此外，间套作能够降低农作物食用部分重金属累积量，但是单一的修复方法效率不够理想。研究表明，添加生物炭对土壤重金属污染也具有较好的修复效果。间套作体系联合生物炭应用于污染土壤的修复，是一条有效的新途径。基于畜禽养殖规模化发展中面临的农田环境重金属污染的现实问题，探讨利用种植模式和生物炭联合修复农田铜污染，为研制生产生物炭基畜禽粪便类有机肥提供理论依据，有利于维持土壤环境质量。

二、铜污染概述

近年来，随着电镀、化工、矿产等行业的快速发展，环境中重金属污染日益增加，土壤中含铜量已超过土壤背景值的几倍甚至几十倍。这已远超出土壤环境的承受能力，不仅对植物、动物和土壤中的微生物构成威胁，甚至对整个生态系统的稳定和人类的安全构成了一定的威胁。

土壤微生物在土壤生态系统物质循环和养分转化过程中扮演着重要角色。土壤微生物一方面可以通过多种方式影响重金属的活性，从而影响重金属的生物有效性；另一方面土壤微生物能够吸附和转化重金属及其化合物。当铜含量过高时，土壤微生物的生长就会受到限制，主要表现在数量和种群结构的改变。

多种重金属复合污染对植物的毒害作用比单一重金属元素的污染复杂得多。有研究表明，同一混合污染物对不同作物的同一指标其联合作用的类型和产生的效果也不尽相同。随着工业企业的不断壮大，土壤重金属污染日益严重，铜是人体及植物必需的微量元素，但是过量的摄取会危及人类健康。铜污染主要有两个方面：一方面是土壤背景值含铜量较高；另一方面是外源铜的加入。铜与其他重金属一样，对植物及生物均有一定的危害，且铜复合多种重金属的污染对植物及生物毒害远大于单一铜的毒害。掌握铜污染状况、来源及其危害，对铜污染修复技术能够提供可靠的理论依据。

三、铜污染来源

1. 自然界的来源

土壤中铜的自然来源主要是岩石和矿物，为硫化物类矿物黄铁矿族黄铁矿。同时，自然界还存在着一些特定的含铜矿物，如赤铜矿、黄铜矿、蓝铜矿、辉铜矿、孔雀石等。但是含铜矿物一般在分布区域富集，在一般矿物中含量极少。

2. 工业生产

随着工农业生产的快速发展，铜的用途越来越广泛，用量不断增加，含铜污染物排放越来越多，对土壤环境的污染也逐渐显现出来。含铜矿的开采和冶炼厂"三废"的排放、含铜农业化学物质和有机肥的使用，可使农田土壤含铜量达到原始土壤的几倍乃至几十倍，对植物和土壤微生物产生毒害，严重时可致其死亡。

3. 农业生产

农业生产中含铜杀菌剂和畜牧业中含铜饲料的大量使用及工业生产中含铜污染物的大量排放，使得生态系统中铜污染程度不断加重，铜污染已成为世界性问题。土壤中的铜离子是很难去除的无机污染物，由于其不能被微生物降解的特性，加上含铜农药的过量使用造成了土壤中所含铜离子量稳定增长，是原来的几倍甚至更多。

另外，畜禽粪便的铜污染问题，呈现逐年加剧的趋势。随着我国畜禽规模化、集约化饲养，全价颗粒饲料也得到了迅速推广普及，一些具有促生长、抗病菌的特殊功效的饲料也日渐增多，如高剂量铜元素由于具有提高生长速度和饲料利用率的功效，在动物饲养中的应用也日趋广泛。2013 年 10 月 8 日，国务院审议通过的《畜禽规模养殖污染防治条例》中明确指出，随着我国畜禽养殖量不断扩大，养殖污染已成为农业农村环境污染的主要来源。

4．铜矿开采

中国是铜产量大国，主要盛产黄铜矿和斑铜矿，铜矿山开采过程中会产生大量废石、废渣和废水等，会造成地下水中重金属浓度大幅增长，也会通过地表径流的携带作用从而造成水体的严重污染，导致铜矿山周边水体有机质成分较少，矿物成分较多，对环境产生巨大影响。过度开采产生的尾沙、矿石等不仅占用大量的土地，而且会对其堆积地及其周边环境产生严重的破坏。

5．其他

水体中船只、港口的金属腐蚀，也会导致铜流失在水体中。铜化合物还经常作为材料保护剂和食品添加剂的主要组成部分，例如，铜羟基喹啉、季铵铜、砷铬酸铜、季氨铜铵、碱性铜季铵、环烷酸铜和氨溶柠檬酸铜等都广泛应用于木材保护剂的生产。

四、土壤铜污染的危害

土壤中的铜过量对土壤破坏作用很大，对植株产生毒害作用，植物的生长受阻，严重时会造成植物的死亡。研究表明，铜胁迫处理对狗牙根草坪叶片叶绿素含量的影响达到了显著水平，抑制率为 8.81%；对结缕草草坪叶片叶绿素含量的影响达到了极显著水平，抑制率高达 16.39%。铜会降低土壤中酶的活性，破坏酶的活性位点和空间结构。同时，铜也会抑制微生物的繁殖、生长，减少土壤微生物体内酶活性的合成和分泌，最终降低土壤酶活性。唐伟等对 6 种土壤酶活性的研究表明，铜对过氧化氢酶活性的影响主要表现为抑制作用，抑制率变化范围为 46.2%～58%，当加铜水平为 50 mg/kg 时，铜对过氧化氢酶的影响表现为激活作用。铜对蛋白酶活性的影响表现为显著的抑制作用，抑制率高达 96.9%。铜对纤维素酶活性的影响表现出一定的抑制作用，加铜水平为 100 mg/kg 时抑制作用最为显著，抑制率为 67.0%。铜对淀粉酶活性的抑制作用显著，抑制率变化范围为 41.3%～86.1%。铜对蔗糖酶活性的影响主要表现为抑制作用，抑制率变化范围为

3.2%～44.4%。铜对脲酶活性的抑制作用不显著，加铜水平为 100 mg/kg 时抑制率最高为 29.0%，而加铜水平为 50 mg/kg、200 mg/kg、500 mg/kg 时，铜对脲酶活性有不同程度的激活作用。综合铜对 6 种土壤酶活性的影响，过氧化氢酶和蛋白酶活性可以作为评价土壤铜污染的生化指标。

五、铜污染土壤的修复技术

1．植物修复技术

植物修复技术是指利用植物及其根际微生物对土壤污染物的吸收、提取、降解、转化、挥发和固定的作用从而除去土壤或水体中污染物的修复技术，被称为"绿色修复"。对铜污染的土壤的植物修复目前主要是对铜超累积的植物的研究较多。如在铜绿山发现的野生蓖麻（*Ricinus communis* L.）是一种生长速度较快的大戟科植物，其对重金属铜（Cu）有较强的耐性，而且具有根系发达、耐贫瘠、经济价值高等特点。虽然植物修复提供了一种相对安全、廉价且有效的治理土壤铜污染的方法，但是仍存在植物在铜污染胁迫下缓慢生长、生物量低的问题。

2．种植模式修复技术

研究表明，合理的耕作制度如间作、农田水肥管理模式等对降低土壤铜含量有很重要的作用。徐健程等研究表明，玉米间作豌豆能增加玉米地下部铜含量，降低玉米地上部铜含量，提高了间作系统总的铜累积量的同时，降低了铜元素从玉米地下部向地上部转运。主要是通过玉米/大豆间作联合生物炭施用来钝化红壤农田中的铜活性，减少作物地上部对铜元素的吸收，从而降低了因过高铜元素浓度对作物生长产生的危害，提高作物适应铜污染的能力。

3．生物炭修复技术

Muzammal Rehman 等研究发现，铜污染土壤施用稻草生物炭对减缓苎麻铜累积，降低饲用苎麻铜的累积，生产符合国家标准的含铜饲料，对进一步利用铜尾砂矿具有重要作用。还发现在铜污染土壤中，施用中等氮肥 280 kg/hm^2 可获得更高的苎麻鲜生物产量。稻草生物炭可以作为高铜污染区域种植苎麻的有效改良剂，减少铜向茎叶的转运。

参考文献

[1] Muzammal Rehman. 氮肥和生物炭对铜污染土壤苎麻生长和铜吸收及抗逆性影响[D]. 武汉：华中农业大学，2019.

[2] 任超. 硫对铜污染土壤中蓖麻铜耐性的影响及机制[D]. 武汉：华中农业大学，2019.

[3] 陈璐，李威，周际海，等. 生物炭和刺苦草联合修复水体铜污染[J]. 环境工程，2018，36（12）：54-58，86.

[4] 黄国勇. 蓖麻（Ricinus communis L.）富集铜的机制及其对铜污染土壤的修复[D]. 武汉：华中农业大学，2018.

[5] 王萌，李杉杉，李晓越，等. 我国土壤中铜的污染现状与修复研究进展[J]. 地学前缘，2018，25（5）：305-313.

[6] 杨永军. 生物炭负载铁锰氧化物对铅、铜污染土壤的稳定化研究[D]. 杨凌：西北农林科技大学，2018.

[7] 周丹丹. 铜在生物炭上的吸附—灰分及小分子有机酸的影响[D]. 昆明：昆明理工大学，2016.

[8] 王晓琦. 不同生物炭对红壤铜有效性的影响[D]. 沈阳：沈阳农业大学，2016.

第二部分

农业生态学

禾豆间作系统的作物产量、
品质与氮素吸收利用研究进展

俞　霞　肖世豪　杨文亭　黄国勤*

（江西农业大学生态科学研究中心，南昌 330045）

摘　要： 间（套）作是我国传统农业的精髓，禾本科/豆科间作模式是典型间套作模式之一。随着近年来科学技术的发展，国内外科学家进一步挖掘了该模式优势的机理机制。本文针对近十年来禾本科/豆科间作模式中作物产量和氮素吸收的研究报道进行了归纳总结。结果指出，合理的禾本科/豆科作物间作能够促进豆科作物的生物固氮，提高禾本科作物产量，提高禾本科作物的氮素吸收利用效率，有利于保护农田生态环境和维持农业可持续发展。同时提出了禾本科/豆科间作系统应加强根际土壤微生物群落与作物根际相互作用的研究，以期为进一步研究和应用禾本科/豆科间作种植模式提供一定的参考依据。

关键词： 禾本科作物　豆科作物　间作　作物产量　氮素吸收

　　禾豆间作系统，即由禾本科作物（如玉米）与豆科作物（如大豆）组成的作物间（套）作系统。间（套）作作为传统的种植模式，随着可持续农业的不断发展，受到了国内外农业科学家的关注，取得了很多重要的研究进展。间（套）作种植模式的优势主要包括：①间作能够提高作物生产力。间作能有效地提高土地利用率、作物的产量和品质。间作能降低天气变化对作物的影响从而稳定作物产量，大大增加了种植强度。②间作能够提高作物养分吸收。③间作能够提高土壤肥力。④合理间（套）作能增加土壤微生物的多样性、促进土壤生态系统的营养循环，从而有效缓解连作障碍，进而减轻作物病害的发生与危害，从而有利于稳

* 通信作者：黄国勤，教授、博导，E-mail：hgqjxes@sina.com。

基金项目：江西农业大学生态学"十三五"重点建设学科项目。

定和提高系统生产力。⑤合理的间作模式能够减少施氮量，降低土壤 CO_2 的排放。⑥近年来有学者发现，合理间作生产模式下不仅能实现作物安全种植，同时还能达到修复已被污染的土壤的效果。

氮素作为农田生态系统中重要的营养元素，是植物生长最基本的元素之一，参与植物重要的生理和代谢活动。施用氮肥是促进作物生长和提高作物品质的重要措施。2016 年，我国农田氮肥投入量高达 2 310 万 t，约占全球氮肥用量的 22%，远超作物所需。过量的施用氮肥不仅增加农业生产成本，还会带来作物养分的奢侈吸收导致氮肥损失严重，长期施用氮肥会加速土壤酸化，土壤中过多的氮素通过氨挥发、淋溶、反硝化等途径带来的大气污染、地下水污染等生态环境问题已引起广泛关注。因此，协调化学氮肥减量与保证粮食安全，显得尤为重要。如何提高作物氮素利用率，降低农田氮素污染的风险，保护农田生态环境引起了学者们的广泛关注。大量的研究均证实了禾本科/豆科间作能有效提高作物氮素吸收，促进氮素的高效利用，降低土壤氮素含量，降低农田环境污染的风险。玉米/大豆间作是一种典型的禾本科/豆科间作模式，该模式能提高土地利用率、提高作物产量和生物量，同时减少土壤化学氮肥的使用，降低农田氮淋容量，减少农田氮素损失。鉴于禾本科/豆科间作模式在近年取得了很多新的研究进展，在研究团队2013 年综述的基础上，进一步归纳总结，为后续研究禾本科/豆科间作模式中氮素综合利用提供一定的参考依据。

一、禾豆间作模式对作物产量和品质的影响

间作体系通过作物的竞争与互补提高养分利用效率，从而提高土地当量比、增加了作物的产量、优化作物品质，是一个生产力高、对自然资源高效利用的生态系统。大量研究表明，禾本科/豆科间作模式是目前世界范围内应用最广泛、最成功的间作组合（唐艺玲等，2016）。国内外很多豆科/禾本间作模式，如玉米/大豆、玉米/花生、小麦/蚕豆、玉米/豌豆、小麦/大豆、甘蔗/大豆等均证实了禾本科/豆科间作模式有利于提高作物的竞争力，促进作物的生长（表 1）。

表 1　禾本科/豆科间作模式下作物产量

地点	间作模式	试验类型	土壤类型	土地当量比	禾本科	豆科
巴西巴拉那州	燕麦/绿豆	田间试验	黑钙土	1.49（杨学超，2012）	—	—
土耳其马库	玉米/绿豆	田间试验	—	1.5～2.19（Arash HOSSEIN POUR，2016）	—	—
中国四川	玉米/大豆	田间试验	黏性壤土	1.33（Feng Yang，2014）	—	—
中国四川	玉米/大豆	田间试验	—	1.91～2.13（Ping Chen，2018）	—	—
中国山东	玉米/大豆	田间试验	—	>1（孔玮琳，2018）	增幅为19.51%～91.49%	
中国云南	小麦/蚕豆	田间试验	—	1.08～1.17（Jingxiu Xiao，2018）	—	—
中国云南	小麦/蚕豆	田间试验	水稻土	1.32～1.42（马连坤，2019）	—	—
中国云南	小麦/蚕豆	田间试验	红壤	1.01～1.15（柏文恋，2018）	增加10.5%～18.6%	降低4.8%～12.3%
中国福建	玉米/花生	田间试验	砂壤土	1～1.33（Qisong Li，2018）	—	—
中国四川	玉米/花生	田间试验	—	1.33（张晓娜，2017）	降低18.5%	—
中国甘肃	玉米/豌豆	根系分隔试验	灌淤土	>1（李娟，2016）	增加48.7%～64.2%	增加14.1
中国广州	甘蔗/大豆	田间试验	红壤	1～1.84（Shasha Luo et al.，2016）	—	—

　　国内外合理的间作种植模式均表现了增产的效果，但是有些间作模式也出现了减产的现象。阿根廷学者在研究玉米/大豆、向日葵/大豆时发现，玉米种植密度为 8 株/m² 的玉米产量和种植密度为 12 株/m² 的玉米产量一样多，但是玉米种植密度为 12 株/m² 时，间作模式的土地当量比（LER）值小于 1。

综合来看，禾本科/豆科间作模式下作物的产量与不同作物的品种搭配、作物间距、空间布局、衔接期、施氮水平等都是影响作物产量及品质的重要因素。近年来，除考虑经济净收益外，在间作模式中通过作物的合理间作减少化肥农药的施用量、增加生物多样性、提高农业生态效益逐渐成为研究热点。原小燕等在玉米间作花生大田试验研究中发现，在施氮量为中氮 180 kg/hm² 时能显著促进单作玉米及花生植株营养体及果实的生长发育，施氮量进一步增加，促进效果不显著。杨文亭等对甘蔗/大豆间作 3 年的田间试验表明，在间作模式下，甘蔗/大豆（1∶2）减量施氮对甘蔗的主要农艺性状无显著负面影响。因此，在生产实践中，应该选择合理的种植密度、施氮水平以充分发挥豆科/禾本间作优势，增加农户经济收益，提高农业生态效益。

二、禾豆间作模式对作物氮素吸收累积的影响

Willey 提出禾豆间作潜在的优势在于通过提高土地当量比提高总产量，通过增加土壤中的有效氮含量和提高氮转移速率，从而减少对化学氮肥的需求量，提高水分和其他有效养分的利用效率。同时，不同作物对氮素吸收具有明显的时空分异特性，禾豆间作能显著提高复合群体对不同时间及空间生态位上氮素的吸收和利用。因此，间作的禾本科作物能获得更多的氮素，提高氮素的利用效率，增加作物产量。张小明等在燕麦/箭筈豌豆间作系统研究发现，间作模式下作物总吸氮量比燕麦单作提高了 26.2%～79.8%，比箭筈豌豆单作提高了 9.0%～55.4%。但是，随着间作系统中箭筈豌豆种植比例的增加，燕麦相对于箭筈豌豆的氮素营养竞争比率（CROV）均呈明显的降低趋势。在间作系统中，当排列的配置较宽时，氮的转移率相对较低，结果降低了豆科植物的固氮活性。这表明豆科/禾本间作模式下合理的种植比例促进了作物对氮素的吸收和积累。李娟等在根际分隔玉米/豌豆盆栽试验中发现，间作促进了玉米对氮、磷的吸收，显著提高了玉米的吸氮量。张亦涛等在大豆/玉米间作的大田试验中也发现类似的结果，同时还发现土壤硝态氮残留显著降低。

综合来看，禾豆间作系统中作物氮素吸收，累积增多主要来自氮素资源的互补、竞争，禾本作物通过根系对豆科固氮的吸收利用得到更多的土壤氮素。因此，

参考土壤氮素转化特征并合理选用氮肥类型，种植比例可作为提高作物养分吸收的有效措施，从而充分发挥禾本科/豆科的间作优势，降低土壤氮素盈余，降低农田氮素污染的风险，促进作物生长，实现农户增收效益。

三、结论与展望

间作体系不但能充分利用光、热、水等自然资源，充分利用时间和空间提高土地利用率，还能够增加作物产量有效降低病虫草害的危害。因此，间作在未来生态农业体系中具有广阔的发展空间。

土壤微生物是地上和地下生态系统的联系纽带和桥梁，在土壤养分转化循环，增强系统稳定性、抗干扰能力以及可持续利用中占据主导地位，控制着土壤生态系统功能的关键过程。间作系统中地下部作物根际微环境和微生物与地上部作物产量关系密切，间作改变了根际土壤微生物的数量和群落结构，提高了作物对氮素吸收的有效性。郑亚强等（2018）在甘蔗/玉米间作时发现间作模式能有效提高玉米根际土壤微生物的活性及其多样性，改变了微生物群落的结构及代谢功能，有效提高了玉米根际土壤微生物对多数碳源的利用率，促进作物对营养的吸收，增加了作物的产量。禾本科/豆科间作系统中土壤微生物的报道主要是传统的平板涂布法对三大类微生物（细菌、放线菌和真菌）数量的研究（董晓钢等，2015；徐海强等，2016）。近年来，对间作系统中豆科根瘤菌、禾本科作物的丛枝菌根真菌也有部分研究（冯晓敏等，2018；Ren et al.，2013）。关于氮素相关土壤微生物群落研究的文献报道还较少，刘丽等（2017）对玉米/大豆的大田试验研究表明，相比玉米单作，玉米/大豆改变了玉米根际氨氧化古菌（AOA）和氨氧化细菌（AOB）数量及群落结构组成；相比小麦单作，小麦/蚕豆间作改变了土壤氨氧化古菌（AOA）和氨氧化细菌（AOB）的丰度（唐艳芬等，2016）。地上部作物与地下部生物存在不可分割的紧密联系，作物根际土壤微生物群落在土壤氮素循环和作物氮素吸收等方面发挥了重要作用，加强作物根际微生物群落结构变化、种类组成及时空分布特征等相关方面的研究，有利于更深入地理解禾本科/豆科间作优势产生的机理，挖掘高产高效的潜力，实现粮食的稳产增产。

参考文献

[1] Xiao J，Yin X，Ren J，et al. Complementation drives higher growth rate and yield of wheat and saves nitrogen fertilizer in wheat and faba bean intercropping[J]. FIELD CROP RES，2018，221：119-129.

[2] Arash HOSSEIN POUR J K M H，TABRIZI Z，Reza V. Evaluation of Yield and Yield Components in Intercropping of Maize and Green Bean[J]. Yüzüncü Yil Üniversitesi Tarim Bilimleri Dergisi，2015，26（1）：68-78.

[3] Yang W，Jianqun M，Xiaowei W，et al. Corn-soybean intercropping and nitrogen rates affected crop nitrogen and carbon uptake and C：N ratio in upland red soil[J]. Journal of Plant Nutrition，2018，41（15）.

[4] Yang F，Liao D，Wu X，et al. Effect of aboveground and belowground interactions on the intercrop yields in maize-soybean relay intercropping systems[J]. FIELD CROP RES，2017，203：16-23.

[5] 杨升辉，邱家训，徐长帅，等. 间作种植模式对玉米大豆干物质积累与转运的影响[J].农业科学与技术（英文版），2013，21（41）：8947-8949.

[6] 包斐，赵福成，谭禾平，等. 鲜食玉米、鲜食大豆间作栽培产量产值分析[J]. 浙江农业科学，2017，58（4）：567-569.

[7] 张向前，黄国勤，卞新民，等. 红壤旱地玉米对间作大豆和花生边行效应影响的研究[J]. 中国生态农业学报，2012，20（8）：1010-1017.

[8] 张洪，张孟婷，王福楷，等. 4种间作作物对夏秋季茶园主要叶部病害发生的影响[J]. 茶叶科学，2019，39（3）：318-324.

[9] 邹晓霞，张巧，张晓军，等. 玉米花生宽幅间作碳足迹初探[J]. 花生学报，2017，46（2）：11-17.

[10] 赵财，柴强，乔寅英，等. 禾豆间距对间作豌豆"氮阻遏"减缓效应的影响[J]. 中国生态农业学报，2016，24（9）：1169-1176.

[11] 霍文敏，邹茸，王丽，等. 间作条件下超积累和非超积累植物对重金属镉的积累研究[J]. 中国土壤与肥料，2019（3）：165-171.

[12] 徐健程，王晓维，聂亚平，等. 不同铜浓度下玉米间作豌豆对土壤铜的吸收效应研究[J]. 农业环境科学学报，2015，34（8）：1508-1514.

[13] 赵洪祥，边少锋，孙宁，等. 氮肥运筹对玉米氮素动态变化和氮肥利用的影响[J]. 玉米科学，2012，20（3）：122-129.

[14] 黄坚雄，隋鹏，高旺盛，等. 华北平原玉米/大豆间作农田温室气体排放及系统净温室效应评价[J]. 中国农业大学学报，2015，20（4）：66-74.

[15] 董晓钢，汤利，郑毅，等. 不同玉米大豆间作处理根系互作对根际微生物数量的影响[J]. 云南农业大学学报（自然科学版），2015，30（4）：624-628.

[16] 刘丽，杨静，李成云. 玉米-大豆间作对玉米根际氨氧化微生物的影响[J]. 江苏农业学报，2017，33（6）：1278-1287.

[17] 王志国，刘培，邵宇婷，等. 减量施氮与间作大豆对华南地区甜玉米农田氮平衡的影响[J]. 中国生态农业学报，2018，26（11）：1643-1652.

[18] 张雷昌，汤利，董艳，等. 根系互作对间作玉米大豆氮和磷吸收利用的影响[J]. 南京农业大学学报，2016，39（4）：611-618.

[19] 杨文亭，王晓维，王建武. 禾本科/豆科间作系统中作物和土壤氮素相关研究进展[J]. 生态学杂志，2013，32（9）：2480-2484.

[20] 唐艺玲，王建武，杨文亭. 间作对旱地 CO_2 和 N_2O 排放影响的研究进展[J]. 生态学报，2016，27（4）.

[21] 王晓维，杨文亭，缪建群，等. 玉米-大豆间作和施氮对玉米产量及农艺性状的影响[J]. 生态学报，2014，34（18）：5275-5282.

[22] Yang W，Li Z，Wang J，et al. Crop yield，nitrogen acquisition and sugarcane quality as affected by interspecific competition and nitrogen application[J]. Field Crops Research，2013，146：44-50.

[23] Chen P，Du Q，Liu X，et al. Effects of reduced nitrogen inputs on crop yield and nitrogen use efficiency in a long-term maize-soybean relay strip intercropping system[J]. Plos One，2017，12（9）：e184503.

[24] 孔玮琳，薛燕慧，李进，等. 不同氮水平下夏玉米夏大豆间作对其农艺性状及产量的影响[J]. 山东农业科学，2018，50（7）：116-120.

[25] Li Q，Chen J，Wu L，et al. Belowground Interactions Impact the Soil Bacterial Community，Soil Fertility，and Crop Yield in Maize/Peanut Intercropping Systems[J]. International Journal of Molecular Sciences，2018，19（2）：622.

[26] 马连坤，董坤，朱锦惠，等. 小麦蚕豆间作及氮肥调控对蚕豆赤斑病和锈病复合危害及产量损失的影响[J]. 植物营养与肥料学报，2019，25（8）：1383-1392.

[27] 柏文恋，郑毅，肖靖秀. 豆科禾本科间作促进磷高效吸收利用的地下部生物学机制研究进展[J]. 作物杂志，2018（4）：20-27.

[28] 李娟，王文丽，赵旭，等. 根际分隔对玉米/豌豆间作种间竞争及豌豆结瘤固氮的影响[J]. 干旱地区农业研究，2016，34（6）：177-183.

[29] 杨文亭，李志贤，冯远娇，等. 甘蔗-大豆间作对大豆鲜荚产量和农艺性状的影响[J]. 生态学杂志，2012，31（3）：577-582.

[30] Moreira A，Moraes L A C，Schroth G，et al. Effect of nitrogen，row spacing，and plant density on yield，yield components，and plant physiology in soybean-wheat intercropping[J]. Agronomy Journal，2015，107（6）：2162.

[31] 杨学超，胡跃高，钱欣，等. 施氮量对绿豆/燕麦间作系统生产力及氮吸收累积的影响[J]. 中国农业大学学报，2012，17（4）：46-52.

[32] Yang F，Wang X，Liao D，et al. Yield response to different planting geometries in maize-soybean relay strip intercropping systems[J]. Agronomy Journal，2014，107（1）：296.

[33] Chen P，Song C，Liu X，et al. Yield advantage and nitrogen fate in an additive maize-soybean relay intercropping system[J]. Science of the Total Environment，2018，657：987-999.

[34] 张晓娜，陈平，庞婷，等. 玉米/豆科间作种植模式对作物干物质积累、分配及产量的影响[J]. 四川农业大学学报，2017，35（4）：484-490.

[35] Luo S，Yu L，Liu Y，et al. Effects of reduced nitrogen input on productivity and N$_2$O emissions in a sugarcane/soybean intercropping system[J]. European Journal of Agronomy，2016，81：78-85.

[36] 原小燕，符明联，张云云，等. 施氮量对生育中期玉米花生单作及间作植株生长发育的影响[J]. 花生学报，2018，47（4）：19-25.

[37] 杨文亭，李志贤，赖健宁，等. 甘蔗-大豆间作和减量施氮对甘蔗产量和主要农艺性状的影响[J]. 作物学报，2014，40（3）：556-562.

[38] 柴强，胡发龙，陈桂平. 禾豆间作氮素高效利用机理及农艺调控途径研究进展[J]. 中国生态农业学报，2017，25（1）：19-26.

[39] 张小明，来兴发，杨宪龙，等. 施氮和燕麦/箭筈豌豆间作比例对系统干物质量和氮素利用的影响[J]. 植物营养与肥料学报，2018，24（2）：489-498.

[40] 张亦涛，任天志，刘宏斌，等. 玉米大豆间作降低小麦玉米轮作体系土壤氮残留的效应与机制[J]. 中国农业科学，2015，48（13）：2580-2590.

我国农业水资源可持续利用面临的问题及对策

胡启良　黄国勤*

（江西农业大学生态科学研究中心，南昌330045）

摘　要：水是生命的源泉，是农业发展的根本，也是农业经济快速前进的基本前提。新中国成立以来，我国坚持兴修水利，以极少的水资源占有量供应全国人口所需。农业的发展因为水资源稀缺而受到阻碍。相比之下，国内将近一半的河流水受到几乎无法遏制的污染，人民的日常饮水生活受到不同程度的影响。此外，农田水利设施落后以及水资源可持续利用技术水平的滞后依旧是农业经济持续稳定发展和粮食生产面临的严峻问题。国内部分农田水利工程老旧无法正常使用，大量耕地只能依靠自然降水，导致农业经济无法稳定发展，受到很大的限制。党的十九大提出："农业农村农民问题是关系国计民生的根本性问题，必须始终把解决好'三农'问题作为全党工作重中之重。"而"三农"问题中，最重要的就是农业，而农业的发展离不开水资源。

关键词：水资源　农业　可持续发展

我国的人均水资源占有量较少，因为人口众多，农业水资源人均占有量就更为不足，所以要发展农业水资源的可持续利用，加强水资源利用技术创新，提升水资源利用率，推进农业水资源的良性利用。

党的十九大报告中，习近平总书记提出："坚持新发展理念。发展是解决我国一切问题的基础和关键，发展必须是科学发展，必须坚定不移贯彻创新、协调、绿色、开放、共享的发展理念。"我国还是一个农业大国，因此农业也要坚持新发展理念，实现农业水资源和经济的和谐发展，协调农业经济的需求。

* 通信作者：黄国勤，教授、博导，E-mail：hgqjxes@sina.com。

基金项目：江西农业大学生态学"十三五"重点建设学科项目。

一、我国农业水资源现状

2018 年全国水资源总量 27 462.5 亿 m³，全国用水总量 6 015.5 亿 m³，其中农业用水 3 693 亿 m³，占用水总量的 61.4%。从表 1 中可以看出，农业用水总量在近几年有下降的趋势，这是由于节水灌溉技术和节水耕作技术有了很大的提高，并且在南方和北方地区都有大面积的推广。农田灌溉是主要的耗水源，占农业总用水量的 80% 以上，农业用水消耗了大量水资源，这对于一个贫水国家、一个农业大国来说是严峻的挑战。

表 1　我国农业用水总量（2013—2018 年）

年份	农业用水总量/亿 m³	年份	农业用水总量/亿 m³
2013	3 922	2016	3 768
2014	3 869	2017	3 766
2015	3 852	2018	3 693

全国七大农业主产区中的五大区（东北平原、黄淮海平原、汾渭平原、河套灌区和甘肃新疆主产区）集中分布在常年灌溉区和补充灌溉区。全国 800 多个粮食主产县，60% 集中在常年灌溉区和补充灌溉区。2001—2015 年，全国水稻播种面积增加了 $1.4×10^4$ km²。小麦播种面积虽然减少了 $5.2×10^3$ km²，但北方小麦播种面积占全国的 67.6%，其中黄淮海地区占全国的 48.4%。玉米播种面积增长了 $2.5×10^5$ km²，88% 的增加量在北方。粮食生产区及三大粮食作物播种面积逐渐向常年灌溉区和补充灌溉区集中，增加了灌溉用水需求。

水资源是粮食安全与粮食产量的重要保障，对农业的发展有制约性作用。联合国曾指出，地球水资源危机所面临的主要问题，就是如何采取科学的手段有效管理水资源，实现其可持续利用。对水资源进行合理规划、开发和管理，将人口增长、社会经济发展和生态环境保护的发展三者关系进行协调统一。

二、当前我国农业水资源利用面临的问题

1. 水旱灾害威胁粮食安全

人口的增加和人类不合理活动的加剧，将导致人均占有的资源量不断下降，森林减少，草原退化，水土流失加剧，污染物总量大幅增加，环境质量逐年下降，由此也将导致水旱等灾害的发生频率增加。灾情加重，使得粮食生产和人的生命财产安全受到威胁。

水旱灾害都直接地、不同程度地造成粮食的损失与减产。2018 年，全国因洪涝灾害农作物受灾面积为 $6.4 \times 10^4 \, km^2$，其中成灾面积为 $3.1 \times 10^4 \, km^2$，绝收面积为 $6.9 \times 10^3 \, km^2$，因灾粮食减产 $1.2 \times 10^{14} \, kg$，经济作物损失 1.7×10^{14} 元。因干旱受灾面积 $7.4 \times 10^4 \, km^2$，其中成灾面积 $3.7 \times 10^4 \, km^2$，绝收面积 $6.1 \times 10^3 \, km^2$，因旱粮食损失 $1.6 \times 10^{14} \, kg$，经济作物损失 8.5×10^{13} 元。粮食的减产必然危及国家粮食安全，影响人民生活水平的提高和国民生产总值的增长，甚至威胁社会的稳定与发展。

2. 农业水资源利用效率不高

我国多数灌溉设施建于 20 世纪 50—60 年代，其建设标准低、长期缺乏维修、未及时更新改造，导致设施普遍老化，机电设备长期带病运行，处于低能高耗状态。据统计，灌溉区已有 10%的设施丧失其功能，60%的设施受到不同程度的损坏。目前，我国有 220 个大型灌区年久失修，111 座大型水库不同程度地存在险情。以渠道工程老化为例，在被调查的 373 座渠道建筑物中，严重老化损坏的占 70%，失效的占 16%，报废的占 10%，完好的仅占 4%。由于灌溉设施的落后，且没有技术支撑，使得水资源利用率十分低下。有研究表明，农业灌溉水的利用效率只有 0.446，每年农业浪费的水资源达到了 $1 \times 10^{15} \, m^3$。目前，我国的农业灌溉依旧主要通过大水漫灌的方式，这种方式利用率不高，使本就缺水的地区陷入浪费的恶性循环。由于水利设施老旧，水资源在输送的途中就会大量蒸发和流失。

3. 农业水资源污染严重

2018 年 6 月 20 日，联合国粮食及农业组织和国际水资源管理研究所发布的《农业水污染全球评论》报告表明，不可持续的农业生产方式造成的水污染对人类健康和地球生态系统构成严重威胁，而决策者和农民在一定程度上低估了这一问

题。在许多国家，最大的水污染来源不是城市或工业，而是农业。农业水污染主要来源于两个方面：一个是农田，在农业生产过程中不合理使用化肥、农药，使得残留物借助雨水进入水体；另一个则是养殖业，处理不当的畜禽粪便以及不科学的水产养殖等产生的水体污染物使得水体受到污染。

（1）不合理使用农药、化肥造成的农业面源污染

农药具有化学和生物稳定性，一般而言，只有10%～20%的农药附着在农作物上，80%～90%流失在土壤、水体和空气中，在很长时间内不会发生变化。土壤中残留的部分农药通过雨水、灌溉水进入地下水，造成水体中农药的积累。常用化肥会导致土壤肥力下降，而农民为了增产使用更多的化肥，从而形成恶性循环。化肥农药的有效利用率较低，随着地表径流进入水环境，形成了农业面源污染。

（2）养殖业不合理处置排放物造成的水污染

一些大型养殖场在养殖过程中对于牲畜排放物的处理不科学，而且大部分农村没有建立堆肥厂，导致牲畜的排放物在雨天随雨水进入周边水体，造成严重的水污染。更重要的是，因饲料的大量投放使牲畜排放物中含有大量的氮、磷等元素，这些元素随雨水排入周边水体后，鱼类无法消化，导致水体中的氮、磷元素急剧增加，水体功能退化。

水污染在相对缺水的农业地区使仅有的水资源变得越发紧张，在水资源丰富的地区形成更大面积的面源污染，而且会影响居民生活用水。严重的水污染状况不仅使粮食产量降低，还导致粮食质量得不到保障。

三、我国农业水资源可持续利用的对策和措施

1．积极采取灾害防范措施

一是要加大我国水利投入，发展灌溉农业，切实增加灌溉水田的面积。我国现有农田有效灌溉面积只占耕地总面积的52%，自1980年以来，灌溉面积不仅没有增长，不少省份反而逐年下降。二是依靠科学技术，加强水旱灾害发生规律和机理的研究，并结合现代航天技术、通信技术、遥感技术、信息处理技术等，为水旱灾害的实时监测、预警，灾情的速测、速报和科学评估以及救援指挥等提供

先进的科学手段。三是选育抗逆性强的作物品种，实施抗旱耕作技术。四是建立良好的生态环境，提高我国森林覆盖率，做好水土保持工作，普遍提高各级江河的防洪蓄水能力。

2．发展节水灌溉工程

随着我国社会经济的逐步发展，水资源的战略性地位日趋重要，发展节水灌溉已经成为缓解我国水资源紧缺的战略性选择。发展节水灌溉，不仅是保证国家的供水安全、粮食安全和社会经济可持续发展的需要，也是建设良好生态系统的需要，并且是调整农业和农村的产业结构、发展现代农业、促进农民收入、促进农业机械化和农村水利现代化的必要措施。

农业灌溉工程的用水效率一直以来都是农业节水研究方向的首选。由于沟渠蒸发、渗漏和田间的浪费等原因，农业灌溉用水效率一直难以提升，通过提高沟渠输送效率、提升田间用水效率，可以使这些在输送途中损失掉的灌溉用水尽可能多的被作物吸收和利用。提高农业灌溉用水效率的关键在于如何推广和应用先进的灌水技术，而不仅是简单的节水灌溉。农业灌溉用水能否节约，不仅取决于灌溉系统和设备的先进性，还取决于农作物的结构、土壤的类型、可供水量的多少、应用效率和管理水平等诸多因素。要做到"真正节水"，应从三个方面入手：一是减少无效的蒸发水量；二是减少流入海洋或其他不能再利用的水量；三是尽量减少流入地下并且不易于再利用的水量。

3．防治水资源污染

水资源的脆弱性和外部性，决定了水资源极易受到外部环境的干扰，人类不合理的利用水资源以及工农业和生活污水的随意排放都会使水资源受到污染，再加上水的流动性高，难以彻底治理，因此对农业水资源的保护与治理不单是个体的责任，更是需要动员全社会共同参与、共同努力。因此，我们要控制污染源，加大对污水的处理强度，治理被污染的水体，加强对水资源的保护，建立水资源保护和防护机制，严格实施环境污染防治标准。在农村地区，积极促进农药化肥的科学使用，严格管理使用农药化肥过程中产生的废弃物，调整农业生产结构，开展生态农业，积极促进有利于生态发展的养殖业，严禁对秸秆进行露天焚烧等不利于生态发展的行为。

四、结语

人均水资源的相对短缺，科学技术和经济基础的相对落后，农业用水的相对浪费，随着工农业的迅猛发展和城镇化进程的步伐加快，水资源的供需矛盾日渐突出，在很大程度上制约了水资源的可持续发展利用，并制约着我国社会经济的各个方面。针对农业水资源用水短缺问题，要以可持续发展思想进行指导，建立生态经济型环境水利模式，要全面研究农业水资源开发、利用、保护同生态环境的关系，协调农业发展、生态环境保护与经济社会发展需求之间的关系，使农业用水的经济效益、社会效益与生态效益相统一。

从目前我国农业用水的形势及存在的主要问题来看，必须从农业可持续发展的高度寻找农业水资源保护与持续利用的基本策略及主要途径。在观念与管理上，依法治水，实行地表水、地下水的统观、统管、统用，以协调强化管理；在技术上，集成节水、水资源保护技术，尽量减少从水源取水、输配水、灌水、保水和用水等环节的水量损失和水质污染，提高农业用水效益，实现节约用水、科学用水、经济用水的协调进行，为水资源可持续利用提供技术保障；在体制与机制上，通过污水资源化、农业产业结构调整、农业产业化经营、水利工程产权制度改革，加强生态建设与节水型社会建设，即经济—生态—社会建设协调进行，共同保障水资源可持续利用；在农业发展模式上，要发展高效节水的现代农业，以实现农业水资源的科学利用。

参考文献

[1]　胡凯. 河南省农业水资源可持续利用的技术发展探讨[D]. 成都：成都理工大学，2018.

[2]　中华人民共和国水利部. 中国水资源公报（2018）[R]. 2019.

[3]　游大海. 农业水资源利用与生态环境保护协同发展研究[J]. 乡村科技，2019（3）：116-118.

[4]　王浩，汪林，杨贵羽，等. 我国农业水资源形势与高效利用战略举措[J]. 中国工程科学，2018，20（5）：9-15.

[5]　朱晓华，杨秀春. 水旱灾害与我国农业可持续发展[J]. 生态经济，2001（7）：41-44.

[6]　中华人民共和国水利部. 2018 年中国水旱灾害公报[R]. 2019（12）.

[7]　谷洪波，唐铠，刘新意，等. 我国农业水旱灾害的危害及防御体系的建构[J]. 湖南科技大学学报（社会科学版），2013，16（3）：123-126.

[8]　姜文来，罗其友. 农业水资源利用与节水农业发展对策研究[J]. 农业软科学研究新进展，2001（12）：12-15.

[9]　冯万玉，翟琇，赵举，等. 内蒙古农业水资源可持续利用的思考[J]. 北方经济，2015（6）：30-33.

[10]　刘清，吴振天. 我国农业水资源可持续利用面临的问题与对策[J]. 南方农机，2017，48（15）：92，98.

[11]　杜婧，段丽君. 农业污染严重威胁着全球水源[J]. 世界农业，2018（8）：200.

[12]　吴岩，杜立宇，高明和，等. 农业面源污染现状及其防治措施[J]. 农业环境与发展，2011（1）：64-67.

[13]　佚名. 我国农田有效灌溉面积比重达到 52%[J]. 四川农业科技，2016（6）：23.

基于 Citespace 分析我国有机农业的
发展现状与趋势

苏启陶 [1, 2]　　杜志喧 [2]　　黄国勤 [1, 2]*

（1. 江西农业大学生态科学研究中心，南昌 330045;

2. 江西农业大学农学院，南昌 330045）

摘　要： 以中国知网（CNKI）中我国有机农业领域的学术论文为研究对象，通过 Citespace 软件对论文的作者、机构、发文期刊、关键词等进行可视化分析，结果表明：我国有机农业发展始于 1992 年，之后有机农业领域进入快速发展阶段，从单纯的有机食品生产到生产模式的转变再到借鉴发达国家先进的理念和技术来促进国内有机农业的发展，并逐渐走向完善。本文从文献计量学角度分析我国有机农业的发展现状，为以后有机农业的发展提供理论参考。

关键词： 有机农业　Citespace　发展趋势

　　有机农业的概念最早于 20 世纪 20 年代由德国和瑞士提出，到 80 年代，一些发达国家开始重视并鼓励发展有机农业。我国第一篇有机农业领域的学术论文为 1980 年由学者田新发表在《农业经济丛刊》上。90 年代我国的有机农业开始发展，以生产绿色食品为代表的各种形式的有机农业在我国正式启动，近 30 年有机农业

---

* 通信作者：黄国勤，教授、博导，E-mail：hgqjxes@sina.com

作者简介：苏启陶，福建大田人，硕士，主要从事农业生态学方面的研究。E-mail：suqitao1023@163.com。

基金项目：国家重点研发计划课题"长江中游双季稻三熟区资源优化配置机理与高效种植模式"（2016YFD0300208）；国家自然科学基金项目"秸秆还田条件下紫云英施氮对土壤有机碳和温室气体排放的影响"（41661070）；中国工程院咨询研究项目"长江经济带水稻生产绿色发展战略研究"（2017-XY-28）；江西省重点研发计划项目"江西省稻田冬季循环农业模式及关键技术研究"（20161BBF60058）和江西省软科学研究计划项目"江西生态文明示范省建设对策研究"（20133BBA10005）共同资助。

在我国得到了重要的发展。近几年，我国有机农业领域研究成果丰硕，但是主要集中在有机农业发展模式与方法、带来的经济效益与环境效益以及国内外有机农业模式对比及展望等方面。本文从我国的有机农业领域相关文献出发，利用文献计量学手段，分析我国有机农业的发展历程及未来发展趋势。

Citespace 是由美国德雷赛尔大学的陈超美教授开发的一款对科学文献进行可视化分析的软件，其具有聚类分析、社会网络分析、多维尺度分析等能力，侧重于分析探索学科前沿发展趋势、研究前沿与基础知识间的相互关系及不同前沿热点之间的内部联系等，能够清晰展示研究领域的基础知识、热点、关键点、新兴趋势。

一、数据来源

数据来源于中国知网（CNKI），以 SCI 来源期刊和核心期刊为数据源，通过检索式"主题=有机农业"，检索时间为 2018 年以前，精确匹配检索，共得到 1 045 篇文献，其中最早发表的文献时间为 1992 年，去除新闻、征稿启事等无关文献，共收集 1 006 篇学术论文。

二、结果与分析

1．我国有机农业领域发文量情况

从图 1 中可以看出，我国的有机农业发展分为三个阶段。第一阶段为 1992—1998 年，我国开始在有机农业领域探索，有少量的科研成果；第二阶段为 1999—2010 年，有机农业领域进入快速发展阶段，研究成果也快速增长，其中，2002 年还出现了小高峰，而整体发展于 2008 年达到高峰，说明越来越多的学者关注有机农业领域；第三阶段为 2011—2018 年，有机农业领域发展放缓，年发文量于 50 篇上下浮动，说明有机农业领域研究趋于稳定，关注度不断增加，已经形成一定的发展规模。

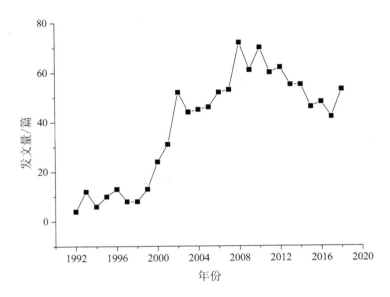

图 1　有机农业相关文献发表情况

2．发文期刊分布

按照有机农业领域的发文情况，统计分析发文量排名前二十的期刊发现，有机农业领域的文章发表在《世界农业》上最多，达 131 篇，占比均为 13.02%；《江苏农业科学》与《安徽农业科学》发文量均为 35 篇，排名第二，占比 3.47%。《世界农业》《生态经济》《中国生态农业学报》《农业环境科学学报》等杂志都是在农业领域具有影响力的期刊，在这些杂志上发表文章，能代表有机农业领域的研究重点和热点。这些杂志侧重农业经济、农业生态、农业综合等各个方面，反映我国有机农业领域的全面发展（图 2）。

3．作者及机构间合作分析

从图 3 可以看出，有机农业领域的研究成果主要集中在中国农业大学和南京农业大学，其中中国农业大学发文量最高，达 78 篇，其他机构的发文量相差不大，在 8～15 篇。从表 1 中可以看出，高产学者前三名为中国农业大学的吴文良和孟凡乔以及国家环境保护总局有机食品发展中心/中国环境保护部南京环境科学研究所的肖兴基，发文量 10 篇以上的共有 7 位学者。通过 Citespace 软件，选择"institution"和"author"，设置阈值为 7，得到作者、机构间合作网络图谱（图 4）。

通过图 4 可以看出，有机农业领域的研究主要以中国农业大学资源与环境学院的吴文良教授领导的团队，南京农业大学资源与环境科学学院，以及环境保护部南京环境科学研究所为核心的团队为核心，其余群体相互之间存在一定的合作，但总体合作强度不高。

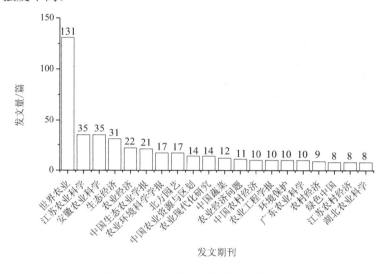

图 2　有机农业发文量最高的期刊

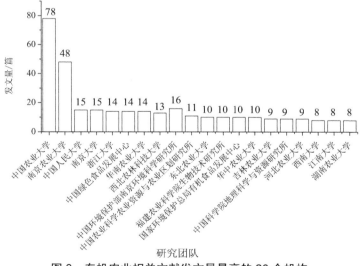

图 3　有机农业相关文献发文量最高的 20 个机构

表 1　有机农业领域发文量最高的学者及其机构

序号	作者	机构	发文量
1	吴文良	中国农业大学	18
2	孟凡乔	中国农业大学	12
3	肖兴基	国家环境保护总局有机食品发展中心/中国环境保护部南京环境科学研究所	12
4	和文龙	南京农业大学	11
5	宗良纲	南京农业大学	11
6	乔玉辉	中国农业大学	11
7	席运官	中国环境保护部南京环境科学研究所	10
8	冒乃和	中国环境保护部南京环境科学研究所	9
9	刘波	福建省农业科学院生物技术研究所	9
10	李季	中国农业大学	8

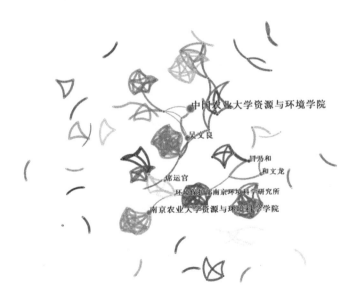

图 4　有机农业领域作者、机构合作

4．研究热点分析

关键词是文章中心的高度概括，对文章关键词进行分析，能够快速准确地把握有机农业领域的发展路径与研究热点。通过 Citespace 对我国有机农业领域的学术论文进行关键词分析，提取 1992—2018 年每个时区中出现频率最高的 50 个关键词，生成我国有机农业领域的研究热点图谱（图 5）。其中不同模块代表不同的聚类，圆圈大小则代表关键词频率。结果表明，有机农业领域的研究热点主要集中在"稻鸭共作""有机栽培""可持续发展""低碳农业"等 13 个聚类。设置阈值为 20，通过设置时区视图窗口，得到我国有机农业领域发展研究热点关键词的时区视图（图 6）。从图 6 中可以看出，"有机农业"从 1992 年开始发展，到 1999 年，研究热点趋向于"有机食品""有机农产品""生态农业""绿色食品""可持续发展"等，到 2009 年则趋向于发展现代农业。有机农业领域在 1999 年前后进入快速发展阶段，该时期的研究热点较多，也有较多的学术成果。

图 5　我国有机农业领域研究热点

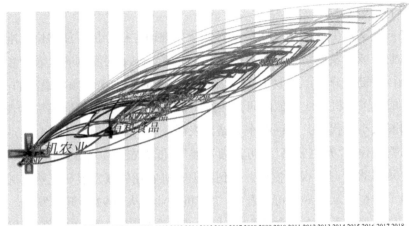

1992 1993 1994 1995 1996 1997 1998 1999 2000 2001 2002 2003 2004 2005 2006 2007 2008 2009 2010 2011 2012 2013 2014 2015 2016 2017 2018

图 6 我国有机农业领域研究热点关键词

5. 基础知识分析

关键词出现的频次往往与学者的关注程度相关，通常能代表该领域的研究热点。而关键词的中心度则代表在所有关键词中的地位，中心度大小往往代表与其他关键词之间的联系程度，中心度越高，则代表该关键词在所有关键词中的关注度越高。高中心度的关键词能代表该研究领域的基础知识，在不同方向的知识中起着连接桥梁的作用。分析有机农业领域的关键词发现，"有机农业"一词出现的频次最高，为 294 次，而"有机食品"一词出现的频次高达 110 次，位列第二。出现频次超过 50 次的关键词还有"农业"和"有机农产品"。由于本文分析的是我国有机农业领域发展状况，故"有机农业""有机食品""农业"和"有机农产品"等是有机农业领域的发展的重要组成部分，故拥有较高的频次。另外，数据来源的检索词为"有机农业"，其词频最高也是情理之中。从排名前 20 的关键词中可以看出，我国有机农业领域的发展主要集中在有机农业的生产模式、发展路径和对策、有机食品等。

从中心度来看，关键词的高频次并不代表拥有高中心度（表 2 和表 3）。从表 3 中可以看出，中心度排名最高的为"农业"一词，中心度为 0.79，而关键词频次最高的"有机农业"一词的中心度为 0.6，排名第四，而在其前面还有"食品安全"和"可持续发展"。这说明"食品安全"和"可持续发展"的频次分别为 15

和 4，但其基础性作用强于"有机农业"。而"有机农产品""生态农业"等关键词的频次较高，分别排名第四和第五，但是中心度却只有 0.18 和 0.15，排名在 17 和 19，说明"有机农产品"和"生态农业"是有机农业领域的研究热点，但并不是该领域的基础知识。通过表 3 可以发现，有机农业领域的基础知识主要集中在"农业""食品安全""可持续发展""有机农业""有机食品"等方面。

表 2　频次排名前 20 的关键词

序号	频次	中心度	年份	关键词
1	294	0.6	1993	有机农业
2	110	0.45	1998	有机食品
3	67	0.79	1992	农业
4	51	0.18	1999	有机农产品
5	34	0.15	1999	生态农业
6	29	0.1	2001	对策
7	26	0.04	2002	可持续发展
8	20	0.12	2008	现代农业
9	20	0.29	2000	绿色食品
10	19	0.08	2006	启示
11	19	0.11	1996	日本
12	19	0.22	2003	发展
13	18	0.12	2011	美国
14	16	0.48	2002	中国
15	15	0.68	2002	食品安全
16	14	0.08	2000	有机产品
17	13	0.21	2002	有机蔬菜
18	10	0.34	2008	有机栽培
19	10	0.07	2006	农民
20	10	0.02	2006	发展模式

表 3　中心度排名前 20 的关键词

序号	中心度	频率	年份	关键词
1	0.79	67	1992	农业
2	0.68	15	2002	食品安全
3	0.63	4	2000	可持续发展

序号	中心度	频率	年份	关键词
4	0.6	294	1993	有机农业
5	0.48	16	2002	中国
6	0.45	110	1998	有机食品
7	0.45	8	2004	生态环境
8	0.42	6	2003	有机食品认证
9	0.39	5	2004	蔬菜
10	0.34	10	2008	有机栽培
11	0.34	2	2010	特别栽培
12	0.31	2	2001	大鄣山茶
13	0.29	20	2000	绿色食品
14	0.22	19	2003	发展
15	0.22	7	2003	消费者
16	0.21	13	2002	有机蔬菜
17	0.18	51	1999	有机农产品
18	0.17	2	2011	认证
19	0.15	34	1999	生态农业
20	0.15	4	1993	经济效益

6．有机农业领域的发展趋势分析

我国有机农业领域的研究热点突现词不多，通过 Citespace 软件分析共得出 11 个研究热点突现词。在这 11 个词中，随着时间而发生明显变化，说明我国有机农业领域得到了快速的发展，研究热点与前沿问题在不断发生变化。本分析通过突现词探测技术和算法，得出突现词词频的时间分布，获取变化频率高的关键词。导出 Citespace 中的数据，整理出绿色生态农业领域的突现词图表（表 4）。从表 4 中我们可以根据突现词及时间分布特点将其分为三个阶段：第一阶段（1992—2003 年）、第二阶段（2005—2010 年）、第三阶段（2011—2018 年）。

第一阶段（1992—2003 年）为有机农业领域的起步阶段。在此期间，只有"农业"和"有机食品"两个突现词，且突现强度在所有突现词中最高，说明这一阶段的研究主要集中在"农业"与"有机食品"，有机农业一经提出，便成为研究热点，注重农业有机食品的产出问题。而 2003—2005 年没有突现词产生，说明这两年有机农业相关研究进入沉淀期，为后续的发展做准备。

第二阶段（2005—2010 年）为有机农业领域的快速发展阶段。在此期间，有

5 个突现词，分别为"中华人民共和国""农民""生态农业""现代农业""有机栽培"。5 个突现词都拥有较高的突现强度，说明经过两年的沉淀之后，有机农业领域的研究从单纯的"有机食品"向"生态农业""现代农业"转化，更多地注重我国国内的实际情况开展研究，注重成果转化，更多的应用于农业生产实践。而"现代农业"的研究从 2008 年开始持续到了 2018 年，说明现代农业在我国有机农业领域的研究热度持续不断，是该领域的研究重点。

第三阶段（2011—2018 年）在国内有机农业领域的快速发展之后，研究重点延伸至发达国家有机农业，如美国。在这一阶段，有机农业领域的突现词从农业生产模式向"启示""美国"等转变，说明在这一时期积极研究发达国家的有机农业生产模式，吸收国外先进的生产模式、理念，结合国内的实际情况，在国内应用。在此期间，我国有机农业从"生态农业"向"低碳农业"转变，发展有机种植。

表 4　我国有机农业领域研究热点的突现词

突现词	强度	开始	结束	1992—2018
农业	8.702 1	1992	2001	
有机食品	14.362 6	1998	2003	
中国	3.651 3	2005	2010	
农民	5.268 6	2006	2008	
生态农业	5.436 8	2006	2008	
现代农业	3.364 3	2008	2018	
有机栽培	3.359 5	2008	2013	
低碳农业	3.547 4	2011	2012	
启示	5.856 5	2011	2018	
美国	6.882 2	2011	2018	
有机种植	4.492 2	2015	2016	

三、结论

本文通过 Citespace 软件对 CNKI 中有机农业领域的相关文献进行可视化分析，从发文量、发文期刊、发文结构和作者、关键词聚类、研究热点突现词等角

度系统分析了我国有机农业领域的发展现状及趋势，结果表明，有机农业领域自
1992 年开始发展，随后国内学者对其关注程度不断增加，科研成果丰硕。1992—
2018 年，以有机农业为主题的文献共计 1 006 篇，发文量最多的期刊为中国农业
出版社主办的《世界农业》，占所有文献的 13.02%，可见《世界农业》在有机农
业领域占有一定地位。而发文量最多的机构为中国农业大学，科研成果最多的学
者为中国农业大学的吴文良教授。对研究机构和作者合作分析发现，虽然单个机
构的科研产出较高，但是各个机构及学者间的合作较少，在今后的研究中应该加
强机构间的合作，有利于有机农业更好地发展。从有机农业的研究热点来看，该
领域的研究主要围绕有机食品、有机农产品等的产出开展相关研究，而从研究热
点的突现词来看，我国有机农业领域的发展分为三个阶段，从一开始注重有机食
品的产出，逐步向有机农业的生产模式转变，从国内自身有机农业的发展探索到
从发达国家有机农业的发展汲取优秀经验，并应用于国内有机农业的生产，有利
于我国有机农业领域的发展。

参考文献

[1]　王宏燕. 全球有机农业发展现状和我国有机农业发展对策[J]. 土壤与作物，2003，19（3）：
　　　223-227.

[2]　田新. 有机农业与无机农业相结合，加快我国农业现代化的建设[J]. 农业经济丛刊，1980
　　　（1）：2-8.

[3]　董杰，孟凡乔，李艳，等. 我国有机农业发展趋势探析——以 ECOCERT 认证项目为例[J].
　　　中国生态农业学报，2005，13（3）：32-34.

[4]　刘芳清，周克艳. 长沙市有机农业发展路径研究[J]. 中国农业资源与区划，2014，35（1）：
　　　121-127.

[5]　郑光华，蒋卫杰. 现代有机农业与无土栽培[J]. 北方园艺，2002（1）：7-9.

[6]　钱静斐，邱国梁. 农户从事有机蔬菜生产的经济效益——基于山东肥城有机花菜种植农户
　　　的调研[J]. 江苏农业科学，2015，43（12）：497-501.

[7]　胡志华，李大明，徐小林，等. 不同有机培肥模式下双季稻田碳汇效应与收益评估[J]. 中
　　　国生态农业学报，2017，25（2）：157-165.

[8] 席运官. 发展有机农业，保护生态环境[J]. 污染防治技术，2001（4）：24-29.

[9] 张纪兵，李德波，张爱国. 国内外有机农业的发展比较[J]. 农业资源与环境学报，2003，20（4）：1-3.

[10] 刘晓梅，余宏军，李强，等. 有机农业发展概述[J]. 应用生态学报，2016，27（4）：1303-1313.

[11] 刘霓红，蒋先平，程俊峰，等. 国外有机设施园艺现状及对中国设施农业可持续发展的启示[J]. 农业工程学报，2018，34（15）：1-9.

[12] 秦晓楠，卢小丽，武春友. 国内生态安全研究知识图谱——基于 Citespace 的计量分析[J]. 生态学报，2014，34（13）：3693-3703.

[13] Chen C. CiteSpace Ⅱ：Detecting and visualizing emerging trends and transient patterns in scientific literature[J]. Journal of the China Society for Scientific & Technical Information，2006，57（3）：359-377.

[14] 毕学成，苏勤. 生态经济领域研究热点与前沿——基于 Citespace Ⅲ的分析[J]. 重庆交通大学学报（社会科学版），2017（1）：74-81.

中国有机农业发展现状及趋势

刘　英　黄国勤[*]

（江西农业大学生态科学研究中心，南昌330045）

摘　要： 有机农业作为一种可持续、环境友好型的农业生产方式，其安全生产和健康消费理念逐渐为中国广大消费者所认可，在中国获得了较大发展，但发展缓慢。本文从世界有机农业发展大背景出发，分析了中国有机农业在世界有机农业中的地位、中国有机农业的特点和发展问题，并对其未来发展路径进行了探讨。

关键词： 有机农业　发展现状　趋势

一、引言

自 1960 年以来，现代农业在世界农业的发展中取得了前所未有的成就。同时，世界农业和人类也面临着空气污染加剧、食品安全事件频发、生态环境恶化、资源枯竭、土地生产能力下降等一系列问题。有机农业作为一种可持续、环保的农业生产方式，安全生产、健康消费的理念逐渐被广大消费者所认可，并对国际社会产生了广泛且深远的影响。有机农业是指不使用合成肥料、农药、生长调节剂和饲料添加剂，以有机肥满足农作物营养需求或以有机饲料满足畜禽营养需求的种植业。近年来，有机农业在欧洲、美国、日本等国家和地区发展迅速。除了拉丁美洲，各大洲的有机农地面积都有所增长：欧洲增加了约 100 万 hm^2（涨幅 8.2%）；非洲增加了约 40 万 hm^2（涨幅 33.5%）；亚洲也增加了约 40 万 hm^2（涨

---

[*] 通信作者：黄国勤，教授、博导，E-mail: hgqjxes@sina.com。
基金项目：江西农业大学生态学"十三五"重点建设学科项目。

幅 11%）；北美洲增加了 50 多万 hm^2（涨幅 21%）。2015 年，全球有机农业生产者为 240 万人。其中，35%的有机农业生产者分布于亚洲，其次是非洲（30%）和拉丁美洲（19%）。与 2014 年相比，有机农业生产者增长率超过 7%，增长了 16.2 万人。2015 年，全球大约 1/4 的有机农地（1 280 万 hm^2）和超过 89%（210 万 hm^2）的有机农业生产者分布于发展中国家和新兴市场。

根据"有机观察"（Organic Monitor）的数据，2015 年全球有机食品（含饮料）的销售总额达到了 816 亿美元，比上一年增长了约 10%。北美洲和欧洲贡献了约 90%的销售额，但是由于受到亚洲、拉丁美洲和非洲区域市场的影响，市场占有率还是逐年增加。西欧和美国大约有 1%的农民从事有机农业。在美国，有机农场遍布全国。有机产品的市场不仅在欧洲和北美（世界上最大的有机市场）扩大，在其他一些国家也在扩大。中国的有机农业始于 20 世纪 90 年代。

二、国内外有机农业发展比较

根据瑞士有机农业研究所（FIBL）对全球范围内有机产业发展的调查，2015 年，全球以有机方式管理的农地面积为 5 090 万 hm^2。有机农地面积最大的两个洲分别是大洋洲和欧洲，分别约占世界有机农地的 45%和 25%，其次是拉丁美洲（13%）、亚洲（8%）。亚洲、拉丁美洲和非洲的有机产品主要用于出口。全球有机食品（含饮料）市场从 2000 年到 2015 年，增长了约 4 倍，"有机观察"预计市场还会增长。

2015 年亚洲有机农地面积将近 400 万 hm^2。有机农业生产者的数量超过 80 万人，绝大多数分布在印度。亚洲有机食品销售额占比逐年升高。中国是亚洲有机食品最大的市场。在中国，食品安全事件频发、国内市场对于有机产品的需求、城市中产阶级的崛起带来了有机食品需求的快速增长。

中国共有 140 万 hm^2 有机农业土地，在亚洲排名第一，有机种植面积位居世界第四。中国有机产品数量虽多，但销量却远不及欧美。全球有机产品销售市场主要集中于欧洲和北美，亚洲地区则主要集中在日韩两国，中国市场份额较低。中国有机产品单一，其中 80%以上的有机产品是初级、鲜活农产品，而在欧美等有机农业发达国家，80%的有机产品是深加工产品。

目前，中国有机产品以植物类产品为主，动物类产品相当缺乏，野生采集产品增长较快。在植物类产品中，茶叶、豆类和粮食作物比重很大；有机茶、有机大豆和有机大米等已成为中国有机产品的主要出口品种，而作为日常消费量很大的果蔬类有机产品的发展则跟不上国内外的需求。2003年后，随着《认证认可条例》的颁布实施，有机食品认证工作划归国家认证认可监督管理委员会统一管理以及有机认证工作的市场化，极大地促进了有机食品的发展。截至2010年年底，全国从事有机产品认证的机构共有26家，发放有机产品认证证书4 800张，获得有机产品认证的企业4 000多家，有机产品认证面积达到260万 hm^2。截至2012年，全国有机食品获证单位798家，认证产品总数4 360个。总体来说，2003年以来中国有机农业处于规范化的快速发展阶段。截至2015年12月底，全国共有10 949 家生产企业获得了依据《中华人民共和国国家标准：有机产品》（GB/T 19630.1～19630.4—2011）颁发的认证证书12 810张，比上年增长1 311张。在2004—2015年的12年间，中国有机证书年均增长量为1 180张。目前，有机证书大于500张的省（区）有黑龙江、四川、贵州、浙江、山东、吉林、内蒙古和江苏。

三、中国有机农业的特点

1．无污染、口味好、食品安全环保，有利于人民身体健康，减少疾病发生

大规模施用化肥和农药，虽然可以提高农产品的产量，但也不可避免地对农产品和环境造成污染，给人类的生产和生活留下隐患。目前，人类疾病特别是癌症的增加与化肥、农药的污染密切相关。有机农业不使用化肥、农药等可能造成污染的物质，其产品食用安全，质量优良，有利于人体健康。

2．减轻环境污染，有利于恢复生态平衡

目前，化肥和农药的利用率很低。氮肥的利用率一般只有20%～40%，农药对农作物的黏附率只有10%～30%。例如，大量化肥进入江河湖泊，造成水体富营养化，影响水生生物的生存。农药不仅能杀灭细菌和害虫，而且能提高病虫害的抗性，杀灭有益生物和一些中性生物。结果导致病虫害再次猖獗，农药用量不断增加，施用频率不断增加，但效果越来越差，形成恶性循环。转向发展有机农

业，则可以减少污染，有助于恢复生态平衡。

3．有利于提高我国农产品在国际上的竞争力，增加外汇收入

随着我国加入世贸组织，国际农产品贸易所起的关税调控作用越来越小，但农产品的生产环境、种植方式和内部质量控制越来越严格，只有优质产品才能打破壁垒。有机农产品是国际公认的高质量、无污染产品。我国有机食品发展空间较大，在国内外市场潜力巨大。目前，全球有机食品市场的年平均增长率为20%～30%，预计2014年将超过1 000亿美元。中国有机食品销售额仅占食品总销售额的0.02%，是发达国家有机食品总消费量的100倍。随着人民收入的增加和人民生活水平的不断提高，人们将更加注重生活质量和身心健康，更加渴望得到纯天然、无污染的优质食品。有机农业的发展以及有机农产品和食品的生产和发展都能满足这一要求。"十二五"期间，我国有机农业发展速度保持在10%以上。因此，我国有机农产品具有广阔的国内外市场，提高我国农产品在国际市场的竞争力，可以增加外汇收入。

4．有利于增加农村就业、农民收入，提高农业生产水平

有机农业是一个劳动知识密集型产业，是一个系统工程，它不仅需要大量的劳动力，而且需要大量的知识和技术来解决病虫害问题。国际市场上有机农产品的价格通常比一般农产品高20%～50%，有时甚至是两倍以上。因此，发展有机农业可以增加农村就业机会，增加农民收入，提高农业生产水平，促进农村可持续发展。

四、中国有机农业存在的问题

1．食品安全事故频发，导致信任危机

食品安全事故频发，导致人们对有机农产品的信任产生危机。任何食品安全问题都会引起对有机产品的强烈讨论，从而阻碍有机农业的发展。政府机构对有机认证机制监管的松懈，使得有机市场混乱，容易引发信任危机。政府要加大对有机农业的扶持力度，督促有关部门做好监督工作，做好有机认证工作，避免真正的有机农产品流失，不让其他"非有机"农产品扰乱有机市场，为发展者创造清洁、严格的环境。

2．劳动力问题

有机农业是一个劳动密集型产业，是一个系统工程。它不仅需要大量的劳动力，而且需要一定的知识和技术来解决有机农业生产过程中的病虫害问题。然而，由于人们的价值观不同，许多人不愿意从事农业，认为农业地位低下，可能导致未来没有人从事农业。舆论应该引导人们树立正确的价值观，让人们明白每一个职业都是有意义的，不分高低。同时，对从事有机农业的种植者进行定期培训，提高农业就业待遇，从而吸引更多的人才。

3．有机产品的贮藏和运输问题

目前有机产品多为果蔬类产品，为了保证果蔬的新鲜，应注意改进储运方式，保证产品质量和新鲜度，在运输途中尽量缩短运输时间，确保产品到达顾客手中时的新鲜度，不使用任何添加剂和防腐剂，纯天然，无污染。

4．有机产品单一，规模结构小，深加工和产业化水平低，供给不足

我国有机农业生产单位规模普遍较小，有机种植面积较小，仅占总耕地面积的 1%左右，与世界水平（5%～10%）相差甚远。中国有机产品生产总量占农业生产总量的 0.1%左右，显著低于世界平均水平（3%～5%）。此外，我国有机产品比重失衡，缺乏结构性优势。目前国内有机产品仍以初级产品为主，植物产品证书占很大比例。具有出口优势和市场需求的中草药产品规模小，发展缓慢；有机产品深加工产业落后，深加工产品少，有机产品附加值低，市场尚未成熟。目前，我国有机产品供应不足，与发达国家差距较大。

5．单纯强调产品安全卫生质量，而忽视生态协调、环境友好的理念和实践

近年来，由于食品安全事件频发，人们对有机产品作为"最安全的食品"有着片面的理解和认识。生产者、消费者和监管者都过分强调和监督最终产品，而忽视了生产过程中的生态协调和环境友好的概念，没有把有机农业放在生态文明和循环农业的战略高度来认知。有机农业理念追求人与自然的和谐，强调生态平衡和可持续发展。为了实现健康产品的安全生产与人类生活环境的和谐、完美结合，可持续发展理念应成为有机农业的核心。

6．现代生物防治、生物肥料、除草等关键性有机农业技术研究滞后，有机生产服务体系不够完善

近年来，由于现代农业对化学农药和兽药的过度依赖，农作物和动物对病虫

害的抗性增强，天敌急剧减少，农业生态系统失衡。害虫防治是向有机农业过渡的最大挑战。我国生物农药安全有效的品种较少，综合生物防治体系有待完善。生物肥料技术研究滞后，生物农药和生物肥料的选择性低、效果差、成本高，缺乏满足有机农业系统要求的高效除草技术。有机农业技术体系与社会服务体系缺乏整合。有机育种、加工技术研究投入不足，系统研究不够。

7. 山区有机农业基地的水土流失及大气污染、土壤污染对有机农业的影响

中国是世界上水土流失最严重的国家之一，占土地总面积的 37.6%。近年来，虽然我国加大了农业生态环境建设力度，但水土流失问题加剧。10 年来，我国控制水土流失面积 20.4 万 km^2，同期增加水土流失面积 54.3 万 km^2。土地沙漠化加剧，中国沙漠化土地面积占国土总面积的 27.3%，年净沙漠化面积超过 666 700 hm^2。这些地区是我国发展有机农业的潜在地区，山区和偏远有机农业基地的水土流失问题应引起足够的重视并得到妥善的解决，否则就不符合有机农业的基本概念。

近年来，大气污染和土壤污染的加剧也给有机农业带来了新的严峻的问题。大气降尘、污染空气的远距离输送、土壤中的重金属污染为有机农业生产者增加了新的不可控因素，增加了最终产品中污染物超标的风险，成为有机农业面临的新的难题。

8. 国内有机认证难以与国际接轨，缺乏国际竞争力

中国有机农业的管理办法参照国际标准制定，但国内有机认证难以与国际接轨，互不认可，或不能通过进口国有机产品标准检测。中国有机产品缺乏国际竞争力，成为中国由世界有机农业大国发展为世界有机农业强国的主要障碍。

五、中国发展有机农业的原则

1. 健康原则

有机农业应当将土壤、植物、动物、人类和整个地球的健康作为一个不可分割的整体而加以维持和加强。个体与群体的健康与生态系统的健康不可分割，健康的土壤可以产出健康的作物，而健康的作物是健康的动物和健康的人类的保障。

2．生态原则

有机农业应以有生命的生态系统和生态循环为基础，与之合作、与之协调，并帮助其持续生存。将有机农业植根于有生命的生态系统中，有机农业生产应以生态过程和循环利用为基础，通过具有特定的生产环境的生态来实现营养和福利方面的需求。对于作物而言，生态就是有生命的土壤；对于动物而言，生态就是农场生态系统；对于淡水和海洋生物而言，生态则是水生环境。

3．公平原则

有机农业应建立起能确保公平享受公共环境和生存机遇的各种关系。公平是以对我们共有的世界的平等、尊重、公正和管理为特征的，这一公平既体现在人类之间，也体现在人类与其他生命体之间。

4．关爱原则

应以一种有预见性的和负责任的态度来管理有机农业，来保护当前人类和子孙后代的健康和福利，同时保护环境。在有机农业的管理、发展和技术筛选方面最关键的是实施预防和有责任心。

六、中国有机农业发展展望

目前，有机产业在中国已初具规模，并且取得了一定成效。据统计，中国有机耕地面积略高于全球水平，占所有耕地面积的1%左右，全球排名第63位。国内的有机产业市场需求表现强劲，有很大的发展空间，中国有机农业具有很好的内部发展环境。从有机消费市场来分析，预计在今后10年有机产品占国内食品市场的比例有望从目前的0.5%达到1%～3%，这样中国将成为全球第三大有机食品生产国和消费国。

开发有机产品是实现国内农业可持续发展的战略选择，但从目前有机农业发展角度来看，其生产、加工能力与技术还相对薄弱；种养业生态链还未形成整体协调发展的局面；生物农药开发等技术创新与国外相比还有较大差距；有机产品市场研究与开发还有待进一步完善，有机产业支持政策及科技支撑尚未纳入国家决策层面；有机产业发展的社会化服务及其网络体系建设也需进一步健全。

未来中国有机产业的发展，应充分发挥企业的市场主体作用，坚持以国内市场为主，努力开拓国际市场。面向环保理念不断拓展的人群需求，与城郊型都市农业、贫困山区扶贫、生态脆弱区生态保护相结合，确立重点区域，根据资源禀赋和特色，有序推进有机农业产业，为中国现代农业可持续发展探索新的方向和路径。

参考文献

[1]　农业部规划设计研究院. 世界有机农业的起源和发展动态[J]. 农业工程技术（农产品加工业），2009（12）：24-29.

[2]　张新民，陈永福，刘春成. 全球有机农产品消费现状与发展趋势[J]. 农业展望，2008（11）：22-25.

[3]　郭春敏. 美国有机农业的探索[J]. 农村实用工程技术：绿色食品，2004（1）：46-49.

[4]　马世铭，Sauerborn J. 世界有机农业发展的历史回顾与发展动态[J]. 中国农业科学，2004，37（10）：1510-1516.

[5]　余庆来，崔凯. 世界有机农业（食品）的发展态势[J]. 中国食物与营养，2003（3）：7-9.

[6]　潘慧锋，程兵. 美国的有机农业及其认证制度[J]. 世界农业，1999（7）：13-15.

[7]　焦翔，穆建华，刘强. 美国有机农业发展现状及启示[J]. 农产品质量与安全，2009（3）：48-50.

[8]　翁怡洁. 有机农业：法律规制与政策扶持[J]. 华南农业大学学报（社会版），2011，3：7-16.

[9]　李智广. 中国水土流失现状与动态变化[J]. 中国水利，2009（7）：8-9.

[10]　李晓明. 绿色农业与其发展对策探析[J]. 华中农业大学学报（社会科学版），2005（3）：18-21.

[11]　孙鸿烈. 中国水土流失问题与防治对策[J]. 中国水利，2011（6）：16.

[12]　郝建强. 中国有机食品发展现状、问题及对策分析[J]. 世界农业，2006（7）：1-4.

[13]　蒋珠燕. 中国有机食品的发展现状及前景分析[J]. 农业经济问题，1999（12）：46-49.

[14]　王冠辉. 有机农产品认证新制度的解析及对我国有机农业的影响[D]. 杨凌：西北农林科技大学，2014.

[15]　周继强. 从有机认证制度论我国有机农业发展[D]. 泰安：山东农业大学，2010.

[16]　马文娟. 中国与欧盟有机产品标准及认证认可制度的比较研究——以 IFOAM 基本标准为

平台[D]. 南京：南京农业大学，2011.

[17] Seufert V，Ramankutty N. Many shades of gray—The context-dependent performance of organic agriculture[J]. Science Advances，2017，3（3）：e1602638.

[18] 王二平. 中国有机农业的发展与有机产品认证及监管[J]. 中国农业资源与区划，2014（6）：70-74.

[19] 张新民. 中国贫困地区有机农业发展的战略选择[J]. 农业经济，2010（6）：17-19.

我国当代有机农业发展的对策

张　鹏　黄国勤*

（江西农业大学生态科学研究中心，南昌330045）

摘　要：改革开放以来，我国在农业方面取得了重大成就，已由原来的数量型向数量型和质量型并重的模式改变，农产品质量问题的受重视度逐渐呈上升趋势，而有机农业在改变农产品质量安全方面具有重要意义，其具备显著的环境效益、经济效益和社会效益，因此大力发展有机农业是今后农业发展的主要趋势，在有机农业的生产过程中，要注重生产链、保护生态链，大力发挥有机农业的价值链。

关键词：有机农业　农产品质量　产业链　生态链　价值链

　　随着社会的发展和人们生活水平的提高，有机食品越来越受到消费者的关注。有机食品与绿色食品存在一定的差异：有机食品来自有机农业，完全禁止使用农药和化肥；有机农业强调尊重自然规律、保持生态平衡和持续稳定的发展理念，保障农产品的高品质及生态环境友好型农业。对于我国有机农业的发展，必须要有完整的产业链、生态链及价值链。此外，全球生态环境逐渐恶化，农产地污染越来越严重，有机农业作为食品安全的绿洲已成为今后农业研究和发展的重点。本文从有机农业的发展、相关概念、发展现状，对比发达国家关于有机农业的一些发展，结合有机农业发展的一些问题，对我国有机农业的发展提出相关对策，以期为我国有机农业的健康发展提供理论参考。

* 通信作者：黄国勤，教授、博导，E-mail：hgqjxes@sina.com。

基金项目：江西农业大学生态学"十三五"重点建设学科项目。

一、有机农业的发展

有机农业作为农业的一种模式，各国对其有不同的定义（表1），但总的来说，有机农业具有相关的生产标准，最主要的是在生产过程中不采用基因工程来获得产物，并且在农作物生长过程中不使用化肥、农药、生长调节剂以及饲料添加剂等物质，完全遵循自然规律和运用生态学原理来协调种植业、养殖业的平衡，利用可持续发展的农业技术维持农业生产过程。全球有机农业大致经历了启蒙、发展、增长、全面平稳的四个发展阶段，而我国较发达国家来说起步晚，目前经历了初始、发展、规范化三个阶段，我国于 1994 年成立国家环保总局有机食品发展中心（Organic Food Development Center of SE-PA，OFDC），标志着有机食品和认证管理工作的正式开展；2005 年，《中华人民共和国国家标准：有机产品》（GB /T 19630.1—2005）的发布和实施，是我国有机产品事业的一个里程碑式的事件；2014 年，国家质量监督检验检疫总局正式发布实施新的《有机产品认证管理办法》，表明我国有机产品标准和技术规范的逐步完善，有利于有机产业的规范化、法制化发展。

表1　各国对有机农业的定义

国家	定义
欧洲	一种通过使用有机肥料和适当的耕作和养殖措施，以达到提高土壤的长效肥力的系数，在有机农业生产中仍然可以使用有限的矿物物质，但不允许使用化学肥料，通过自然的方法而不是通过化学物质控制杂草和病虫害，不允许使用基因工程技术
美国	一种完全不用或基本不用人工合成的肥料、农药、生长调节剂和畜禽饲料添加剂的生产体系。在这一体系中，尽可能在最大的可行范围内采用作物轮作、作物秸秆、畜禽粪肥、豆科作物、绿肥、农场以外的有机废弃物和生物防治病虫害的方法来保持土壤生产力和耕作，供给作物营养并防治病虫害和杂草的一种农业
加拿大	加拿大国家标准—有机生产基本和要求（CAN/CGSB-32.310）规定了有机生产体系基本原则和要求：有机生产是以优化农业生态系统中各种群落/体（如土壤生物、植物、畜禽和人类自身）的活力及其健康为目的的一种综合体系； 有机生产的首要目标是发展可持续的、与环境相协调的产业。有机生产建立在健康生产原则基础之上，这些原则旨在通过特殊的管理和生产方法来提高和维持高质量的环境条件，并着眼于确保人道地对待动物

国家	定义
中国	遵照有机农业生产标准，在生产中不采用基因工程获得的生物及其产物，不使用化学合成的农药、化肥、生长调节剂、饲料添加剂等物质，而是遵循自然规律和生态学原理，协调种植业和养殖业的平衡，采用一系列可持续发展的农业技术，维持持续稳定的农业生产过程

二、有机农业的现状

相关资料表明，2016 年年底全球有机农业土地面积为 5 780 万 hm²，其中面积较大的国家有澳大利亚（2 710 万 hm²）和阿根廷（300 万 hm²）。有机农业土地占全球农业用地的 1.2%，其中欧盟国家为 6.7%。在销售额方面，2016 年，全球有机食品的销售额达到 900 亿美元，其中美国、德国及法国分别为 389 亿欧元、97 亿欧元、67 亿欧元，欧盟国家有机食品销售额每年增长 12%。而我国有机农业是 20 世纪 90 年代初期开始发展起来的农业生产方式，到 2016 年年底，共有 10 106 家生产企业获得了中国标准的有机认证证书 15 625 张，涉及 1 198 家企业、1 037 个生产基地和 698 家加工厂；有机植物生产土地面积共 261.3 万 hm²，包括有机耕地 180.1 万 hm²，产量为 1 053.8 万 t，野生采集地 81.2 万 hm²，采集产量 34.6 万 t。按照 1.2 亿 hm² 的耕地面积计算，我国有机作物耕地面积占比约为 1.5%。2016 年，获得有机认证的有机家畜，即羊、牛、猪、鸡分别为 715 万只、162 万头、26.5 万头和 337.1 万羽；在产值方面，2016 年有机农业产值为 1 323 亿元，其中加工产品 862 亿元、水果和坚果 110 亿元、谷物 97 亿元和蔬菜 56 亿元等。可见，我国有机农业在发展中取得了一定程度的进步，但比起发达国家还是有一定的差距，现阶段还没有充分发挥有机农业的潜力，在今后随着人们生活水平和食品安全意识的提高以及经济的持续快速增长，我国有机农业的发展具有相当大的前景。

三、发展有机农业过程中存在的问题

1．市场有漏洞，产业链不足
当前，受一味追求经济增长思想和市场诚信水平不高的影响，对于有机产品生产企业和有机产品认证机构来说是极大的考验。有机产品在市场销售中不仅价格高，而且部分地方政府对其有相应的补贴，这导致部分企业未严格按照有机标准组织生产；加之我国有机产品认证机构数量多、规模不一，导致认证市场杂乱；且由于小型认证机构普遍缺乏从事有机农业科研及认证检查工作的专业人才，导致认证检测技术、认证标准审查能力和执行国家标准的能力不足，最终出现认证的相关问题，严重影响公正性和权威性，导致消费者对国内有机食品深存疑惑。也有一些不法分子钻有机食品市场的空子，将未经认证的普通蔬菜和有机蔬菜混杂高价售出，这对有机农业的产业链发展来说是一个极大的挑战。国外有机农业开始较早，因此国家的一些相关扶持政策也较为完善，而我国在这方面比较欠缺。例如，奥地利在有机农业发展上具有悠久的历史传统，早在 1990 年有机农业就已得到了欧盟财政的大力支持；美国作为全球最大的有机食品贸易区，在 2014 年农业法案中有机农业方面强制性支出达 1.68 亿美元，这足以表现美国对有机农业的重视；欧盟国家一直对有机农业采取支持政策，2020 年后欧盟共同农业政策（CAP）未来方向的讨论正式启动，总的发展态势将是规范有机农业标准/法规和市场标识，对有机农业继续扶持，并于 2021 年启动第 9 期欧盟研究与创新框架计划（FP9），将有机农业发展纳入"联合国可持续发展目标"（SDGs）框架计划。从国外政策扶持有机农业发展的经验来看，政府部门不仅大力监管有机农业的生产，还对有机农业进行相应的支持，例如资金、信贷等方面给予一定的优惠政策。资金和政策的扶持对于有机农业产业链的发展具有极其重要的作用。

2．农业污染较重，生产效率低

在以前的农业生产中，化学农药的使用在农作物产量和病虫害防治方面起到了极大的作用，但与此同时造成的环境问题也是相当严重，加之工业废水的不合理排放，我国耕地和水体的面源污染严重。在耕地方面，由于城市建设和水土流失以及其他原因，造成耕地面积减少，目前水土流失面积已经逐渐上升到了 56.2 万 hm^2，这一数值在整个流域面积当中所占的比例高达 31.2%，土壤流失量也达到了 22.4 亿 t。在现代农业背景下，由于长期施用化学肥料，导致土壤酸化严重，以及工农业生产过程中，产生"三废"、重金属等，对土壤造成污染，其中重金属污染的土壤达到 0.23 亿 km^2。此外，我国有机农业起步相对较晚，因此在农业技术、机械化方面与发达国家相比存在较大的差距，尤其是我国的地形地貌复杂和生态环境的多样性，将导致对机械设备的性能要有更高的要求，这对于有机农业的发展是一个重大的挑战。

3. 品牌意识缺乏，价值发挥不足

推动有机农产品品牌的发展，对于提升我国农业综合竞争力具有重要意义，因此要充分发挥有机产品品牌在有机农业价值链中的作用。当前，国内具有一定规模和影响力的有机农产品品牌化的企业仍少于发达国家，并且这些企业的农业信息、科技服务体系也较不健全，与发达国家的知名企业存在一定的差距；其次，品牌宣传渠道不畅导致人们对产品的不熟悉和不了解，当前传统媒体的宣传作用稍有下降，信息资源通过网络获取的途径越来越普遍；另外，一些有机农业产品生产者对自己品牌的优势和独特价值不清楚，企业也缺乏对其文化资源的挖掘，由此对自己产品的定位不明确导致品牌的传播效果不佳，不利于市场推广。总的来说，由于品牌意识不足，导致品牌建设的动力缺乏，以及品牌宣传单一、品牌定位不明确等问题，使得农业价值链发挥不充分，这对于农业价值链的实现是极为不利的。

四、我国现代有机农业发展的对策

1. 注重产业链

注重有机农业产业链的发展，有利于将市场规范化，对于市场诚信问题具有重要意义。有机农业究其本质来说是提供安全可靠的农产品，与市场的结合将在发展中具有密切关系，因此在发展过程中要充分考虑产业链的相关问题，例如，产业链的组织形式、管理方式，以及今后产业链的延伸等问题。目前在加快建设标准化生产基地中，已在全国建成绿色食品原料标准化生产基地 678 个，建成有机农业示范基地 24 个，初步形成了茶叶、水果、蔬菜、稻米、畜牧产品、水产品等各具特色的有机种养示范模式，带动了 2 000 多万农户。这一方面表明有机农业在农业产业扶贫中的重要作用，不仅因地制宜，而且有利于绿色生态品牌的发展，将生态优势转化为经济优势；另一方面说明在示范基地的良好带动下有机农业的生产将更加标准化。通过产业链的建立，对有机农产品的生产规模作出正确的规划，建立生产者和消费者的直接联系，促进产业发展的同时提高生产者的收

入，此外，提升有机农产品的深加工，加强资金和技术扶持，促进农业工业化、规模化发展，最后做好严格监管农产品的工作。无论如何，在产业链中，首先，要确保生产基地的质量和水平，生产者按照国家标准和制度的规范进行生产，政府做好对产品的认证和审查，加大质量抽检力度，加深产品认证信息与质量安全的共建管理，有助于后期责任的追究；其次，在有机产品的销路上，要做好信息平台的建立和对国内市场的运行；最后，加强国际间的交流，向发达国家学习相关经验。

2．保护生态链

随着全球环境变化和人类活动对生态系统影响的日益加深，生态系统结构和功能发生强烈变化，生态系统提供各类资源和服务的能力在显著下降，其中近年来最突出的就是全球气候变暖问题。如果农业继续原来的生产方式，农业的发展将面临严重的挑战，必须寻找新的发展方向来应对。全面认识农业生态系统的结构功能与全球环境变化的关系，寻找新的发展方向，无疑此刻新型生态农业的思想极大地符合当前有机农业在生产过程中遵循自然生产的规律。长期以来，在快速发展中片面地追求农业经济，并且在农业生产中化肥、农药的广泛普遍使用，使得作物和其他农副产品中的农药污染越来越多，食品的安全受到严重影响，这使人们对绿色生态环保的食品变得越来越渴望；再者，随着农村生活垃圾产量的增加和种类的增多，单纯依靠环境自身的消纳能力来解决垃圾问题已不现实，况且农村环境的消纳能力也在不断减弱。因此有机农业的发展需要改变以往的农业生产方式，遵循自然生态规律，保护生态链，这将极大地保护生态环境。

3．发挥价值链

农业价值链是以消费者需求为最终目标进行农产品的生产、加工、包装、运输、销售，使其产品在每一个环节都能增值，得到价值最大化的体现。随着市场经济的发展转型，现代农业已经从以解决农业产业链为主转向着重解决农业价值链为主，离开了价值链，农业的产业链是建立不起来的，也得不到发展。因此，在我国有机农业的发展中，要重视绿色农业品牌意识，其中绿色食品和有机食品认证尤其重要，这样才能保证农产品的安全，使消费者对农产品放心。另外，有机农业的发展，最终是提供安全可靠的农业产品，符合人民生活水平，所以在价值链中，有机农业在保证农业生产经营者基本利益的同时，要考虑市场消费者的接受程度，制定合理的价格，使有机农业产品具备良好的市场吸引力和价格竞争力；此外，在农业价值链中，选择合适的销售渠道也非常重要，"农户+销售商""农户+龙头加工企业"等形式表现突出。而在当前大数据时代，互联网技术的应用显得尤为重要，充分利用网络可以将自产的农产品更加直观地展现给消费者，传播有机产品的优点，增强人们对产品的信任，扩大有机农业产品的认知度，使其尽快走向市场，这对有机农业产品既是一种机遇，也是一种挑战。

五、小结

我国传统农业历史悠久，拥有良好的农业基础背景，在农业发展的道路上又逐渐出现生态农业等良好的农业模式，对农业生态环境的保护水平有了一定的提高，在利用自然生态优势和地方资源优势的基础上可为有机农业的发展提供有利条件，并且随着人们生活水平的提高和食品安全意识的提升，对农产品的质量重视会越来越高，因此有机农业的发展必将成为农业生产的主流。在有机农业的生产过程中要严格实行国家标准化生产，严格执行各项规范程序，打造有机农业的品牌产品，注重有机农业产业链、保护有机农业生态链、建立完整的农业价值链融资；此外，有机农业的种植过程中需要一定的种植技术，例如优良的作物种子轮作和立体种植等种植方式、物理和生物的防病害技术，所以一定要加大对其基础技术的研究。

参考文献

[1] Scialabba N E H, Hattam C, Scialabba N E H, et al. Organic agriculture, environment and food security[M]. Organic agriculture, environment and food security, 2002.

[2] 马世铭, Sauerborn J. 世界有机农业发展的历史回顾与发展动态[J]. 中国农业科学, 2004, 37 (10).

[3] 王禾军, 李欣怡. 我国有机农业发展的概况与思考[J]. 南方农业, 2014 (30)：134-137.

[4] 聂磊, 蒋俊树. GB/T 19630—2005《有机产品》标准解析[J]. 中国标准化, 2006 (10)：49-51.

[5] 佚名. 有机产品认证管理办法[J]. 吉林农业, 2015 (17)：36-39.

[6] 解卫华，汪云岗，俞开锦. 加拿大有机农业的发展及启示[J]. 中国农业资源与区划，2010，31（3）：81-85.

[7] Helga W，Lernoud J. The World of Organic Agriculture. Statistics & Emerging Trends 2018[M]. Bonn：Research Institute of Organic Agriculture（FiBL），Frick，and IFOAM-Organics International，2018

[8] 孟凡乔. 中国有机农业发展：贡献与启示[J]. 中国生态农业学报，2018

[9] 国家认证认可监督管理委员会. 中国有机产业发展报告[M]. 北京：中国质检出版社，2014，13-65.

[10] 国家认证认可监督管理委员会,中国农业大学. 中国有机产品认证与有机产业发展（2017）[M]. 北京：中国质检出版社，2018.

[11] 高远至，刘纪元. 加强有机食品监管，提升生产消费信心[J]. 中国防伪报道，2012（10）：26-27.

[12] 刘瑞峰，陈彤，Rainer Haas. 奥地利有机农业发展的经验与启示[J]. 老区建设，2007（10）：62-63.

[13] 钱静斐，李宁辉. 美国有机农业补贴政策：发展、影响及启示[J]. 农业经济问题，2014，35（7）.

[14] 郭玉笔. 生态文明视角下高效生态农业模式的研究[D]. 福州：福建农林大学，2013.

[15] 施朋来. 我国耕地资源现状及肥料施用探讨[J]. 现代农业科技，2015（24）：214.

[16] 王续程. 延伸绿色农业产业链　加快产业链向价值链的转化[J]. 甘肃农业，2008（1）：68-72.

江西省有机农业发展的现状及对策研究

袁嘉欣 黄国勤*

（江西农业大学生态科学研究中心，南昌 330045）

摘 要：江西省是全国商品粮主产省区之一，在农业发展面临巨大压力的同时，注重倡导发展有机农业对优化农村经济结构，以及推动第二、第三产业的可持续发展具有重要意义。本文分析了江西省有机农业的发展现状及有机农业发展的制度、产业基地、组织成本等主要优势，同时为了提升区域竞争力，提出了发展江西省有机农业的对策和建议。

关键词：江西 有机农业 优势 对策

在农业发展方面，"三农"问题的解决始终是国家关注的焦点，发展现代农业是社会主义新农村建设的首要任务。江西省作为全国农业大省之一，在农业发展面临资源、环境的巨大压力之下，始终在集思广益建设新农村。振兴农业必须大力发展有机农业，加快传统农业向现代化农业的转变。

有机农业是遵照一定的有机农业生产标准，在生产过程中不采用基因工程获得的生物及其产物，不使用化学合成的农药、化肥、生长调节剂、饲料添加剂等物质，遵循自然规律和生态学原理，协调种植业和养殖业的平衡，采用一系列可持续发展的农业技术以维持持续稳定的农业生产体系的一种农业生产方式。有机农业可向社会提供无污染、食用安全的有机食品，有利于保障人体健康；可以减

* 通信作者：黄国勤教授、博导，E-mail：hgqjxes@sina.com
基金项目：国家重点研发计划课题"长江中游双季稻三熟区资源优化配置机理与高效种植模式"（2016YFD0300208）；国家自然科学基金项目"秸秆还田条件下紫云英施氮对土壤有机碳和温室气体排放的影响"（41661070）；中国工程院咨询研究项目"长江经济带水稻生产绿色发展战略研究"（2017-XY-28）；江西省重点研发计划项目"江西省稻田冬季循环农业模式及关键技术研究"（20161BBF60058）和江西省软科学研究计划项目"江西生态文明示范省建设对策研究"（20133BBA10005）共同资助。

轻环境污染，有利于恢复生态平衡，还有益于提高我国农产品在国际市场上的竞争力。有机农业是劳动知识密集型产业，需要大量的劳动力投入和知识技术的投入，有利于增加农村就业，促进农民增收，提高农业生产水平。

一、发展现状

江西是传统农业大省，是我国 13 个粮食主产省之一，农业在全省经济中始终占有非常重要的地位。"有机农业运动国际联盟"的澳大利亚籍专家和日本籍专家曾到江西省进行讲学和考察，专家们在考察了江西省的生态环境后给予了很高的评价：江西省是世界上最好的生态农业发展基地之一，其生产的有机食品完全达到了国际有机农业的标准，这都得益于江西省的自然环境和人文环境。农业部公布的首批创建的国家级有机食品原料标准化生产基地的名单中，江西省有 23 个县的 24 个基地被列入创建计划，占全国基地总数的 29%；在公布的第二批全国有机食品原料标准化生产基地名单中，万载县的水稻基地成功入选。至此，江西省共有 24 个县创建的 26 个基地列入名单，总数居全国之首，并且拥有 5 个全国最大的有机食品生产基地，有机食品在数量和质量上都位居全国前列。

自古以来，江西就是拥有"物华天宝，人杰地灵"美誉的农业大省，为了重视越来越有发展前景的有机农业，江西省认真贯彻《国务院关于环境保护若干问题的决定》精神，而且确立了"大力发展以绿色食品为主的食品工业"的战略思想，在 2001 年提出了"三个基地，一个后花园"的战略构想，2002 年，江西省政府组织召开了全省绿色食品工作会议，全面部署有机食品工作。这是江西省有机食品发展史上的一个重要里程碑，标志着江西省的有机食品事业进入了一个快速发展的新阶段。

自 20 世纪 80 年代以来，江西省的生态农业得到了迅速发展，培育了"农—林—牧—渔""猪—沼—果"等示范模式，建立了多个生态保护基地，为有机农业的发展打下了良好的基础。近年来，江西省有机食品总量规模逐步扩大，实现了又好又快的发展目标，产品涵盖了粮、油、果、蔬、茶、畜禽、蛋、奶、淡水产业等。2017 年年底，有机食品产品数量达 1 698 个，居全国第一，农户收入增加 1 700 元，增长 37.2%。目前，江西省有机食品已经初步形成了以市场为导向，有机食品标志品牌为纽带，农户参与为基础的"产、加、销"一体化发展格局。

二、发展优势

江西省的有机农业发展逐步走上快速发展阶段，有机产业继续保持了良好的增长发展趋势。有机食品正逐渐成为江西省食品行业中最具有扩张力和生命力的朝阳产业。有机农业产业化发展是现代农业的前沿，是一种全新的生产方式和理念。有机农业产业化是建立在专业化、区域化、规范化、制度化基础上的契约型经营，是贯彻我国高产、优质、高效、生态、安全农业方针所应达到的最高标准。江西省有机农业的发展离不开以下几点优势。

1．制度优势

江西省一直以来都非常重视农业的发展，这为有机农业产业化发展提供了良好的制度环境。道格拉斯·斯诺指出："有效率的经济组织是经济增长的关键因素；西方世界兴起的原因就在于发展一种有效率的经济组织。有效率的经济组织需要制度化的设施，并确立财产所有权，把个人的经济努力不断引向一种社会性的活动，使个人收益率不断接近社会收益率。"农业在江西省的经济总量中占比非常大，近年来，江西省对农业发展的关注度也越来越高，出台了一系列支持有机食品产业发展的政策方针。农民们正在回归有机农业，但是今天的有机农业采用了注重生态的系统方法，包括长期规划、详细跟踪记录以及对设备和辅助设施的大笔投资，所以仅靠农民自身的力量无法自发地发展有机农业。因此，江西省政府出台了专门政策，为全省有机农业产业化发展提供了良好的支持与制度保障。

2．产业基地优势

江西省的自然环境优越，相对独立的地理环境形成的生态系统十分有利于农业建设。从自然资源上来说，江西属亚热带季风气候，温暖湿润，土地较肥沃，水资源充足，森林覆盖率高，生物多样性丰富，工业经济起步较晚，污染较轻，是发展有机农业的理想场所。

江西作为一个农业大省，农民在长期的劳动实践中积累了丰富的农业生产经验，他们随时都可以把这些经验运用到有机农产品的生产开发中。在省内边远或贫困的山区，农民很少甚至完全不使用化肥、农药，这些地方已经存在许多有机农产品，如新余地区一些山区种植的茶树就是天然的有机茶园。目前，全国最大的有机绿茶生产基地、最大的有机茶油生产基地、最大的有机脐橙基地、最大的有机淡水产品基地、最大的有机矿泉水和纯净水基地都在江西，这为江西的有机农业专业化经营提供了较好的基础条件。

3. 组织成本优势

有机农业的成本主要由生产成本、认证成本、销售储藏成本以及运输成本构成，相对于普通农产品，有机农业产品的成本更高，这是影响农户是否选择有机生产方式的重要因素之一。从江西有机农业产业化发展的情况来看，其成本优势较明显：第一，有机农业生产基地周边环境较好，污染并不严重，这就缩短了有机转换期的时间，降低了生产成本；第二，江西省拥有丰富的劳动力，劳动力成本较低；第三，中绿华夏有机食品中心江西分中心（COFCC）的认证标准已与国际接轨，同几家世界闻名的国际认证机构达成协议，凡是通过了 COFCC 认证的有机食品，可"一次认证，颁发四个有机证书"，这大大降低了企业的认证成本。

三、发展面临的问题

1. 工业基础薄弱，产品科技含量较低

江西省的工业起步较晚，对绿色食品开发投入不足，致使省内有机食品规模、发育程度还很低，总体处于起步阶段。

2. 有机认证体系不统一

目前，我国农产品质量认证不仅有有机食品认证体系，还有无公害农产品和绿色食品两个认证体系，无公害、绿色和有机食品都有各自的商标标识、认证标准和管理体系。这些标准相互交叉，缺乏协调机制，人们对其认识模糊不清，也让企业无所适从，这种局面必须尽快通过体制创新来完善。

3. 市场开拓力度不足

有机食品是江西省食品行业中的朝阳产业，也是建设为沿海发达地区与城市提供优质农产品供应基地的突破口，虽然有巨大的潜在市场，但是必须大力开拓，通过开发市场带动有机农业以及有机食品生产的发展。近年来，江西省的有机食品虽然已经进入了全国各大城市，但是在世界范围内的开拓力度仍然不足。

4．有机农业品牌知名度不够

江西省农业经济的工作重点一直放在利用资源优势、大力发展有机农业上，但是，传统的农耕思想根深蒂固，无论是农业产品还是工业产品，只习惯于生产和销售初级产品，缺少品牌意识，在国内、国际市场上叫得响的品牌产品少之又少。

四、对策

针对上述问题，江西省发展有机农业应当加强以下几个方面。

1．加强技术支撑和制度创新

加快有机农业产品研发、生产、示范、推广的技术研究，要提高生产力，必须提高自主创新能力。加快新产品的开发，提高有机食品原料加工利用转换程度，使粗加工产品向精加工产品进一步转化、单一产品向系列化产品转变。政府提供优惠政策吸引有机农业工作者，通过他们的科技水平带动产品的研发，政府在税收、贷款上制定一些优惠政策，对绿色、有机食品的生产企业给予一定的补贴；重点加大对标准制度修订、监测检验体系、质量认证体系、信息服务体系建设以及示范基地的投入。要广泛争取和吸引社会各方面资源，参与有机农业产品的开发。

2．加强有机农业法规和政策建议

首先，加快并完善有机农业和有机食品向规范化、产业化、市场化、国际化方向发展，以增强有机农业和农产品的竞争力；其次，要严格认证制度，加强执法力度；最后，要加快生态环境治理步伐，为有机农业发展创造适宜条件。加大对有机农业的扶持力度，发挥政府的主导作用，进行合理的政策引导和调控，引导企业提高有机食品的产后加工率，提升产业效率。

3．加大对有机农业的宣传，扩展有机农业的市场

有机农业的发展既能够保护生态环境，同时也能为消费者提供健康、安全的食品，这已经成为现代农业发展的主流趋势。数据显示，未来10年间美国等发达国家有机食品贸易年增长率预计将达到 20%～30%，其中大部分依赖进口。有机食品市场需求总量呈快速增长趋势，随着中国社会经济结构的变迁，国内有机食

品的消费市场也正在逐步走向成熟。相关研究表明，几年前上海 80%的有机蔬菜消费者是外籍人士，但是现在上海市民与外籍人士消费有机蔬菜的比例已经转变为 8∶2。从国内大城市消费者需求转变的发展趋势进行分析，近年来，中国消费者对安全食品的需求增长较快，通过需求的拉动和生产的推动共同促进江西省有机农业产业化的发展。首先要加大有机农业和有机食品的宣传力度，一方面让市民对有机农业和有机食品绿色消费观念拥有全新的认识与掌握；另一方面要使有机食品的销售渠道保持畅通，扩大国内市场，保证居民都能够方便地购买有机食品，通过经济发达地区的消费影响扩大内需。

4．打造江西省有机产品品牌，提升产品竞争力

近年来，随着社会经济的发展，人们对食品的要求从数量上升到质量。绿色、有机产品需求增加，给有机食品的市场带来了巨大的前景，有机农业发展潜力巨大。但是有机产品给市场带来巨大商机的同时，在高额利润的驱使下，一些非法企业不惜造假，将非有机产品以有机产品的名义销售，这些伪劣食品干扰了有机食品市场，不仅损害了消费者的利益，而且造成消费者对有机食品的不信任，严重削弱了有机产品生产企业的生产力和竞争力。因此，为了增强市场公信力，提高企业核心竞争力，应在已有的基础上，加快向现代农业的转变，以区域发展为框架整合资源，做大做强有机产业，打造区域品牌，增强有机产品的市场竞争力，提高有机产品的社会公信力，增加消费者对有机产品品牌的信任度，重点发展有机产品龙头企业，打造和保护江西省本土有机产品品牌。

5．加强产业组织创新，提高生产者抵御风险的能力

有机农业在发展过程中会遇到诸多制约因素，其中最缺乏的是技术支撑体系和其他配套体系，即专业技术专家、有机产品销售以及整个社会对有机农业的支持，而农业产业化进程也是一个农村经济组织演变和创新的过程。由于有机农业的前期投入较大，生产风险不容小觑，如果单靠农民自身的力量，发展将非常缓慢。因此，必须加强有机农业产业组织创新，形成"风险共担，利益共享"的机制，提高有机农业生产者抵御风险的能力，从而推动我国传统农业生产方式向现代农业生产方式的转变；在组织创新的模式下，要注重结合有机农业产业外向出口。帮助小农户通过参与合作经济组织，融入全球价值链体系中，提高收入和生活水平。

6. 坚持走农业可持续发展道路

保护生态环境，加强生态建设，推广生态文化，走农业可持续发展道路，这首先要求在农业生产过程中对投入的化肥、农药严把关，加强监管，杜绝高毒、假冒的化学投入品的使用。定期抽查土壤有毒有害物质残留情况，禁止农田周边建立高污染工厂。同时，鼓励企业采用新品种、新技术，以及有助于改善农业生态环境的生物肥、生物农药等农业投入品。再向企业加大有机产品宣传力度，提升企业对产品质量安全和诚信守法的意识。

7. 调整政府行为加强宏观调控，支持有机农业发展的经济政策

现阶段，由于农民承担风险的能力较弱，政府通过在关键环节上的扶持，可以降低农民的风险成本，缩短优质农产品市场化发展的进程。

有机农业技术性强，有较高的条件限制，需要政府进行宏观调控，采取相应的金融政策保障有机农业生产者的利益。从信贷政策、农业保险和资本市场运作等方面对有机农业进行调控，应尽快实现信贷政策的转变，实现扶持数量型农业向有机农业的转变，按农业结构调整规划来制定信贷政策，在提高农产品质量和市场竞争力方面做好扶持工作。实现由支持初级农产品加工向综合型、"种养加""贸工农"等内外结合的有机农业产业方面转变，支持农业走专业化、规模化发展道路，大力支持开发名优特产新的农产品，不断增强有机农业产业的核心竞争力。

五、结语

发展有机农业可以优化农村经济结构，推进第二、第三产业的全面、持续、协调发展，大量转移农村剩余劳动力，从而加速农村城镇化进程，推动江西"三农"问题的解决，开辟全新的发展空间和增收渠道，将使江西省潜在的人力资源和自然资源优势释放出来，从而形成产业之间和城乡之间相互促进、相互支持、协调发展的良性循环。

参考文献

[1]　方颖，卞新民. 我国有机农业健康发展的对策研究[J]. 环境导报（南京），2003（24）：34-35.

[2]　李润根. 江西有机农业发展现状问题与对策[D]. 南京：南京农业大学，2005.

[3]　张明林，黄国勤. 江西省无公害食品发展现状、存在问题及其对策[J]. 江西农业大学学报，2002（1）.

[4]　道格拉斯·C. 斯诺. 经济史中的结构与变迁[M]. 北京：商务印书馆，2005.

[5]　季学明. 有机农业的生产与管理[M]. 上海：上海教育出版社，2002.

[6]　陈双溪，魏丽，等. 发挥区域资源优势调整江西农业产业结构[J]. 江西气象科技，2002（3）.

[7]　方志权，顾海英. 上海发展有机蔬菜的实践与思考[J]. 农业技术经济，2003（4）.

[8]　杜相革，王慧敏. 有机农业概论[M]. 北京：中国农业大学出版社，2001.

[9]　郑风田，赵阳. 我国农产品质量安全问题与对策[J]. 中国软科学，2003（2）.

江西省泰和县有机农业发展研究

李新梅　黄国勤[*]

（江西农业大学生态科学研究中心，南昌330045）

摘　要：江西省是以农业为主的大省，既要保持农业快速发展，又要提高农产品质量，保证食品安全。泰和县作为江西省的一个山区典型农业县，也是全省农业结构调整的先进县。该县农业特别是有机农业的发展，对于江西省的农业和农村经济发展起着重要作用。本文主要分析泰和县有机农业发展的现状及存在的问题，提出今后发展的对策，对泰和县实现可持续发展具有重要的现实意义。

关键词：有机农业　发展　江西省泰和县

近年来，每年的"中央一号"文件都针对我国农业生产方式转变和农业产业结构调整的问题作出指示，2016年"中央一号"文件强调"推进农业供给侧结构性改革，不仅要加快农业发展方式转变，并且要保持农业稳定发展和持续提升农民收入"。2017年"中央一号"文件强调"紧紧围绕推动农业供给侧结构性改革这个工作主线，以绿色发展为导向，以改革创新为动力，以结构调整为重点，促进农业转型升级，巩固发展农业农村的经济"。2018年"中央一号"文件再次强调"乡村振兴，产业兴旺是重点。必须坚持质量兴农、绿色兴农，以农业供给侧

* 通信作者：黄国勤，二级教授，博士生导师，研究方向：耕作制度、农业生态、农业可持续发展等。E-mail：hgqjxes@sina.com。

基金项目：国家重点研发计划课题"长江中游双季稻三熟区资源优化配置机理与高效种植模式"（2016YFD0300208）；国家自然科学基金项目"秸秆还田条件下紫云英施氮对土壤有机碳和温室气体排放的影响"（41661070）；中国工程院咨询研究项目"长江经济带水稻生产绿色发展战略研究"（2017-XY-28）；江西省重点研发计划项目"江西省稻田冬季循环农业模式及关键技术研究"（20161BBF60058）和江西省软科学研究计划项目"江西生态文明示范省建设对策研究"（20133BBA10005）共同资助。

结构性改革为主线，加快构建现代农业产业体系、生产体系、经营体系，提高农业创新力、竞争力和全要素生产率，加快实现由农业大国向农业强国转变"。这就要求我们必须促进转变农业生产方式，走环境友好型发展模式，加快我国农业发展。

一、泰和县农业发展概况

泰和县位于江西省中南部，吉泰盆地中心，东南毗邻兴国县，西连井冈山市、永新县。泰和县东西长 105 km，南北宽 57 km，土地总面积为 2 667 km²。境内地貌多样，山地、丘陵、河谷平原面积各占 16%、54% 和 30%。年均日照 1 756.4 h，年均气温 18.6℃，年均无霜期 281 d，年均降水量为 1 726 mm，光能充足，四季分明，热量丰富，雨量丰沛，属典型的中亚热带湿润季风气候。泰和县森林覆盖率 51.6%，森林蓄积量 450 万 m³。

泰和县是传统的农业大县，辖 24 个乡镇（场），297 个行政村，总人口为 58.2 万人，其中农业人口为 46 万人，拥有耕地 87.2 万亩，宜牧草山草坡 45 万亩，可放养水面 19 万亩，被列为全国首批商品粮及商品牛基地县、全国生猪调出大县、江西省食品工业重点县，同时又是中国泰和乌鸡之乡。近年来，全县深入贯彻落实科学发展观，紧紧抓住被列为首批省级现代农业示范区的良好机遇，以产业开发和结构调整为重点，以保障主要农产品有效供给和农民收入持续增长为目标，积极推进农业发展方式转变，提升现代农业总体发展水平。

近 5 年来，泰和县累计争取农业项目扶持资金 2.4 亿元，涵盖农田水利设施建设、标准粮田建设、农技服务体系、农业产业化、农业环保安全等多个类别，并且整合涉农资金，集中优势着力扶持农业重点项目的推进。另外，通过采取"走出去，请进来"的办法，围绕促进产业发展大力开展农业招商。全县共引进农业项目 73 个，签约资金 75.6 亿元，其中亿元项目 19 个，5 000 万元以上项目 31 个。项目的实施有效地改善了农业生产条件，提升了农业综合生产能力，为全县农业发展方式的转变夯实了基础。但乡村环境污染和生态问题依然突出：一是农药、化肥、地膜等在农业生产中的广泛应用，造成土壤、地表水和浅层地下水污染；二是生活污染与工业污染叠加，乡镇企业技术落后、设备简陋、能耗高且废弃物处理设施不完备；三是农村人口生态环境意识淡薄，生活垃圾无序堆放、资源过度开采等现象时有发生。

二、泰和县有机农业的发展

1.泰和县有机农业发展的机遇

国家出台一系列的政策，加大力度支持有机农业的发展，给泰和县发展有机农业带来机遇；同时，食品安全紧密联系着人民的生活质量，消费者越来越追求优质的食品。近年来，食品安全的底线却屡屡被挑战。而有机农业能提供无污染、安全环保食品，并有利于降低环境污染。有机农业是顺应时代的产物，有机产品的生产已成为必然趋势，发展有机农业已成为一种新型模式。总体来说，泰和县有机农业发展兴起较晚，总体规模相对来说也很小，在农业中所占比例不大，发展过程中还会遇到更多的问题，但发展机遇很多，发展前景较大。

2.泰和县有机农业发展现状

为响应省委提出的"百县百园"工程建设号召，按照"生态、有机、循环"的理念，在泰和乌鸡发源地——武山，规划建立了占地面积 1.5 万亩的现代农业示范园，通过政府搭台、企业运作、多方扶持，目前园区建设已初具雏形，2016年被市政府列为市级现代农业示范园。同时以推进绿色生态农业十大行动为抓手，大力实施畜禽污染治理工程、病死畜禽无害化处理工程、绿色植保农药减量工程、化肥用量零增长工程、水产健康养殖工程。与中国科学院千烟洲试验站合作启动了亚热带地区林下泰和乌鸡全生态养殖技术示范项目，实现了保护生态环境与提升经济效益的有机结合。

三、泰和县有机农业发展存在的主要问题

1.缺乏技术和指导人才

有机农业在种植及生产过程中需严格管控化学合成的农药、化肥、生长调节剂等使用，且需采用可持续发展的农业技术，在整个种植及生产过程中都需要科学技术支持。当前，泰和在有机农业生产技术经验积累方面相对匮乏，缺乏如病

虫害防治、水土保持、养殖平衡等关键技术，极大程度上限制了有机农业的规模和增产。据了解，病虫害对有机农业造成的危害最为严重。害虫种类繁多，发生面积大，造成严重破坏；害虫演替规律复杂；一些小害虫作为主要害虫上升；植物抗虫性越来越强。由于害虫控制研究与应用较少，大大限制了有机农业的发展和生产的规模化。

有机农业是一种需要高技术的产业，需要大量的技术指导人员。但在过去几年中，针对有机农业方面的研究很少，且研究不够深入，有机农业方面技术人才也相对缺乏。农民不但得不到国家的政策鼓励和财政支持，而且在生产过程中遇到问题无人指导。

2．农业推广体系不健全

国家设立的农业推广站是为广大基层农民和农业生产者提供技术的服务性组织，也是实施科教兴农的一个重要战略。然而，在实际生产中，却受到许多因素的影响，基层农技推广人员不仅存在信息匮乏、知识老化等缺陷，而且工作不积极，责任心和推广意识不足。此外，农村农业技术中心的基础设施和工作条件相对滞后，不仅严重影响了农业技术人员的正常工作，而且影响到农业技术中心的公益功能。农业推广体系相对落后，不仅不能符合现代有机农业迅速发展的要求，还限制了有机农业的进步，更严重的是可能对有机农业的生产带来阻碍。

3．生产组织缺乏创新，营销效率低下

泰和县有机农业在生产和销售中存在很大的问题。在生产中，许多农民对有机产品的认识存在很大的误区，没有真正地从思想上理解有机产品的内涵，从事生产有机产品也只是受到经济利益的吸引。这些农民在生产过程中不严谨，生产操作流程不规范，导致有机产品产量低、质量差，生产组织缺乏创新。

当今社会市场竞争日趋激烈，营销成为其中重要的一环，在有机产品的销售市场中，农民的小规模生产处于不利地位，并且没有有效的营销方式，不能抓住消费者的心理。同时，有机产品市场管理也相当混乱，存在许多缺陷，如价格昂贵、以次充好、假冒伪劣等，严重影响了人民群众对有机产品的信赖和追求。

4．品牌意识薄弱

品牌不仅是一个牌子和产品名称，更是一个企业核心竞争力的源泉。品牌影响力很重要，但更重要的是品牌的价值，它是品牌的真正内涵。品牌由品质、品

位和品相三品构成。三品一体是强势品牌不可缺少的。就像一个人对三位一体的表现决定了其他人对他的印象和评价。但泰和县大多数企业主要是基于产品宣传，缺乏品牌战略，即使拥有品牌，也缺少文化支撑，无法参与更高层次的竞争。

5．政府支持力度小，财政投入不足

《2016—2020 年中国有机农业深度调研及投资前景预测报告》反映出，中央政府大力支持有机农业产业的发展，并提供财政支持政策。政府对有机农业的支持度是非常重要的，不仅可以提高农民的积极性，还可以帮农民开拓市场。我国有机农业的发展主要依靠农民，政府支持力度较小，就我国南部地区来说，有机农业的不断发展，生产技术人员已经开始了实验项目和研究，但地方政府没有从财政资金方面给予支持，很难推进有机农业的发展。

四、泰和县有机农业发展对策

1．加强技术人才培训和开展生产技术研究

目前，泰和县有机农业发展人才供应不足，亟须一批懂技术、懂管理、懂服务的复合型人才，需要培养一批符合有机农业发展要求的高素质人才队伍和拥有先进农业技术的多能型人才。其次，有机农业依靠传统农业作业方式为基础，同时融合大规模其他社会组织，这样有机农业才有条件实现现代化规模发展，这都需要借助高水平管理人才去实现。

根据目前农业发展的新要求，每年选送基层农业骨干参加各个层次专业技术培训，使基层业务骨干提升为杰出人才，成为业务精湛的农业技术专家，进而培养大部分农村基础人才的骨干力量，成为"一专多能型"的复合型、具有创新型优秀科研和推广能力的人才。

建立长效培训机制培训基层农技推广人员。根据农业现代化工程和适应基层农业技术推广发展新要求，逐步针对农技推广人员的岗位和专业技能进行培训。依据目前及未来短期内现代农业发展的新品种、技术、模式及资讯趋势等，进行农业实用技能、农林作物病虫害防治技术、农产品加工生产、高效农业建设、农业规模化经营和现代农业发展知识、农业公共资讯服务技术、农业政策法律法规等相关知识技能培训。打造一支科技含量大、服务水平高、覆盖范围广的现代农

技服务队伍，为提前实现农业现代化发展提供科技力量。

为加快现代农业和新农村建设，农业市场化、标准化、科技化、国际化程度不断提高，国家提出了新的、为农业服务的更高的要求。与新的形势相比，现有的农业推广体系存在一些不相适应的地方，不同程度地制约了农业科学与技术的进步。目前，泰和县有机农业技术的缺乏使得有机农业对植物病虫害的防治、饲料添加剂替代和疾病防治缺乏可靠的依据。因此应加强相关技术方面的研究，尽快解决这些难题。农民作为有机农业的生产者，缺乏有关有机农业的知识会产生很大的影响，如有机肥如何生产、病虫害如何有效防治、轮作需要注意哪些问题等。专业性技术指导人员严重缺乏，有机农业生产技术还有待继续探索研究，合适的有机种植品种缺乏，轮作困难，在中国农业院校应加强对有机农业生产技术的研究。尽早提出适合农民的、能解决问题的有效办法。

有机农业对生态环境要求较高，应增多对水土环境的调查，重点检测土壤中化肥、农药、重金属等，筛选和推广一些环境适应性强、抗病虫害、抗倒伏品种，以尽量减少病虫害和自然灾害。探索建立高产出、高质量、高效率的有机栽培系统。最后还要研究与开发有机农产品的保鲜、贮藏、运输等问题。

2. 加快龙头企业培育和发展，成立有机农业协会

尽快通过政府扶持兴办一批符合国家政策、能推动当地产业发展的新兴龙头企业，带动全市进行农业结构调整，逐步形成"一村一品、一乡一业"的专业化生产、区域化布局、规模化经营的新局面。

随着农村改革发展，产生的农业产业化是一种新兴事物。中央一直重视农业产业化，并将其作为农业工作中非常重要的大事来抓，连续出台了一系列的支持政策和措施。龙头企业对农业产业化经营起着非常重要的作用。龙头企业要牢记自己起着模范带头作用，大力开展科技创新，增强企业自身实力，要能主动适应市场竞争增强的新环境，进一步把企业做大做强；要主动适应消费者需求升级的新形态，进一步提高农产品质量；要主动带动其他企业转型升级，带领其他企业走创新发展模式。成立有机农业协会，是促进农业产业化发展的重要措施。协会要以推动龙头企业发展和带农惠农为目标，以沟通、服务为宗旨。

3. 加快有机农业营销模式创新

近年来，泰和县有机农业取得了较快的发展，然而，随着泰和县社会经济的

不断发展，各行各业都在进步，尤其是网络信息技术的提高和人们物质生活水平的不断提升，人类的需求也越来越多样化，有机农业模式也要跟随时代，利用新事物进行创新。

"互联网+有机农业"的机会模式，应用互联网促进有机农业的发展。未来10年，有机农业是最具有潜力的黄金产业，特别是引入互联网思维的新型有机农业产业。探讨电子商务商业模式的使用，随着经济和社会信息化的不断提高，整个零售电子商务占的比例越来越大，尤其是有机农产品的销售，有机农产品价格较高，不仅要通实体店，还要通过电子商务扩大销售途径，模式的创新使有机产品跨区域或者全球购买越来越便捷。因此，泰和县有机农业经营者应抓住这一重要工具，加快有机农业电子商务商业模式转型升级，有机农业可以用于现有的电子商务平台的总体运营商，在便捷交通网络的基础上，把有机农产品销往全国甚至全世界。

4. 加强有机农业品牌意识

随着社会的发展，消费者越来越注重食品安全，品牌意识也逐渐走进消费者心中，泰和县有机农产品品牌较少，知名品牌更少，这严重影响了泰和县有机农业的发展。因此，要加强品牌意识，通过媒体宣传组织培训、座谈交流、实行利益牵动等多种方式，促进泰和县有机农业各个层面的实施主体树立和深化"品牌就是竞争力"理念。开展有机农产品品牌建设，为有机农业带来品牌效益。随着品牌信誉度高、产品质量信得过，安全卫生有保证的有机农产品的市场需求将不断上升，有机农业发展将越来越好。

5. 加强政府引导的支持力度

目前，与我国特色区域的有机农业相比，泰和县有机农业的发展规模较小。对于绿色食品来说，有机食品生产要求的技术、管理、成本、营销等均比其高出很多，而且在当前的条件下，泰和县农民还达不到自发地生产有机食品的水平。因此，要加强政策引导和政府的支持力度，采取一定的政策补助和减少税收等措施支持发展有机农业。提高有机农产品的市场竞争力，既要提高生产者的积极性，又要培育和扩大消费群体，对生产者给予支持政策。首先，要加强政府支持。从国外的经验看，在有机农业的发展过程中，政府起着重要作用。政府不单制定了市场政策和调控市场，还通过各种财政政策支持有机农业，引导产业集聚。这种措施可以形成区域示范作用，吸引更多人员从事有机农业。其次，要建立完善的认证体系。在转型期政府应加大补贴力度，调动有机农业经营者生产的积极性，增加对农业生产者的保护。为维护有机农业市场的秩序，政府应统筹管理，建立产品认证流程和完善市场监督体系，提升有机农产品的准入门槛，不制造不良品，不流出假冒伪劣产品、低质量的产品，并依靠法治的力量来保护有机农业，特别是从业者的利益，提高生产者的积极性和责任心。借用各种平台，加大对有机农业的宣传和推广力度，扩充消费群体，形成有机农产品消费意愿，让消费者购买有机农产品，建立有机产品消费意识，从内心认可有机产品，才能使有机农业健康可持续发展起来。政府应逐步延伸有机农业产业链，创新有机农业经营方式，并提供农业休闲观光等多种服务模式，依靠旅游业和其他服务产品引导消费升级模式创新，扩大消费群体，促进有机农业产业发展到一个更高的水平。

参考文献

[1] 蒋琪，刘姗，尹睿，等. 着眼乡村振兴　大力推进农业绿色发展[J]. 江西农业，2018（9）：18.

[2] 余华阳，谢永忠，沈丹. 泰和县农业生态系统能值分析与畜牧业生产模式研究[J]. 江西畜牧兽医杂志，2013（2）：19-21.

[3] 席运官. 有机农业与中国传统农业的比较[J]. 农村生态环境，1997（1）：56-59.

[4] 周蓉. 宜春市传统农业向有机农业产业转型对策探析——以铜鼓县为例[J]. 科技经济市场，2011（11）：94-96.

[5] 闵继胜. 新型经营主体经营模式创新分析——基于黑龙江仁发合作社的案例分析[J]. 农业经济问题，2018（10）：50-59.

[6] 杨洪强. 吸收传统精华　通过有机农业促进农业可持续发展[C]. 2005 中国可持续发展论坛——中国可持续发展研究会 2005 年学术年会. 中国上海，2005. 5.

[7] 耿肖参. 鹤壁市有机农业发展研究[D]. 新乡：河南师范大学，2017. 37.

[8] 王在德. 略论我国传统的有机农业[J]. 山西农业科学，1982（9）：5-7.

[9] 薛洁. 农业发展何去何从——传统农业、有机农业和保护性农业的比较[J]. 中国农业信息，2012（9）：18-19.

[10] 赵春雁，卫来，范德清. 世界有机农场发展现状及趋势分析[J]. 南方农业，2018（31）：75-78.

[11] 周霞，罗善平，康方健. 泰和县转变农业发展方式的做法、问题及对策[J]. 基层农技推广，2018（2）：59-62.

[12] 张富国，田岩，夏兆刚，等. 我国有机农业发展优势、问题及对策研究[J]. 农产品质量与安全，2017（5）：15-18.

[13] 赵会. 现代有机农业从中国传统农业科学技术中得到的启示[J]. 现代农业，2014（3）：86-87.

[14] 任继琼，李亮. 有机农业：贵州农业产业革命的发展方向[J]. 农技服务，2018（5）：81-84.

江西省安福县休闲农业发展研究

刘亚林[1]　黄国勤[1, 2]*

（1. 江西农业大学农学院，南昌 330045；

2. 江西农业大学生态科学研究中心，南昌 330045）

摘　要：本文主要结合安福县区域特点，分析其生态休闲农业发展优势，通过调查总结安福县生态休闲农业的发展现状，分析现有发展模式，对安福县生态农业发展提出切实可行的建议，以推动安福县乡村振兴发展步伐。

关键词：休闲农业　乡村振兴　江西省安福县

一、引言

　　休闲农业是农业与旅游业相结合的交叉型产业，在充分开发具有观光旅游价值的农业资源的基础上，以生态旅游为主题，将农业生产、新兴农业技术应用与游客参加农事活动等融为一体，并充分欣赏大自然浓厚情趣的一种旅游活动。

　　休闲农业的产生和形成是伴随着城市化进程、科学技术进步、经济发展达到一定阶段的产物。休闲农业起源于 19 世纪 30 年代，由于城市化进程加快，人口急剧增加，为了缓解都市生活压力，人们渴望到农村享受暂时的休闲和宁静，体验乡村生活。于是休闲农业逐渐在意大利、奥地利等地兴起，随后迅速在欧美国家发展起来。我国内地休闲农业兴起开始是以观光为主的参观性旅游农业。20 世纪 90 年代以后，我国农业和旅游业得到了迅速发展，开始发展观光与休闲相结合

* 通信作者：黄国勤，教授、博导，E-mail：hgqjxes@sina.com。

基金项目：江西农业大学生态学"十三五"重点建设学科项目。

的休闲农业旅游。

休闲农业和乡村旅游对于加快农业供给侧结构性改革、建设生态美丽乡村和促进农民就业创收均发挥着重要作用。研究表明，休闲农业与乡村旅游的发展对第一、第三产业转型升级具有积极的"牵动"和"促动"效应；对于农户的非农收入增加、农民脱贫和可持续生计发展以及缓解城乡经济不平衡等多个方面均具有明显的积极意义。

国务院办公厅《关于加快转变农业发展方式的意见》《关于进一步促进旅游投资和消费的若干意见》《关于支持返乡下乡人员创业创新促进农村一二三产业融合发展的意见》和 2018 年发布的《乡村振兴战略规划（2018—2022 年）》，以及各部委单独或联合出台的关于推动全国休闲农业和乡村旅游的文件，都直接或间接地提出要调动社会资本，撬动和引导更多外部资源支持休闲农业与乡村旅游。

安福县自然资源丰富、景观优美，农业地域广阔、经营类型多样，乡村民俗风情浓厚多彩，是全国粮食主产区中 100 个粮食生产大县之一，在该县发展休闲农业具有优越的条件、巨大的潜力和广阔的前景。近年来，在全国推进乡村振兴战略的大背景下，安福以"旅游兴县"为目标，立足现有资源，全力推进美丽乡村建设，打造"中国最美樟乡"，并巧妙融入"庐陵文化"元素，推进产业融合发展，大力开发以自然生态景区为重点的休闲农业；建设一批起点高、创意新、特色强、功能全、效益好的生态型、科技型、体验型农业观光区，让游客观赏、游乐、品尝、参与、制作，享受田园乐趣，成为广大游客踏青、休闲、摄影的好去处。

本文主要结合安福县区域特点，分析其休闲农业发展优势，通过调查总结安福县休闲农业的发展现状，分析现有发展模式，对本县农业发展提出切实可行的建议，以推动安福县乡村振兴发展步伐。

二、安福县概况

安福县位于江西省中部偏西的地区，吉安市的西北部，地处东经 114°～114°47′、北纬 27°4′～27°36′。三面环山，山地面积 2 017 km²，占安福县土地总面积的 72.2%。武功山脉主峰金顶海拔 1 918.3 m，是江西省境内最高峰。主要河流为泸水河等，属亚热带季风湿润气候，年平均气温 17.7℃。东邻吉安，南接永新，西与莲花、萍乡交界，北和宜春、分宜接壤。土地总面积 2 793.15 km²。总人口 38.2 万人，其中农业人口占 78.53%。

三、安福县发展休闲农业的意义

发展休闲农业与乡村旅游，能够延伸农业产业链条，有效拓展农民就业增收空间，促进农民就地就近就业，通过旅游业进行农村扶贫，推进电商产业提速发展，开拓当地农产品的销售渠道；能够引导城市人才、技术与资金等生产要素流向农村，带动农村基础设施建设和生产发展，促进农业产业结构调整，改善农村发展环境和村容村貌；能够加快培养一批有文化、懂经营、会管理的新型农民，从而整体带动农业生产水平、农民生活水平和乡风文明水平的提高。

大量实践表明，在休闲农业发展好的地方，外出务工人员大量回流，农村的人力资源重新聚集，农村中"空心""三留守"问题得到缓解。2018 年，石溪村凭借其特色美食、特色建筑、优美环境吸引大量自驾游游客前来游赏品食，年接待游客 5.7 万人，仅"十一"黄金周期间就接待游客 1.3 万人次，年综合旅游收入达到 700 万元，成为当地农民收入的主要来源，对当地农村经济发展具有突出的贡献，有效地推动了当地群众增收致富和产业结构调整升级。

四、安福县发展休闲农业的优势

1．特有的自然生态环境

安福县境内绿意盎然，环境秀美，地表地下资源丰富。全县森林覆盖率达 70.5%，位居全省前列，是闻名遐迩的樟树之乡、竹子之乡，陈山红心杉原产地。其森林面积 310 万亩，蓄积量 1 017 万 m³，立竹 2 067 万根，草山草坡面积 76 580 hm²。安福县香樟奇多，现有 400 年以上的古樟树 1 万多棵，被誉为"中国香樟之乡"，素有"有村皆有樟，无樟不成村"的说法。

良好的生态环境使安福县成为省级重点生态功能区，被划进国家生态红线保护范围，并且成为全国生态建设县试点单位、国家木材战略储备基地、全国竹子之乡、南方商品材基地县和江西重点林业县，先后荣获"全国绿化模范县""全国退耕还林先进县""江西创建绿色生态先进县""全省森林生态保护十佳县""全省首届生态文明建设十佳县""全国首批生态文明典范城市"等称号。目前，安福县正在积极申报省级生态文明建设示范区（县）和国家生态主体功能区。

2．深厚的历史文化底蕴

安福县素有"赣中福地"之美誉，被誉为"文章理学忠节之邦"，是江西省18个文明古县之一。距今有 2 200 多年的建县史，先后隶属吴、楚两国。正是吴、楚文化的交融，孕育了安福县特殊的赣西文化特色。宋元以来，文风鼎盛，英才辈出，为"江南衣冠一大都会"。历代名人学子、忠臣义士不乏其人：唐禅宗七祖行思、文学家刘弇、诗人王庭珪、宰相彭时、理学名家邹守益、文武女豪刘淑英、中国民盟领袖罗隆基、爱国"七君子"之一王造时、国民党中宣部长彭学沛、爱国诗人王礼锡等均出生于这块"福地"，功勋卓著的安福籍老红军有 7 位授衔将军。

3．丰富的特色农业产品

近年来，安福县大力发展特色富民产业，推进了井冈蜜柚、高产油茶、楠木、花卉苗木、龙脑樟、黄栀子等万亩基地建设，烤烟种植面积达 6.04 万亩，种植规模和产量连续三年位居全省第一。安福县是全国第一批商品粮基地县、国家农业综合开发项目实施县、国家南方草山草坡开发示范县、农业部油菜高产创建示范县、全省商品牛生产基地县，绿色农副食品产业基地被批准为省级产业基地，是闻名遐迩的樟树之乡、竹子之乡、鱼米之乡、火腿之乡。享誉中外的"安福火腿"、荣登央视"舌尖上的中国"节目的"横龙烧鸡公"及原产于横龙的"金兰柚"，带皮牛肉、章庄竹笋、洋溪小鱼干、柘田土蜂蜜与生姜等可口的农产品让食客回味无穷。

4．坚实的休闲旅游基础

安福县地处赣中西部，紧邻吉安市，交通便利，为全县发展休闲农业创造了极为有利的条件。安福县有主峰海拔 1 918.3 m 的江西省境内第一高峰、国家 4A级风景名胜区——武功山，国家重点文物保护单位——山庄乡大智彭氏家庭石刻群、中山文塔、安福孔庙、罗隆基故里、全省十八大水库之一的社上水库等，全县明清古村落众多，洲湖镇塘边村被列为省级历史文化名村。

近年来，安福县累计投入 6.5 亿元提升打造了羊狮慕景区、武功山大峡谷景区、金顶景区、箕峰景区"四大景区"，武功山大峡谷漂流项目、羊狮慕景区建成并营业，武功山旅游纳入全省旅游重点产业集群名单和省级现代服务业集聚区。随着开发宣传力度的加大，武功山成为国内外越来越多户外旅游者、自驾旅游者接踵而至的休闲胜地，"中国福山"、全国生态休闲度假慢生活基地旅游品牌逐渐凸显。2014 全年共接待游客 57.8 万人次，实现旅游总收入 7 902 万元。

五、安福县休闲农业的现状与模式

1．发展现状

全县休闲农业点总数超过 50 个，有一定规模的有 10 个以上，全县有国家级生态乡镇 3 个、省级生态乡（镇）11 个、国家级生态村 1 个。全县休闲农业主要从事苗木销售、休闲旅游度假、种养采摘、垂钓观光、吃农家饭、住农家屋等项目。2017 年，安福县规模以上服务业企业达 70 家，列全市第一。

安福县全力构建全域旅游大格局，开发旅游快速通道：武功山景区旅游快速通道途经竹江乡、枫田镇、瓜畲乡、工业园区、横龙镇、严田镇、泰山乡，终点至安福武功山、羊狮慕旅游景区，全程 83.05 km。陈山、武功山、九龙山被认定为全国徐霞客游线标志地，羊狮慕成功创建国家 4A 级景区，中国首家慢生活基地、五星级休闲度假村——安福县武功山嵘源国际温泉度假村，2011 年首批江西省休闲农业示范点——安福县香樟园生态休闲农庄等，羊狮慕实业发展有限公司获批省级服务业龙头企业，全县接待游客人次、实现旅游综合收入分别增长 31.8%和 41.7%。

安福县完成井冈蜜柚、高产油茶、优质烤烟、龙脑樟、有机蔬菜、绿色水稻、特色中药材和特色竹木八大富民产业种植面积 14.5 万亩。新增获得无公害农产品、绿色食品、有机农产品和农产品地理标志"三品一标"称号的产品有 5 种，金兰柚在全市率先取得 GAP 认证。新增农民合作社 69 家、家庭农场 81 家、种养大户 124 户，现代农业科技示范园获评江西省 3A 级乡村旅游景点。

2．主要模式

（1）观光农园

观光农园是在城市近郊或者风景区附近开辟特色果园、菜园、茶园和花圃等，让游客入内摘果、摘菜、赏花和采茶，享受田园乐趣。这是安福县休闲观光农业最普遍的一种形式。

武功山云雾茶基地、洋溪 3 000 亩"油菜生产全程机械化+农业生态游"示范基地；钱山娃娃鱼生态养殖基地；严田十村百户梨花景园；洲湖万亩蓝莓、杨梅采摘娱乐园；洋门千亩高产油茶基地等。

近年来，安福县开拓了安（福）—莲（花）公路蜜柚带，全长 103 km，沿线分布了大大小小的井冈蜜柚果园。目前，全县的蜜柚种植主要分布在这条线上，尤其横龙段是安福县蜜柚种植的核心区域，是横龙镇规划的首个万亩蜜柚带，打造特色蜜柚强镇的重点区域。同时，建成的连片井冈蜜柚果园能给国内外游客带来视觉的震撼和景观的享受，对全县蜜柚宣传、知名度提高、市场开拓具有举足轻重的作用。

（2）乡村民俗风情观光

乡村民俗风情观光是利用原始自然、人文生态景观和淳朴的风情乡俗、节庆礼仪、民间歌舞技艺及宗教信仰等资源吸引消费者。

柘溪古村、洲湖塘边古村、东山文塔、银圳民居群等是安福县的特色乡村民俗古村，特色明显，工艺精良，保留着许多传统民俗文化风情，为研究地方人文历史及民居建筑工艺提供了标本，具有较高的文物价值。表嫂茶、吃新节、火把节、武功山朝香等非物质文化遗产传承不衰，每到节庆时刻，都会吸引大量游客参与、体验风俗民情。

塘边古村距安福县城 35 km，主要建筑有 4 个部分，以滋德堂、致美堂、继美堂为中心，各自有围墙，呈封闭式状态。这些建筑较好地保持了清朝前后期安福乡村民居的风格。1996 年在京九铁路沿线旅游资源普查中被发现，近年来，到古村参观、考察、游览者络绎不绝。2003 年 8 月，经江西省人民政府批准，塘边古村列为江西省首批"历史文化古村"，被评为国家历史文化名村。

（3）农家乐

农家乐是以农户家庭为单位接待消费者亲身参与农作、体验农村生活、享受自己劳动成果等吃、住、游、娱、购行为，并且提供具有乡土特色的餐饮，让游客体验农民的生活形式，并享用新鲜农特产品的经营方式。如安福县香樟园生态休闲农庄、安福县瑞泉休闲山庄、安福县龙源山庄等，同时在武功山、羊狮慕、石溪村等生态景点，当地个体农户开展农家乐经营，成为城镇居民周末游玩的好去处。安福县香樟园生态休闲农庄被列为江西省休闲农业示范点（吉安共 5 家），并于 2012 年成为农业部颁发的三星级休闲农庄。

（4）现代农业示范园

现代农业示范园是以先进的农业、农技为支撑的具有较高观赏价值的农产品生产基地，向消费者展示现代农业技术及其利用过程。

枫田现代农业科技示范园距县城 4 km，交通便捷，园区规划占地 500 亩，是集人文、生产、教育培训、科研、自然生态、科学和技术示范、旅游观光于一体的智能化管理的高科技农业示范园区，2015 年度被评为吉安市十佳乡村旅游点。园区 10 000 m² 的超大规模"高标准智能温室玻璃大棚"，大棚内规划设计有育苗区、科技研发区、生态餐厅、珍贵花卉展销中心、果蔬超市、阳台农业、屋顶农业展示区、农耕文化展示区等区域。游客身临其中，不仅可以领略当地的传统农业文化，感受现代农业"新奇特"的蓬勃生机，还可以体验采摘、采购的乐趣，品味安福地方特色美食。"农业观光旅游休闲中心"规划为花卉种植区、生态果园、珍贵景观苗木种植区三个区域，后续将会推出人工湖、现实版 QQ 农场、人工沙滩、烧烤区等新项目。

（5）森林旅游

森林旅游是利用森林中多变的地形、辽阔优美的林地、奇特的山谷、怪石和瀑流等作为休闲游憩活动的地点的经营方式。

安福县横龙镇石溪村是全国生态文化村、省级生态文明示范村、省级水生态文明示范村、3A 级旅游乡村、省级湿地公园，其 3A 级乡村旅游点位于安福县城西郊，交通便利，成为武功山旅游线路中的亮点和安福县城居民旅游休闲的"后花园"。全村森林覆盖率达 90%，每立方厘米空气中负氧离子含量达 10 万个，拥有 1 700 多棵参天古樟。石溪的建筑有着"青砖黛瓦马头墙，飞檐翘角坡屋顶"的古朴的庐陵风采；前拥泸水河，背靠虎形山，嘉山秀水孕育了一个樟乡竹国和鸟的天堂。

六、当前安福县发展休闲农业面临的主要问题

休闲农业作为一个新兴产业，符合现代城市居民对乡村慢节奏生活的向往，具有广阔的前景。目前，安福县休闲农业旅游处于起步阶段，有初步成效，在实

践中探索出了数种适宜的休闲农业主要模式，但仍存在若干急需解决的问题。

当前安福县发展休闲农业面临的主要问题有：一是盲目追求经济利益，忽视资源保护。发展休闲农业，必须要优先考虑农村环境承载力，这是发展农村旅游产业的重要保障，旅游人口的冲击给自然资源带来了严重的破坏。二是模式泛化，旅游特色不鲜明。基于安福县良好的生态环境，休闲农业发展呈现多元化，但在大格局下，省内生态旅游大部分都趋向于单一的农家乐模式，没有鲜明的特色。三是规模小，未形成规模效应。近年来，休闲农业旅游给安福县带来了非常可观的收益，带动了农业经济的发展，但大部分相关产业规模还太小，处于个体农户阶段，需要进行资源整合，合力发展。四是旅游服务设施建设投入不足。一些产业在发展休闲农业建设时，当成一次性设备进行建设，造成了资源的浪费、环境的污染和产业的短效性，以至于部分休闲农业无法发展起来。五是农民参与度不高。大部分省内的休闲农业都是引进外资开发、政府主导或个别企业注册经营的，农民还处于基层建设者水平，获得的经济效益不高，农民参与积极性不高。六是乡村生态旅游产品缺乏多样性，发展者融合意识低下。虽然拥有秀美的旅游环境，相关乡村生态旅游产品还是缺乏多样性，没有自己的品牌产品，难以调动消费者再次消费的欲望。七是政府支持力度不足，发展规划节奏缓慢。政府对相关产业发展还需继续扶持，让安福县休闲旅游品牌打响，带动其他产业发展。

七、建议

安福县发展休闲农业得天独厚，并且从近 10 年的发展来看，已经获得了不错的成效，人民生活得到了精神上的满足，农民经济收入渠道增加，"三农"问题得到缓解，响应了政府脱贫号召。事实证明，发展休闲农业是安福县经济与生态协调发展的必由之路。因此，更应对其进行深入研究，促进其更好地发展。为此，特提出如下建议：

一是深度开发动物资源、人文资源，提升旅游魅力；二是加快与林下经济产业与旅游业融合进度，促进多元化发展；三是做大园区，强化政府引导、培育主导产业；四是加强流转林地，实现乡村生态旅游整合资源；五是加大资金投入，推进基础设施建设，增强园区承载力；六是建立"公司+合作社+农户""公司+基地+农户"等经营模式，建立互惠共赢、风险共担的紧密型利益联结机制；七是开发"互联网+创意农业"品牌；八是加大政府支持力度，加强融合运作；九是对农业观光园进行植物景观季相彩设计，增加农业观光园春、夏季节景观可观赏性；十是注重示范引领，把园区打造成农业新技术、新品种的推广平台。

参考文献

[1] 娄玉芹，李春生. 河南省农业观光旅游开发与思考[J]. 经济经纬，2001（1）：16-18.

[2] Linda H，José R V，Susana M M. Sustainable Tourism in Costa Rica：Supporting Rural Communities Through Study Abroad[M]. Innovative Approaches to Tourism and Leisure，2018.

[3] Srisomyong N，Meyer D. Political Economy of Agritourism Initiatives in Thailand[J] .Journal of Rural Studies，2015，41（5）：95-109.

[4] 休闲农业与乡村旅游分会. 2018休闲农业与乡村振兴论坛在宜兴举行[J]. 世界农业，2019（1）：123.

[5] 梁灵鹏，万治义. 山地旅游城市环城游憩带空间结构特征——以贵州铜仁市为例[J]. 科技通报，2018（10）：51-58.

[6] 郁琦，李山，高峻. 基于 CiteSpace 的国际和国内乡村旅游研究热点与趋势比较分析[J]. 江苏农业科学，2019（15）：5.

[7] 胡鞍钢，王蔚. 乡村旅游：从农业到服务业的跨越之路[J]. 理论探索，2017（4）：21-34.

[8] 韦鑫，王小辉. 乡村旅游对农业产业转型的推动作用研究——兼评《农业产业转型与乡村旅游发展：一个乡村案例的剖析》[J]. 农业经济问题，2016（12）：110-111.

[9] 袁中许. 乡村旅游业与大农业耦合的动力效应及发展趋向[J]. 旅游学刊，2013（5）：81-89.

[10] Hwang J，Lee S. The Effect of the Rural Tourism Policy on Non-Farm Income in South Korea[J]. Tourism Management，2015，46（1）：501-513.

[11] 王彩彩. 京津冀休闲农业与乡村旅游数字脱贫机制[J]. 社会科学家，2018（9）.

[12] 史玉丁，李建军. 乡村旅游多功能发展与农村可持续生计协同研究[J]. 旅游学刊，2018（2）.

[13] Liu J，Nijkamp P，Lin D. Urban-Rural Imbalance and Tourism-Led Growth in China[J] . Annals of Tourism Research，2017，64（3）：24-36.

[14] 钟真，余镇涛，白迪. 乡村振兴背景下的休闲农业和乡村旅游：外来投资重要吗？[J]. 中国农村经济，2019（6）：76-93.

[15] 《江西年鉴》编辑委员会. 江西年鉴.2019[M]. 北京：线装书局，2019.

[16] 《吉安年鉴》编辑委员会. 吉安年鉴 2019[M]. 北京：中华书局，2019.

[17] 《安福年鉴》编辑委员会. 安福年鉴 2014[M]. 北京：方志出版社，2014.

[18] 孟铁鑫. 乡村旅游与生态环境耦合协调及其生态化开发研究[J]. 江苏农业科学，2019，47（11）：30-35.

[19] 王占龙，张国成. 基于体验经济理论的休闲观光牧场发展模式探究[J]. 黑龙江畜牧兽医，2018（14）：43-46.

[20] 姚蔚蔚，尹启华. 我国乡村旅游存在的问题及发展策略[J]. 农业经济，2018（1）：59-61.

[21] 刘明国. 带动全局一举多赢的新兴战略产业——对休闲农业和乡村旅游重要地位和作用的认识[J]. 农业工程技术·农产品加工业，2015（8）：55-56.

[22] 王敬超. 新常态下乡村文化旅游产品供给侧改革研究[J]. 内蒙古财经大学学报，2017，15（6）：1-4.

[23] 刘红瑞，霍学喜. 城市居民休闲农业需求行为分析——基于北京市的微观调查数据[J]. 农业技术经济，2015（4）：90-97.

[24] 韦夷. 基于“动态云”架构的智慧农业旅游经济发展研究——以大众旅游需求为视角[J]. 江苏农业科学，2019，47（9）：72-78.

[25] 林久光. 武夷山休闲旅游观光茶园的规划与设计[J]. 福建茶叶，2018（1）：75-76.

[26] 杨慧，龙云飞. 乡村旅游的低碳化转型升级研究[J]. 农业经济，2019（6）：53-54.

[27] 戴明辉. 建设井冈蜜柚绿廊，发展特色富民产业[J]. 现代园艺，2019（19）：58.

[28] 王年桂，田文忠. 生态安福，绿色崛起[J].中国林业，2010（5）：17.

[29] 聂学东. 河北省乡村振兴战略与乡村旅游发展计划耦合研究[J]. 中国农业资源与区划，2019，40（7）：53-57.

[30] Ying T，Zhou Y. Community，Governments and External Capitals in China's Rural Cultural Tourism：a Comparative Study of Two Adjacent Villages[J]. Tourism Management，2007，28（1）：96-107.

[31] Nicula V，Spânu S. Rural and Gastronomical Tourism in Baltic Countries[M]. Emerging Issues in the Global Economy，2018.

[32] 冯书楠，岳桦. 寒地农业观光园非农生境植物景观季相色彩量化研究[J]. 东北农业大学学报，2018，49（7）：27-37.

河南省有机农业发展分析

李淑娟　周　泉　黄国勤*

（江西农业大学生态科学研究中心，南昌330045）

摘　要： 河南省由于地理位置和自然资源优势突出，历来就是我国的农业大省，因此，分析河南省有机农业的发展对全国的有机农业发展意义重大。本文以河南省为样本，分析了河南省有机农业的产业发展现状以及在发展中难以解决的问题，另外，以个别成功发展有机农业的企业为例子，分析了其成功的条件，最后，借鉴成功发展有机农业的企业的经验，基于发展有机农业的制约因素提出了一些发展建议。

关键词： 有机农业　现状　对策　河南省

近年来，河南省充分意识到了有机农业的重要性并开始大力发展，已经有一批企业崭露头角，但由于发展时间不长、经验不足还存在着一些问题。河南省作为我国有机农业发展的一个样本，通过分析河南省有机农业的发展现状和存在的问题，结合其他地区和一些发展较好的企业的成功经验，提出一些建议，不仅可以促进河南省有机农业的发展，也有利于其他地区发展有机农业时进行参考。

* 通信作者：黄国勤（1962—），男，江西余江人，农学博士后，江西农业大学生态科学研究中心主任、首席教授，博士生导师，主要从事生态学理论与实践、资源环境与可持续发展等研究。E-mail：hgqjxes@sina.com。

基金项目：国家重点研发计划课题"长江中游双季稻三熟区资源优化配置机理与高效种植模式"（2016YFD0300208）；国家自然科学基金项目"秸秆还田条件下紫云英施氮对土壤有机碳和温室气体排放的影响"（41661070）；中国工程院咨询研究项目"长江经济带水稻生产绿色发展战略研究"（2017-XY-28）；江西省重点研发计划项目"江西省稻田冬季循环农业模式及关键技术研究"（20161BBF60058）和江西省软科学研究计划项目"江西生态文明示范省建设对策研究"（20133BBA10005）共同资助。

一、有机农业的概念及发展历史

1．有机农业的概念

有机农业一词来源于英文词组"Organic Agriculture"，国际有机农业运动联盟（International Federation of Organic Agriculture Movements，IFOAM）、欧盟、美国等许多组织或国家从不同角度对有机农业的内涵进行了概括。总的来说，有机农业就是遵循可持续发展原则和特定的生产标准，在生产过程中完全禁用人工合成投入品，不采用现代生物技术，并遵循自然规律和生态学原理，充分融合种植业和养殖业，采用一系列纯自然农业技术以维持持续稳定的生产体系的一种返璞归真的农业生产方式。

2．有机农业的发展历史

（1）中国有机农业发展历史

我国现代有机农业起步于 20 世纪 80 年代，中国农业大学于 1984 年率先启动了有机农业及其产品的研发工作，1994 年成立国家环保局有机食品发展中心，标志着中国现代有机农业开始步入正轨。1992 年，中国绿色食品发展中心（China Green Food Development Center，CGFDC）获农业部批准成立，负责国内的绿色食品认证和开发的管理工作。2002 年，CGFDC 组建了中绿华夏有机食品认证中心，至此，我国第一家有机食品认证机构诞生。1999 年，OFDC 结合国际有机产品认证标准和我国国情，起草了《中国有机产品认证标准（试行）》，并于 2001 年 5 月由国家环境保护总局发布成为行业标准。2002 年 11 月 1 日发布了《中华人民共和国认证认可条例》，我国有机食品认证工作收归国家认可监督管理委员会统一管理，中国有机农业进入规范化阶段。截至 2017 年 8 月，我国经国家认监委批准的有机产品认证机构已达 48 家，中绿华夏有机食品认证中心是其中之一，是代表农业部推动全国有机农业和有机产品认证的专门机构。

（2）河南省有机农业发展历史

河南省有机农业的发展起步于 21 世纪初，相对于东部地区的有机农业发展较为落后。2011 年 10 月 28 日成立了河南省春畦有机农业有限公司，这是河南省较早的一家集有机蔬菜和水产、畜牧于一体的主要经营有机农业的企业。之后，一批主营有机农业的公司如雨后春笋般涌现，据不完全统计，河南省目前从事有机食品的企业超过 350 家，涉及水产养殖、生鲜蔬菜、杂粮大米等产业。近年来，河南省有机农业进入蓬勃发展阶段。目前，南阳市有机绿色农产品种植基地 34 万亩，占全国有机生产面积的 1.5%；累计认证有机产品 395 个，占全国有机证书总数的 1.2%，河南南阳市有机农产品生产面积、有机产品认证数量双双居全国地级市第一，堪称全国有机农业第一。

二、河南省有机农业发展现状

总体来看，截至 2017 年 8 月底，河南经中绿华夏认证的获证企业 9 家，产品 23 个，面积 6 600 亩，产量 7 000 t。正在申报并进入认证程序的企业 6 家，产品 16 个。河南在中绿华夏认证的企业数量和产品数量分别占全国的 1.5% 和 1%，数量少、规模小，与农业大省的地位极不相称。

河南省的有机农业经过多年发展，如今已经初步形成了黄河滩区、中部地区、南阳盆地和豫南片区的集聚效应，表 1 简述了各片区概况。

表 1　河南省有机农业四大片区概况

片区	主产	主要特点	不足之处
黄河滩区	有机小麦、水稻	种植面积大,企业化运作程度高,基本形成规模效应	农产品种类少，附加价值高的蔬果少，深加工产品少
中部地区	有机蔬菜、红枣	品种多样化，产品价值高，品牌认知度高	部分有机农业种植规模较少，规模化程度低
南阳盆地	有机蔬菜	有机农产品品种区域特色明显,大多数进行了深加工，品牌认知度高，附加价值高	规模化程度低，龙头企业少
豫南片区	有机茶	规模大，品牌形成了市场效应	有机茶市场混乱，影响了品牌形象

三、河南省有机农业发展制约因素

虽然河南省存在像南阳市这样的有机农业"第一市"的地区，但大部分地区有机农业发展得并没有那么成功，还存在一些制约因素。主要表现在以下四个方面。

1. 市场混乱

近年来，河南省大力发展有机农业，随着政府的号召，各种有机农产品涌入市场，让人眼花缭乱。但是由于有机农产品生产的专业化和规范化程度不高，再加上市场和政府监管不力，不乏一些不法商家滥竽充数，将一些难以通过认证的产品打着有机农产品的旗号流入市场，造成市场贸易和生产的不协调，打破供求平衡，扰乱市场秩序，降低消费者的信任和认可度。郑州瑞阳粮食有限公司曾经自称，自家企业生产的有机小麦面粉已顺利通过中国杭州万泰认证有限公司承办的有机转换产品认证，但事实上，郑州瑞阳粮食有限公司的有机小麦和有机小麦粉认证均被暂停，可是该公司的广告依然出现在广大居民小区内。无独有偶，河南柳江生态牧业以"依山依林""柳江虫草蛋"等品牌在市场上颇具知名度，但是，该企业近年来却频遭媒体曝光其宣传的所谓"有机"的高档鸡蛋实为养殖场人工圈养的"饲料鸡"所产，直指其涉嫌虚假宣传有机食品。

2. 认证标准化建设不完善

虽然我国有机农业的相关法规和认证标准已经基本形成，但仍然存在许多问题。首先，我国有机产品认证机构既是法规和标准的制定者同时又是监督者，扮演着双重角色，这种管理机制让我们的有机产品即使通过我国认证机构的认证，在国际上认可度依然不高；其次，认证标准和执行体系建设尚不健全，有机农业的产业化发展受到限制；最后，认证后的监督管理力度不够，仍然存在大量不合格有机产品上市流通的恶劣现象。这一系列问题严重制约着当前河南省有机农业的快速发展。认证机构的标准化建设关系到河南省有机农产品在国内外的认可度，这些问题不仅会让河南省乃至中国的消费者难以信任本省的有机农产品，也会降低河南省有机农产品在国外市场的竞争力，甚至影响大国形象。

3. 规模化、专业化程度低

近年来，河南省虽然涌现出一批经营有机农业的企业，但大部分规模较小，产业链短，大部分地区和企业还没有实现"产—供—销"一体化。同时，河南省普遍存在主要劳动力本身综合素质不高的问题，其中本科毕业文化程度人数仅占劳动力总人数的 11.21%，而且大多数人并不具备从事有机农业所需的专业知识技能以及经营管理知识。素质偏低的劳动力结构不仅阻碍了农业技术的大范围推广应用，也影响到有机农业生产的规模化、专业化、集约化、市场化进程，阻碍了有机农业的蓬勃发展。

4．政府支持力度不强

河南省政府对有机农业的宣传力度不强，渠道较窄，使得消费者对有机产品的认识和认可度较低。与此同时，我国有机农业产业发展不健全，相应的科研技术支持和配套服务体系尚未形成，各级政府对产业的支持也没有明确的方向。大部分地区的有机农业一味地拒绝化肥、农药，没有有效的技术手段，生产效率低下、产量低是一大难题。相对于高投资低产量而言，政府的补贴也是杯水车薪，为保证收益，导致有机产品的价格虚高，受众小，经济效益难以提升。

四、河南省有机农业发展对策

1．市场化、品牌化是发展的首要条件

面对当今有机农产品市场混乱的现状，政府和市场两手抓。政府要以身作则，完善监督机制，起到监管作用，杜绝无证有机产品流入市场。市场应当诚信、规范、专业，严格遵守相关法规和标准进行生产。与此同时，完善有机农产品的品牌化建设。品牌价值是有机农产品品牌的一个重要标志，而有机农产品的品牌认证是实现品牌价值的关键步骤。因而，有关部门应该严格按照农产品的质量标准和生产模式化标准对农产品的质量状况进行评定和认证，对于一些达到标准的农产品给予相应的标志，确立其合格的身份。当然，各种认证体系和标准的建立要坚决杜绝以盈利为目的的虚假质量评比活动。同时，应该提高生产经营主体的商标意识，鼓励各种农产品商标注册，保护企业品牌的知识产权。这些都是农产品品牌化的基本要求。

2．标准化是发展的必然要求

任何产业都要有一套执行标准，有机农业当然不例外，我国已经制定了有机

农业的一些规范和认证标准，但仍旧不够完善。有机农产品的特殊之处就在于它与普通农产品在外观上很难区分开来，大众一般都要依靠专业认证机构的认证来识别有机农产品，所以认证的标准化建设尤为重要。首先，应当把认证标准的制定者和监督者分开来，可以尝试设立两个机构，一个负责制定认证标准，另一个负责监督标准的制定者和被认证的产品。其次，现代社会日新月异，应当随着社会发展不断完善认证标准的体系建设，不断为有机农业注入新鲜血液。最后，对于经过认证的产品不能懈怠，应当在后续工作中加大监管力度。

3．规模化、专业化是发展的关键

河南省地域辽阔，耕地资源丰富，地势平缓，有利于农业生产规模化，应当结合现代农业信息技术鼓励有机农业生产规模化，提高经济效益。此外，应当培养新型农业经营主体，通过政策倾斜等手段吸引一批具有较高学历和综合素质的人才回乡参与有机农业生产中，同时，政府可以促成一些民间有机农业的协会等机构，让经营者之间多交流多合作，也可以适当举办培训讲座，讲授并推广专业知识和技术，促进有机农业专业化发展。

4．政府的政策倾斜是发展的有力保障

政府应当加大扶持力度和监管力度，拓宽宣传渠道，让更多人了解有机农业，认可有机产品，吸引更多优秀的人才从事这一行业。首先，应当给予从事这一行业的经营主体足够的补贴扶持，尤其是技术扶持和机械补贴。其次，政府应当牵头搞技术创新，推动新时代技术化、规模化有机农业生产，想办法通过技术创新提高生产效率，解决有机农产品价格过高的问题，既要保证经营者的经济效益，也要考虑到消费者的消费能力。最后，政府作为监管主体，要协调好市场秩序，促进"产—供—销"一体化。

五、展望

河南省得天独厚的地理位置和气候条件为发展有机农业奠定了基础。发展有机农业不仅能为河南省带来经济效益，还能够带来社会效益和生态效益。例如，在发展有机农业的同时可以减少对河南省生态环境的破坏，减少水土流失，降低农药化肥的污染。此外，发展有机农业可以应对食品安全问题，提高人们的生活

品质，维持社会稳定。当前河南省正处于脱贫攻坚的关键时期，发展有机农业，有利于吸收贫困地区剩余劳动力，充分发挥劳动力低成本优势，提供就业岗位，增加农民收入，推动贫困地区农业经济发展良性循环。由此看来，河南省发展有机农业势在必行，而且潜力巨大。当前乃至在未来很长一段时间内，出于生态方面和健康方面的考虑，全球人类对于有机农产品的需求将会持续增长，而河南省解决当前的问题之后，凭借自身优势生产出的有机产品可以在国际市场中具有一定的竞争力。

参考文献

[1]　葛猛，瞿峰峰. 有机农业的发展历史、现状及对策[J]. 现代农业科技，2018（22）：266-268.

[2]　李显军. 中国有机农业发展的背景、现状和展望[J]. 世界农业，2004（7）：7-10.

[3]　戴军. 新加坡循环经济发展对中国建设瓜菜特色小镇的启示[J]. 中国瓜菜，2018，31（4）：39-42.

[4]　李春子. 倡导生态循环农业　推动绿色发展及有机农业的未来[J]. 吉林蔬菜，2018（3）：49-50.

[5]　姬伯梁. 河南有机农业发展浅析[J]. 农村·农业·农民（B版），2017（10）：33-35.

[6]　孙绎航. 河南有机农业发展现状与对策研究[D]. 新乡：河南师范大学，2016.

[7]　杨曙辉，宋天庆. 我国有机农业发展现状与对策[J]. 农业环境与发展，2006（2）：42-46.

[8]　相里江酬. 我国有机农业发展现状、问题与对策[J]. 陕西农业科学，2009，55（2）：118-120.

[9]　杜相革，董民. 中国有机农业发展现状、优势及对策[J]. 农业质量标准，2007（1）：4-7.

[10]　张新民，普书贞. 有机农业助力河南扶贫攻坚[J]. 河南农业，2017（34）：62-63.

美国有机农业发展政府驱动因素分析
及对中国的启示

唐海鹰　黄国勤[*]

（江西农业大学生态科学研究中心，南昌 330045）

摘　要：有机农业遵循健康、生态、公平和关爱的原则进行农业生产。有机农业由于其健康、生态的生产方式，在人畜健康、食品安全、环境保护、资源保护、水土保持、防止土传病虫害以及良好的经济效益方面受到美国政府的重视，发展迅速。本文在总结美国有机农业发展历程的基础上，从经济、财政、技术和管理层面系统总结了美国有机农业发展的驱动因素，以期为中国的有机农业发展提供参考。

关键词：有机农业　驱动因素　美国政府　启示

一、引言

美国的现代化农业在增加食品供给量、实现食品品种多样化和缓解世界饥荒等方面取得了巨大成就，但是，其发展弊端也日益凸显，给美国带来了高昂的经济、社会和环境成本，其突出表现有：食品质量下降、农业污染、生态环境恶化。

有机农业可以被定义为一种以创造综合的、环境可持续的农业生产系统为目标的农业方法。它通过最大限度地有效利用当地资源来提高土壤肥力，同时放弃使用农药、转基因生物以及许多用作食品添加剂的合成化合物。有机农业依赖于基于生态循环的多种耕作方式，旨在尽量减少食品工业对环境的影响，保持土壤的可持续性，并将不可再生资源的使用减至最低限度。

* 通信作者：黄国勤，教授、博导，E-mail：hgqjxes@sina.com。

基金项目：江西农业大学生态学"十三五"重点建设学科项目。

有机农业遵循健康、生态、公平和关爱的原则进行农业生产。由于其健康、生态的生产方式，在人畜健康、食品安全、环境保护、资源保护、水土保持、防止土传病虫害以及良好的经济效益等方面的积极贡献，加上政府的积极推动，美国的有机农业发展迅速。

国内外学者对美国的有机农业从多个层面展开了研究。Obach 详细介绍了美国有机运动的发展历史，并分析了有机运动的成就和缺点。Garth 对 30 年来美国有机农业进行了回顾，还对"超越有机"的呼吁进行了审查，并探讨了可持续农业、农业研究和农业结构对美国有机农业未来的影响。国内学者从多重政策和认证的角度阐释美国的有机农业，而对政府层面的驱动因素缺少系统的总结。本文在总结美国有机农业发展历程的基础上，从经济、财政、技术和管理层面系统总结了美国有机农业发展的驱动因素，以期为中国的有机农业发展提供参考。

二、有机农业在美国的发展

美国有机农业的发展始于 20 世纪 40 年代，根据政府在有机农业发展的驱动作用，大致可以分为以下四个发展阶段：

第一阶段：起步阶段。20 世纪 40 年代罗德尔研究院有机农业运动启蒙，到 80 年代州有机农业认证组织产生。40 年代，美国农业和食品体系趋向工业化、集中化和化学化，尤其是"二战"后一些化学公司提倡大量使用复合肥和杀虫剂发展现代农业。在这种背景下，宾夕法尼亚州库兹镇的罗德尔研究院开始提倡有机运动。该研究院对有机再生耕作系统、有机园艺、病虫害控制、新型农作物、小型水产养殖和国际有机农业合作进行了深入的研究，推动了有机农业在美国的起步。

第二阶段：规范阶段。20 世纪 90 年代有机农业发展的争论到有机标准法案的通过。1990 年美国国会通过了有机食品生产法案（Organic foods Production Act，OFPA），把"有机"一词正式写进了法律。2000 年 12 月，美国最终统一了全国有机农产品生产、运输和加工标准，有机农业监管被写进了美国联邦监管法典。美国有机农业进入规范发展阶段。

第三阶段：快速发展阶段。2000 年之后美国政府对有机农业发展政策全面展开。2000 年之后，美国有机农业在政府的支持政策下得到迅速发展。2011 年美国有机食品贸易额比 2010 年增长 9.4%，达到 315 亿美元，成为全球第一大有机食品贸易国，有机食品零售市场份额达到 4.2%。据瑞士有机农业研究所（FiBL）最新统计数据，2015 年美国有机农地面积约为 214 万 hm^2，占全球有机土地面积的 4%，到 2015 年年底有机产品销售额达到 433 亿美元，较 2014 年增长了 11 个百分点，超过整个食品市场增长率的 3%。有机水果、蔬菜和乳制品位居有机食品产品种类销售额的前三位，其中有机水果和蔬菜销售额达 144 亿美元，比 2014 年增长 10.6%，乳制品零售额为 60 亿美元，实现 10.0% 的增长。美国农业部国家农业统计局 2016 年公布的数据显示，2015 年美国有机农场数量为 14 871 个，认证的有机农场总数达到 13 174 个。

美国有机产品销售额在 2017 年创下 494 亿美元的新纪录，较上年增长 6.4%，接近 35 亿美元。有机食品市场销售额也以 452 亿美元刷新了纪录，增长率同样达到了 6.4%。有机非食品类产品销售额增长 7.4%，达 42 亿美元。该年度，美国认证有机农场的数量增加了 11%，达到 14 217 家，认证面积增长了 15%，达到 502 万英亩①。其中，经过认证的农田用地 271.45 万英亩，有机草地和牧区的农场用地面积约为 230.5 万英亩。有机蔬菜种植面积为 18.6 万英亩，销售额超过 16 亿美元；认证有机奶牛库存 26.8 万头。

三、美国有机农业发展的政府驱动因素

美国有机农业发展，得益于美国政府在以下三个方面的支持。

1. 推行严格的有机认证管理制度

（1）严格的认证制度。2002 年，美国农业部的农业营销服务部门实施了一项国家有机计划，以支持有机农场主和加工商，并提供消费者保障。美国农业部统一了 20 世纪 90 年代末出现的数十个国家和私营认证机构的不同标准，并继续更新有机生产和加工规则。美国农业部要求有机农场主和食品加工商遵从统一的有机标准，并要求有机销售额超过 5 000 美元的企业必须获得认证。美国农业部已经认证了大约 50 个美国国家和私人认证项目，以及 30 多个外国项目。认证机构

---

① 1 英亩=0.004 046 9 km^2。

审查农民和加工商的认证资格申请，合格的检查员每年对有机经营进行现场检查。

（2）严格的产品生产过程管理。2000 年美国农业部发布的有机农产品试行标准对有机农产品的生产、加工、标签、认证等提出了明确的要求，对动物和植物生产制定了严格的标准。

有机植物生产过程方面：以轮作的形式进行作物栽培；严禁使用基因工程技术；采用耕作和栽培技术综合管理土壤肥力和植物营养，配合使用有机肥来培肥地力；使用有机植物品种，但在特定条件下，农户也可使用非有机作物的品种；不能使用化学杀虫剂和除草剂，必须使用物理、机械和生物的方法进行病虫害的防治。如果这些方法不能满足需要，可使用生物农药或规定允许使用的合成物质进行防治。

有机动物生产过程方面：用来生产有机肉制品、奶制品和蛋制品的动物要符合有机标准。如动物自出生第二天开始，就必须按有机方式进行饲养；饲料应为100%的有机产品，但可使用规定的合成维生素和矿物质；饲养过程中严禁使用激素和抗生素；可使用一些防护性的管理措施（如疫苗）保护动物的健康；有病和受伤的动物必须隔离处理；动物饲养过程必须有场外放养。

（3）严格的产品标识管理。USDA 规定，用于出售的有机产品，必须根据产品的有机成分含量，在产品上标明有机含量。主要有四类：第一类为纯有机产品，该类农产品生产完全严格按有机方式进行生产；第二类为有机产品，该产品中有机成分含量为 95%；第三类为有机成分制造的产品，该产品中 50%～90%的成分来源于有机产品；第四类为含有机成分的产品，产品中有机方式生产的产品比率较小，一般小于 50%。

2．经济上的持续投入

美国的有机农业与传统农业相比，总量仍较小。制约有机农业发展的主要因素是管理成本高，农户技术和市场能力弱，资金不足，缺乏有机产品销售系统。有机种植农场在获得资格认证前，必须经过 3 年的过渡期，这种农业生产系统的转换，很多农场主认为风险较大。为了帮助农场主进行有机生产系统的转换，美国一些州政府从环境效应考虑，对有机农场提供资金资助。

美国国会在 2002 年的《农业法》中启动了一个国家有机认证成本分担计划，以帮助有机生产商和经营者承担有机认证的成本。根据 2014 年《农业法》，该计划的强制性资金增加至 5 750 万美元（在该法的有效期内）。最高联邦成本份额保持在 75%，最高为 750 美元/次。

2014 年《农业法》中继续实施的有机过渡支持规定，并使与有机生产和过渡有关的保护实践符合环境质量激励计划（EQIP）付款的条件。根据这一规定，支付给有机和过渡农民的款项的上限仍然比支付给其他农民的款项低得多。但是，农民可以通过注册常规 EQIP 计划选择更高的支付限额。

联邦政府对有机生产系统的支持，包括为完成认证过程的农民提供财政援助和为有机研究提供资金，在过去 3 个《农业法》中都有所增加（图 1）。其中，2014年《农业法》对资金的投入具体描述为：

"增加资金，以协助有机生产商和处理商进行有机认证。强制性资金是 2008 年《农业法》规定的两倍多，在 2014 年《农业法》的有效期内达到 5 750 万美元。

继续提供强制性资金，以在法案有效期内将有机部门的经济数据提高 500 万美元；另外增加 500 万美元，以升级美国农业部国家有机项目的数据库和技术系统。

将强制性有机研究经费总额扩大到 1 亿美元。国家有机计划的授权资金每年扩大到 1 500 万美元。

免除认证有机生产商为其有机生产支付传统商品促销计划的费用，并确定有机促销计划的选项。

要求改进有机生产者的作物保险，加强有机法规的执行。"

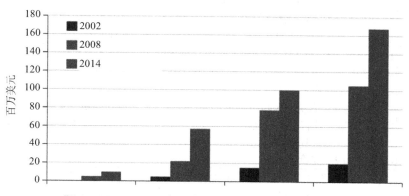

图 1　2002—2014 年《农业法》规定的有机农业支出

资料来源：美国预算与政策分析办公室预算汇总数据（2002 年）。国会预算办公室（2008 年）和 2014 年《农业法》。

注：包括 2014 年 500 万美元的国家有机项目数据库和技术更新费用，不包括美国农业部内部有机研究基金，农业研究服务。

3．政府政策支持

随着政策环境的改变，支持有机农业的立法努力也在不断发展，并被纳入可持续农业政治的更广泛范畴。为了支持有机农业的发展，美国政府先后颁发了一系列法律法规政策，并产生了良好的政策效应，如美国有机农业面积逐年增加；有机农业发展推动了有机食品贸易，有机农业发展为美国农业创造了就业机会；有机农业提高了农户收入（表1）。

表1　美国有机农业政策的历史演变

年份	政策及主要内容
1980	美国农业部发布关于有机农业的发展报告，鼓励农户从事有机农业生产
1986	美国国会颁布《农业生产力法案》，首次拨款支持有机农业
1990	美国国会制定《有机食品生产法案》，出台国家有机计划（NOP），严格规范有机食品的生产规程、国家标准及认证等级
1996	美国国会颁布《农业发展与改革法》，为有机农产品的推广和研究提供法律支持
1997	美国国会制定《有机农业法规》，首次明确补贴有机生产者和加工者
2002	美国国会颁布《农场安全与农村投资法案》，提出建立有机农产品和市场数据项目以及认证成本分摊项目，免除有机生产者的市场推广费用
2008	美国国会出台《食物、环保与能源法案》，建立有机农作物保险项目和环保激励项目，大幅提高认证成本分摊补贴与有机农业研究经费
2009	美国农业部设立5 000万美元专项资金，改善国内有机食品生产
2014	美国国会发布《农业改革、食品与就业法案》，调整有机保险的补偿标准并取消附加保费，进一步加大对认证成本分摊、研究经费、环保激励等项目的支持力度
2016	1. 美国农业部（USDA）通过实施农作物保险计划取消了有机作物和传统作物之间大多数的不平等补偿金项目，同时简化了其申请程序并降低了申请费用，这也使得更多类型的小农户加入管理体系中。 2. 首次建立了有机农民税收抵免机制，而且这一机制已获得《夏威夷（众议院）法案》的批准并获得了 200万美元的拨款，以用于支付税收减免金额，从而抵消联邦认证成本共享计划中未包含在内的25%的有机认证成本,并且还将为有机农业设备、材料和供应品提供补助金
2017	美国农业部提出了一个全国范围的议案，推广有机行业集资计划（check-off program）。USDA预计有机集资计划一年可以筹资3 000万美元，用于研究农户成功之路、有机农业实践中的技术服务、消费者教育和有机品牌推广

资料来源：钱静斐和李宁辉，2014；于杰，2016；美国农业部网站。

注：国家有机计划（National Organic Program，NOP），其主要职责是严格规范有机农业生产标准，监管有机食品行业的生产与市场运行。

四、结论与启示

通过本文对美国有机农业的分析可以发现，由于政府在经济、财政和政策上的积极推动，美国有机农业获得了快速的发展。美国有机农业充分发挥其经济和生态功能，不仅促进了美国农业经济的发展、增强了食品安全，也在土壤改良、环境保护等方面发挥了积极作用。美国有机农业发展的成功经验对我国具有巨大的借鉴意义。

改革开放 40 多年来，我国的农业和农村经济取得了举世瞩目的伟大成就。当前，农业和农村发展模式发生了巨大改变，正从数量型向质量和数量型并重的模式转变。作为环境友好、生态健康的农业模式，有机农业近年来在我国得到较快发展。到 2016 年年底，中国有机农业耕地面积（160 万 hm^2）约占全国耕地面积的 1.5%，有机产值和销售额分别达到 1 323 亿元和 450.6 亿元。但中国的有机农业与美国的差距巨大，还面临着诸多问题。第一，有机农地面积减少。根据 FiBL 2017 年的数据显示，中国 2016 年有机农地面积为 161 万 hm^2，位列世界第四，但其面积较 10 年前减少了 6.9 万 hm^2。第二，我国认证系统存在诸多问题，如认证机构违规现象普遍、认证与监督体系不完整、有机标识不明、认证成本过高、有机生产销售违法成本偏低等，这直接导致了生产者与消费者之间的信任危机，阻碍了有机农业在中国的发展。第三，相关的法律法规还不完善，政府经济投入不够。鉴于美国政府有机农业方面的成功经验，中国政府可以从以下几个方面努力：

首先，我国政府应该加大对有机农业转换期内的政策支持，减少进入者交易成本。较美国而言，我国有机农业起步晚、发展速度较慢。从 20 世纪 80 年代开始，我国开始发展有机农业，有机农业进入者主要有农场、"基地+农户"、农业公司、大户等，但有机农业生产者主要自行承担转换期内的高成本和高风险，这一现状阻碍了很多潜在进入者，严重阻碍了有机农业的发展进程。我国应该借鉴美国政府的做法，对有机农业生产者转换期进行财政补贴，实行信贷、保险、技术支持及转换期后的认证成本分摊政策，支持有机农业发展，实现有机农业发展的可持续性。

其次，完善有机认证体系。我国应简化有机认证申请程序并降低申请费用，让更多类型的小农户加入管理体系中。应该建立有机农产品和市场数据项目以及认证成本分摊项目，免除有机生产者的市场推广费用。建立有机农作物保险项目和环保激励项目，大幅提高认证成本分摊补贴与有机农业研究经费。调整有机保险的补偿标准并取消附加保费，进一步加大对认证成本分摊、研究经费、环保激励等项目的支持力度。

最后，构建有机农业财政扶持政策体系。当前，全球有机农业产业正逐步迈入有机 3.0（Organic 3.0）时代。本质上，有机农业由于具有改善生态环境，提高土壤有机质含量等的正外部性，且与传统农业相比，更具有显著提升生产效率、增加效益、技术含量高等优势。建立有效的财政补助体系有利于升级传统农业，加速农业现代化的进程。因此，建立从中央到地方的多层次的财政扶持政策体系，有利于推动我国有机农业的快速发展。

参考文献

[1]   Lorenz K，Lal R. Environmental Impact of Organic Agriculture[J]. Advances in Agronomy，2016，139：99-152.

[2]   Obach K Brain. Organic Struggle：the movement for sustainable agriculture in the United States[J]. Agriculture & Human Values，2017，34（2）：1-2.

[3]   解卫华，张纪兵，汪云岗. 美国和加拿大有机农业及国际等效互认的意义[J]. 中国农学通报，2011，27（32）：129-132.

[4]   闻大中. 访美国著名的有机农业研究机构——罗代尔研究中心[J]. 农村生态环境，1985（3）：52-55.

[5]   谢玉梅. 美国有机农业发展及其政策效应分析[J]. 农业经济问题，2013，34（5）：105-109.

[6]   钱静斐，李宁辉. 美国有机农业补贴政策：发展、影响及启示[J]. 农业经济问题，2014，35（7）：103-109，112.

[7]   于杰. 美国农业法案与有机农业发展[J]. 世界农业，2016（9）：94-98.

[8]   孟凡乔.中国有机农业发展：贡献与启示[J]. 中国生态农业学报（中英文），2019，27（2）：198-205.

[9]   常天乐. 拥抱有机 3.0 时代[J]. 质量探索，2014，11（11）：6-7.

第三部分

森林生态学·植物生态学

有关植物入侵的研究进展

闵道长[1]　黄国勤[1,2]*

（1. 江西农业大学农学院，南昌 330045；

2. 江西农业大学生态科学研究中心，南昌 330045）

摘　要： 随着社会的发展，全球经济一体化，不同物种之间通过各种途径产生了交流，生物入侵成为一种不可避免的趋势，并且已经成为生态学重点关注的问题和领域之一。生物入侵是通过人为活动和自然入侵两种途径实现的，入侵的生物不仅危害侵入地的土著种，破坏生态系统，降低生物多样性，而且危及人类社会，控制入侵的生物耗费大量经济成本。本文以植物入侵为研究方向，概述了入侵植物的现状和入侵途径，以及入侵植物造成的危害与正面效应，并对评判效应的影响因素进行了分析，旨在为做好入侵植物防控提供参考。

关键词： 生物入侵　植物入侵　生态安全

一、引言

外来入侵种是指通过有意或无意的人类活动被引入自然分布区以外，在自然分布区外的生态系统中存在、繁殖、发展、扩散，并导致该生态系统在结构和功能上产生变化的种。如果这种外来物种在当地适宜的土壤、气候、丰富的食物供应和缺少天敌抑制的条件下，得以迅速繁殖，并形成对当地生态或者经济的破坏，这一过程就称为生物入侵。外来植物的入侵在我国各地普遍发生，而且在一些地区已经造成了严重的后果。随着 21 世纪全球经济的发展、"一带一路"倡议的提

* 通信作者：黄国勤，教授、博导，E-mail: hgqjxes@sina.com。

基金项目：江西农业大学生态学"十三五"重点建设学科项目。

出和建设，在增进交流发展的同时危险也伴随其中。生物入侵给各国经济发展、生态安全、国际贸易带来很多问题，与此同时，加强各国往来检疫已经成为防止新生物入侵的重要手段。鉴于生物入侵对入侵区的生态环境、社会经济和人类健康造成了严重的威胁，这一问题得到了各国政府、国际组织、社会公众和科学界的广泛重视，已成为 21 世纪五大全球性环境问题之一。中国因为生态环境的复杂性，入侵现象不易被监测，已经深受其害，严重影响了中国的经济安全、生态安全、社会安全与国家利益。植物入侵因其复杂性和历史原因，草本植物不易判别是否是入侵种，给相关研究带来困扰，并且干扰了某一地区的生态系统。随着入侵的日益严重，生物多样性丧失也慢慢显现，对当地的生态产生了灾难性的影响。然而有些入侵生物有其正面效应，并非简单的清除就可解决，所以对植物入侵基础和外来入侵植物效应的研究已经成为热点。

二、我国植物入侵研究的现状

1．入侵植物的分类

外来入侵植物共分为 48 科 142 属 239 种，2018 年国家生态环境状况公报显示，全国已发现 560 多种外来入侵物种，且呈逐年上升趋势，其中 213 种已入侵国家级自然保护区。71 种危害性较高的外来入侵物种先后被列入《中国外来入侵物种名单》，52 种外来入侵物种被列入《国家重点管理外来入侵物种名录（第一批）》。但马金双主编的《中国入侵植物名录》显示我国有 269 种入侵植物，247 种研究不够充分，出现时间短和最新报道的种类目前了解不深入而无法确定未来发展趋势；另外 69 种虽然有文献报道入侵或被认为是中国入侵物种，但其本身不具备入侵性而不应作为中国入侵植物的物种；222 种原产中国但被作为入侵植物报道过的物种，包括原始分布区可能在中国而无从考证，以及由于时间久远无法考证原产地是否包括中国的物种。而陈晓红等研究发现有 265 种入侵物种，其中包括 108 种杂草，且至少 58 种外来植物破坏了农林业的发展。2003—2016 年，《中国外来入侵物种名单》第一批到第四批名单中有植物 40 种（表 1），说明入侵植物的认定标准不统一。入侵物种可划分为恶性入侵类、严重入侵类、局部入侵类、一般入侵类和有待观察类 5 类。

表1　中国外来入侵植物名单

批次（年）	中文名	拉丁名	别名
第三批（2014）	长刺蒺藜草	*Cenchrus longispinus*	
第四批（2016）	长芒苋	*Amaranthus palmeri*	
第四批（2016）	垂序商陆	*Phytolacca americana*	
第三批（2014）	刺苍耳	*Xanthium spinosum*	
第四批（2016）	刺果瓜	*Sicyos angulatus*	
第二批（2010）	刺苋	*Amaranthus spinosus*	
第四批（2016）	大狼杷草	*Bidens frondosa*	
第二批（2010）	大薸	*Pisda stratiotcs*	
第一批（2003）	毒麦	*Lolium temulentum*	
第三批（2014）	反枝苋	*Amaranthus retroflexus*	
第一批（2003）	飞机草	*Eupatodum odoratum*	
第一批（2003）	凤眼莲	*Eichhomia crassipes*	凤眼蓝
第四批（2016）	光荚含羞草	*Mimosa sepiatia*	
第一批（2003）	互花米草	*Spartina alterniflora*	
第二批（2010）	黄顶菊	*Flavetia bidentis*	
第四批（2016）	黄花刺茄	*Solanum rostratum*	刺萼龙葵
第四批（2016）	藿香蓟	*Ageratum conyzoides*	
第二批（2010）	蒺藜草	*Cenchrus echinatus*	
第二批（2010）	加拿大一枝黄花	*Solidago canadensis*	
第三批（2014）	假臭草	*Praxelis clematidea*	
第一批（2003）	假高粱	*Pseudosorghum zollingeri*	石茅
第四批（2016）	喀西茄	*Solanum aculeatissimum*	
第一批（2003）	空心莲子草	*Altemanthera philoxeroides*	喜旱莲子草
第二批（2010）	落葵薯	*Anredera cordifolia*	
第二批（2010）	马缨丹	*Lantana camara*	
第二批（2010）	三裂叶豚草	*Ambrosia trifida*	
第三批（2014）	三叶鬼针草	*Bidens pilosa*	鬼针草
第四批（2016）	水盾草	*Cabomba caroliniana*	竹节水松
第三批（2014）	苏门白酒草	*Erigeron sumatrensis*	
第二批（2010）	土荆芥	*Chenopodium ambrosioides*	
第一批（2003）	豚草	*Ambrosia artemisiifolia*	
第一批（2003）	薇甘菊	*Mikania micrantha*	微甘菊
第四批（2016）	五爪金龙	*Ipomoea cairica*	
第三批（2014）	小蓬草	*Conyza canadensis*	

批次（年）	中文名	拉丁名	别名
第四批（2016）	野燕麦	*Avena fatua*	
第三批（2014）	一年蓬	*Erigeron annuus*	
第二批（2010）	银胶菊	*Parthenium hysterophorus*	
第三批（2014）	圆叶牵牛	*Pharbitis purpurea*	
第一批（2003）	紫茎泽兰	*Eupatorium coelestinum*	
第三批（2014）	钻形紫菀	*Aster subulatus*	钻叶紫菀

注：表中资料来源于环境保护部、中国科学院的相关文件；第一批2003年，第二批2010年，第三批2014年，第四批2016年。

2．入侵植物的来源途径

外来入侵物种的侵入途径分为三个方面：①自然扩散，如紫茎泽兰随公路从缅甸、越南传入云南境内。②无意引入，如一年蓬、毒麦等由贸易产品中带入。③有意引入，如马缨丹作为观赏植物引进，如凤眼莲，原产于南美，约于20世纪30年代作为畜禽饲料引入我国并曾作为观赏和净化水质植物推广。Kelly等认为人类行为对于生物入侵整个过程的影响是至关重要的，商业的引入导致了入侵植物大范围的种植，人类的相关行为导致了无意识的引入和植物种的传播。中国是北美最大的贸易伙伴国，贸易和人员交流频繁使北美成为中国入侵植物最大的来源地。中国入侵植物大多是有意引入的，无意引入的仅占34.6%。

三、入侵植物的效应和其评判因素

1．入侵植物的危害

（1）破坏生态系统，威胁生物多样性

生态系统是由生物群落和无机环境构成的统一整体，不同类型的生态系统有其独特的结构和功能特点。入侵生物作为一种外来干扰机制介入生态系统中，必然会对生态系统的能量流动、物质循环、信息传递等功能产生影响。入侵植物会对特定的生态系统结构与功能、生态环境等产生严重的干扰与危害。目前，植物外来入侵种是导致生物多样性丧失的主要因素之一，有人预测它不久将会成为首要因素，它压制或排挤本地种以改变食物链或食物网的结构，特别是外来杂草在入侵地往往导致植物区系变得非常单一，并破坏可耕地。如20世纪60—80年代从北美引入替代大米草的互花米草，近年来在沿海地区疯狂扩散，覆盖面积越来越大，已到了难以控制的局面，截至 2015 年，全国互花米草总面积估计在 54 551～54 581 hm²，对大部分沿海滩涂湿地的生物多样性维持及生态安全造成了严重威胁。2003 年年初，国家环保总局公布了我国首批外来入侵物种名单，互花米草作为唯一的盐沼植物名列其中。研究表明，互花米草入侵崇明东滩盐沼湿地后，降低了土著植物芦苇和海三棱藨草的丰度，甚至造成局部海三棱藨草的消失。白静等发现紫茎泽兰和互花米草入侵会降低土壤 pH、有机质、全氮和全钾含量。这些入侵植物改变生态环境，对于生态系统的稳定和物种多样性产生严重的危害。

（2）危害本地物种

入侵植物在生态系统中占据优势地位，进而改变生态系统的运行过程。虽然物种多样性发挥了缓冲效应，但即使入侵高物种丰富度地区仍会不可避免地改变本地物种的丰富度，影响到入侵地区的生态系统和生物区系，使成百上千的本地种陷入灭绝境地，加速生物多样性的丧失和物种的灭绝。Fenesi 等调查发现，加拿大一枝黄花入侵不仅降低了本地植物丰富度，还对蜜蜂的丰富度产生了负面影响。国外有研究报道，与本地物种相比，刺槐生境下飞蛾多样性降低，鸟类物种丰富度随之降低。

王月等认为，土壤微生物的群落结构与地上植物群落结构密切相关，基本表现为地上植物多样性越高，土壤微生物的多样性越高。植物入侵降低了本地植物多样性，土壤微生物多样性也会随之改变。朱珣之等发现，紫茎泽兰入侵改变了土壤细菌的组成和结构，一定程度上改变了土壤微生物的多样性和群落结构。入侵植物在人们不知不觉中就影响到了其他物种的生存，改变了当地的食物网。

（3）对人类社会的影响

生物入侵是全球变化的重要组成部分，外来植物入侵后，破坏了当地生态系统的结构和功能，使生态系统服务功能下降，带来了一系列严重后果。传统意义上认为植物入侵仅对自然环境产生威胁，对社会环境直接影响较小，这种认识是非常错误的。入侵植物不仅给生态环境、农林业生产带来巨大的损失，而且直接威胁人类健康。Wang 等发现，紫茎泽兰能通过增加热值、可燃物负载量及降低林下层草本植物水分含量、灰分含量、燃点来增加森林火灾严重性。海伍德介绍，为治理外来入侵植物，欧洲每年要投入 10 亿欧元进行治理，按照中国目前的情况，这一费用至少需要 100 亿元。Schindler 等统计发现，入侵植物能传播人类寄生虫。紫茎泽兰入侵后，侵占大量农田、林地和草地，不仅影响农林生产，造成牧草减产甚至丧失放牧利用价值，还因该植物富含有毒物质，牲畜误食后引起中毒或死亡，由此导致中国畜牧业损失达 9.89 亿元/a。

总的来说，入侵植物的危害及危害程度表现在以下 6 个方面：①对种植业的危害，如黑麦草影响作物生长；②对畜牧业的危害，如垂序商陆全株有毒，牲畜食用会引起中毒；③对人类健康的危害，如豚草引起人体过敏反应；④对仓储业的危害，如烟草甲啃食储存的粮食；⑤对生态环境的危害，如肿柄菊影响景观；⑥对生物多样性的危害，如蓝桉抑制其他植物的生长。

2．入侵植物的正面效应

植物入侵并不限于负面影响，入侵发生在许多自然条件被改变的景观中，在某些情况下，本地物种能从入侵引起的资源可用性变化或由入侵植物提供的保护中获利。Vitule 等认为，入侵植物能够作为替代生境提供理想的生态系统功能，为濒危或稀有物种提供栖息地或食物资源。在亚热带澳大利亚，由于物候性不同，入侵植物香樟延长了粉顶果鸠食物资源的季节性供应，正是这种冬季资源使粉顶果鸠被拯救。马尾松纯林和混交林被松材线虫危害后，原有森林群落均未向灌丛方向退化，生物多样性反而比危害前有较大幅度增加，这说明松材线虫危害后，随着时间的推移和植被的恢复，整个群落能够朝更高、更稳定的方向演替和发展。

3．入侵植物效应影响因素

入侵植物因为大多数为草本植物，其繁殖速度快，适应能力强，初期在入侵地占领大量生境，造成本地种的减少甚至灭绝，危害到农业产业，引起人们的广泛关注。对于未入侵的入侵性植物需要防控检疫的同时，对于已经入侵的物种，要认识到其对当地生态环境的全面效应，盲目的全面去除有可能适得其反。许光耀等认为评判入侵植物是正效应还是负效应取决于入侵植物标准、人们的观念及知识水平、研究时空尺度和全球气候变化。

基于植物入侵是一个全球性问题，入侵植物的界定标准不一，在统计入侵植物种类及效应时，在大尺度范围，许多学者先采用归化物种概念，再根据"十数法则"预测将有 10%的物种产生生态影响，成为入侵物种。然而，根据有限数据集归纳的"十数法则"并没有理论依据，所以"十数法则"与实际数值相去甚远。

中国有很多入侵植物，最初是以经济、观赏、水土保持、污染防治等因素而引入境内的，但随着时间的推移，其从正面效应转为负面效应，影响到人的经济活动、社会活动和生态活动。植物入侵效应是正面还是负面受到人们知识水平和道德观念改变的影响。

总的来说，人类的存在是判定植物入侵效应的主要因素。由于人类生态系统的存在，国界的限定而不是地理生态区域的划分，入侵的时空存在性等因素造成了一时无法判别植物入侵效应的正负。植物入侵效应是一个动态变化的过程。

四、防治与管理

目前常用的防治外来入侵物种的方法有：①人工防治，依靠人力或机械设备清除；②化学防除，用化学除草剂防除；③生物或天敌防治，利用致病微生物、真菌、植物病毒等控制外来入侵物种的种群密度；④综合治理，将生物、化学、人工、管理等单项技术融合起来，发挥各自优势、弥补各自不足。据了解，联合国发布的《生物多样性和生态系统服务全球评估报告》指出，1970 年以来每个国家入侵的外来物种数量增加了约 70%，外来物种入侵已成为过去 50 年对全球生态系统产生严重影响的五大因素之一，而被关注、重视和防治程度又往往低于栖息地破坏、过度捕捞、气候变化和环境污染等其他因素。

对植物入侵的防治管理应该全面评估入侵物种的效应，针对生物入侵的严峻挑战，我国提出并实施了防控生物入侵的"4E"方案。"E1"：早期智能预警（包括数据智能预测、定量风险预警、定殖区域评判、早期扩张预警）；"E2"：早期检测与快速检测（包括远程智能监控、分子快速检测、野外实时诊断、区域追踪监测）；"E3"：早期根除与拦截（包括早期根除灭绝、廊道快速拦截、生态屏障建设、疫区源头治理）；"E4"：全域治理（包括生态修复平衡、持久生物控制、跨境协同治理、区域联防联控）。同时，增加了"E4+"行动计划（包括入侵物种基因组计划以及"一带一路"海外联合实验室群）。

倘若贸然清除已在本地安家落户的入侵物种，可能会导致意想不到的后果。这些物种可能已在当地食物链中发挥着重要作用，为本地动物提供藏身的处所，支持生态系统的一些功能，其突然消失可能破坏对本地物种至关重要的生态过程。

五、小结

植物入侵是一个全球性问题，而不是某国某地的个别问题，对于入侵事件，要加强全球威胁意识。对于生物入侵，必须避免仅通过控制入侵物种以解决所有的环境问题。①对于生物入侵应该加强研究，严禁统一分类界定；②加强机制研究和全域性观察；③进行有效而全面的风险评估，而不是一味夸大负面效应；④完善相关检疫法律法规；⑤加强全球性大尺度时空入侵生态效益检测研究。

参考文献

[1] 钟永德，李迈和，Norbert. 地球暖化促进植物迁移与入侵[J]. 地理研究，2004，23（3）：349.

[2] 黄永锋. 生物入侵及控制管理[J]. 科技资讯，2010（19）：164.

[3] 万方浩. 生物入侵：中国方案[C]. 第五届全国入侵生物学大会——入侵生物与生态安全会议摘要. 中国农业科学院植物保护研究所、中国植物保护学会生物入侵分会：中国植物保护学会生物入侵分会，2018：15.

[4] 马金双. 中国外来入侵植物名录[M]. 北京：高等教育出版社，2018.

[5] 马金双. 中国入侵植物名录[J]. 生物多样性，2013，21（5）：635.

[6] 陈晓红. 外来入侵植物的防治措施研究新进展[J]. 防护林科技，2014，2（2）：85-86，95.

[7] Kelly Gravuer，Jon J Sullivan，Peter A. Williams. Strong human association with plant invasion success for Trifolium introductions to New Zealand[J]. PANS，2008，105（17）：6344-6349.

[8] 鞠瑞亭，李慧，石正人，等. 近十年中国生物入侵研究进展[J]. 生物多样性，2012，20（5）：581-611.

[9] 许光耀，李洪远，莫训强，等. 中国归化植物组成特征及其时空分布格局分析[J]. 植物生态学报，2019，43（7）：601-610.

[10] Enserink M. Predicting invasions：Biological invaders sweep[J]. Science，1999，285：1834-1836.

[11] 谢宝华，路峰，韩广轩. 入侵植物互花米草的资源化利用研究进展[J]. 中国生态农业学报

（中英文），2019，27（12）：1870-1879.

[12] 邓自发，安树青，智颖飙，等. 外来种互花米草入侵模式与爆发机制[J]. 生态学报，2006，
26（8）：2678-2686.

[13] LI B，LIAO C H，ZHANG X D，et al. Spartina alterniflora invasions in the Yangtze River
estuary，China：An overview of current status and ecosystem effects[J]. Ecological
Engineering，2009，35（4）：511-520.

[14] Zhongyi Chen，Bo Li，Yang Zhong，et al. Local competitive effects of introduced Spartina
alterniflora on Scirpus mariqueter at Dongtan of Chongming Island，the Yangtze River estuary
and their potential ecological consequences[J]. Hydrobiologia（incorporating JAQU），2004，
528（1）.

[15] 白静，严锦钰，何东进，等. 互花米草入侵对闽东滨海湿地红树林土壤理化性质和酶活性
的影响[J]. 北京林业大学学报，2017，39（1）：70-77.

[16] PINTO S M，ORTEGA Y K. Native species richness buffers invader impact in undisturbed but
not disturbed grassland assemblages[J]. Biological Invasions，2016，18（11）：3193-3204.

[17] FENESI A，CI Vágási，BELDEAN M，et al. Solidago canadensis impacts on native plant and
pollinator communities in different-aged old fields[J]. Basic and Applied Ecology，2015，16
（4）：335-346.

[18] REIF J，HANZELKA J，KADLEC T，et al. Conservation implications of cascading effects
among groups of organisms：the alien tree Robinia pseudacacia in the Czech Republic as a case
study[J]. Biological Conservation，2016，198：50-59.

[19] 王月，张玉曼，李乔，等. 黄顶菊入侵域不同土层土壤微生物群落结构的比较[J]. 河北农
业大学学报，2016，39（1）：35-42.

[20] 朱珣之，李强，李扬苹，等. 紫茎泽兰入侵对土壤细菌的群落组成和多样性的影响[J]. 生
物多样性，2015，23（5）：665-672.

[21] WANG S，NIU S K. Do biological invasions by Eupatorium adenophorum increase forest fire
severity？[J]. Biological Invasions，2016，18（3）：717-729.

[22] SCHINDLER S，STASKA B，ADAM M，et al. Alien species and public health impacts in
Europe：a literature review[J]. Neo Biota，2015，27：1-23.

[23] TASSIN J，KULL C A. Facing the broader dimensions of biological invasions[J]. Land Use

Policy，2015，42：165-169.

[24]　VITULE J R S，FREIRE C A，VAZQUEZ D P，et al. Revisiting the potential conservation value of non-native species[J]. Conservation Biology，2012，26（6）：1153-1155.

[25]　吴蓉，陈友吾，陈卓梅，等. 松材线虫入侵对不同类型松林群落演替的影响[J]. 西南林学院学报，2005（2）：39-43.

[26]　PYSEK P，PERGL J，ESSL F，et al. Naturalized alien flora of the world：species diversity，taxonomic and phylogenetic patterns，geographic distribution and global hotspots of plant invasion[J]. Preslia，2017，89（3）：203-274.

优良多用途资源植物地石榴的研究进展

徐楚津　郑　琛　李德荣　李　波*

（江西农业大学生态科学研究中心，南昌330045）

摘　要：地石榴（*Ficus tikoua* Bureau）是桑科（Moraceae）榕属（*Ficus* L.）的一种多年生藤本植物，善于攀爬，四季常青，耐旱、耐阴、耐寒、耐贫瘠，且全草入药，果实可食，是集药用价值、食用价值、生态价值于一体的多用途资源植物，综合开发应用潜力巨大。本研究对地石榴的生物学特征、化学成分、药用价值、营养成分、园林绿化、生态修复及繁殖技术等方面的研究现状进行了全面综述，并对地石榴资源的发展前景进行了展望，以期为该优良植物资源相关领域的深入研究和综合开发利用提供参考。

关键词：地石榴　化学成分　多用途植物　开发利用

地石榴（*Ficus tikoua* Bureau），别名地瓜藤、地果、地瓜榕、地枇杷、地棠果、地胆紫、过山龙等，是桑科（Moraceae）榕属（*Ficus* L.）的多年生木质藤本植物，广泛分布于我国长江流域及亚热带地区诸省，如重庆、广西、贵州、湖北、湖南、陕西南部、四川、云南等，生于海拔100～2 650 m的山坡或岩石缝、田埂边、沟边、灌丛边、疏林下、路边等，常成片生长。地石榴的茎匍匐生长，四季常青，耐旱、耐阴、耐寒，是具有开发潜力的荒坡绿化及矿区修复植物资源；地石榴全草入药，在《中华本草》《滇南本草》《全国中草药汇编》《中药大辞典》等中医药著作中都有记载，具有清热利湿、收敛止痢、解毒消肿的功效。它的果实香甜可口，是西南地区知名的野果资源。近年来，地石榴作为一种优良的多用途资源植物逐渐引起了学术界的重视，涌现了大量的研究成果，本文对其生物学特

* 通信作者：李波，副研究员，E-mail：hanbolijx@163.com。

基金项目：江西农业大学生态学"十三五"重点建设学科项目。

征、化学成分、药用价值、营养成分、园林绿化、生态修复、繁殖技术等方面的研究进行了全面的综述，为地石榴的进一步综合开发利用提供参考依据。

一、生物学特性

1. 形态特征

地石榴全株含白色乳汁；茎呈圆柱形，棕褐色，多分枝；节上有环状托叶痕，茎节短，节部膨大，密生不定根，幼枝偶有直立。叶互生，叶柄长为 1~2 cm，托叶 2 片；叶片长 1.5~6.0 cm，宽 1.0~4.0 cm，硬纸质，倒卵状椭圆形，先端急尖，基部圆形至浅心形，边缘具疏浅圆锯齿，叶正面绿色，有刚毛，略粗糙，背面淡绿，叶脉上有毛。雌雄异株，花序有短梗，成对或簇生于匍匐茎上，球形至卵球形，直径 1~2 cm，苞片 3 枚，基生，细小；雄花生榕果内壁孔口部，无柄，花被片 2~6，雄蕊 1~3；雌花生另一植株榕果内壁，有短柄，无花被，花柱侧生，柱头 2 裂，有黏膜包被子房。榕果成熟时深红色，常埋于土中，表面具圆形瘤点。瘦果卵球形，表面有瘤体。

2. 生态习性

地石榴为常绿藤本植物，生命力极强，3 月中旬萌发新叶，约 1 个月后便能生长成片，形成密集的株丛。研究发现，地石榴的光强适应范围较广，光补偿点接近 0，在遮阴环境下，地石榴能通过增大单叶面积、增加总叶绿素含量和调节叶绿素 a 和叶绿素 b 的比例等机制响应弱光环境。在水淹环境下，地石榴也能保持生命力，秦洪文等通过模拟水淹实验发现，地石榴在水淹 5 m 和 10 m 的情况下，出水 50 d 后仍能恢复正常生长。此外，地石榴还有较强的抗寒能力，能忍受 0℃以下局部低温，低温仅造成局部叶片脱落，地下部分仍有生命力，次年能迅速萌发新芽。野外观察发现，地石榴对干旱环境也具有极强的适应能力，不过，截至目前，尚未有研究揭示地石榴对土壤含水量变化的响应能力和响应机制。

二、化学成分

1．黄酮类

黄酮类化合物分布广泛，具有多种生物活性。杨世波等从地石榴根的石油醚和乙酸乙酯萃取部分分离得到槲皮素、芹菜素、木犀草素、（2R，3R）-（+）-二氢槲皮素、北美圣草素、柚皮素。徐蔚等采用柱色谱法从地石榴根茎的90%甲醇粗提物中分离得到一种异黄酮化合物：hydroxyalpinum isoflavone。张文平等采用分光光度法从地石榴中测出了芦丁及其含量在 0.014～0.084 mg/mL。Wei 等用硅胶柱色谱及 Sephadex L H-20 等色谱技术从地石榴根茎中得到6-异戊二烯基柚皮素、8-异戊烯基柚皮素、柚皮素以及 4 种异黄酮化合物：染料木黄酮、5,7,4-三羟基-6-异戊烯基异黄酮、黄羽扇豆魏特酮及新型呋喃异黄酮类化合物 myrsininone A。

2．三萜类

杨世波等从地石榴根的石油醚和乙酸乙酯萃取部分分离得到3-O-乙酰基齐墩果酸，齐墩果酸、β-香树脂醇、α-香树脂醇乙酸酯。而郭良君等则从地石榴 75%乙醇提取物的氯仿和正丁醇萃取部分分离得到α-香树脂酮、β-香树脂酮、β-香树脂醇乙酸酯。田民义等从地石榴及其叶与茎的混合物中分离纯化得到日耳曼醇乙酸酯、熊果酸以及西米杜鹃醇。

3．甾体类

杨世波等在地石榴根的石油醚和乙酸乙酯萃取部分分离得到 5α-豆甾-3,6-二酮、3β-羟基豆甾-5-烯-7-酮、β-谷甾醇、4-豆甾烯-3-酮、β-豆甾醇。徐蔚等采用柱色谱法从地石榴根茎的90%甲醇粗提物中分离得到 β-豆甾醇和 β-谷甾醇。田民义等从地石榴中分离纯化得到豆甾烷-3β，5α，6β-三醇。关永霞等从苗药地石榴乙醇提取物的醋酸乙酯萃取部分得到了胡萝卜苷。成英等从经乙醇渗漉提取，采用溶剂提取法进行分离纯化的地石榴中得到了 δ-5-麦角烯甾醇、豆甾、豆甾-3,5-二烯-7-酮。

4．香豆素类

关永霞等从地石榴乙醇提取物的石油醚萃取部分分得佛手内酯。徐蔚等采用柱色谱法从地石榴根茎的90%甲醇粗提物中分离得到佛手柑内酯。成英等经乙醇渗漉提取，采用溶剂提取法进行分离纯化的地石榴中得到呋喃香豆精和异佛手内酯。

5．有机酸类

地石榴体内含有多种有机酸及其衍生物，如香豆酸甲酯、咖啡酸甲酯、棕榈酸、亚油酸、邻羟基苯甲酸、3,4-二羟基苯甲酸、香草酸、4-羟基 3-甲氧基苯甲酸、硬脂酸、4-羟基苯甲酸、豆蔻酸、棕榈酸、十七酸、花生酸。

6．其他成分

地石榴提取物中还存在 3-氧代-α-紫罗兰醇、尿囊素、2-6-二甲氧基-1,4-苯醌、穿贝海绵甾醇、邻苯二甲酸二丁酯、邻苯二甲酸异丁酯、邻苯二甲酸二甲酯、邻苯二甲酸二乙基己基酯、硬脂酸乙酯、棕榈酸乙酯、十四烷、柠檬酸三乙酯、壬醛等多种化学成分。

三、药用价值

1．抑菌作用

杨世波等利用微生物纸片法测定了地石榴根乙醇提取物的抑菌活性，实验结果表明，地石榴根 95%乙醇提取物对 5 种细菌（佛氏痢疾杆菌、绿脓杆菌、变形杆菌、巨大芽孢杆菌及藤黄球菌）有一定的抑制作用，但抑菌活性较弱。王春娟等用常规琼脂扩散法对黄金色葡萄球菌、大肠埃希菌、白色念珠菌、铜绿假单细胞菌以及临床分离得到的耐甲氧西林金黄色葡萄球菌（MRSA）进行体外抑菌试验。实验结果显示，地石榴提取物对黄金色葡萄球菌、大肠埃希菌、白色念珠菌、铜绿假单细胞菌这 4 种细菌无明显抑制作用，而对 MRSA 菌的 4 种菌株有着程度不同的抑菌作用。向红等采用琼脂平板扩散法检测了地石榴水煎剂对 G-大肠杆菌、G-志贺氏痢疾杆菌、G+金黄色葡萄球菌的抑菌作用。结果表明，地石榴水煎剂对 G-志贺氏痢疾杆菌、G+金黄色葡萄球菌的抑菌作用较强，且抑菌作用强度随着药液浓度的增大而增加；对 G-大肠杆菌无抑制作用。杜银香对地石榴水提取物及其萃取成分进行体外抑菌研究试验，采用牛津杯法和琼脂稀释法检测其对金黄色葡萄球菌、表皮葡萄球菌、大肠埃希菌、产气肠杆菌、普通变形杆菌、铜绿假单胞菌的影响。结果显示，水提取物及其萃取成分对大肠埃希菌无抑菌作用，对其他常见细菌都有一定的抑菌活性。杜银香还利用牛津杯法检测地石榴醇提取物对金黄色葡萄球菌、大肠埃希菌、宋内志菌、白假丝酵母菌的抑菌效果，结果表明，提取物对白假丝酵母菌无抑菌作用，而对其他细菌均有作用，且抑菌效果与提取物浓度呈正相关。Wei 等对地石榴分离出的一个新型呋喃异黄酮类化合物进行了体外抗真菌试验，显示其对马铃薯晚疫病菌具有一定的抗真菌活性。

2．抗氧化

杨世波等采用 DPPH 法对地石榴根提取物以及其不同的溶剂萃取物的抗氧化活性进行测定，发现地石榴的乙醇提取物、乙酸乙酯萃取物及正丁醇萃取物对 DPPH 自由基的清除能力较强，且其清除能力与质量浓度呈正相关。地石榴抗氧活性强，对其进行深度开发可为活性抗氧化单体提供新的来源。Wei 等也采用 DPPH 法对地石榴根中的 2 个化合物进行了测定，认为地石榴对 DPPH 自由基具有较强的清除能力。成英等和向红等提取出地果中的活性物质进行检测，实验结果显示，其活性成分可清除羟自由基以及抑制超氧阴离子自由基，认为对地果活性物质的研究可为找寻无毒的优质天然抗氧剂做贡献。

3．抗肿瘤

田民义等运用 MTT 法对分离纯化的地石榴化合物进行检测，研究其对人癌细胞株 A549、PC-3、K562 的抑制作用。体外抗肿瘤活性筛选表明地石榴中的化学成分具有抗肿瘤活性：熊果酸对人前列腺癌细胞株（PC-3）、人白血病细胞株（K562）、人胃癌细胞株（A549）3 种癌细胞株都有较强的抑制的活性；齐墩果酸，棕榈酸对 PC-3 和 K562 有一定的抑制作用；佛手柑内酯只对 PC-3 有抑制作用。

4．抗病毒

张文平等以呼吸道合胞病毒（RSV）、单纯疱疹病毒（HSV-1）、柯萨奇病毒（COX-B5）、肠道病毒 71 型（EV71）为研究对象，对地石榴及其不同萃取部位的体外抗病毒活性进行研究。结果发现：地石榴醇提物对 EV71、HSV-1 和 RSV 显示出较好的作用效果；地石榴不同萃取部位的抗病毒效果不同，乙酸乙酯萃取部位对 EV71 和 HSV-1 抗病毒作用较弱，只有水部位对 COX-B5、RSV 有效果，其他均无效。

5．其他

熊丽丹等运用蘑菇酪氨酸酶多巴速率氧化法，以地石榴为原材料，对其提取物及萃取物激活酪氨酸酶的作用进行研究。实验结果表明：地石榴醇提取物对酪氨酸酶具有很强的激活作用，且激活效果与浓度的增加不成线性变化；地石榴萃取物对酪氨酸酶有不同程度的激活作用，以乙酸乙酯萃取物最为明显，而且萃取物中的活性成分对酪氨酸酶有非竞争性激活和混合型激活多重激活作用，可为色素减退或色素脱失性皮肤病提供治疗依据。张文平等探讨了地石榴不同提取部位提取物的抗炎、止血及镇痛作用。实验表明，地石榴水煎液以及正丁醇提取部位在止血方面作用较好，醇提物及正丁醇、乙酸乙酯、石油醚 3 个提取部位在抗炎方面效果较好，地石榴正丁醇提取部位在镇痛方面有较好的作用。杨中兴等利用地石榴治疗前列腺肥大、尿闭、血尿、尿道炎，说明地石榴具有止血、抗菌、利尿作用。陈安山等采用小鼠氨水引咳法，探究地石榴水煎液对小鼠咳嗽次数和咳嗽潜伏期的影响，结果发现，地石榴水煎液可减少小鼠由氨水引咳后的咳嗽次数并明显延长咳嗽潜伏期，表明地石榴提取物具有较好的镇咳作用。

四、营养成分

　　杨秀群等对地石榴果实的营养成分进行测定，发现地石榴营养物质丰富：蛋白质含量达 1 630 mg/100 g；碳水化合物含量为 12 020 mg/100 g；维生素 E 为 1 mg/100 g，维生素 B_2 为 0.14 mg/100 g；矿物元素含量丰富，钙、磷、铁含量高，分别为 434.1 mg/100 g、241.5 mg/100 g、23.0 mg/100 g；膳食纤维含量很高，为 2 570 mg/100 g；氨基酸总量高、种类多，总含量为 3 445 mg/100 g。石登红等研究发现，地石榴矿物质除 Na 和 Zn 外，其余各元素的含量、膳食纤维和维生素含量均高于参比水果（常见新鲜水果）的平均值；果实含水量与常见水果平均值相当；蛋白质含量在鲜重条件下为 1.63 g/100 g；氨基酸种类齐全（17 种），必需氨基酸占总氨基酸的 62.49%；果实中的 Hg、Pb、As 含量均未超过果品的卫生限量标准，属于可食范围，由此可见，地石榴营养价值高、食用安全，有作为水果或保健品的广阔应用前景。

五、园林绿化及生态修复价值

1. 园林绿化

庭玉凤等、窦剑等利用地石榴匍匐茎和当年生枝进行扦插育苗和建坪试验，并观察其生物学特性、生长适应性以及抗逆性等。结果表明，地石榴性强健，具有耐阴、耐寒、耐旱、耐贫瘠的特点，生态适应性广，扦插成活率高，田间管理粗放，成坪时间短，覆盖率高，绿期长，形成的群体景观良好，是一种优良野生木本的观赏资源，具有一定的园林应用可行性。黄金丽等也认为，地石榴是观叶型地面覆盖植物的一种理想选择，其在园林中具有多种运用形式。如地石榴因其生长旺盛的茎蔓和强大的根系而具有耐践踏、叶型美观的特点，可替代草坪植物大面积种植在绿化公园、河道、边坡等地，降低养护费用和节约化肥等资源；同时，地石榴还可用于绿化岩石园和园林假山，其茎叶可附着在石壁上生长，栽植于石头缝隙间、覆盖在岩石上、假山石的表面或与山石配置，能够柔化岩石生硬的氛围，使线条自然化，也是一道独特的山野风光。另外，在处理不方便的狭窄空地或角落、新开垦的贫瘠地或荒地种植地石榴可净化空气、快速美化环境。

2. 修复水土流失

窦剑等综合分析了地石榴的应用类型，得出地石榴作为观赏地被植物应用的得分为 7.5 分，作为防护地被植物应用的得分为 7.7 分，防护地被植物应用得分略高，表明地石榴作为防护地被植物的应用价值较高。张朝阳等选择了 10 种藤本植物作为研究材料，对它们的水土保持效益进行探究。发现地石榴 7 个月的植被覆盖度达 85% 以上，贴地覆盖程度高，叶面积指数大，能有效阻滞地表水土流失；根系固定土壤能力强，减少降水的径流量，减少土壤侵蚀量，提高土壤的抗蚀性。另外，张朝阳等还对这 10 种藤本植物在边坡条件下的生长情况进行了观察。结果表明，地石榴在供试的藤本植物中表现优异，移栽成活率高达 98.6%，地径有6.8 mm 粗，有很强的适应性。这说明地石榴利于边坡地的水土保持，是一种边坡生态恢复的优良植物。

3. 修复矿区污染

廖祥兵等进行了地石榴在模拟矿区的栽种试验以及尾矿库修复验证试验，并对其地上部分重金属含量进行了检测，结果显示，5 年后地石榴覆盖了整个模拟矿区表面，且地上部重金属含量较高；同时在沙石模拟的矿区中，地石榴地上部镉含量高，证实地石榴能有效修复模拟矿区和尾矿库的植被，具有作为矿区植被修复先锋植物和修复镉污染土壤的应用前景。赵健等利用土培法研究了地石榴吸收和迁移土壤重金属 Pb 的能力。实验结果显示，地石榴对 Pb 的吸收与富集能力强，在 Pb 污染土壤中长势良好，随着土壤中 Pb 含量的增加，地石榴地上/地下铅含量的比值、迁移率未表现出下降趋势，并且中毒症状不严重，说明地石榴能够有效修复 Pb 污染土壤，是修复尾矿库的优势植物。何东等在对湖南下水湾铅锌尾矿库的优势植物调查中发现，地石榴的地上部 Pb 含量超标 14.4 倍，因此也认为地石榴对 Pb 污染土壤的修复潜力巨大。毛海立等通过实地调查分析发现，地石榴对 Pb 和 Cd 的转运和富集能力均较强，其转移系数（TF）分别为 2.64 和 2.96，富集系数（BF）分别为 1.32 和 0.96，可用于固定污染区土壤及重金属，防止重金属的迁移扩散。另外，杨胜香等在对广西 Mn 矿废弃地优势植物的调查中发现，地石榴还可以生长在矿渣堆中，其茎 Mn 含量达 1 966.8 μg/g，说明地石榴对 Mn 具有一定的耐性，可作为污染严重区的恢复植物。李秀娟等则利用土培法研究地石榴对土壤 Mn 的吸收及修复能力，结果显示，在 Mn 浓度为 500 mg/kg 的条件下，地石榴落叶后又长出新芽，说明其对 Mn 毒环境可能有一个适应过程。张军等发现，地石榴在 Cu 污染土壤中的生物富集系数在 0.01～0.03，其体中的 Cu 含量远低于 Cu 超富集植物，可能以低积累或排异型的方式适应高 Cu 含量土壤。

六、繁殖技术

实际生产中，一般利用无性生殖的方式实现地石榴的快速繁殖，以地石榴一年生以上枝条为插穗，影响地石榴扦插生根的主要环境因素有温湿度、光照、扦插基质、病虫害等。雷江丽等认为插穗的选择与扦插方式有关，如果选用沙插则较老的枝条易成苗，而选用穴盘泥炭覆膜扦插则较嫩枝条易成苗。因此为了提高地石榴成苗率需根据扦插方式来选择相应成熟度的枝条。刘辰飞等通过设计多因素实验研究插穗长度、留叶片数、激素浓度以及扦插基质对地石榴扦插成活的影响，得出地石榴 25 d 时的生根率达到最高，为 90%；插穗生根率最高的插穗长度为 15 cm；插穗留叶数为 1 片时，插穗一级根萌发条数最多；当插穗长度为 20 cm 时，插穗根幅最大；扦插基质为珍珠岩+河沙（1∶1）时，插穗的新长叶片数最多；当 IBA 浓度为 200 mg/L 时能明显促进插穗生根。吴小英等在对地石榴、山萎进行扦插实验时得出地石榴插条经生根剂处理后可提高成活率。廖丽华等则使用 100～200 mg/L 的 GRR 溶液处理地石榴扦插条 1～2 h 后发现成活率和生根率都在 90%以上。余婷等通过研究分别以腐殖土、河沙、腐殖土+河沙（1∶1）为扦插基质对地石榴生根影响的实验，并以生根率、叶片质量和生根质量为指标筛选出地石榴最适宜的扦插基质，研究得出地石榴在腐殖土中的各方面指标优于其他两种基质，且因为腐殖土营养物质丰富、保水透气性好、廉价等特点，具有作为地石榴扦插基质的应用前景。敖婷玉等利用对照试验研究不同季节等因素对地石榴扦插生根的影响，发现春季扦插成活率为 60%～77%，秋季扦插成活率在 80%以上，说明为了保证扦插质量，可选择在秋季配以外源激素处理进行扦插。在完成扦插后第一次浇水要浇透，保持插床土壤的湿润，白天温度控制在 15～28℃，夜间温度控制在 6～20℃，湿度保持在 70%～80%。地石榴虽然扦插繁殖成活率高，但为了保证生产中的效益，也需要一定的后期田间管理质量。

七、问题与展望

综合来看，地石榴综合开发利用的价值极高、潜力巨大。地石榴有着悠久的民间药用历史，富含多种化学成分，也有明确的抗菌、抗氧化、抗肿瘤、抗病毒效果，疗效确切，具有良好的药用开发及利用前景。该植物生命力极强，易繁殖，易成活，生长迅速，一方面能迅速满足大量药用、食用开发所需的原材料，可以轻松突破野生资源植物开发利用时难以大规模繁殖的瓶颈，另一方面又能保持水土，富集重金属，修复土壤，是贫瘠地、荒地、边坡、矿区等其他植物难以成活环境的优良地被植物。此外，地石榴作为优良野果资源的开发潜力也很大，其果实营养丰富、口感香甜、食用安全，有作为新型水果或保健水果的潜力。

不过，也需注意到，目前地石榴各方面的研究还比较粗浅，比如其止血、镇痛、抗炎的分子机理还缺乏深入的研究；适合药用、食用或绿化用途的栽培品种及新品种的选育方面尚未引起重视；其果实的储藏、运输及果后深加工技术也有待深入研究。国内可在现有研究基础上对地石榴的综合开发及应用上进行更深层的研究，争取早日投入大规模的生产，充分利用这一优良的、多用途的野生植物资源。

参考文献

[1] 中国科学院中国植物志. 中国植物志. 第 23 卷. 第一分册[M]. 北京：科学出版社，1998.

[2] 吴征镒. 云南植物志. 第十六卷，种子植物[M]. 北京：科学出版社，1995.

[3] 中国科学院植物研究所. 中国高等植物图鉴. 第一册[M]. 北京：科学出版社，1972.

[4] 伍世平，王君健，于志熙. 11 种地被植物的耐阴性研究[J]. 武汉植物学研究，1994（4）：360-364.

[5] 蒋谦才，黄悦朝，李增祥. 广东榕属观赏植物资源及其开发利用[J]. 亚热带植物科学，2004（4）：48-51.

[6] 和太平，李运贵. 广西榕属观赏树木资源及其利用[J]. 广西科学院学报，1998（2）：8-11.

[7] 国家中药学管理局《中华本草》编委会. 中华本草：精选本[M]. 上海：上海科学技术出版社，1998.

[8] 兰茂. 滇南本草，2 卷[M]. 昆明：云南科技出版社，2009.

[9] 《全国中草药汇编》编写组. 全国中草药汇编（上册）[M]. 北京：人民卫生出版社，1976.

[10] 江苏医学院. 中药大辞典. 上册[M]. 北京：科学技术出版社，1986.

[11] 张文平，张晓平，刘娜，等. 民族药地板藤的研究进展[J]. 中国现代中药，2016，18（4）：531-534.

[12] 邹玲俐，黄仕训. 优良野生地被植物——地瓜榕的开发利用[J]. 广西热带农业，2007（5）：45-46.

[13] 高燕，黎云祥，赵婷婷，等. 不同光环境下地果叶形态及叶绿素荧光参数的变化[J]. 绵阳师范学院学报，2013，32（2）：65-68，75.

[14] 许正刚，史正军，谢良生，等. 遮阴处理下两种园林植物叶绿素含量及荧光参数的研究[J]. 甘肃科技，2009，25（3）：158-160，79.

[15] 秦洪文，刘云峰，刘正学，等. 三峡水库消落区模拟水淹对 2 种木本植物秋华柳 *Salix variegata* 和地果 *Ficus tikoua* 生长的影响[J]. 西南师范大学学报（自然科学版），2012，37

（10）：77-81.

[16] 陈宗平，刘勇. 园林地被新奇葩——野生地枇杷[J]. 南方农业（园林花卉版），2007（6）：
26-27.

[17] 杨世波，张润芝，江志勇，等. 地板藤根的化学成分研究[J]. 中成药，2014，36（3）：554-558.

[18] 徐蔚，王培，李尚真，等. 地果根茎化学成分研究[J]. 天然产物研究与开发，2011，23（2）：
270-272.

[19] 张文平，张晓平，宋雪兰，等. 民族药地板藤中芦丁 TLC 鉴别与 HPLC 含量测定研究[J].
中医药导报，2017，23（13）：33-36.

[20] Shao-peng Wei, Li-na Lu, Zhi-qin Ji, et al. Chemical constituents from Ficus tikoua[J].
Chemistry of Natural Compounds，2012，48（3）.

[21] 郭良君，谭兴起，郑巍，等. 地瓜藤化学成分研究[J]. 中草药，2011，42（9）：1709-1711.

[22] 田民义，刘婷婷，洪怡，等. 地果化学成分及抗肿瘤活性研究[J]. 中药材，2018，41（9）：
2120-2123.

[23] 田民义，彭礼军，俸婷婷，等. 地枇杷石油醚层化学成分研究[J]. 山地农业生物学报，2014，
33（2）：89-91.

[24] 关永霞，杨小生，佟丽华，等. 苗药地瓜藤化学成分的研究[J]. 中草药，2007（3）：342-344.

[25] 成英，刘素君，宋九华. 地瓜藤提取物的活性成分研究[J]. 湖北农业科学，2017，56（1）：
112-114.

[26] 杨世波，王韦，张润芝，等. 地板藤根的抗氧化和抑菌活性研究[J]. 云南民族大学学报（自
然科学版），2013，22（4）：235-238.

[27] 王春娟，左国营，韩峻，等. 21 种中药的体外抗菌活性筛选[J]. 华西药学杂志，2013，28
（5）：479-482.

[28] 向红，王绪英. 地果（*Ficus tikoua* Bur.）抗菌作用检测[J]. 六盘水师范高等专科学校学报，
2005（6）：1-3.

[29] 杜银香. 恩施地枇杷水提取物及其萃取成分的抑菌活性研究[J]. 湖北民族学院学报（医学
版），2016，33（2）：37-39.

[30] 杜银香，胡泽华. 地枇杷抑菌物质提取及抑菌活性研究[J]. 北方园艺，2017（14）：150-155.

[31] WEI S，WU W，JI Z. New Antifungal Pyranoiso flavone from Ficus tikoua Bur.[J].
International Journal of Molecular Sciences，2012，13（6）：7375-7382.

[32] Shao-peng Wei，Jie-Yu，et al. A New Benzofuran Glucoside from Ficus Tikoua Bur.[J]. International Journal of Molecular Sciences，2011，12（8）.

[33] 张文平，张晓平，马大龙，等. 民族药地板藤不同萃取部位体外抗病毒实验研究[J]. 中国现代中药，2018，20（3）：288-292，304.

[34] 熊丽丹，李利. 地瓜藤提取物对酪氨酸酶的激活作用[J]. 中国现代中药，2012，14（3）：25-27，44.

[35] 张文平，张晓平，时瑞梓，等. 民族药地板藤止血抗炎及镇痛作用研究[J]. 时珍国医国药，2017，28（12）：2905-2906.

[36] 杨中兴，王淑英. 地枇杷治疗尿潴留及血尿 2 例[J]. 四川医学，1981（3）：164.

[37] 陈安山，刘志超，夏婷，等. 地枇杷水煎液对小鼠镇咳作用的实验研究[J]. 右江民族医学院学报，2009，31（5）：784-785.

[38] 杨秀群，石登红，蒋华梅，等. 野生植物野地瓜和插秧泡果实的营养成分及利用价值[J]. 贵州农业科学，2012，40（4）：35-37.

[39] 石登红，杨秀群，蒋华梅，等. 野地瓜主要营养成分分析及安全性评价[J]. 西南农业学报，2012，25（4）：1398-1401.

[40] 庭玉凤，覃世霞，罗华彦，等. 地瓜引种栽培与园林应用研究[J]. 现代农业科技，2012（4）：223-224，227.

[41] 窦剑，周双云，许再富. 滇南热带 3 种乡土地被植物的坪用研究初报[J]. 草业科学，2006（8）：93-96.

[42] 窦剑，周双云. 滇南热带乡土地被植物园林应用的筛选及评价初探[J]. 草原与草坪，2007（6）：1-5.

[43] 黄金丽. 关于地石榴栽培管理及绿化应用的探讨[J]. 现代园艺，2012（4）：19-20.

[44] 张朝阳，许桂芳，周凤霞，等.10 种藤本植物边坡水土保持效应研究[J]. 中国水土保持，2008（10）：39-41，58.

[45] 张朝阳，许桂芳，周凤霞，等. 十种藤本植物边坡适应性研究[J]. 北方园艺，2009（2）：200-201.

[46] 廖祥兵，肖伟，张祥辉，等. 一种利用野地瓜修复矿区植被与土壤的方法初探[J]. 中国农学通报，2017，33（1）：102-105.

[47] 赵健，仇硕，李秀娟，等. 三种园林植物对土壤中重金属 Pb 的吸收及修复研究[J]. 北方

园艺，2010（23）：79-82.

[48] 何东，邱波，彭尽晖，等. 湖南下水湾铅锌尾矿库优势植物重金属含量及富集特征[J]. 环境科学，2013，34（9）：3595-3600.

[49] 毛海立，龙成梅，陈贵春，等. 铅锌矿区植物对重金属吸收和富集特征研究[J]. 环境科学与技术，2011，34（12）：114-118.

[50] 杨胜香，李明顺，赖燕平，等. 广西锰矿废弃地优势植物及其土壤重金属含量[J]. 广西师范大学学报（自然科学版），2007（1）：108-112.

[51] 李秀娟，仇硕，赵健，等. 4 种园林植物对土壤重金属 Mn 的吸收及修复研究[J]. 广西农业科学，2010，41（9）：951-954.

[52] 张军，陈功锡，杨兵，等. 麻阳铜矿植被组成特征及优势种植物铜含量[J]. 生态学杂志，2010，29（12）：2358-2364.

[53] 奎建蕊，赵安洁，陶耀明，等. 地石榴苗扦插繁育及移栽技术[J]. 热带农业科学，2014，34（12）：35-38.

[54] 吴小英，何松，陆耀东，等. 小叶铺地榕、山菍扦插繁殖栽培技术研究[J]. 热带林业，2008（3）：25-27.

[55] 雷江丽，戴耀良，刘训花. 小叶铺地榕泥炭穴盘覆膜扦插繁殖技术[J]. 广东林业科技，2008，24（5）：94-96，100.

[56] 刘辰飞，张玉武，韦堂灵，等. 野地瓜扦插试验[J]. 贵州科学，2012，30（4）：70-74.

[57] 廖丽华，蔡长顺. 园林景观植物——地果应用 GGR 扦插繁殖育苗试验初报[J]. 中国园艺文摘，2016，32（10）：33-34，141.

[58] 余婷，杨波，翟书华，等. 不同基质配比对地石榴扦插生根的影响[J]. 昆明学院学报，2018，40（3）：80-82.

[59] 敖婷玉，曾宪华，周贵付，等. 野地瓜扦插技术初探[J]. 现代园艺，2018（18）：5-6.

[60] 周贵付，敖婷玉，曾宪华，等. 野地瓜分株繁殖技术要点解析[J]. 现代园艺，2018（14）：43.

[61] 李剑，李美珍. 不同基质和激素对地石榴扦插生根的影响[J]. 中国园艺文摘，2009，25（12）：19-22.

植物化感作用及其在农业生产中的应用

郑　琛　黄国勤[1, 2*]

（1. 江西农业大学农学院，南昌 330045；

2. 江西农业大学生态科学研究中心，南昌 330045）

摘　要：化感作用是植物间的相生相克作用，广泛存在于生态系统中，是近年来的研究热点。本文简要介绍了植物化感作用的概念、化感物质的种类、释放途径及作用机理，分析了化感作用在农业生产方面的应用及其前景，以期为在生产实践中合理利用植物化感作用提供参考价值。

关键词：化感作用　化感物质　农业生产　应用

一、引言

　　生态系统中动物、植物与微生物间不仅可以通过阳光、空气、水分等的竞争作用来相互影响，还可通过化感作用来相互影响。1937 年，Molisch 首次提出"他感作用"来表示所有类型植物之间及微生物之间生物化学物质的相互作用。随着科学研究的发展，目前最常用的定义来自化感作用的经典著作 *Allelopathy*（第二版），即化感作用又称为他感作用，是指植物自身向环境中释放化学物质，从而对周围其他植物或微生物生长发育产生有利或不利影响的过程，包括化感偏害作用、自毒作用、自促作用和互惠作用，其产生的化学物质即为化感物质。

　　化感作用是广泛存在于生态系统中的一种现象，对种子萌发和衰败、群落结

* 通信作者：黄国勤，教授、博导，E-mail：hgqjxes@sina.com。

基金项目：江西农业大学生态学"十三五"重点建设学科项目。

构的形成与演替、协同进化和生物入侵等具有重要意义。且在农业生产中的间作、混作、前后茬搭配、残茬的处置或利用以及作物和杂草的关系等方面，化感作用都有着广泛的应用前景。研究化感作用能够更加合理地解释生态系统中的现象，并将其更好地应用于农业生产中。

在生产生活中大量使用化学合成物质会极大地破坏环境，如地表水和地下水的严重污染、非目标生物的中毒、二次害虫的发生，同时，大量使用化学物质会导致农业投入增加等。为此人们开始探索和寻求新的农业发展方式，以减少和消除农业对化学合成物质的依赖。如通过研究化感作用可发展化学天然农药和生长调节剂，既保护生态环境，又提高农业生产力，增加农业生态系统的良性循环，对可持续农业的发展具有重要的理论价值和实践意义。因此，本文简要介绍了植物化感作用的概念，化感物质的种类、释放途径及作用机理，分析了化感作用在农业生产方面的应用及其前景，分析当前植物化感作用研究存在的主要问题，并对未来的研究进行了展望，以期为在生产实践中合理利用植物化感作用提供参考价值。

二、化感作用原理

1. 化感物质种类

化感作用中用于传递信息或作为媒介的化学物质为化感物质。目前被大多数学者接受的是 1984 年 Rice 的分类方法，他将化感物质分为 14 类：①简单的水溶性有机酸、直链醇、脂肪族醛和酮；②简单不饱和内酯；③长链脂肪酸和多炔；④萘醌、蒽醌及复杂醌类；⑤间苯三酚和褐藻多酚，没食子酸和原儿茶酸，简单酚、苯甲酸及其衍生物；⑥肉桂酸及其衍生物；⑦香豆素；⑧类黄酮；⑨水解单宁，缩合类单宁；⑩萜烯和甾族化合物；⑪氨基酸和多肽；⑫生物碱和氰醇；⑬硫化物和芥子油苷；⑭嘌呤和核酸。研究植物时重要的化感物质主要有三类：①酚类化合物及衍生物，通常包含酚酸、黄酮、芪类、香豆素、木质素和单宁；②萜类化合物；③生物碱类。

2. 化感物质的释放途径

（1）根系分泌物

植物根系代谢产生的分泌物可分为初生代谢产物和次生代谢产物，无论是初生代谢产物还是次生代谢产物，均会释放化感物质。如假臭草根系释放到环境中的化感物质影响了其他作物种子的萌发及生长，从而形成了单优势种群。水稻的连作障碍就是由于连作时，根部分泌出大量酚酸类物质，从而抑制了水稻根系的正常生长。

（2）凋落物（或植株残体腐烂）的分（降）解

植物残体经腐烂后直接释放出化感物质或由于土壤微生物的转化作用，可将原来没有活性的物质变为有活性的物质后进入土壤环境中，影响周围植物的生长。如经一段时间分解后的鼠茅属植物，其植株残留物中的化感物质增加，干残渣中酚酸类物质含量升高。

（3）雨雾淋溶

植物分泌的化感物质溶解到雨中或雾中而滴落到土壤中发挥作用。如柠檬桉皮、叶和根系分泌物中含有的水溶性物质可通过雨水、雾滴进入土壤，从而抑制萝卜等植物的种子萌发和根系生长。

（4）自然挥发

植物产生的二次代谢产物中一些挥发类物质通过植物体表（茎、叶、花）挥发出进入环境而发挥作用，主要是萜类物质。挥发性物质在茂密的树干下形成一定浓度的气体可直接对植物种子萌发、茎叶生长产生抑制作用。

3．化感物质的作用机理

植物化感作用的特点：一是选择性和专一性。如湿地植物宽叶香蒲产生的分泌物仅对藨草起抑制作用，而对周围其他植物则没有抑制效应；二是任何一种化感物质对植物的作用机制都与化感物质的浓度有关，表现为低促高抑。大量研究表明，化感物质的作用影响了植物生长的各个过程及不同的生理过程。

（1）影响细胞膜的透性。植物化感物质能够降低细胞中氧化酶的活性，增加细胞内的活性氧，使细胞膜氧化导致细胞膜的膜透性增加，降低细胞膜的选择透过性。

（2）影响光合作用。化感物质通过使幼苗叶绿素含量降低，ATP 酶活性受抑，光能和电子传递受阻等过程影响光合作用，从而使幼苗光合作用效率低下。

（3）影响呼吸作用。植物化感物质可从多方面影响植物呼吸，一方面是可以通过减少氧气的摄入，减缓电子的流动，阻止 NADH 的氧化作用，同时使电子传导向非细胞色素等其他途径转移，通过抑制线粒体中ATP酶的活性来抑制ATP酶的产生；另一方面也可刺激 CO_2 的释放，以促进呼吸作用。

（4）影响营养元素的吸收。化感物质能影响植物对营养元素的吸收。如随着邻苯二甲酸浓度的增加，对番茄根系吸收 N、P、K 的抑制作用会增强。

（5）改变酶活性。生物碱能影响作物一些酶的活性。如随着糖苷生物碱的浓度升高，茄子受体细胞中 MDA 含量会增高，并且浓度越高，细胞中 SOD、POD 活性会越低。

（6）影响蛋白质和核酸代谢。化感物质通过抑制蛋白质的合成以及 DNA、RNA 的代谢来影响植物生长。常见的酚酸类化感物质能够影响植物细胞核酸和蛋白质的合成。

三、化感作用在农业生产中的应用

1．建立合理的轮作制度和栽培方式，克服连作障碍

植物的化感作用主要表现为他感和自毒两个方面，在种植制度中应用主要是前茬作物和后茬作物的合理安排。如果在同一个地方连续多年种植同一作物，会使得作物根系或地上部分产生的化感物质在土壤中连年积累从而产生连作障碍，如大豆等作物连作会出现植物根系减少、根部不发达、根重减少、根皮老化、吸收营养和水分的能力降低等现象，进而影响植物的光合作用和物质累积，最终导致减产。因此可利用植物的化感作用，合理使用轮作制度，如采用两种或两种以上作物轮作的方式，不仅可以减少化感物质在土壤中的累积，还可尽量避免发生自毒现象。研究表明，大豆和玉米、大豆和水稻的轮作都能消除自毒作用，增加水稻和玉米的产量，也可以控制部分杂草和病害。

2．指导作物布局，合理地选择伴生植物，提高生产力

植物化感作用不仅表现在植物之间互相抑制，还表现在许多植物之间具有相互促进的作用。而某些植物具有选择性化感作用，能抑制杂草的生长，而对农作物生长无害。合理搭配各种作物，发挥促进作用，可以提高产量，增强品质。墨西哥万寿菊对根部含淀粉的杂草有很强的毒害作用，如直立接骨木的根随着褐变而变成空壳，形似被酸腐蚀，甚至在距万寿菊较远的地方也能看到这种现象。在

农业生产中，要首先充分了解农作物、绿肥、经济林中有哪些具有化感作用，各种植物之间的化感作用是互相促进、单项促进或相克的，这样有助于合理安排农业生产布局，避免不必要的损失，对促进作物的高产、稳产起到重要作用。

3．无公害农药和植物生长调节剂的开发

植物在生物或非生物逆境下次生代谢物质增加，这是重要的防御机制。植物的许多次生代谢物能有效地抵御病原菌的侵染，目前已证实多数萜类都具有抗菌和杀菌的作用。化学除草剂、杀菌剂和杀虫剂的大量施用，使得杂草、害虫和病菌产生了抗药性。而研究化感作用可为作为新靶标的除草剂、杀菌剂和杀虫剂的开发提供新的思路和方法。研究表明，许多化感物质在低浓度时能够刺激植物的生长，是植物的天然生长调节剂，如麦仙翁素可以提高小麦的产量和品质。

4．防治杂草和病虫害

植物通过自身防御体系与有害生物相互适应演变、协同进化，形成直接生存或间接依存的关系，或者通过动物、微生物形成的间接依存关系。具有种属特异性的化感物质，形成了植物种类特有的气味和味道，会影响其他有机体的行为、生长和种群生物学。降低作物产量和品质的杂草，给农业生产造成巨大的损失，而作物的化感作用对杂草生长能产生有效的干扰作用，可利用对杂草有毒害作用的植物残枝败叶覆盖作物枯落物来防除杂草，这已在玉米、大豆、蔬菜、水果包括葡萄的生产中取得了良好的效果。化感物质不仅对高等植物有抑制作用，同时还对细菌和真菌等有抑制作用。

5．改良作物秸秆还田技术

秸秆还田可提高土壤有机质含量、优化土壤物理性状，但秸秆腐解中产生的化感物质对种子发芽和幼苗生长产生的抑制作用也是普遍存在的现象。如玉米、高粱、燕麦残体腐烂释放物质——咖啡酸、绿原酸、肉桂酸、香豆酸、阿魏酸、香草酸、没食子酸、香草醛、苯甲醛等都能抑制高粱、大豆、向日葵、烟草的正常生长发育。因此，在秸秆资源化过程中利用作物秸秆还田后释放的活性化感物质，规避对下茬作物的不利影响，适时、适量的还田技术，对控制杂草、提高土壤肥力、促进农业的可持续发展具有重要意义。

6．培育新品种

作物表现化感作用的特性是受基因控制，可利用生物技术培育具有化感作用

的作物新品种，使作物增强竞争优势，从而抑制某些杂草的生长；还可研究开发作物种类本身具有的抗性基因，如番茄的 Mi 基因抗根结线虫病；另外，化感物质中软酸、水杨酸、邻苯二甲酸二异辛酯、邻苯二甲酸二丁酯、水杨酸甲酯等 7 种化学成分，具有显著的杀虫及抗菌活性，可起到杀虫、避虫作用，可以充分利用这一特性以及挥发特殊气味，筛选能分泌这些对作物自身有益而具有杀虫作用的化感物质的试材，起到杀菌杀虫效果。据报道，高化感能力存在于作物的野生类型中，由于育种中强调高产等性状而使该性状丢失。通过与野生种进行杂交，可将植物对昆虫和病害的抗性整合到作物品种中。但化感育种方面目前仅在水稻中获得了具有高化感能力对杂草有抑制作用的品种。

四、当前存在的问题及未来研究展望

化感作用是植物在进化过程中产生的一种对环境适应性机制，是影响生态系统和环境动态的因素之一。研究化感作用的应用潜力很大，但由于过程的复杂性，其研究尚存在许多困难，尽管取得了重大突破，但在很多方面尚需更深入研究。化感作用包括促进和抑制两个方面，而现今的研究大多集中在抑制方面，对促进方面的研究较少。另外，对新品种培育研究的深度和广度还不够，许多结果是推测所得，尚缺乏基因水平上的验证。化感品种的筛选、化感作用基因定位和化感作用基因库的建立等都还不全面。

因此，要对植物化感作用进行深入系统的研究，必须从加强以下方面的研究入手：

一是加强化感作用分子生物学水平上的研究，进一步研究和开发化感作用在作物生产上的应用，选择和培育抗化感品种。

二是加强大气中 CO_2 浓度升高对植物化感作用影响的研究，CO_2 浓度升高对大气温度、植物的次生代谢及植物根系分泌物均会产生影响，进而对植物化感作用产生巨大影响。

三是加强农作物化感育种和秸秆的生物利用研究，利用化感作用控制杂草，减少农药施用量、秸秆还田可适量控制杂草生长、提高土壤肥力，对农业可持续发展和生态环境保护具有重要意义。

四是加强土壤中化感作用机制及利用微生物分解化感物质的研究。

五是建立规范的化感作用生物检测体系，便于国内、国外研究结果的交流、比较，应建立一套操作简捷、检测快速、批量筛选、针对性强和检测结果可比性好的体系，加速其在农业生产实践中的应用。

参考文献

[1] Molisch H. Der Einfluss einer pflanze auf die-andere allelopathie[J]. Fisher Jena.，1937，13-20.

[2] 王丹丹. 植物的化感物质及其作用机制[J]. 生物技术世界，2014（11）：50.

[3] 袁高庆，黎起秦，叶云峰，等. 植物化感作用在植物病害控制中的应用[J]. 广西农业科学，2009，40（8）：1017-1020.

[4] 王安可，毕毓芳，温星，等. 植物化感物质的研究现状[J]. 分子植物育种，2019，17（17）：5829-5835.

[5] 朱军，徐小军，张桂兰，等. 不同化感物质对西瓜幼苗生长的影响[J]. 基因组学与应用生物学，2018，37（1）：400-407

[6] 朱峰，何永福，叶照春. 植物化感作用研究进展[J]. 耕作与栽培，2014（1）：52-54，36.

[7] 易晓洁，陈秋波，杨礼富，等. 假臭草根系分泌物化感作用初步研究[J]. 热带作物学报，2010，31（7）：1200-1205.

[8] 孔垂华，徐效华，陈建军，等. 胜红蓟化感作用研究IX. 主要化感物质在土壤中的转化[J]. 生态学报，2002，22（8）：1189-1195.

[9] AN M，PRATLEY J E. Phytotoxicity of Vulpia residues：IV. Dynamics of allelochemicals during decomposition of Vulpia residues and their corresponding phytotoxicity[J]. Journal of Chemical Ecology，2001，27（2）：395-410.

[10] 曹潘荣，等. 柠檬桉的他感作用研究[J]. 华南农业大学学报，1996，17（2）：7-11.

[11] Hasson SM，Rao AN. Weed management in rice using allelopathic rice varities in Egypt[J]. Nature，1995，377：201-203.

[12] 张爽，潘伟. 植物化感作用研究进展[J]. 现代化农业，2006（8）：16-17.

[13] 郭鸿儒. 黄花蒿（Artemisia annua L.）化感物质的分离鉴定及化感物质作用机理研究[D]. 兰州：甘肃农业大学，2007.

[14] 王军喜，赵庆芳，叶文斌，等. 单体化感物质的作用机理研究概况[J]. 中国农学通报，2010，
26（20）：182-186.

[15] 唐文，陈遂中. 植物化感作用研究进展[J]. 新疆农垦科技，2016，39（10）：47-49.

[16] 许艳丽. 黑龙江省黑土区不同茬口对大豆生育及产量和品质影响的研究[J]. 大豆科学，
1996，15（1）：48-55.

[17] 闫飞，杨振民，邹永久. 大豆连作障碍中的生化互作效应[J]. 大豆科学，1998，17（2）：
147-152.

[18] 杨田甜，杜海荣，陈刚，等. 植物化感作用的研究现状及其在农业生产中的应用[J]. 浙江
农业学报，2012，24（2）：343-348.

[19] 高玲. 利用植物他感作用除治杂草[J]. 天津农业科学，1995，1（2）：46-47.

[20] 姜涛，张建春. 植物化感作用在农业生产中的应用[J]. 园艺与种苗，2017（5）：74-76.

[21] 邵华，彭少麟. 农业生态系统中的化感作用[J]. 中国生态农业学报，2002，10：102-104.

[22] GAJIC DS. Study of the quantitative improvement of wheat yield through agrosystem as an
allelopathic factor[J]. Fragm Herb Jugoslavica，1976，63：121-141.

[23] 李彦斌，刘建国，谷冬艳. 植物化感自毒作用及其在农业中的应用[J]. 农业环境科学学报，
2007，26：347-350.

[24] PATTRESON DT. Effects of allelopathic chemicals on growth and physiological responese of
soybean（Glycine max）[J]. Weed Sci，1981（19）：53-59.

[25] 柴强，黄高宝. 植物化感作用的机理、影响因素及应用潜力[J]. 西北植物学报，2003，23
（3）：509-515.

[26] 李好琢，霍建勇. 蔬菜作物的连作障碍发生机理及生态育种[J]. 北方园艺，2005（3）：10-14.

[27] Haan RL，Wyse DL，Ehike NJ，et al. Simulation of spring seededsmother plant for weed control
in corm[J]. Weed Sci.，1994，42：35-43.

农田杂草的研究领域及研究方法综述

李淑娟　黄国勤*

（江西农业大学生态科学研究中心，南昌 330045）

摘　要： 农田杂草是农田生态系统的重要组成部分，对于农田杂草的研究是农业生态学中一大研究领域，对于实现农业高产、高质、高效具有重要意义。近年来，农田杂草的研究多集中于杂草群落调查、杂草种子库研究、杂草防治研究，三个研究领域相辅相成。其中，杂草群落调查工作和杂草种子库研究有利于我们更准确地掌握农田杂草发生情况，为农田杂草防治提供参考。本文对近年来农田杂草的主要研究领域（杂草群落调查、杂草种子库、杂草防治）以及采用的研究方法进行总结，为农田杂草的后续研究工作提供参考价值，为促进乡村生态产业发展、建设美丽乡村提供理论支撑。

关键词： 杂草　农业　研究领域　研究方法

农田杂草是指生长在农田里有害于主要粮食作物的植物，一般是非栽培的野生植物或对人类无用的植物，主要为草本植物。这个概念是相对的，如蒲公英，当它生长在以主栽药用植物的田间时就不是杂草，但是生长在玉米田间时，它就变成了杂草。全球认定为杂草并确定名字的植物有 8 000 多种；在我国书刊中可查出认定为杂草并有名称的植物有 119 科 1 200 多种。田间杂草的生物学特性表现为：传播方式多，繁殖与再生力强，杂草生活周期一般都比作物短，成熟的种子随熟随落，抗逆性强，光合作用效益高等。农田杂草的主要危害为：与作物争夺养料、水分、阳光和空间，妨碍田间通风透光，增加局部气候温度，有些则是病虫中间寄主，促进病虫害发生；寄生性杂草直接从作物体内吸收养分，从而降

* 通信作者：黄国勤，教授、博导，E-mail：hgqjxes@sina.com。

基金项目：江西农业大学生态学"十三五"重点建设学科项目。

低作物的产量和品质。此外，有的杂草的种子或花粉含有毒素，能使人畜中毒。所以，农田杂草的研究对于农业生产具有非常重要的意义。本文主要从杂草群落调查、杂草种子库、杂草防治三个方面对近年来农田杂草的研究领域及生态学研究方法进行阐述。

一、杂草群落调查及其研究方法

1．农田杂草群落调查

农田杂草群落调查是在农田里对杂草的发生情况（种类、分布、密度、优势度等）进行调查，通过调查，可以掌握农田杂草的发生规律。以上工作不仅可以为杂草预测积累资料，还有利于及时发现外来杂草，防止生物入侵，同时为科学有效的杂草防治工作提供一定的理论依据。

2．农田杂草群落调查的研究方法

（1）取样方法、取样量、取样时间

农田杂草多随机分布，为了使取样更具有代表性，取样方式十分重要。农田杂草群落调查的取样方式多根据农田或实验小区的大小和形状不同而采取适当的取样方法。大多数为小支撑多样点法，其中"W"取样、五点取样最为常用。

取样量指的是样方大小，这也是根据试验地情况而定，多数样方大小为 1 m×1 m、50 cm×50 cm。

取样时间根据研究对象及研究内容略有不同，有的是在杂草开花前取样，有的是根据主栽作物的生育期取样，有的是全生育期每间隔一定天数（如 25 d）取一次样直至收获期，还有时在特定时期，例如在养鹅前后进行取样。

（2）数据分析方式

基本数据密度、多度、丰度、优势度采用计算公式计算。物种多样性用不同的指数即 Berger-Parker 多度、Shannon 均匀度指数和 Shannon-Wiener 多样性指数、Simpson 优势集中度、Sorensen 群落相似系数、物种的丰度表示。

二、杂草种子库研究及其方法

1. 农田杂草种子库

存在于农田土壤地上部分的凋落物中和土壤中全部存活的杂草种子统称为土壤杂草种子库。土壤中的杂草种子由于温度、水分等多种原因未满足部分种子的发芽条件，因此，它们以种子库的形式存在于土壤当中，组成了土壤杂草种子库。

2. 农田杂草种子库的研究方法

（1）取样方法、取样量、取样时间

种子在土壤当中的分布在水平和垂直方向上极不均匀，为了使取得的样品具有更高的精确性，取样的方法是实验的基础。最常用到的取样方法有随机法、样线法、小支撑多样点法三种。其中，样线法是最常用的方法。随机法取样有可能使样方过于单一，而小支撑多样点法在实际操作当中比较烦琐，也比较难以实施，而样线法具有易操作、取样具有代表性的特点，因此实验中多采用样线法。

样方取样量的大小指的是取样面积的大小和取样深度的大小。目前，取样量的大小一直没有一个确定的标准。对于取样量，经常采用的方法有 3 种：大数量的小样方法、小数量的大样方法、大单位内子样方再分亚单位小样方法。大数量小样方法在这 3 种取样方法中可靠性最高。取样面积有多种规格，最常用的规格是 1 m×1 m、50 cm×50 cm，除此以外，还有 100 cm×50 cm、10 cm×10 cm、20 cm×20 cm 等规格，在实际操作中根据实验的具体需要和群落的特点来确定。取样深度一般为 10 cm，可以分为 3 层：0～2 cm、2～4 cm、4～10 cm，有些还采用 0～2 cm、2～5 cm、5～10 cm 的分层方式，有时为了实验需要继续向更深的土层中取样（10～15 cm，15～20 cm），在土壤较深的深度中只会存在极少量的活性种子。

取样时间非常重要，关系到实验效果，会影响实验结果。取样时间不同主要取决于是研究长久土壤种子库还是瞬时土壤种子库。

（2）种子库鉴定方式

样品取回来以后，要明确土壤种子库的物种组成和密度，要对种子进行种类鉴定和活性测定。种类鉴定一般有两种方法：物理分离法和种子萌发法。

物理分离法主要有两种：漂浮浓缩法、网筛分选法。漂浮浓缩法和网筛分选法的效果并不明显，分离出种子非常困难，即使分离出种子，由于可能有活性，种子有可能死亡，也可能在衰亡的过程中。因此需要鉴定其活力，鉴定活力的过程也是比较困难的。

种子萌发法是在将种子取回后用处理后的基质土培养再观察的方法。在种子的鉴定过程中，实验人员发现采用种子萌发法除可以省去鉴定活力这一步骤以外，对于种苗的鉴定也比对种子的直接鉴定要容易得多。因此，超过90%以上的鉴定方法都采用种子萌发法。但是不同的种子所需的萌发条件不同，因此可能通过萌发法得出的种子种类和数量较实际情况低。

两种鉴定方法各有利弊，相互补充，因此在实际应用当中多采用直接分离和种子萌发法相结合。

三、杂草防治研究及其方法

1. 农田杂草防治

农田杂草防治是通过化学、物理、生物、综合防治等方法防止和治理田间杂草的发生。农田杂草已经严重危害到了作物的高产、高效、高质生产，对于杂草防治的研究势在必行。虽然杂草防治的方法多样，但是随着时代的发展，人们对于食品安全的要求越来越高，所以，杂草防治的研究也要与时俱进。

2. 农田杂草防治的研究方法

（1）防治方法分类

目前所掌握的杂草防治方法主要分为人工除草、机械除草、物理除草、植物检疫、化学除草、生物除草和综合防治七种。人工除草和机械除草都是比较原始的除草方法，主要依靠人力、畜力或机械牵引加上农具配合除草，耗时耗力，效率不高，不适用于集约种植和间套作。物理除草主要利用水、光、热等物理因子除草，如火烧、水淹、塑料覆盖高温除草，这些方法可能会污染环境。化学除草是近几十年用得较多的方式，见效快，效率高，但农药残留的问题较为严重，不仅影响食品安全，还可能对于其他作物产生危害。植物检疫是一种预防性措施，主要防止外来杂草远距离传播、入侵。生物除草利用昆虫、禽畜、病原微生物和竞争力强的置换植物及其代谢产物防除杂草，如在稻田养鱼、鸭，或玉米地养鹅防除杂草，该方式对生态环境友好且效果持久，但研究难度较大，进展缓慢。综合防治是配合耕作方式结合各种防治措施进行杂草防除，例如生物防治加上秸秆覆盖防治杂草，这种方式应用较为灵活，效果好，但实施难度大。

（2）防治效果鉴定方式

防治效果鉴定主要分为两个方面，一方面是安全性调查，另一方面是除草效果调查。安全性调查主要采取形态观测法结合实验室分析法的形式进行鉴定。除草效果主要在用药后持续每天对田间杂草进行观察，记录不同杂草的症状和死亡速度，取样方式通常采用小支撑多样点法，计算株防效和鲜质量防效。

四、小结

农田杂草对于田间作物直接或间接的危害引起人们的研究兴趣，但随着研究的深入和人们对于环境质量和食品安全的要求越来越高，使得我们的研究开始从单一的、低效的、对环境不友好的防治转向高效的、生态的、持久的、综合的防治。而杂草调查和种子库鉴定为杂草防治奠定了坚固的理论基础，为杂草防治工作提供资料和理论依据。目前来看，农田杂草研究所采用的生态学研究方法较为单一，亟须突破创新。

参考文献

[1]　沙志鹏，王军峰，关法春. 西藏东南缘农牧复合系统——玉米田放牧鹅的生物多样性和经济效益分析[J]. 草地学报，2014，22（1）：213-216.

[2]　边步云，张永锋，关法春，等. 玉米田养鹅对农田杂草群落结构影响的初步研究[J]. 高原农业，2018，2（3）：253-260.

[3]　张斌，陈国奇，余杰颖，等. 贵州猕猴桃园杂草多样性调查[J]. 西南农业学报，2019，32（2）：360-365.

[4]　张斌，陈国奇，余杰颖，等. 贵州茶园杂草多样性调查[J]. 西南农业学报，2018，31（12）：2582-2588.

[5] 张聪敏，张扬汉，张琼. 不同耕作方式下福建烟田杂草种类调查[J]. 安徽农业科学，2019，47（3）：118-120.

[6] 王勤方，唐永生，郑云昆，等. 蚕豆田间杂草群落调查及除草剂筛选应用[J]. 农业科技通信，2019（5）：160-164.

[7] 黄芳，王明玖. 土壤种子库的生态学研究方法综述[J]. 北京农业，2015（8）：22.

[8] 李黎，牛新利，张欢，等. 开封地区不同土地利用形式下春季土壤杂草种子库格局及生物多样性[J]. 河南大学学报（自然科学版），2016，46（2）：189-195.

[9] 何云核，强胜. 安徽沿江农区秋熟田杂草种子库特征[J]. 中国生态农业学报，2008（3）：624-629.

[10] 朱文达，魏守辉，张朝贤. 稻油轮作田杂草种子库组成及其垂直分布特征[J]. 中国油料作物学报，2007（3）：313-317.

[11] 叶照春，聂莉，金剑雪，等. 贵州省烤烟产区 2 年连作制度下土壤杂草种子库变化特征[J]. 西南农业学报，2015，28（2）：543-549.

[12] 潘俊峰，万开元，程传鹏，等. 农田杂草土壤种子库对施肥模式的响应[J]. 土壤，2014，46（1）：76-82.

[13] 冯伟，潘根兴，强胜，等. 长期不同施肥方式对稻油轮作田土壤杂草种子库多样性的影响[J]. 生物多样性，2006（6）：461-469.

[14] 唐杉，王允青，张智，等. 多年紫云英还田对稻田杂草种子库密度及多样性的影响[J]. 生态学杂志，2016，35（7）：1730-1736.

[15] 王建光，吕小东，孙启忠，等. 混播草地土壤种子库和田间杂草特征研究[J]. 中国草地学报，2012，34（4）：48-54.

[16] 夫·夫·察乌思，布·夫·普亚切茨基，李宝华. 远东应用物理除草机械防除大豆田杂草的前景[J]. 大豆通报，2002（1）：25.

[17] 叶晓菊，李玲珑，周仁付. 黑木耳栽培中物理方法防治杂草的效果试验[J]. 食药用菌，2014，22（3）：147-148.

[18] 沈吾山，黄伟忠，冯家富. 甜瓜大棚夏栽物理除草技术试验初报[J]. 杂草科学，2001（3）：39-40.

[19] 胡慧中，丁晓平，刘建军，等. 不同除草剂对紫薇圃地杂草的防除效果[J]. 河南农业科学，2019（6）：87-94.

[20] 李鑫，安艳，李慧，等.10%精喹禾灵乳油对甘草田杂草防除效果及安全性[J].植物保护，2018，44（6）：219-223.

[21] 赵玉君，刘文生，祝彦海，等.60%乙·嗪·滴辛酯乳油防除大豆田一年生杂草田间药效[J].吉林农业，2018（23）：78.

[22] 杨雪芳.化感水稻对邻近植物的生物化学响应及其化感物质衍生物的抑草机制[D].北京：中国农业大学，2017：115.

[23] 谷祖敏.草茎点霉作为生物除草剂防除鸭跖草的潜力及环境生物安全评价[D].沈阳：沈阳农业大学，2008：182.

[24] 蒋文兰，张英俊，符义坤，等.绵羊宿营法防除天然草地灌木杂草研究Ⅱ——绵羊啃食和践踏对植物与土壤物理性状的影响[J].草业学报，1999（S1）：82-89.

[25] 骆焱平.新型三唑啉酮和四唑啉酮衍生物的合成及生物活性研究[D].武汉：华中师范大学，2007：238.

[26] 刘先辉，周华众，刘会江，等.黄石地区水稻田杂草危害情况及防治对策[J].湖北植保，2019（3）：35-36.

[27] 闫嘉琦，郎贤波，吴京姬，等.96%精异丙甲草胺乳油对马铃薯田一年生杂草防治效果及马铃薯产量的影响[J].黑龙江农业科学，2017（10）：48-50.

[28] 章扬武，罗文辉，胡道君，等.不同除草剂配方对直播稻田抗性杂草的防治效果研究[J].现代农业科技，2018（3）：132-138.

[29] 马胜，贾小霞，文国宏，等.草铵膦对转 Bar 基因马铃薯的药害及田间杂草的防治效果[J].中国马铃薯，2017，31（6）：353-358.

[30] 孙惠娟，刘小三.丘陵红壤旱地不同除草剂对花生田杂草的防治效果研究[J].安徽农业科学，2015，43（9）：138-140.

[31] 宫晓玲，巩本恒，蒋方山，等.四种药械对麦田杂草的防治效果研究[J].农业科技通信，2015（12）：156-159.

[32] 李贵，冒宇翔，沈俊明，等.小麦秸秆还田方式对水稻田杂草化学防治效果及水稻产量的影响[J].西南农业学报，2016，29（5）：1102-1109.

江西省林木种质资源可持续发展研究

刘亚林[1]　黄国勤[1, 2]*

（1. 江西农业大学农学院，南昌330045；

2. 江西农业大学生态科学研究中心，南昌330045）

摘　要： 江西省特殊的地理位置和气候孕育了丰富的林木资源，然而对江西省的林木种质资源分析发现，部分森林构成简单，省内林木中毛竹、杉木和松木居多，生态系统脆弱。因此，在江西省林木基数大的基础上，我们需要提高省内林木资源生态质量，维护森林生态系统的稳定，保持森林资源的可持续发展。对于江西省林木种质资源保护，本文总结江西省林木资源相关数据，借鉴国内外相关林木保护措施提出了一些建议，希望可以对江西省生态、林业和农业等可持续发展提供理论参考。

关键词： 林木　种质资源　保护　可持续发展　江西省

一、引言

林木种质资源，也称森林植物种质资源，特指以物种为单元的遗传多样性载体资源，包括物种天然的资源与为挖掘新品种、新类型所收集的育种原始材料。一般而言，林木种质资源包括森林物种的全部基因资源和育种材料资源。

森林是陆地生态系统的主体，作为林木种质资源的载体，负载着野生植物、野生动物和微生物的种质资源，是陆地生物（包括农作物、野生种及近缘种）基因的"庇护所"和"主基因库"。森林植物物种及种质丢失，将引起邻舍生物种及

* 通信作者：黄国勤，教授、博导，E-mail：hgqjxes@sina.com。

基金项目：江西农业大学生态学"十三五"重点建设学科项目。

种质以 4～13 倍的速率丢失。因此，林木种质资源保护不仅事关森林生态系统的平衡与发展，还直接影响到野生生物种质资源保护，是生物种质资源的基础型种质，关系到生态环境建设和国家可持续发展。

森林产生的林木及其副产品直接经济价值和生态服务功能间接经济价值难以计量。国际植物园保护联盟（BGCI）2017 年首次全面系统地统计了全世界树木的种类，为 60 065 种，其中有 9 600 多种树木处于濒危状态，300 多种为极度濒危种（少于 50 个体）。第九次全国森林资源清查的森林覆盖率为 22.96%，比上一次清查时提高了 1.33%，但我国森林覆盖率依然偏低，并且随着人们对环境的破坏，我国林木种质资源正以肉眼可见的速度消亡。

江西省特殊的地理位置与气候孕育了丰富的植被类型，更是具有丰富的林木资源。习近平总书记在考察江西省时指出，绿色生态是江西的最大财富、最大优势、最大品牌。生态资源，尤其是林木资源是江西省的一大品牌，近年来，带动着江西旅游业使全省的经济迅猛发展。作为全国生态文明试验区之一，江西省还把森林资源发展指标纳入全省生态文明建设目标考核。

虽然江西省具有良好的自然环境和丰富的森林资源，但在森林资源管理方面，江西省的管理模式一直是传统粗放型的经营管理模式。在江西省实施林权制度改革后，森林资源经营管理逐渐从传统粗放型管理模式向集约型管理模式转变。但是，由于林木种质资源保护实践经验不足、技术落后，加上政府投入资金不足，制约了新技术和科研成果的推广和转化，导致本省林木种质资源保护还处于初级探索阶段。

鉴于此，本文主要通过调查得到的江西林木资源信息，结合相关国内外林木种质资源保护现状和措施，对本省的林木种质资源保护工作总结分析，对江西省绿色生态发展、林木种质资源保护提出切实可行的建议，响应我国绿色生态和可持续发展建设号召。

二、林木种质资源概况

江西省位于长江中下游交接处的南岸，地处北纬 24°29′～30°04′、东经 113°34′～118°28′，光照充足，年平均气温 16.3～19.5℃，雨量充沛，年降水量

1 341～1 940 mm，全年气候温暖，无霜期长，具有亚热带湿润气候特色。全省面积 1.67×10^5 km²，全境以山地、丘陵为主，山地占全省总面积的 36%，丘陵占 42%，岗地、平原、水面占 22%。

第九次全国森林资源清查（2014—2018 年）资料统计显示，全省林业用地面积 1.08×10^7 hm²，活木蓄积量 5.76×10^8 m³，森林覆盖率 61.16%。自改革开放以来，江西省的森林资源保护逐渐受到重视，把一度低到 34.73% 的森林覆盖率挽救到如今的 60% 以上（图 1）。江西省特殊的地理位置与气候孕育了丰富的植被类型，主要有常绿阔叶林、常绿落叶阔叶混交林、针叶林、针阔混交林等。

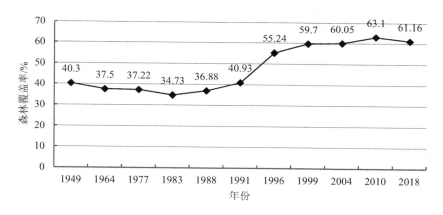

图 1　1949—2018 年江西省森林覆盖率变化趋势

江西省的森林资源丰富，为其林业经济的发展奠定了良好的物质基础，主要的经济林木有杉木、马尾松、阔叶树和毛竹，但由于人类的需求，一些经济树种逐步扩大种植，抢占其他树种的生境，严重威胁到其他树种的生存，导致森林生物多样性不断降低（图 2）。毛竹生长速度快、植株高，并且通过竹鞭扩张，一旦种下，便可以迅速占领其他林木的生境，直接造成森林生物多样性降低，林木种质资源的减少。省内林木种质资源的迅速减少，与近年来的毛竹种植热潮有一定的关系（图 3）。

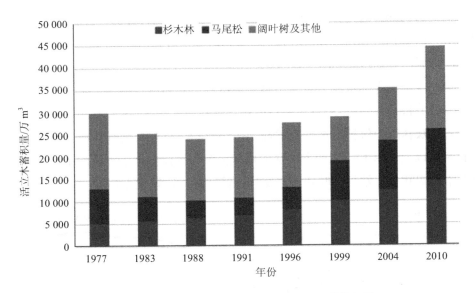

图 2　1977—2010 年江西省活立木及其组成蓄积量

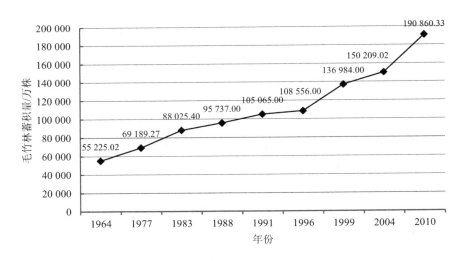

图 3　1964—2010 年毛竹林蓄积量变化趋势

江西省特有的亚热带湿润气候，形成了极其丰富的森林植物野生种质资源，初步统计野生木本植物有 102 科 430 属 2 000 余种（含种下单位）。

根据 2015 年江西省木本及珍稀植物图志查证，省内国家级保护植物有 26 科 39 种（含种下单位），其中 I 级（8 种）：银杏、资源冷杉、水松、南方红豆杉、红豆杉、伯乐树、落叶木莲、莼菜；II 级（31 种）：桫椤、小黑桫椤、金毛狗、华东黄杉、福建柏、篦子三尖杉、白豆杉、香榧、长叶榧树、鹅掌楸、厚朴、凹叶厚朴、樟树、普陀樟、闽楠、浙江楠、长序榆、榉树、半枫荷、长柄双花木、野大豆、花榈木、红豆树、蛛网萼、喜树、永瓣藤、伞花木、香果树、苦梓、野菱、野生稻。

三、林木种质资源保护的措施及成效

近 30 年间，江西省响应中央号召，实行了大量促进林业发展的政策及重大工程。主要有 1991 年开始实施的长江防护林建设项目、1998 年春季正式启动实施的"中德造林"工程、2000 年 5 月开始的"退耕还林"工程、2004—2008 年实行的"林权制度改革"政策、2016 年开始实施的"低产低效林改造规划（2014—2020)"，江西省被纳入首批统一规范的国家生态文明试验区。由于全省积极参与生态保护工作，森林覆盖率提高，有林地面积增加，森林资源大幅增长，森林生态效益显著。

2016 年第二批国家林木种质资源库名单公布,86 个国家林木种质资源库中江西省有 4 个，分别为省林木育种中心苦楝及南酸枣国家林木种质资源库、省林科院竹类国家林木种质资源库、齐云山食品有限公司南酸枣国家林木种质资源库、中国林科院亚热带林业实验中心亚热带林木国家林木种质资源库。江西省林木种质资源库的建立，使得本省林木种质资源保护有了新的方向和技术，不再局限于传统的林业调控和林场监管；有利于林木遗传资源的保存；有利于与国内外的先进种质资源库接轨，进行学习交流。

四、林木种质资源保护存在的问题

虽然全省林业用地的利用率较高，但森林的质量较低，森林资源没有得到较好的经营管理，种质资源流失严重。林木种质资源保护还有许多问题需要解决，如森林植物种质资源大多散布在深远山区，调查、收集和保护任务繁重；省内规划了多个自然保护区，但多数自然保护区只是列出保护动物种类，而缺少明确列出保护的植物。

因此，保护森林资源迫在眉睫，不仅要控制住林木种质资源的消亡速度，保护保存现有林木种质资源，还需要充分利用优良林木种质资源，培育出更多速生丰产用材和特种用材树种、生态防护林树种、园林绿化树种、高产经济林树种、生物质能源树种等。同时，还要学习利用先进的生物技术进行林木种质资源保护，为与林木共生的动物和微生物的保护、保存和开发利用提供相应的技术参考。江西省还需向全国乃至全世界学习林木资源保护政策和技术，使林木资源不只局限于林业资源，更作为一种生态资源成为本省的另一大支柱性经济产业。

五、保护林木种质资源的方法

林木种质资源保护包括在珍稀植物资源分布集中区域建立自然保护区；植物个体的就地或迁地活体保护；建立植物种质资源库，进行种质低温保存；研究影响植物生长发育的因素；对植物保护立法宣传，控制珍稀林木的采伐等方法。

离体保存是生物种质保护的较先进手段，是指保存并研究携带全部遗传信息的物质片段，即保存药用植物的某一部分器官、组织、细胞或原生质体等，以达到长期保留植物的种质基因、巩固和发展植物资源的目的。通过建立植物种子库、离体库和 DNA 库，可以使植物种质资源良好地保存几十年，甚至上百年。

植物种子库：种子库通过干燥和冷冻技术，对种子进行长期存储，同时为资源利用和科学研究提供材料。种子库是种质资源保存的核心地方，保存对象是正常性种子。规范的种子保存管理流程是：植物种子在采集登记后，进行初干燥、清理、X-射线检测、计数、主要干燥、入库、活力检测、繁殖更新和分发共享等过程，最后放入−20℃的低温冷库储藏。

植物离体库：主要保存中间性和顽拗性种子以及难以用种子保存的植物，保存的材料包括试管苗、愈伤组织、块根、块茎、鳞茎、球茎、珠芽、花粉、孢子及其他微繁殖体或培养物。

植物 DNA 库：植物 DNA 提取、保存野生植物的总 DNA 用于科学研究，如筛选和鉴定具有重要价值的功能基因等，也是保存珍稀濒危物种遗传资源的另一种手段。

六、建议

"绿水青山就是金山银山"，既然江西省在自然环境方面拥有得天独厚的基础和优势，具有丰富的林木资源，那更应该重视生态保护的问题，保护好珍贵的森林资源。对于江西省林木种质资源保护，提出几点建议：

①完善江西省野生植物种质资源库建设，建立省级林木植物种质资源保存库和相应的种质保存圃。建成野生花卉和药用植物种质资源库，收集保存优良的野生花卉和药用植物种质资源。

②加强城市规划区内珍稀濒危林木的迁地保护，建立城市古树名木保护档案，并划定保护范围。

③加强林木人工种群野化与野生种群恢复，开发濒危林木繁育、恢复和保护技术。

④对林木种质资源进行系统的性状鉴定和基因筛选，确定重要林木资源的核心种质，选择优良基因用于林木品种改良。促进农作物种质资源、药用和观赏植物资源利用新技术的进一步开发与应用，培育优良新品种。

⑤建立和完善关卡检疫制度和设施。完善外来入侵物种快速分子检测等技术与方法，建立外来入侵物种监测与预警体系，实施长期监测。加强林业害虫和有害病原微生物监测预警体系建设，从源头控制其发生和蔓延。加强检验检疫机构人员专业知识培训，制订珍稀林木资源出入境管理名录，提高查验和检测准确度。

⑥建立和完善转基因生物安全评价、检测和监测技术体系与平台，保护当地野生植物的遗传资源不被污染。

⑦评估气候变化对本省森林资源的影响，提出相关对策，建设监测网络；培育优良林木新品种，增强其适应气候变化的能力。

⑧建立林木遗传资源保护、获取和惠益共享的制度和机制，规范遗传资源获取利用活动，积极开展林木种质资源保存方面的交流，促进成果共享。在各县（市）调查的基础上汇总全省林木种质资源家底，建立档案，掌握资源消长情况，为江

西省有计划地开展森林植物种质资源的收集、保存、利用和定期公布等工作打好基础。

⑨加强林木种质资源保护新理论、新技术和新方法的研究。加强生物多样性保护领域科学研究和人才培养，加强基础科研基地建设，推广成熟的林木种质资源保护研究成果和技术。

⑩通过多种形式的宣传教育，加强全省人民保护森林资源的生态意识。

参考文献

[1] 王琳，肖立诚，周玉梅. 保护与开发林木种质资源的意义及方法[J]. 绿色科技，2010（6）：11-12.

[2] 刘思源，唐晓岚，孙彦斐. 发达国家自然保护地森林资源生态保育制度综述[J]. 世界林业研究，2019，32（3）：1-6.

[3] Gallagher M E，Dwyer G. Combined effects of natural enemies and competition for resources on a forest defoliator：a theoretical and empirical analysis[J]. The American Naturalist，2019，194（6）：807-822.

[4] Liu W Y，Lin C C . Spatial forest resource planning using a cultural algorithm with problem-specific information[J]. Environmental Modelling & Software，2015，71：126-137.

[5] 张滋芳，毕润成，张钦弟，等. 珍稀濒危植物矮牡丹生存群落优势种种间联结性及群落稳定性[J]. 应用与环境生物学报，2019，25（2）：291-299.

[6] 郭琪，李秀宇，董黎，等. 山西刺槐种质资源的叶片表型多样性分析[J]. 分子植物育种，2019（13）：4479-4487.

[7] 薛延桃，陆平，史梦莎，等. 新疆、甘肃黍稷资源的遗传多样性与群体遗传结构研究[J]. 作物学报，2019（10）：1511-1521.

[8] 戴薛，张家来. 林木种质资源保存技术探讨[J]. 湖北林业科技，2018，47（3）：20-33.

[9] Arnold J E M，Pérez M R. Can non-timber forest products match tropical forest conservation and development objectives？[J]. Ecological Economics，2001，39（3）：437-447.

[10] Badola R. Attitudes of local people towards conservation and alternatives to forest resources：a case study from the lower Himalayas[J]. Biodiversity & Conservation，1998，7（10）：

1245-1259.

[11] Bawa K S，Seidler R. Natural forest management and conservation of biodiversity in tropical forests[J]. Conservation biology，1998，12（1）：46-55.

[12] 刘莉，田国双. 森林种质资源资产的会计计量[J]. 林业经济，2012（4）：47-96.

[13] 刘红，施季森. 我国林木良种发展战略[J]. 南京林业大学学报，2012，36（3）：1-4.

[14] 程苹，卢凡，张鹏，等. 我国生物种质资源保护和共享利用的现状与发展思考[J]. 中国科技资源导刊，2018，50（5）：68-72.

[15] 李琴，陈家宽. 长江大保护事业呼吁重视植物遗传多样性的保护和可持续利用[J]. 生物多样性，2018，26（4）：327-332.

[16] 汤洁. 江西省农作物种质资源保护与开发利用的对策和建议[J]，中国种业，2018（11）：29-32.

[17] 叶富华. 可持续发展下的森林资源保护与管理[J]. 科技风，2017（24）：199.

[18] 王美仁. 江西省森林资源经营与管理探析[J]. 南方农业，2017，11（29）：49-50.

[19] 江西省统计局. 江西统计年鉴[M]. 北京：中国统计出版社，2018.

[20] 谢明华. 江西林业可持续发展评价指标体系研究[D]. 南昌：江西农业大学，2011.

[21] 杨顺尧，刘苑秋，郭圣茂，等. 毛竹扩张对庐山日本柳杉细根生物量空间分布的影响[J]. 江苏农业科学，2019（14）：178-181.

[22] 江西植物志编辑委员会. 江西植物志（第2卷）[M]. 北京：中国科学技术出版社，2004.

[23] 刘仁林，朱恒. 江西木本及珍稀植物图志[M]. 北京：中国林业出版社，2015.

[24] 郭赋英，黄明辉，楼浙辉. 江西省阔叶树种质资源及推荐栽培珍贵树种[J]. 江西林业科技，2013（3）：26-28.

[25] 陈济友，徐昕，刘晓勇. 江西省第九次森林资源清查主要结果与动态变化分析[J]. 林业资源管理，2018（2）：18-23.

[26] 邹宽生. 江西省自然保护区的发展现状及对策[J]. 森林工程，2004（5）：31-32.

[27] 程松林，程林. 江西自然保护区现状、存在问题及其对策[J]. 江西林业科技，2005（1）：42-44.

[28] 黄志强，陆林，戴年华，等. 江西省自然保护区发展布局空缺分析[J]. 生态学报，2014，34（11）：3099-3106.

[29] Sunderlin W D，Angelsen A，Belcher B，et al. Livelihoods，forests，and conservation in

developing countries: an overview[J]. World Development, 2005, 33（9）: 1383-1402.

[30] 曾斌，李健权，杨水芝，等. 果树种质资源保存研究进展[J]. 湖南农业科学，2011（22）: 22-24.

[31] 任建武. 林源药用植物资源可持续利用与产业化[J]. 林业资源管理，2011（1）: 35-61.

[32] 游应天. 保护森林植物种质资源[J]. 中国林业，2001（7）: 36.

[33] 刘浩元，李晓滨，詹周荣，等. 白花檵木野生资源已近枯竭，白花檵木种子采集与冷库建设技术[J]. 江西农业，2012（6）: 41-42.

[34] Jari Vauhkonen. Harmonised projections of future forest resources in Europe[J]. Annals of Forest Science, 2019, 76（3）: 1-2.

[35] 张权，黄世贵，侍昊. 无人机遥感技术在林业资源调查与监测中的应用概述[J]. 陕西林业科技，2017（6）: 84-89.

[36] 范昱，丁梦琦，张凯旋，等. 荞麦种质资源概况[J]. 植物遗传资源学报，2019（4）: 813-828.

江西省不同地区森林土壤碳氮磷
及其化学计量比特征

刘耀辉　　张文元*

（江西农业大学林学院，南昌 330045）

摘　要：探究江西省森林土壤中 C、N、P 含量及其化学计量特征，为今后森林的高效培育及土壤养分的精准管理提供理论依据。在江西省 7 个地区随机选取 56 个样地，分为 0~10 cm、10~20 cm、20~30 cm、30~50 cm、50~100 cm 五个土层并分别取土，测量各个土层的 C、N、P 含量并分析其化学计量比特征。随着土层的加深，土壤中 C、N 的含量逐渐减少，其主要集中分布在 0~10 cm 土层，分别占 0~100 cm 土层的 32.66%、29.47%。0~100 cm 土层 C:N、N:P 和 C:P 的值随土层加深呈现下降的趋势，每个地区的 C:N、N:P 和 C:P 分别为 60.91、21.53 和 258.87；土壤 C、N、P 含量都表现为：赣东北 > 赣东南 > 赣西南，赣西南地区的 C、N、P 含量与赣东南、赣东北都存在显著差异（$P < 0.01$）。江西省森林土壤 C、N、P 含量显著低于全国平均水平，应适当添加 C、N、P 肥从而提高森林土壤的肥力。

关键词：碳　氮　磷　化学计量特征

一、引言

生态化学计量学是研究不同生态系统过程中能量和化学元素之间平衡关系的科学，土壤中养分特别是 C、N、P 循环作为生物地球化学循环的核心，影响着植物的生长、森林的演替和生态系统的进化过程。土壤中 C、N、P 含量及生态化学

* 通信作者：张文元，副教授，E-mail：zwy15@126.com。

计量特征影响着植物的养分吸收能力和生长状况，而植物的生长状况又是土壤肥力的表征。土壤肥力受土壤类型、质地、植被类型等影响，而红壤对化学营养元素的吸附和储存能力较差，多雨又导致大量营养元素的流失，土壤肥力低下尤为明显，严重限制了林木的生长。江西省森林资源丰富，森林覆盖率位居全国第二（63.1%）。因此，探究森林土壤中 C、N、P 含量及其化学计量比对植物的生长、森林的演替及生态系统的平衡具有重要的指导意义。红壤是江西省典型的土壤类型，其对营养元素的吸附和储存能力较差，大量营养元素流失，土壤肥力低下，影响植被正常生长，破坏森林生态系统的局部平衡。江西省森林主要为人工纯林，地力衰退严重，最终影响土壤养分的积累及其计量平衡。研究发现，泰和马尾松林 C、N、P 含量随土层加深呈现下降趋势，N∶P 值较高，土壤 P 淋失严重，P 是土壤肥力受到限制的主要因子，且赣州马尾松森林土壤 C、N、P 含量及 N∶P（4.28）值也偏低，严重制约了马尾松的生长。还有研究表明，江西红壤丘陵区不同森林类型对土壤养分的需求不同，如杉木纯林 C、N、P 含量低于针阔混交林。目前对江西省森林土壤 C、N、P 含量及其化学计量比的研究区域和林分较为集中，不能充分揭示江西省森林土壤 C、N、P 的储量及化学计量平衡。故本试验对江西省七个地区森林土壤中 C、N、P 的含量进行测量，探明整个江西森林土壤中 C、N、P 含量的分布情况及其化学计量比间的特征，为江西省森林土壤养分精准管理提供理论依据。

二、材料与方法

1．研究区概况

试验样地分别设在九江、景德镇、上饶、抚州、宜春、吉安、赣州 7 个地区，每个地区分别设 8 个 800 m² 的样地，共 56（8×7）个，又把 7 个地区分为赣东北（九江、景德镇）、赣东南（上饶、抚州）、赣西南（吉安、宜春、赣州）3 个区域（图 1）。江西省属亚热带季风性湿润气候，研究区土壤类型为红壤，基本情况见表 1。

图1　研究区区划

表1　研究区基本概况

地区	平均海拔/m	经纬度	土壤类型	年均温度/℃	年均降水量/mm	优势乔木树种
吉安	346	27°14′E 115°29′N	红壤	17.7	1 458	杉木（Cunninghamia lanceolata）、油茶（Camellia oleifera）、湿地松（Pinus elliottii）
上饶	352	27°12′E 116°19′N	红壤	17.7	1 700	杉木（Cunninghamia lanceolata）、青冈（Cyclobalanopsis glauca）
宜春	369	28°51′E 114°36′N	黄壤	17.5	1 600	马尾松（Pinus massoniana Lamb）、毛竹（Phyllostachys edulis）
景德镇	562	29°14′E 117°22′N	红壤	17.8	1 805	青冈（Cyclobalanopsis glauca）、苦槠（Castanopsiss clerophylla）
九江	216	29°10′E 114°55′N	黄壤	16.5	1 450	杉木（Cunninghamia lanceolata）、苦槠（Castanopsiss clerophylla）
抚州	362	27°22′E 116°32′N	红壤	17.7	1 750	杉木（Cunninghamia lanceolata）、马尾松（Pinus massoniana Lamb）、毛竹（Phyllostachys edulis）
赣州	356	24°30′E 114°18′N	红壤	18.8	1 605	毛竹（Phyllostachys edulis）、马尾松（Pinus massoniana Lamb）、丝栗栲（Castanopsis fargesii）

2．样品采集

在样方内，首先调查优势乔木层树种，再按五点取样法取土，挖取 1 m 深的垂直剖面，用直径为 2.5 cm，100 cm³ 的环刀分别取 0～10 cm、10～20 cm、20～30 cm、

30～50 cm、50～100 cm 的原状土，每个土层分别重复取 3 份，带回实验室自然风干，挑去沙石和植物根系，并过 2 mm 孔径筛，用于土壤全 C、N、P 的测定。

3．测定指标

土壤全 N 采用半微量凯氏法测定，土壤全 P 和全 C 含量用 $HClO_4$-H_2SO_4 消煮法测定。

4．数据处理

用 Excel 2010、SPSS 20.0 和 SigmaPlot 14.0 软件对试验数据进行分析处理。

三、结果与分析

1．各个研究区和土层间的 C、N、P 及土壤容重的差异

不同地区、土层间的 C、N、P 含量之间存在显著差异（表 2）。C、N 含量主要集中分布于 0～10 cm 土层，分别占 0～100 cm 土层总 C、总 N 的 32.66%、29.47%，并随着土层垂直加深呈现下降的趋势；景德镇、上饶 0～100 cm 土层的 C 含量最为丰富（144.93 g/kg、132.05 g/kg），与吉安、赣州、抚州地区存在显著差异（$P<0.01$）；吉安、赣州 0～100 cm 土层 N 含量最少且相同（7.97 g/kg），与九江 N 含量存在显著差异（$P<0.01$）。其他各地区 N 含量在地区上无差异。各地区 P 在 0～100 cm 土层间无差异（除了吉安 20～30 cm、50～100 cm 的土层外），上饶各土层平均 P 含量最高（0.52 g/kg），与其他地区（除了九江）P 含量存在显著差异（$P<0.01$）。吉安 C、N、P 含量（39.86 g/kg、7.97 g/kg、1.34 g/kg）均为最低，表明吉安森林土壤肥力相对于其他研究区低下。

2．不同地区 C、N、P 化学计量比特征

由表 3 可知，各地区 0～100 cm 土层 C∶N 在 8.44～18.07，随土层加深而减小。景德镇 C∶N 均值最大（18.07），与九江、宜春、抚州存在显著差异（$P<0.01$）。赣州与宜春 N∶P 存在极显著差异（$P<0.01$），但其他地区间无显著差异。除了 0～10 cm，吉安与其他地区 10～20 cm、20～30 cm、30～50 cm、50～100 cm 土层 C∶P 存在极显著差异（$P<0.01$）。总体上，0～100 cm 土层 C∶P、N∶P、C∶N 值都随土层加深而减小。

表2　不同研究区土层间C、N、P含量

单位：g/kg

因子	土层/cm	吉安	赣州	上饶	景德镇	九江	宜春	抚州
C	0~10	15.31±1.79cA	19.93±3.42cA	37.33±4.49abA	44.97±6.25aA	27.75±1.77bcA	23.74±1.16cA	19.18±12.2cA
	10~20	9.29±1.07cB	14.07±2.17cAB	28.57±3.64aAB	26.32±5.97abAB	18.54±1.6bcB	16.49±1.16cB	12.56±6.3cB
	20~30	6.23±0.38bC	10.35±1.74bB	24.69±3.68aB	26.89±6.11aAB	13.25±1.28bC	13.18±1.2bBC	10.41±4.91bBC
	30~50	4.74±0.66cC	11.03±3.06cB	22.22±3.07abB	26.01±6.06aAB	9.9±1.13cCD	10.96±1.11bcBCD	8.±4.21cC
	50~100	4.29±0.06bC	6.61±1.43bB	19.24±2.81aB	20.74±5.19aB	7.93±0.83bD	8.97±0.98bD	7.55±6.02bC
N	0~10	1.36±0.12bA	1.36±0.2bA	2.2±0.08aA	2.40±0.09aA	2.68±0.02aA	2.42±0.02aA	2.05±0.08abA
	10~20	0.96±0.09bB	0.96±0.13bAB	1.63±0.04aB	1.53±0.03aB	1.98±0.02aB	1.76±0.03aB	1.49±0.07abB
	20~30	0.85±0.08bB	0.85±0.12bB	1.46±0.03aBC	1.43±0.03aB	1.54±0.01aC	1.47±0.01aBC	1.28±0.04abBC
	30~50	0.73±0.06bcB	0.73±0.09cB	1.32±0.01aBC	1.38±0.02aB	1.32±0.03aCD	1.32±0.09aC	1.14±0.05abBC
	50~100	0.73±0.06bcB	0.73±0.09cB	1.64±0.01abB	1.1±0.01abB	1.19±0.02aD	1.18±0.01abC	0.93±0.03abcC
P	0~10	0.29±0.01bcA	0.30±0.01cA	0.58±0.03aA	0.37±0.03bcA	0.48±0.01abA	0.37±0.02bcA	0.33±0.01bcA
	10~20	0.2±0.01cAB	0.27±0.02cA	0.52±0.02aA	0.32±0.03bcA	0.45±0.02abA	0.33±0.02bcAB	0.31±0.02cA
	20~30	0.26±0.01bB	0.26±0.01bA	0.53±0.02aA	0.30±0.03bA	0.41±0.02abA	0.31±0.02bAB	0.29±0.01bA
	30~50	0.27±0.01cAB	0.27±0.02cA	0.51±0.01aA	0.32±0.02bcA	0.46±0.01abA	0.31±0.02bcAB	0.29±0.01bcA
	50~100	0.25±0.02cB	0.25±0.01cA	0.45±0.02aA	0.33±0.03abcA	0.43±0.01abA	0.29±0.02bcAB	0.28±0.01bcA

注：表中数据为平均数±标准差。a、b、c、d表示同一土层不同地区间的差异；A、B、C、D表示同一地区不同土层间的差异，$P<0.05$。

表3　不同地区C、N、P化学计量比

因子	土层/cm	吉安	赣州	上饶	景德镇	九江	宜春	抚州
C∶N	0~10	11.01±0.49b	16.04±2.16a	16.54±0.79a	19.44±0.72a	10.3±0.65b	9.67±0.18b	9.52±0.28b
	10~20	10.32±1.39bc	14.97±1.54ab	17.88±0.94a	16.93±0.29a	9.42±0.61c	9.27±0.4c	8.76±0.17c
	20~30	7.40±0.67 d	12.63±1.07bc	16.6±1.42ab	18.44±0.76a	8.52±0.29cd	8.88±0.28cd	8.54±0.22cd
	30~50	6.51±0.34c	21.99±1.82a	16.74±0.51ab	17.71±0.99a	7.36±0.12bc	8.12±0.09bc	7.96±0.11bc
	50~100	10.1±0.32abc	11.32±0.2abc	17.38±1.93ab	17.82±1.68a	6.58±0.27c	7.22±0.06bc	8.5±0.37bc
N∶P	0~10	4.7±0.03b	1.88±0.03c	4.73±0.05ab	6.43±2.38ab	6.7±1.87ab	7.41±3.48a	7.16±3.02ab
	10~20	3.65±0.18bc	3.39±0.06c	3.91±0.05bc	4.88±1.5abc	5.37±1.89abc	6.01±2.67a	5.58±2.76ab
	20~30	3.29±0.05bc	2.97±0.06c	3.25±0.03bc	4.89±1.6ab	4.76±2.03ab	5.26±2.28a	4.9±2.18ab
	30~50	2.89±0.02cd	2.35±0.04 d	3.05±0.04bcd	4.48±1.23ab	4.09±1.81abc	4.6±1.84a	4.36±2.09abc
	50~100	3.2±0.01ab	2.22±0.08b	2.94±0.02ab	3.51±1.15ab	3.62±1.42ab	4.43±2.24a	3.88±2.174ab
C∶P	0~10	53.83±2.13b	65.31±3.34a	77.7±2.57b	114.06±4.52c	67.97±2.26b	74.72±4.24b	67.22±3.15b
	10~20	35.13±2.16c	50.3±2.87bc	67.87±4.83a	82.44±5.28bc	50.05±1.5bc	56.76±3.06bc	48.23±2.08bc
	20~30	24.69±4.04c	37.67±1.71bc	58.07±4.94a	90.96±2.3bc	40.21±2.98bc	48.07±3.36bc	41.45±1.58bc
	30~50	18.82±1.7c	45.12±2.99bc	53.73±3.76a	81.48±4.83bc	30.14±1.75bc	37.71±2.38bc	34.73±1.08bc
	50~100	27.38±1.9b	25.37±1.19b	51.4±4.08a	65.25±4.38bc	23.27±1.25b	33.7±2.7b	31.33±2.57b

注：a、b、c、d表示同一土层不同地区间的差异，$P < 0.05$。

3．不同赣区 C、N、P 分布特征

由图 2 可知，在研究区 C、N、P 含量都表现为：赣东北＞赣东南＞赣西南，三个地区的 C、N、P 平均极差分别为 9.03 g/kg、0.44 g/kg 和 0.10 g/kg，三个地区 C、N 分别存在极显著差异（$P<0.01$）；赣西南的土壤 P 含量与赣东北和赣东南的土壤 P 含量存在显著差异（$P<0.05$），表明赣东北 C、N、P 含量在整个研究区含量相对丰富。

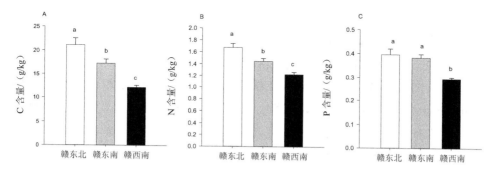

图 2　三个赣区 C、N、P 含量

四、讨论

土壤 C、N 含量主要集中在土壤表层（表 2），具有"表聚性"，0～10 cm 土层的 C、N 含量分别占 0～100 cm 土层的 32.66%、29.47%，与王涛等的研究结果相似，这是由于森林演替时间长，产生大量的凋落物，与土壤表层丰富的微生物相互作用，为地表层补充丰富的 C、N；再加上林地草灌层较发达，地表根系相互交错，使得土壤表层的 C、N 含量较其他土层含量显著增加。吉安 C、N 含量最低，是由于江西油茶林多数生长在沙石地，土壤质地差，地表植被覆盖率低，对矿质营养元素的固持性差，大量 C、N 流失，因此吉安 C、N 含量较低。0～10 cm 土层的 P 含量在 0.30～0.58 g/kg，显著低于我国土壤 0～10 cm 土层 TP 含量（0.78 g/kg），也略低于李新星研究的马衔山混交林 TP 含量 0.58 g/kg。这是由于江西红壤本身具有缺 P 的特性，而多雨又加剧了 P 的淋失，导致土壤 P 含量较低。但上饶 P 含量（0.52 g/kg）较其他地区都高，一方面是由于成土母质的影响；另

一方面是因为农林大量施用 P 肥导致土壤 P 素增加，使上饶 P 含量 1985—2012 年提高了 0.39 个级别，整体达到中等 P 水平，从而上饶 P 含量水平较其他地区高。

　　土壤化学计量比是有机质组成和养分有效性的重要指标，可用于 C、N、P 矿化和固持作用的表征，土壤 C、N、P 含量及其化学计量比受海拔、经纬度、微生物、温度等环境因子的影响，但在全球范围内，土壤 C、N、P 的比例相对稳定（60∶7∶1）。本试验 C∶N 为 9.25～19.45（0～10 cm），略高于中国和世界土壤 C∶N（11.90 和 13.33），是由于森林地表凋落物在微生物及其他环境因子的作用下大量分解，释放有机 C 并矿化到土层表面，导致土壤表层的 C 含量较高。但赣州 N∶P 值异常，表现为先增加后减小最后趋于平稳的趋势，是由于 0～10 cm 的 P 素淋失和向下迁移，P 与 10～20 cm 土层的 Ca^{2+}、Al^{3+}、Fe^{3+} 等离子结合，沉积在 10～20 cm 土层，再加上自然 N 沉降导致土层中 N 元素增加，导致此层的 N∶P 值较高；随着土层加深，其理化特性几乎保持不变，导致土壤 30～100 cm 的 N∶P 保持稳定，从而表现出先增加后减小，最后趋于平稳的趋势。景德镇 0～10 cm 的 C∶P 值（114.06）虽然显著低于我国平均 C∶P 值（134），但极显著高于研究区其他土层和地区的 C∶P 值，这是由于土壤表层 0～10 cm 的 P 随雨水流失，地表枯枝落叶在微生物的作用下被分解，大量的 C 释放到土壤中，C 含量增加，导致 C∶P 值极高。

　　C、N、P 是土壤中重要的生源要素，也是植物生长所必需的营养元素，其养分含量及其计量比的变化和分布状况综合反映了土壤生态系统功能的变异性。赣东南（17.37 g/kg、1.45 g/kg）和赣西南（12.13 g/kg、1.23 g/kg）土壤中的 C、N 含量均低于全国土壤平均 C、N 含量（19.33 g/kg、1.61 g/kg），可能由于两地为常绿针叶林，地表凋落物分解速率缓慢，导致养分周转速率低下，从而释放到土壤中的 C、N 量较少，则 C、N 含量较低。三个赣分区土壤中的平均 P 含量为 0.4 g/kg、0.38 g/kg、0.3 g/kg，赣西南地区最低，虽然研究区平均 P 含量与邓成华的研究结果一致（0.36 g/kg），但显著低于全国土壤 P 含量水平（0.75 g/kg），这是由于红壤是江西省典型土壤，偏酸性，保蓄性能差，又因为江西省属中亚热带湿润季风区，受水热条件的影响，高温多雨加快了岩石的风化速率和 P 的淋溶，从而导致江西地区整体 P 水平含量较低。平均 C、N、P 含量（0～100 cm）都符合赣东北＞赣东南＞赣西南的趋势。赣西南、赣东南等地区地势较高，赣北地势低，由于海拔较高,坡度越大的区域水的排泄和地表径流作用越强烈,土壤易被冲刷侵蚀,土壤 C、N、P 容易随水流失,从而导致赣西南 C、N、P 含量低下,赣东北土壤 C、N、P 相对富集。

综上所述,通过研究江西省 7 个地区土壤 C、N、P 含量及其化学计量特征,江西省森林土壤 C、N、P 平均含量分为 16.89 g/kg、1.45 g/kg、0.36 g/kg,低于全国土壤的 C、N、P 平均含量,表明江西森林土壤的肥力较差,限制了林木的生长发育,应适当添加 C、N、P 肥以促进林木的生长,特别是赣西南地区,应加大施肥力度、提高土壤矿质营养,以维持森林 C、N、P 的收支平衡。此外,如果对森林土壤和林木 C、N、P 含量等其他养分进行动态监测,能为江西森林土壤提供更精准的养分管理。

参考文献

[1]　余涛成,郑向丽,徐国忠,等. 不同生长环境对红萍生长和生态化学计量学特征的影响[J]. 福建农业学报,2019,34(2):241-246.

[2]　方瑛,安韶山,马任甜,等. 云雾山不同恢复方式下草地植物与土壤的化学计量学特征[J]. 应用生态学报,2018,28(1):80-88.

[3]　Zhang Y,Li P,Liu XJ,et al. Effects of farmland conversion on the stoichiometry of carbon,nitrogen,and phosphorus in soil aggregates on the Loess Plateau of China[J]. Geoderma,2019,351:188-196.

[4]　VITOUSEK P M,et al. Terrestrial phosphorus limitation:mechanisms,implications,and nitrogen–phosphorus interactions[J]. Ecological Applications,2010,20(1):5-15.

[5]　吴昊. 秦岭山地松栎混交林土壤养分空间变异及其与地形因子的关系[J]. 自然资源学报,2015,30(5):858-869.

[6]　王绍强,王贵瑞. 生态系统碳氮磷元素的生态化学计量学特征[J]. 生态学报,2008,28(8):3937-3947.

[7]　刘国娟,黄斌,刘良源. 赣闽两省森林资源比较分析和发展建议[J]. 江西科学,2016(4):546-550.

[8]　李占斌,周波,马田田,等. 黄土丘陵区生态治理对土壤碳氮磷及其化学计量特征的影响[J].

水土保持学报，2017，31（6）：312-318.

[9] 倪晓薇，宁晨，闫文德，等. 贵州龙里林场马尾松湿地松人工林土壤养分分布特征[J]. 中南林业科技大学学报，2017，37（9）：49-56.

[10] 赵壮，邹双全，黄昭昶，等. 红壤侵蚀区不同植被下土壤理化性质的分布特征[J]. 福建农业学报，2018，33（910）：1090-1096.

[11] 吴慧，王树力. 天然次生林转变成长白落叶松人工林后土壤养分的变化[J]. 东北林业大学学报，2020（4）：54-58，75.

[12] 潘俊，刘苑秋，刘晓君，等. 退化红壤植被恢复团聚体及化学计量特征[J]. 水土保持学报，2019，33（4）：187-195，320.

[13] 向云西. 马尾松天然林生态系统化学计量特征研究[D]. 南昌：江西农业大学，2019.

[14] 韩天一，张邦文，金苏蓉，等. 江西红壤丘陵区主要森林类型土壤养分特征及评价[J]. 南方林业科学，2016，7（1）：1-4，21.

[15] 杨荣，塞那，苏亮，等. 内蒙古包头黄河湿地土壤碳氮磷含量及其生态化学计量学特征[J]. 生态学报，2020，40（4）：2205-2214.

[16] 王涛，程蕾，杨军钱，等. 亚热带杉木采伐迹地营造不同树种人工林对土壤碳氮磷积累的影响[J]. 福建农业科技，2019（12）：40-48.

[17] Liu Y, Jiang M, Lu X J, et al. Carbon, nitrogen and phosphorus contents of wetland in relation to environment factors in Northest China[J]. Wetlands，2017，37（1）：153-161.

[18] TIAN H Q, CHEN G, ZHANG C, et al. Pattern and variation of C∶N∶P ratios in China's soil synthesis of observational data[J]. Biogeochemistry，2010，98（1-3）：139-151.

[19] 李新星，刘桂民，吴小丽，等. 马衔山不同海拔土壤碳、氮、磷含量及生态化学计量特征[J]. 生态学杂志，2020，39（3）：758-765.

[20] 张晗，赵小敏，朱美青，等. 近30年南方丘陵山区耕地土壤养分时空演变特征——以江西省为例[J]. 水土保持研究，2018，25（2）：58-65，71-72.

[21] Chen F S, Niklas K J, Liu Y, et al. Nitrogen and phosphorus additions alter nutrient dynamics but not resorption efficiencies of Chinese fir leaves and twigs differing in age[J]. Tree Physiology，2015，35（10）：1106-1117.

[22] Cleveland C C, LIPTZIN D. C∶N∶P stoichiometry in soil：Is there a "Redfield ratio" for the microbial biomass[J]. Biogeochemistry，2007，85：235-252.

[23]　张仲胜，吕宪国，薛振山，等. 中国湿地土壤碳氮磷生态化学计量学特征研究[J]. 土壤学报，2016，53（5）：1160-1169.

[24]　Olivia Rata Burge, et al. Plant responses to nutrient addition and predictive ability of vegetation N：P ratio in an austral fen[J]. Freshwater Biology，2019：1-11.

[25]　Gyaneshwar P，Kumar N，Parekh L J，et al. Role of soil microorganisms in improving P nutrition of plants[J]. Plant Soil，2002，（245）：83-93.

[26]　Meena V S，Meena S K，Verma J P，et al. Plant beneficial rhizospheric microorganism（PBRM）strategies to improve nutrients use efficiency：A review[J]. Ecological Engineering，2017，107：8-32.

[27]　叶柳欣，张勇，蒋仲龙，等. 不同林龄杨梅叶片与土壤的碳、氮、磷生态化学计量特征[J]. 安徽农业大学学报，2019，46（3）：454-459.

[28]　李红林，贡璐，朱美玲，等. 塔里木盆地北缘绿洲土壤化学计量特征[J]. 土壤学报，2015，52（6）：1345-1355.

[29]　邓成华，吴龙龙，张雨婷，等. 不同林龄油茶人工林土壤-叶片碳氮磷生态化学计量特征[J]. 生态学报，2019，39（24）：1-10.

[30]　Reich P B，Oleksyn J. Global patterns of plant leaf N and P in relation to temperature and latitude[J]. Proceedings of the National Academy of Sciences of the United States of America，2004，101（30）：11001-11006.

[31]　张晗，欧阳真程，赵小敏，等. 江西省油菜土壤碳氮磷生态化学计量学空间变异性及影响因素[J]. 水土保持学报，2018，32（6）：269-277，301.

江西省吉安市外来入侵生物调查与分析

刘亚林[1]　黄国勤[1, 2]*

（1. 江西农业大学农学院，南昌 330045；

2. 江西农业大学生态科学研究中心，南昌 330045）

摘　要：本次研究主要通过查询资料，结合吉安市实地调查，分析得出外来植物病害微生物 8 种、动物 30 种（其中昆虫有 19 种，占比 63.33%）、外来入侵植物 35 科 148 种，由于受到时间、人力、物力等因素限制，本次调查数据为保守估计结果。这些外来物种主要是在吉安市交通建设发展起来后，通过人为无意带入和有意引入两个途径传入的。由于当地交通发达、气候温和，外来生物可以频繁地进入吉安市境内并定居，进而对当地生态环境、社会经济和人身健康产生难以估量的影响。外来生物防控没有专门的机构和专业的政策法案，本研究结果可为吉安市等区域的外来生物防控提供理论支持。

关键词：入侵生物　农林　野外调查

一、引言

江西省 2019 年外来入侵生物调查得出，外来入侵植物病害 8 种，动物 36 种，植物 88 种，总计 132 种，其中的大部分生物都已扩散至吉安市境内，对本市农林业造成了严重的损害。

近年来，吉安市为防控外来入侵生物投入了大量人力、物力，但入侵生物的种类和危害还没有相关部门进行系统的调查，相关数据多数还是空白，对外来入

* 通信作者：黄国勤，教授、博导，E-mail：hgqjxes@sina.com。

基金项目：江西农业大学生态学"十三五"重点建设学科项目。

侵生物的溯源问题也很少进行系统的研究。外来入侵生物的入侵频率和危害情况，与交通的发展、气候环境和人员流动有关，需结合不同情况，进行区域性的外来入侵生物调查和研究。

　　本研究主要通过相关资料查询、调查访谈和实地调查等方法，对吉安市内外来入侵生物的扩散路线进行系统的研究，分析出本市入侵生物的主要扩散途径和影响因素，对吉安市有害入侵生物的防治提出切实可行的建议，同时，对江西省境内外来入侵生物的防治研究提供参考。

二、外来入侵生物调查

1．调查方法

　　本研究主要通过查询吉安市外来入侵生物相关文献、图像资料，以及野外调查的方式收集数据。本次资料查询主要是查阅《中国外来入侵种》《中国高等植物图鉴》《江西植物志》《有害生物入侵与防控研究》《外来森林有害生物检疫》等，查询"中国外来入侵植物数据库"，对农林业外来入侵生物的生物学特性、分类学性状方面进行的研究，以及查询已经在江西省和吉安市范围内开展的涉及外来入侵生物调查的资料。

2．外来入侵生物调查影响因素

　　吉安市外来物种的扩散和累积与人类生活、生产和科研活动密切相关，随着经济和交通的发展，省内外来生物种类越来越多，这是难以避免的现状。吉安市地处内陆，除了人为携带、传播外来生物，外来生物也可以通过自身的迁移和风的传播等途径，跨过边界，进入吉安市。

　　正是由于各种自然和人为因素，外来生物调查涉及时间问题，在本次研究调查中，部分外来生物很早就已进入中国，无法确定其扩散至吉安市的具体时间。同时，外来生物扩散无法准确预测，间隔过长时间后调查，区域内物种种类产生了大幅变化，部分新物种可能是突变产生，也可能是外来生物和土著生物杂交产生。

3．物种引入与生物入侵

　　吉安市自古代以来就存在物种引入，尤其是在 19—20 世纪，引入的物种占了大多数，吉安市境内的现存物种中半数以上都是引入的物种。物种引入与人类生产、生活等密切相关，最终，有利的物种成为粮食作物、林业用材、家养良畜或园林植物等，而有害或无法控制的物种成为有害入侵生物。生物入侵正是在人类引进或自然扩散的物种无法控制、造成危害后才被人类意识到并且提出的概念。本次研究调查的吉安市外来入侵生物，主要是根据其有害性来统计分析。

三、吉安市外来入侵生物种类

经过查询吉安市外来生物相关文献、图像资料和年鉴，结合本地野外调查，统计出吉安市外来入侵生物种类基本情况。由于上文所述外来生物调查影响因素以及人力、物力有限，入侵我国的外来生物呈现传入数量增多、传入频率加快、蔓延范围扩大的趋势。所以，本文调查得出的数据是保守估计的结果，还需要继续跟进、补充。

1. 植物

吉安市外来入侵植物共计 35 科 148 种，含种数排在前 10 位的科分别是菊科（36 种，占比 24.32%）、禾本科（35 种，占比 23.65%）、豆科（10 种，占比 6.76%）、苋科（9 种，占比 6.08%）、十字花科（5 种，占比 3.38%）、大戟科（5 种，占比 3.38%）、车前科（5 种，占比 3.38%）、茄科（5 种，占比 3.38%）、锦葵科（4 种，占比 2.70%）、石竹科（3 种，占比 2.03%）；部分科属虽只有一种，但其入侵迅速，破坏巨大，如雨久花科的凤眼莲、商陆科的美洲商陆和木贼科的节节草等（表 1）。

表 1　吉安市外来入侵植物统计

科名	种数	占比/%	科名	种数	占比/%
菊科	36	24.32	木贼科	1	0.68
禾本科	35	23.65	睡莲科	1	0.68
豆科	10	6.76	马鞭草科	1	0.68
苋科	9	6.08	雨久花科	1	0.68
十字花科	5	3.38	商陆科	1	0.68
大戟科	5	3.38	桃金娘科	1	0.68
车前科	5	3.38	石蒜科	1	0.68
茄科	5	3.38	景天科	1	0.68

科名	种数	占比/%	科名	种数	占比/%
锦葵科	4	2.70	紫茉莉科	1	0.68
石竹科	3	2.03	夹竹桃科	1	0.68
旋花科	3	2.03	凤尾蕨科	1	0.68
伞形科	3	2.03	桔梗科	1	0.68
唇形科	2	1.35	胡椒科	1	0.68
柳叶菜科	2	1.35	酢浆草科	1	0.68
牻牛儿苗科	1	0.68	葡萄科	1	0.68
荨麻科	1	0.68	天南星科	1	0.68
土人参科	1	0.68	茜草科	1	0.68
天门冬科	1	0.68	总计	148	100

2．动物

吉安市外来入侵动物共计 30 种，其中昆虫就有 19 种，占比 63.33%，并且大部分都是农林害虫，给吉安市农林经济造成了巨大损失（表 2）。

表 2　吉安市外来入侵动物统计

种类		种数	占比/%	物种中文名称	栖息地类型
昆虫类	蜚蠊目	2	6.67	美洲大蠊、德国小蠊	沿岸、建筑
	同翅目	2	6.67	烟粉虱、温室白粉虱	耕地、植物园、公园、果园
	鞘翅目	6	20	豌豆象、蚕豆象、稻水象甲、松褐天牛、西花蓟马、米象	森林、耕地、植物园、公园、苗圃、工业及人类相关区域
	鳞翅目	7	23.33	棉红铃虫、马铃薯块茎蛾、蔗扁蛾、桃小食心虫、美洲白蛾、白粉蝶、地中海粉螟	耕地、植物园、公园、森林、果园及苗圃、工业及人类相关区域
	双翅目	2	6.67	美洲斑潜蝇、柑橘小实蝇	耕地、植物园、公园、果园及苗圃
甲壳类		2	6.67	罗氏沼虾、红螯螯虾	沿岸、内陆地表水（淡水）
软体动物类		2	6.67	池蝶蚌、福寿螺	内陆地表水（淡水）
鱼类		4	13.33	革胡子鲶、斑点胡子鲇、尼罗罗非鱼、美国大口胭脂鱼	内陆地表水（淡水）
蛙类		1	3.33	牛蛙	内陆地表水（淡水）、湿地
鼠类		2	6.67	褐家鼠、波利尼西亚鼠	灌木丛、森林、建筑、工业、河岸

3．植物病害微生物

外来植物病害微生物主要有甘薯长喙壳菌、栗疫病菌、畸形外囊菌、桉树焦枯病菌、松针褐斑病菌、水稻白叶枯黄单胞杆菌、番茄斑点萎凋病毒等。

四、吉安市外来生物入侵机制

生物入侵是一个复杂的链式过程，该过程包括外来物种的引入、定居并成功地建立种群、时滞阶段、扩散及爆发阶段。许多外来物种的成功入侵往往是多次入侵的结果，而且有的外来物种又可能有较长的潜伏期。因此，要找到导致某一外来物种入侵的行为人和确切时间十分困难。研究吉安市外来生物的入侵情况，需结合地形、交通和气候等因素，有针对性地分析该地区外来生物入侵扩散路线。吉安市是江西省的腹地，并且有多条国道、铁路和河流贯通，是赣江中游物资交流及交通中心。虽然吉安市境内多山，有阻隔外来生物的天然屏障，但便利的交通和温暖的气候条件，使外来生物可以频繁地进入境内并定居。

吉安市位于江西省中西部，赣江中游，从地势上看，属罗霄山脉中段，扼湖南省、江西省南部咽喉通道，地势险要。境内有京九铁路、105 国道和由东向西的 319 国道及三南公路，是连接北京、西南、华南、福建、港澳地区的天然纽带；上可溯赣江沟通闽粤，下可泛鄱阳湖与长江相连，顺抵长江下游发达省（区、市），在江西省地理上占有特殊位置。吉安以山地、丘陵为主，山地占全市面积的 51%，平原与岗地约占 22%，丘陵约占 23%，水面约占 4%。可概括为"七山半水两分田，半分道路和庄园"。全区属亚热带季风湿润性气候区，受东南季风影响，气候温和，光照充足，雨量充沛，四季分明。

1．侵入

侵入是外地种从一个生态区域越过生态屏障（高山、大洋、沙漠、远距离等），被引入另外一个生态区域的过程。一般外来生物侵入的途径有：自然入侵、无意带入、有意引进（如今逃逸途径受到人们重视）。

（1）自然入侵。自然入侵主要通过风力、水流、动物等运动传入，或者通过自身迁移传入。吉安市有天然的地理屏障，四周皆是高山山脉，形成一个典型的盆地地貌；地处赣江中游；受东南季风影响。由此可知，外来生物尤其是动物，在自然条件的辅助下侵入吉安市境内，主要可通过风力、水流等途径，但高山可阻隔邻近省市大量生物的侵入。

（2）无意带入。通过人类活动无意间带入，例如运输工具、河流垃圾、进出口商品及其包装材料等，均能携带外来物种进入境内。吉安市地处赣江中游，水陆交通建设快速发展，人类活动无意间带入外来生物是吉安市有害外来生物入侵的主要途径。

（3）有意引进。由于事前评估不周，有意引进外来物种后失去控制，导致爆发成灾，如凤眼莲、福寿螺等，使吉安市农业经济和生态受到严重威胁。现今由于园林绿化需要，吉安外来植物主要是人工有意引进，部分花卉已扩散至野外，但大多数还可控。同时，还有部分从实验室、种植园和养殖场等逃逸出来的逸生物种，如牛蛙等。

2．定居

外来物种引入新环境后，需克服当地的逆境，成功繁殖，形成稳定的种群才算定居下来，但此时依然面临着很大的生存危机，需要等待时机，突破发展的瓶颈。人类活动可以将外来物种多次带入吉安境内，给其提供多次定居的机会。

3．适应

这是一个时滞阶段，小种群突破发展瓶颈后，需要进行驯化，适应当地环境，继而建立初始种群，经过漫长时间的发展，才能开始大规模扩散和爆发。吉安市全区属亚热带季风湿润性气候区，受东南季风影响，气候温和，是外来生物舒适的新栖息地。

4．扩散和爆发

入侵种以高密度在大尺度空间范围内扩散，爆发成灾，造成严重的经济和生态灾难。爆发是在长时间缓慢扩散的基础上，当遇到一个适宜的时机，外来物种就会爆发，迅速占领本地物种生境，例如吉安境内的凤眼莲和福寿螺。

五、外来生物入侵的影响

在全球一体化和国际贸易自由化的新形势下，交通运输迅猛发展，全球经贸频繁交往，外来物种入侵概率大幅增加。外来物种容易在生态稳定性低、缺乏天敌等制约因素的新环境下定殖、扩散，进而对当地生态环境、社会经济和人身健康产生难以估量的影响。吉安市虽大力修复生态环境、封山育林，但近年来生物多样性、生态稳定性的降低，使外来生物有了可乘之机。

　　在一个自然生态系统中，外来物种的侵入势必会影响原来生态系统的稳定性，而由此带来的巨大破坏是不争的事实，主要影响有：①改变地表覆盖，加速土壤流失，引入植食性动物而加速土壤流失的情况在世界各地均有发生；②改变水文循环，破坏原本的水况，如凤眼莲等水生植物会严重破坏水质，形成生态系统中的消极负反馈循环；③改变土壤化学循环，危及本土植物生存；④加快局部和全球生物多样性丧失、物种灭绝速度；⑤影响本土物种的自然更新，改变本土群落基因结构。

　　外来有害物种入侵会导致区域内新发和突发疫情增加，严重影响对外经济贸易发展，阻碍当地农产品进入国内外市场。江西赣州柑橘黄龙病暴发，使柑橘类果树被大量砍伐，吉安境内柑橘果类销量大幅降低，果农经济贸易受损严重。松材线虫在江西省内扩散迅速，危害极大，严重影响了吉安市的木材市场交易。随着农产品贸易量以及种质资源交流的大幅增加，外来物种对农业经济的威胁加大，不仅会造成农产品直接产量和质量上的损失，还对人畜安全构成威胁。

　　外来生物入侵还会危害当地物种生长和人类健康。外来入侵植物在一个缺乏天敌等制约因素的新环境中极易形成优势种群，对相似生态位的物种进行压迫，侵占其栖息地，甚至导致部分生物的灭绝。部分外来物种还具有化感作用，可以产生一些抑制邻近植物生长的根系分泌物，例如，黄顶菊产生的化感物质能够抑制种子萌发和幼苗生长、改变土壤环境等，从而导致其他植物对环境的抗胁迫能力降低。一些外来生物也会影响人畜健康，例如毒麦做饲料时可导致家畜、家禽中毒。

六、讨论与小结

　　本研究主要通过查询资料和吉安市实地调查收集数据，分析得出吉安市外来植物病害微生物 8 种、动物 30 种（其中昆虫就有 19 种，占比 63.33%）、外来入侵植物 35 科 148 种。由于受到时间、人力、物力等因素影响，本次调查数据是保守估计，还需继续跟进补充。江西省 2019 年外来入侵生物调查得出，外来入侵植物病害 8 种微生物，动物 36 种，植物 88 种，总计 132 种，与本次调查的数据有较大出入，不符合实际情况。这说明小区域的外来生物入侵调查还不完善，数据未及时更新，并且存在一些错误，因此在了解区域外来生物危害时，实地考察必不可少。

吉安市外来入侵物种中，大多数是植物，通过结合当地生物和非生物因素分析得知，这些外来物种主要是在吉安市交通建设发展起来后，通过人为无意带入和有意引入两种途径传入的。由于当地交通发达、气候温和，外来生物可以频繁地进入境内并定居。

外来物种的引入获益的数额与其所造成的损失呈现巨大的落差，使得依靠内部化来弥补外部费用的想法落空，生物入侵存在负外部性。外来物种入侵给生态环境带来改变，而生态环境中的森林、草原等可再生资源产生的环境利益不为个人所独享。由此来看，生物入侵不仅加害者难寻，要确定具体的受害者也不是一件容易的事情。

吉安市农业部门虽然在防控外来有害入侵生物方面投入了大量的人力、物力，但没有专门的政策方案，对此进行的系统性分析少之又少，不能从根本上防治。本研究结果可为相关外来生物防控提供理论支持。在理论的基础上，本文提出如下防控对策建议：成立专门的机构，立法规范引种；建立外来物种引种风险性评价制度；制定引种后护管制度，对已经造成危害的外来物种及时、彻底清除；大力宣传，提高全民对外来生物入侵的认识。同时，在防控有害生物的大趋势下，对外来生物进行生物学研究，寻找有效的利用途径，尽可能化害为利，比一味地清除可能更有效。

参考文献

[1] 丁晖，徐海根. 中国生物入侵的现状与趋势[J]. 生态与农村环境学报，2011，27（3）：35-41.

[2] 黄国勤，黄秋萍. 江西省生物入侵的现状、危害及对策[J]. 气象与减灾研究，2006，29（1）：51-55.

[3] Emma O，Heather L R. Co-occurring invasive plant interactions do not predict the impacts of

invasion in experimental tallgrass prairie communities[J]. Biological Invasions，2019：1-14.

[4]   俞红. 中国外来物种入侵的社会经济因素影响及区域比较分析——以湖北省为个案[D]. 武汉：华中农业大学，2011.

[5]   吴金泉，Michael T S. 发达国家应战外来入侵生物的成功方法[J]. 江西农业大学学报 2010，32（5）：1040-1055.

[6]   谢莲萍. 我国生物入侵的现状及对策[J]. 农技服务，2009，26（3）：139-140.

[7]   《江西年鉴》编辑委员会. 江西年鉴[M]. 北京：线装书局，2019.

[8]   周峰，彭龙慧，彭志勇，等. 吉安市松材线虫病传播风险及防控措施的研究[J]. 生物灾害 科学，2014（2）：159-162.

[9]   尹维国，邹云燕，王振美，等. 吉安市湿地松纯林有害生物自然防治概述[J]. 现代园艺， 2013（1）：70-71.

[10]   万慧霖，冯宗炜，庞宏东. 庐山外来植物物种[J]. 生态学报，2008，28（1）：103-110.

[11]   Ninad A M，Nicholas C C，Ramesh K，et al. How global climate change and regional disturbance can expand the invasion risk？ Case study of Lantana camara invasion in the Himalaya[J]. Biological Invasions，2018（7）：1-15.

[12]   Gentile F F，Jérôme P，Pierre S，et al. DNA from lake sediments reveals long-term ecosystem changes after a biological invasion[J]. Science Advances，2018，4（5）：4292.

[13]   周忠实，郭建英，李保平，等. 豚草和空心莲子草分布与区域减灾策略[J]. 生物安全学报， 2011，20（4）：263-266。

[14]   朱碧华，朱大庆，罗赣丰，等. 南昌市外来入侵花卉逸生现状及预防对策[J]. 南方农业学 报，2014，45（4）：596-600.

[15]   罗洪，章小金，朱三保，等. 浅析复检在狙击外来林业有害生物中的作用[J]. 江西植保， 2009，32（2）：77-78.

[16]   陈刚，刘海新，罗洪，等. 城市森林病虫害的发生及防治[J]. 中国园艺文摘，2010（12）： 82-100.

[17]   《吉安年鉴》编辑委员会. 吉安年鉴[M]. 北京：中华书局，2019.

[18]   席劲松. 外来生物入侵中植物污染及其防控方法[J]. 中国资源综合利用，2010（1）：34-36.

[19]   刘新有，史正涛，唐姣艳. 入侵物种的防治与科学利用——以福寿螺为例[J]. 江西农业学 报，2007，19（3）：95-96.

[20] 陈璐. 基于生态位模型的凤眼莲分布区预测分析[D]. 济南：山东师范大学，2015.

[21] 廖文胜，刘利军，谢琼，等. 浅析外来生物入侵与林业外来有害生物防控[J]. 林业科技情报，2011，43（2）：28-30.

[22] 李晓涛，严学兵，王成章，等. 我国牧草及草坪草引种与生物入侵探讨[J]. 江西农业学报2009，21（12）：86-89.

[23] 周梦娇. 吉安市引种石蒜属植物观赏栽培的必要性及可行性[J]. 现代园艺，2015，300（24）：31-32.

[24] 曾建军. 入侵植物剑叶金鸡菊繁殖特性与适应策略研究[D]. 重庆：西南大学，2011.

[25] 杨清培，杨光耀，宋庆妮，等. 竹子扩张生态学研究：过程、后效与机制[J]. 植物生态学报，2015，39（1）：110-124.

[26] 周兵，闫小红，肖宜安，等. 外来入侵植物美洲商陆的繁殖生物学特性及其与入侵性的关系[J]. 生态环境学报，2013（4）：567-574.

[27] 王化田. 北美车前入侵机制及其对环境影响的研究[D]. 上海：上海师范大学，2016.

[28] 杨柳，彭剑斌. 经济全球化与气候变化对生物入侵的影响[J]. 农业资讯，2018（22）：119.

[29] 金毓. 国际贸易视角下的"生物入侵"研究[J]. 产业与科技论坛，2009（6）：21-22.

[30] 江旅冰，许韶立. 生物入侵与我国旅游业生态风险防范体系研究[J]. 安徽农业科学，2011，39（20）：12387-12390.

[31] 李香菊，张米茹，李咏军，等. 黄顶菊水提取液对植物种子发芽及胚根伸长的化感作用研究[J]. 杂草科学，2007（4）：15-19.

[32] Wang P, Liang W J, Kong C H, et al. Chemical mechanism of exotic weed invasion[J]. Chinese Journal of Applied Ecology，2004，15（4）：707-711.

[33] 柯坫华，郭卫斌，黄金秋，等. 吉安市郊区稻田环境两栖动物多样性研究[J]. 井冈山大学学报（自然科学版），2013（5）：103-106.

[34] 徐海莲，肖筱成，姚易根，等. 吉安市柑橘病虫害绿色防控技术路线[J]. 江西植保，2008（3）：17-19.

[35] 郑志鑫. 入侵植物黄顶菊在我国的时空扩散动态与适生区预测[D]. 保定：河北大学，2018.

第四部分

打好污染防治攻坚战

打好污染防治攻坚战若干问题探讨

黄国勤

（江西农业大学生态科学研究中心，南昌330045）

摘　要：打好污染防治攻坚战是党的十九大提出的三大攻坚战之一。打好污染防治攻坚战具有政治意义、生态意义、经济意义、社会意义、国际意义和理论意义。近年来，我国坚持打好污染防治攻坚战，取得了改善生态环境、推进生态文明、完善法规制度、扩大国际影响、形成创新理论和推动学术研究等多方面的显著成效。当前我国在打好污染防治攻坚战和生态文明建设中还存在着大气污染、水污染、土壤污染、农产品污染，以及污染引发的环境事件和造成的经济损失等诸多突出问题。

关键词：污染防治攻坚战　环境保护　生态文明建设

2017年10月18日，习近平总书记在党的十九大报告中明确提出要坚决打好三大攻坚战——防范化解重大风险、精准脱贫、污染防治攻坚战。2017年12月18—20日召开的中央经济工作会议进一步强调，按照党的十九大要求，今后三年要重点抓好决胜全面建成小康社会的防范化解重大风险、精准脱贫、污染防治三大攻坚战，并指出打好三大攻坚战是我国经济转向高质量发展必须跨越的一大关口。中央作出的这一系列具体部署，既侧重当务之急，又注重整体延续，划定了我国经济转向高质量发展的清晰路线。2018年5月18—19日召开的全国生态环境保护大会上，习近平总书记再次强调坚决打好污染防治攻坚战，要集中优势兵力，采取更有效的政策举措。打好这场攻坚战，第一，要加快构建生态文明体系；第二，要全面推动绿色发展；第三，要把解决突出生态环境问题作为民生优先领域；第四，要有效防范生态环境风险；第五，要加快推进生态文明体制改革落地见效。2018年6月16日，中共中央、国务院印发《关于全面加强生态环境保护　坚决打好污染防治攻坚战的意见》，明确了打好污染防治攻坚战的时间表、路线图、任务书。2018 年 7 月 10 日，第十三届全国人民代表大会常务委员会第四次会议通过《全国人民代表大会常务委员会关于全面加强生态环境保护　依法推动打好污染防治攻坚战的决议》。2019 年 3 月 5 日，习近平总书记在参加十三届全国人大二次会议内蒙古代表团审议时强调，保持加强生态文明建设的战略定力，探索以生态优先、绿色发展为导向的高质量发展新路子，加大生态系统保护力度，打好污染防治攻坚战，守护好祖国北疆这道亮丽风景线。2019 年 10 月 31 日，中国共产党第十九届中央委员会第四次全体会议通过的《中共中央关于坚持和完善中国特色社会主义制度推进国家治理体系和治理能力现代化若干重大问题的决定》，在"十、坚持和完善生态文明制度体系，促进人与自然和谐共生"中明确指出："构建以排污许可制为核心的固定污染源监管制度体系，完善污染防治区域联动机制和陆海统筹的生态环境治理体系。加强农业农村环境污染防治。"2019 年 12 月 6 日，习近平总书记主持中共中央政治局会议，强调明年（2020 年）要坚决打好三大攻坚战，确保实现脱贫攻坚目标任务，确保实现污染防治攻坚战阶段性目标，确保不发生系统性金融风险。2019 年 12 月 10—12 日在北京举行的中央经济工作会议上，习近平总书记就打好污染防治攻坚战强调，坚持方向不变、力度不减，突出精准治污、科学治污、依法治污，推动生态环境质量持续好转。2020 年 5 月 22 日，全国"两会"召开期间，习近平总书记在参加内蒙古代表团审议时强调，要保持加强生态文明建设的战略定力，牢固树立生态优先、绿色发展的导向，持续打好蓝天、碧水、净土保卫战，把祖国北疆这道万里绿色长城构筑得更加牢固。

　　本文拟在认真学习、领会习近平总书记重要讲话和党中央一系列文件精神的基础上，就打好污染防治攻坚战的若干问题进行探讨。

一、重大意义

　　（1）政治意义。打好污染防治攻坚战是以习近平同志为核心的党中央作出的重大战略决策。全国上下积极响应，以实际行动投身到打好污染防治攻坚战的各项具体工作之中。这实际上就是以具体行动做到"两个维护"，这就是讲政治的具体表现。这正是打好污染防治攻坚战的政治意义所在。

（2）生态意义。打好污染防治攻坚战，实现蓝天、碧水、净土，其生态意义不言而喻。首先，打好污染防治攻坚战，就是改善生态环境，维护生态安全；其次，打好污染防治攻坚战，就是以实际行动推进生态文明、建设美丽中国；最后，打好污染防治攻坚战，改善生态环境，建设美丽中国，有利于实现人与自然和谐共生，有利于实现人与自然的永续发展。

（3）经济意义。打好污染防治攻坚战，不仅是生态问题，具有生态意义，而且还是个经济问题，具有经济意义。生态环境问题突出，环境污染严重，不仅影响广大群众的日常生活，还对经济建设、经济发展产生不利影响，在一定程度上阻碍了经济发展。近年来随着打好污染防治攻坚战成效的不断显现、生态环境的不断改善，不仅农产品质量提高，人民群众生活改善，而且经济建设快速推进，经济发展质量不断得到提升。从这一意义上来说，打好污染防治攻坚战对促进经济发展，尤其是提升经济发展质量具有直接意义。

（4）社会意义。一方面，打好污染防治攻坚战，有利于构建和谐社会。部分地区因为严重的环境污染，造成环境纠纷、环境事件、环境违法行为频繁发生，严重干扰正常的社会秩序，造成人与人之间关系紧张，危及社会安全，更谈不上构建和谐社会。而自从开展打好污染防治攻坚战以来，随着环境污染问题逐步好转，全国各地的社会风气、社会状况也随之好转。显然，打好污染防治攻坚战，对构建和谐社会具有重要意义。

另一方面，打好污染防治攻坚战，有利于全面建成小康社会。生态环境质量总体改善，污染防治攻坚战取得圆满胜利，既是人民群众的共同期待，更是决胜全面建成小康社会的必然要求。或者说，优良的生态、优美的环境，是全面建成小康社会的应有之义。因此，扎扎实实打好污染防治攻坚战，必将有利于全面建成小康社会，有利于实现"两个一百年"奋斗目标，有利于实现中华民族伟大复兴的中国梦。

（5）国际意义。打好污染防治攻坚战，具有国际意义、世界意义、全球意义。首先，污染无国界。中国的环境污染，必然危及世界各国；同样，中国的污染治理、中国优良的生态环境，也必然惠及全球。其次，中国积极参与全球环境治理，已成为全球生态文明建设的重要参与者、贡献者、引领者，中国为全球生态安全作出了重要贡献。最后，中国正致力于构建人类命运共同体。在打好污染防治攻坚战这一重要领域、重要方面，中国必将为世界各国提供"中国理念""中国方案""中国经验"，作出"中国贡献"，从而推动实现"美丽世界""美丽地球"。

简而言之，以打好污染防治攻坚战为突破口和"主要抓手"，推动全中国生态文明建设，进而带动"一带一路"沿线国家生态文明建设，并最终实现全球生态环境治理和共建清洁、美丽的世界的目标。这正是打好污染防治攻坚战的国际意义、世界意义、全球意义之所在。

（6）理论意义。2018 年 5 月 18—19 日召开的全国生态环境保护大会，正式确立了习近平生态文明思想。习近平生态文明思想是习近平新时代中国特色社会主义思想的重要组成部分。习近平生态文明思想来源于中国实践，同时又在中国实践中进一步丰富和发展。打好污染防治攻坚战，既是在实践中践行习近平生态文明思想，又是在实践中丰富和发展习近平生态文明思想、丰富和发展习近平新时代中国特色社会主义思想。

二、实际成效

自从党的十九大提出坚决打好污染防治攻坚战以来，全国上下积极投身到这一攻坚战的各项具体工作之中，进展顺利、成效显著。

（1）改善生态环境。开展污染治理，提升环境质量。首先，从"蓝天"来看，2018 年全国 338 个地级及以上城市优良天数比例达到 79.3%，同比上升 1.3 个百分点；细颗粒物（PM$_{2.5}$）平均浓度达到 39 μg/m^3，同比下降 9.3%。京津冀及周边地区、长三角、汾渭平原 PM$_{2.5}$ 浓度同比分别下降 11.8%、10.2%、10.8%。其中，北京市 PM$_{2.5}$ 浓度同比下降 12.1%，达到 51 μg/m^3。细颗粒物（PM$_{2.5}$）未达标地级及以上城市年均浓度"十三五"期间下降了 23.1%。其次，从"碧水"来看，全国地表水优良水质断面比例由 2017 年的 67.9% 增长到 2019 年的 74.9%，劣 V 类断面比例由 2017 年的 8.3% 下降至 2019 年的 3.4%。最后，从"净土"来看，《土壤污染防治行动计划》发布实施后，生态环境部会同有关部门进一步组织开展了涉镉等重金属重点行业企业排查整治行动，共排查企业 1.3 万多家，确定需整治污染源近 2 000 个。截至目前（2019 年 11 月 29 日），已有近 700 个完成整治，切断了污染物进入农田的链条，取得明显成效。特别是近 3 年来，中央财政土壤污染防治专项资金累计下达 280 亿元，土壤污染加重趋势得到初步遏制，"净土保卫战"取得积极成效，农用地土壤环境状况总体稳定。

（2）推进生态文明。大力实施"坚决打好污染防治攻坚战"战略以来，极大地促进了我国生态文明建设。一是增加"绿色面积"；二是防治水土流失；三是治理沙漠化、荒漠化；四是建立防灾减灾体系。

（3）完善法规制度。近年来，随着打好污染防治攻坚战全面展开，生态文明建设全方位推进，相关法规制度体系不断建立、健全和完善。如《大气污染防治行动计划》（以下简称"大气十条"，2013 年 9 月发布）、《水污染防治行动计划》（以下简称"水十条"，2015 年 4 月发布）、《土壤污染防治行动计划》（以下简称"土十条"，2016 年 5 月发布）；《党政领导干部生态环境损害责任追究办法（试行）》（2015 年 8 月发布）、《生态文明体制改革总体方案》（2015 年 9 月发布）、《生态文明建设目标评价考核办法》（2016 年 12 月发布）；《关于全面推行河长制的意见》（2016 年 12 月发布）、《中共中央　国务院关于全面加强生态环境保护　坚决打好污染防治攻坚战的意见》（2018 年 6 月发布）、《打赢蓝天保卫战三年行动计划》（2018 年 7 月发布），以及《关于在疫情防控常态化前提下积极服务落实"六保"任务坚决打赢打好污染防治攻坚战的意见》（生态环境部，2020 年 6 月 3 日发布）等。这一系列文件、法规和制度的出台和实行，极大地促进了打好打赢污染防治攻坚战，促进了生态文明建设。

（4）扩大国际影响。党的十八大以来，我国在环境污染防治、生态文明建设领域取得显著成效的同时，积极参与全球环境治理，受到国际社会高度重视。目前，我国已与 100 多个国家开展了生态环境国际合作与交流，与 60 多个国家、国际及地区组织签署了约 150 项生态环境保护合作文件。我国率先发布《中国落实 2030 年可持续发展议程国别方案》，向联合国交存《巴黎协定》批准文书，支持开展气候变化南南合作，不断发挥着重要的建设性作用。大力推动绿色"一带一路"，同构"一带一路"绿色发展国际联盟，共筑"一带一路"生态环保大数据服务平台。正如党的十九大报告中所指出的，中国引导应对气候变化国际合作，已经成为全球生态文明建设的重要参与者、贡献者、引领者。

（5）形成创新理论。2018 年召开的全国生态环境保护大会，正式确立了习近平生态文明思想。习近平生态文明思想，深刻回答了为什么建设生态文明、建设什么样的生态文明、怎样建设生态文明等重大理论和实践问题，推动生态文明建设和生态环境保护从实践到认识发生历史性、转折性、全局性变化。习近平生态文明思想是新时代打好打胜污染防治攻坚战、推进生态文明建设的根本遵循和行动指南，是马克思主义关于人与自然关系理论的最新成果。习近平生态文明思想的时代内涵集中体现为"八个坚持"，即坚持生态兴则文明兴；坚持人与自然和谐共生；坚持绿水青山就是金山银山；坚持良好生态环境是最普惠的民生福祉；坚持山水林田湖草是生命共同体；坚持用最严格制度最严密法治保护生态环境；坚持建设美丽中国全民行动；坚持共谋全球生态文明建设。

（6）推动学术研究。近年来，我国广大科技工作者响应党中央号召，积极投身到打好污染防治攻坚战和生态文明建设的学术研究工作之中，并已取得丰硕的学术成果。从发表的论文来看，2020 年 7 月 7 日，本文作者依据《中国知网》（https：//www.cnki.net/），以"污染防治攻坚战"为主题词进行检索，共检索出文献总量 2 401 条（篇），其中，2017 年 152 条（篇）、2018 年 983 条（篇）、2019年 749 条（篇）、2020 年（截至 2020 年 7 月 7 日）275 条（篇），分别占总文献量的 6.33%、40.94%、31.20% 和 11.45%，这四年（2017—2020 年）共发表文献 2 159条（篇），占总文献量的 89.92%。如以"生态文明"为主题词进行检索，则共检索出文献总量达 92 404 条（篇），其中，2017 年 8 660 条（篇）、2018 年 10 595条（篇）、2019 年 9 539 条（篇）、2020 年（截至 2020 年 7 月 7 日）2 730 条（篇），分别占总文献量的 9.37%、11.47%、10.32% 和 2.95%，这四年（2017—2020 年）共发表文献 31 524 条（篇），占总文献量的 34.12%。如从出版的著作来看，依据《江西高校图书馆联盟》进行检索，关于"污染防治"的著作达到 624 种，关于"生态文明建设"的著作达到 694 种。

三、存在的问题

一方面，我国在打好污染防治攻坚战、生态文明建设领域取得巨大成就；另一方面，也要看到，当前我国在该领域建设中还存在诸多突出问题，亟待研究解决。

（1）大气污染。研究表明，2018 年，中国 338 个地级及以上城市的 $PM_{2.5}$ 年平均浓度为 39.3 $\mu g/m^3$，2014 年 190 个监测城市的年平均 $PM_{2.5}$ 浓度为 61 $\mu g/m^3$，与之相比，2018 年我国的空气质量大为改善，但仍有 58.7% 的城市超过我国 $PM_{2.5}$ 浓度限值（35 $\mu g/m^3$），与 WHO 标准限值（10 $\mu g/m^3$）则相差更远，与 2015—2017 年美国（7.9 $\mu g/m^3$）、2015—2016 年欧洲（7.8 $\mu g/m^3$）、2015—2017 年东亚（19.0 $\mu g/m^3$）的差距仍然很大。京津冀地区是中国北方经济规模最大、最具活力的地区，也是中国空气污染最严重的区域之一。京津冀地区的 $PM_{2.5}$ 质量浓度一直远超我国环境质量标准的二级限值（35 $\mu g/m^3$），其中石家庄市在 2013 年 $PM_{2.5}$ 的年均质量浓度高达 156 $\mu g/m^3$。

（2）水污染。当前我国地下水污染现状不容乐观，全国地下水污染调查数据显示我国目前超过 90% 的地下水资源都遭受了程度不一的污染，60% 左右的地下水受到了严重污染。据研究，截至 2018 年年底，我国共有水库 98 400 座，总库容 8 997 亿 m^3，包括 732 座大型水库、3 934 座中型水库和 94 129 座小型水库，水库总蓄水量相当于淡水湖泊的 2 倍。2018 年我国水利部共选取了 1 129 座大中小型水库进行水质监测，全年水质为Ⅰ～Ⅲ类的有 986 座，Ⅳ～Ⅴ类共 114 座，劣Ⅴ类共 29 座。其次对 1 097 座水库进行营养程度调查，结果显示：764 座水库为中度富营养化，333 座水库为严重富营养化。

（3）土壤污染。土壤是 90% 的污染物的最终承受者，污染物通过多种途径进入土壤，大气污染物沉降、污水灌溉和下渗以及固体废物的填埋等都可能会给土壤带来污染。土壤污染具有高度离散性、不可逆转性、隐蔽性、累积性以及去除的缓慢性。2014 年《全国土壤污染状况调查公报》显示，全国土壤总的点位超标率为 16.1%，其中耕地的土壤点位超标率高达 19.4%。目前，我国土壤污染程度正在加剧，污染面积在逐年扩大，土壤生态问题比较普遍，我国有 1 300 万～1 600 万 hm^2 耕地受到农药污染，我国农药施用率是发达国家的 1 倍，但农药利用效率却不足 30%，因此由不合理施用农药引起的损失量也十分巨大。污水灌溉污染耕地 2.17 万 km^2，固体废物存占地和毁田 0.13 万 km^2，工业废水和固体废物中含有大量的重金属污染物如 Cd、Pb、Hg、Cr 等，每年因重金属污染的粮食达 1 200 万 t，每年造成的直接经济损失超过 200 亿元。据调查，湖南省被污染的耕地面积已占全省总耕地面积的 23.70%。

（4）农产品污染。湖南省有色金属资源丰富，既是"鱼米之乡"，又是"有色金属之乡"。由于长年的有色金属采冶，导致重金属污染逐渐显现，其中，以镉污染问题最为突出并日益严峻，对稻米品质及其安全性产生严重威胁。镉污染问题的特点：一是面积大。2013 年，株洲市镉重度污染土地面积达到 3.4 万 hm^2，污染超标 5 倍以上的达到 1.6 万 hm^2。二是含量高。2014 年，在湘潭市下辖的湘潭县、雨湖区及湘乡市的调查显示，其土壤平均镉含量达 0.89 mg/kg，超标率达89.0%。根据对湖南省 108 组土壤样品检测发现，土壤镉超标率达 90.7%，稻米的镉含量超标率达 52.8%。三是危害重。在大宗谷类作物中，水稻吸镉能力最强，而在以水稻为主食的国家，稻米中的镉是人体镉的主要来源。同时，镉极易蓄积于动物体内，造成动物性食品的污染问题。镉对人体肾脏，对肝、胰、心肺以及主动脉都有不同程度的损害。世界粮农组织与世界卫生组织共同确立大米中镉含量不高于 0.4 mg/kg，中国大米镉限量为 0.2 mg/kg。雷鸣等于 2008 年调查了湖南市场大米镉含量，发现湖南市场大米平均镉含量为 0.28 mg/kg，其中以衡阳市场中大米镉含量最高，株洲、湘潭次之；与此同时，其对湖南污染区大米的调查显示，其平均镉含量高达 0.65 mg/kg，对人体健康存在巨大安全隐患。2014 年，对湖南重点矿区的调查显示，衡东县大米镉含量最高达 2.08 mg/kg，超标 10.4 倍；株洲大米镉含量均值为 0.55 mg/kg，超标率达 80%；对湘潭大米的调查显示，其大米平均镉含量为 0.376 mg/kg，超标率为 52.1%。

（5）引发环境事件。尽管近几年环境事件总数和较大环境事件数量有所控制，但重大环境事件仍然时有发生。根据《中国统计年鉴（2019 年）》，2018 年我国发生突发环境事件 286 次（包括重大环境事件 2 次，较大环境事件 6 次），其中，达到或超过 10 次的省（区、市）有：广东（37 次）、北京（29 次）、陕西（27 次）、宁夏（23 次）、四川（20 次）、湖北（17 次）、湖南（16 次）、山西（12 次）、河南（12 次）、浙江（11 次）、福建（11 次）、辽宁（10 次）、广西（10 次）。据研究，2004—2018 年浙江省杭州市共报告环境污染突发公共卫生事件 6 起，占突发公共卫生事件的 2.09%；6 起均为 CO 中毒，发病 16 例，死亡 5 例，波及 23 人，其罹患率 69.57%。

（6）造成经济损失。根据对京津冀典型城市 PM$_{2.5}$ 污染的健康风险及经济损失研究，慢性支气管炎和心血管疾病的死亡率、发病率及其经济损失受 PM$_{2.5}$ 污染影响最大。其中，2017 年北京市患慢性支气管炎和心血管疾病死亡造成的经济损失占总经济损失的比例高达 87.75% 和 7.86%。同一暴露水平下人口密集、经济发达的城市所受的健康风险及经济损失更大。2017 年北京市由 $PM_{2.5}$ 污染所造成的健康风险的经济损失为 333.91 亿元，天津市为 211.09 亿元，石家庄市为 169.34 亿元。按照功能分类法，从农业损失、渔业损失、工业损失、市政损失等方面对上海市 2016 年水环境污染引起的经济损失进行了评估。研究结果显示，上海市 2016 年水环境污染带来的经济损失约为 540 亿元，占当年全市 GDP 的比例约为 1.97%，经济损失比 1998—2005 年有所上升，占 GDP 的比例明显上升。采用分解求和法，对新疆水环境污染在人体健康、种植业、工业、畜牧业、生活用水和生态六个方面造成的经济损失进行评估。研究结果表明，2017 年水环境污染导致六个方面的经济总损失估值 26.90 亿元，占 GDP 的 0.25%。

四、主要原因

总体而言，造成污染的主要原因无外乎自然因素和人为因素两个方面。从自然因素来说，如火山爆发、水土流失、酸雨、降尘等各种自然因素、自然灾害或自然过程，都会造成甚至加剧环境污染。从人为因素来说，有的属于生活性污染，有的属于生产性污染，有的则属于管理性污染。一般情况下，或从某种程度来说，人为因素造成的污染要重于自然因素造成的污染。现就人为因素造成的污染分别简述如下。

（1）生活性污染。人们在日常生活过程中，由于不重视污染防治，或者环境保护意识淡薄，常常在有意或无意间造成环境污染。农村生活性污染比较常见的有：厕所粪污造成的污染、畜禽粪便造成的污染，以及生活垃圾和生活污水造成的污染等。尤其是我国农村人口众多，大部分人缺乏对生态环境污染问题的认知，有些甚至不了解农村生态环境污染问题的严重性和紧迫性，再加上缺乏必要的污染防治设施、设备和手段，从而造成严重的生活性污染。随着我国农业供给侧结构性改革，许多农村日常生活产生大量的厕所粪污、畜禽粪便、生活垃圾和生活污水等，不加以利用，又不经任何"无害化"处理，直接流入江、河、湖、海，造成严重的环境污染，危及生态系统的结构、功能及其安全性和稳定性。

　　此外，居民在日常生活中使用有化肥残留或农药残留的农作物秸秆、树枝等物燃烧做饭，除了会产生大量浓烟污染大气外，化肥残留或农药残留在燃烧的作用下也会氧化分解释放 VOCs、烟、硫化物、硝化物等大气污染物。同时，在做饭过程中也会产生油烟污染，导致空气中的粉尘颗粒增多，使环境变差。另外，北方居民在冬季取暖时主要使用煤热供暖，煤炭燃烧会排放大量的浓烟、硫化物、硝化物以及 VOCs。这些生活过程中的各种行为均会产生各种影响大气质量的污染物，从而加重大气污染。

　　（2）生产性污染。在生产过程中，由于不正确的生产方式和方法造成的环境污染。如在农业生产过程中，部分农民过于追求农产品的产量而滥用化肥、农药，这样不仅无法获得高质量的农产品，甚至还会对土壤产生破坏，使土壤中重金属的含量严重超标。当农业生产出现问题后，农田周围的生物多样性也会受到影响，若过于严重则会导致生态失衡。部分区域农业生产会使用大棚技术，但是部分农民缺乏环境保护意识，在使用后未能进行有效处理，长期维持这种状态会使土壤中残膜数量增多，进而导致粮食蔬菜减产，产生负面生产效益。还有的农民直接在田间地头燃烧农作物秸秆，不仅会破坏土壤结构、损害土壤生物多样性，而且在秸秆燃烧过程中产生的浓烟会直接污染空气环境，造成大气污染，有的甚至出现火势难以控制的情况，形成连带效应，导致其他田地、林地或树木被烧毁，造成更大的损失。

　　交通产生的大气污染。随着我国经济的快速发展，人们生活水平进一步提升使得人们出行的方式发生了很大变化，由传统的步行、自行车等方式，转变为公交车、私家小汽车等更为快捷的交通方式，它们带来便利的同时也带来了尾气污染，如 SO_2、$PM_{2.5}$、PM_{10} 等。汽车尾气排放造成的大气污染也成为目前大气污染的主要源头之一，危害着人类的健康。

　　煤炭开采与石油挖掘在很大程度上源于社会发展的需要，它们是日常生活与生产主要的能源供应方式。然而，在其开采过程中使用各种开采设备造成的空气粉尘，成为空气污染的又一重要源头。

　　工业化、城市化、城镇化的快速推进，如修路、架桥、城市扩容、新城开发、园区扩建等，往往环保措施没有"及时跟进"，从而造成"大开发、大破坏、大流失（水土流失）、大污染（环境污染）"，有的甚至引发严重的自然灾害，如滑坡、泥石流、地面塌陷、洪水灾害等。

（3）管理性污染。在进行环境污染防治和环境保护管理过程中，如不采取严格措施，必然会出现管理上的漏洞，产生环境污染问题。事实上，有些地方污染问题不仅屡禁不止，甚至愈演愈烈，其根本原因在于"管理问题"——认识不到位、制度不健全、监管不得力，甚至存在腐败问题。

有的领导干部或管理者，往往错误地认为"只要经济搞上去了，环保不环保无所谓"，因此对污染问题、对"不环保者"，睁只眼闭只眼，甚至视而不见或包庇纵容；有的还存在权钱交易、利益输送的问题。有的管理部门只要一发现违规者、偷排者就罚款，且"一罚了之"。这样，越罚越"违"、越"违"越罚，形成了恶性循环。这对打好污染防治攻坚战是极为不利的。

此外，除了以上 3 种因素造成的污染，跨境污染也是造成我国环境污染的又一重要因素。国外、境外的"洋垃圾"侵入我国，一定程度上加剧了我国的环境污染。2018 年，我国进口固体废物 2 241.4 万 t，2019 年 1—8 月，进口固体废物969.7 万 t；2018 年，中国海关在世界海关组织框架下积极倡议发起打击固体废物走私的"大地女神"第四期国际联合执法行动，世界海关组织、联合国环境规划署、国际刑事警察组织等 15 个国际组织以及 75 个国家和地区参加，共查获固体废物案件 214 起、32.6 万 t，创历次行动之最。

五、遵循原则

打好打赢污染防治攻坚战，必须遵循以下五大原则。

（1）全民参与原则。作为三大攻坚战之一的污染防治攻坚战，是当前摆在全国人民面前重大而紧迫的战略任务。必须人人参与、人人有责。首先，各级政府和部门要积极组织、领导所属地区和管辖的民众，全力以赴投入污染防治的各项工作之中；其次，所有企业都应投入打好污染防治攻坚战的全过程之中，主动担当、积极作为；最后，普通民众更应本着"从我做起、从现在做起、从小事做起"的职责和担当，全身心地投入打好污染防治攻坚战的全部工作之中。只有全社会的所有人都主动承担环境保护、污染防治的主体责任，每个人都自觉成为环境保护者、污染防治者，打好污染防治攻坚战的目标才能如期实现。

（2）综合施策原则。污染防治攻坚战是一个复杂的系统工程，必须采取综合措施和方法，方能实现预期目标。一是要将行政的、经济的、法律的、文化的、科技的方法和手段综合运用到打好污染防治攻坚战的全过程、各方面；二是要从产生污染的源头、污染运动（流动、传播）的过程、污染产生的影响和危害等各个环节，针对性地采取"防""控""拦""截""堵""转"等综合性措施，实现源头减轻、过程减缓、危害减弱；三是要借鉴国外，特别是发达国家在环境保护、生态建设及污染防治等方面的成功经验。

（3）循序渐进原则。打好污染防治攻坚战必须循序渐进，决不能急功近利、一蹴而就。要量力而行、尽力而为，一步一个脚印，稳扎稳打，方能取得良好效果。要在摸清各地污染来源、污染物排放规律的基础上，找出原因，由简到繁、由慢到快进行逐步治理，一步一步向前推进。

（4）因地制宜原则。不同地方、不同时间，污染物的排放、造成污染的"原因"，以及由此产生的危害等各不相同。要真正把污染防治好，打好打赢污染防治攻坚战，必须根据各自的具体情况，分别采取不同的措施。只有因地、因时制订具体方案、采取具体措施，才能达到污染防治的最佳效果。

（5）久久为功原则。一个地方、一个区域，环境污染的形成及其造成的危害，往往不是一两天形成的，而是长时间由多种因素造成的。因此，要彻底把污染防治好，圆满完成打好污染防治攻坚战的各项任务，也不是一两天能做到的，必须经过长时间的努力，长时间采取有效防治措施。只有久久为功，方能取得打好污染防治攻坚战的决定性胜利。

六、战略对策

为打好打胜污染防治攻坚战，在遵循上述原则的前提下，还必须采取以下战略对策和措施。

（1）提高认识。要充分认识打好污染防治攻坚战的重大意义，要从讲政治的高度深刻认识打好污染防治攻坚战的现实意义和长远战略意义。一是要加强宣传，要通过报纸、电影、电视、网络等各种媒体和途径，加大对打好污染防治攻坚战重大意义的宣传，特别是加强对习近平生态文明思想的宣传；二是要组织干部、群众到污染防治攻坚战做得好的地方参观和学习，让干部、群众从现实"活生生"的例子中亲眼看到打好污染防治攻坚战的好处、做法和经验；三是要"面对面""手把手"地组织、引导群众参加到打好污染防治攻坚战的具体工作之中。只有这样，才能使广大干部、群众切实认识到打好污染防治攻坚战的重要性、必要性和紧迫性。

（2）搞好规划。说到底，打好污染防治攻坚战时间紧、任务重、难度大，是一场大仗、硬仗、苦仗，而且必须打好、打赢。因此，搞好规划，规划先行，必将有助于打好打赢污染防治攻坚战。各地要在反复"吃透""消化"中央文件精神的基础上，结合具体实际，在专家指导和论证的基础上，编制科学、合理、务实、管用，且具有可操作性的《污染防治规划》方案，并按照《污染防治规划》方案的要求，有计划、有步骤地开展污染防治各项工作。

（3）整治环境。一是推进农村"厕所革命"。只有把农村厕所整治好、改造好，农村厕所粪污的污染问题才能解决。二是推进城乡生活垃圾污水治理。要推行城乡垃圾分类，在农村要巩固完善"户分类、村收集、乡转运、区域处理"的生活垃圾收运处理体系，实行城乡环卫"全域一体化"第三方治理；加大农村生活污水管控力度，探索推广适宜的污水处理技术模式。三是整治污染型企业，淘汰落后生产工艺流程，发展环保型、绿色型、低碳型、循环型企业生产模式。

（4）清洁生产。在农业生产过程中，实行清洁生产，保护生态环境，必须做到：一是节肥，尽量减少化肥施用，多施有机肥、生物肥，并倡导化肥与有机肥、生物肥结合施用，大力发展绿肥（如冬季紫云英）、豆科作物（如大豆、蚕豆、豌豆、绿豆、豇豆等）、油料作物（如油菜）等的种植；二是减药，要大力推广利用物理防治技术（如诱杀法、温控法、辐射法和阻隔法等）和生物防治技术（如放养天敌或引入病原微生物）防治农作物病虫害，尽量少用甚至不用化学农药。在工业生产过程中，则要提倡使用清洁能源（如太阳能、风能、水能、潮汐能等），采用清洁生产过程（尽可能不用或少用有毒有害原料和中间产品），生产出清洁产品。

（5）低碳生活。倡导低碳生活，就是要求每个人在生活中要利用低碳的科技创新技术减少所消耗的能量，特别是 CO_2 的排放量，从而减少对大气的污染，为打好污染防治攻坚战作出自己的贡献。要做到低碳生活，关键是要养成低碳生活的习惯，如：①"绿色出行"，多步行，少开车（或少坐车）；②节约资源，在日常生活中，节约水、电、气等各种资源，不浪费资源，不使用一次性产品（如一次性牙刷、一次性塑料袋、一次性水杯等），做到资源节约利用、再生利用、循环利用；③搞好房前屋后，以及窗台、屋顶的绿化，多做"爱绿、增绿、扩绿、护绿"的行动者、实践者、先行者、示范者。

（6）加强科研。科学技术是第一生产力。加强污染防治科学技术的研发，对于打好污染防治攻坚战具有至关重要的作用。当前，要重点加强以下几方面的研究和开发：一是我国各地大气、水、土壤污染的现状、变化规律及未来发展趋势；二是造成我国环境污染的根源及其作用机制；三是我国打好污染防治攻坚战的战略对策及其关键技术；四是现代高新技术，如大数据、物联网、人工智能、区块链，以及生物技术等在打好污染防治攻坚战中的应用效果及其成功案例等。

（7）开展合作。开展污染防治领域的交流与合作，是打好污染防治攻坚战必不可少的环节。首先，要开展国内的交流与合作。一方面，国内污染防治相对落后地区，要主动向国内先进、发达地区学习，学习先进技术和经验；另一方面，国内在污染防治做得好的地区和单位，亦应主动向相对落后地区传授先进技术和经验，并在人才、技术等方面给予落后地区扶持和帮助。其次，要开展国际的交流与合作。要学习、借鉴世界上发达国家和地区在大气、水、土壤污染的风险识别、污染物快速检测、污染空间阻隔，以及污染风险精准管控和修复等方面的先进技术与经验。最后，要建立和完善多部门共同参与，跨领域、跨部门、跨学科的国际合作机制，推动形成适合我国国情的环境污染防治的管理及技术体系，为确保我国打好污染防治攻坚战取得成功提供支撑和保障。

（8）培养人才。人才资源是第一资源，人才是事业成功的第一关键因素。培养环境保护和污染防治人才，是打好污染防治攻坚战最重要、最关键的因素。总体而言，与世界发达国家和地区相比，我国从事环境保护和污染防治的人才紧缺，尤其是广大农村表现更为明显。为完成打好污染防治攻坚战的各项任务，亟须加速培养相关人才。一是要在大专院校和科研院所加速培养环境保护和污染防治方面的高层次人才，如博士后、博士研究生和硕士研究生；二是要培养环境保护和污染防治方面的本科生和职业人才；三是要通过在职培养、培训，将城乡从事环境保护和污染防治方面的人员有计划地进行"轮训"，使其掌握新知识、新技术、新方法，跟上时代发展要求；四是对城乡普通民众要进行必要的培训，尤其是要通过举办短训班，开展线上、线下的学习和培训。

（9）完善法规。如上所述，我国近年来在生态环境保护和生态文明建设方面已建立、形成了一系列法规制度体系，这也是推动我国生态文明建设取得历史性、转折性、开创性贡献的重要原因之一。但也不容否定，随着新时代我国生态文明建设的全方位推进，特别是要打好打赢污染防治攻坚战，还必须进一步健全和完善生态文明的法规制度体系。要从实现"两个一百年"奋斗目标、从构建人类命运共同体的要求和"高度"，全面梳理和进一步健全、完善生态文明的法规制度体系。尤其要从全球的视野，从共谋全球生态文明建设的战略高度和"宽度"，对我国现有的生态文明制度体系进行再健全、再完善、再提升。

（10）加强监管。再好的法规，再好的制度，如执行不到位，形同虚设，只能是"纸上写写""墙上挂挂"，没有实际效果。因此，加强对污染防治、生态环境保护和生态文明建设相关法规制度执行的监督和管理，就显得格外重要。应该说，我国近年来取得的生态文明建设成就，与各级领导和部门加强法规制度执行的监管是分不开的。但从未来发展来看，从进一步提升生态文明建设的成效来看，从打好污染防治攻坚战的具体要求来看，从实现"美丽中国""美丽世界"的总体要求来看，我国对污染防治、生态环境保护和生态文明建设法规制度执行的监管，只能加强，不能削弱。只有这样，打好污染防治攻坚战必将如期圆满收官，建设清洁美丽世界才能如期实现。

参考文献

[1]　习近平. 决胜全面建成小康社会　夺取新时代中国特色社会主义伟大胜利——在中国共产党第十九次全国代表大会上的报告（2017 年 10 月 18 日）[N]. 人民日报，2017-10-28.

[2]　中共中央关于坚持和完善中国特色社会主义制度　推进国家治理体系和治理能力现代化若干重大问题的决定[N]. 人民日报，2019-11-06.

[3]　本报评论员. 用习近平生态文明思想武装头脑——一论学习贯彻全国生态环境保护大会精神[N]. 中国环境报，2018-5-22.

[4]　李干杰. 坚决打赢污染防治攻坚战以生态环境保护优异成绩决胜全面建成小康社会[J].

社会治理，2020（2）：5-18.

[5] 罗敏. 打赢蓝天碧水净土保卫战. 实施升级版"十四五"污染防治攻坚战——访第十三届全国人民代表大会代表、生态环境部环境规划院院长、中国工程院院士王金南[J]. 环境保护，2020，48（11）：12-16.

[6] 王辉. 十八大以来我国生态文明建设的回顾与展望[J]. 文化创新比较研究，2020（12）：136-137.

[7] 郑军. 全面提升参与全球环境治理能力和水平[N]. 中国环境报，2020-06-17.

[8] 王涛，王明悦，胡薇，等. 中国 2018 年 $PM_{2.5}$ 的空间分布特征——基于地理信息系统的研究[J]. 环境与职业医学，2020（6）：553-557.

[9] 陈莎，刘影影，李素梅，等. 京津冀典型城市 $PM_{2.5}$ 污染的健康风险及经济损失研究[J]. 安全与环境学报，2020，20（3）：1146-1153.

[10] 杨清龙，彭思毅. 我国地下水污染原因分析以及策略思考[J]. 环境科学导刊，2020，39（增）：34-35.

[11] 申利亚，朱宜平，陈立婧. 我国水库污染治理现状及对策[J]. 安徽农业科学，2020，48（11）：88-92.

[12] 环境保护部，国土资源部. 全国土壤污染状况调查公报[J]. 中国环保产业，2014（5）：10-11.

[13] 张静. 浅析土壤污染现状与防治措施[J]. 农业与技术，2020，40（11）：130-132.

[14] 罗琼，杨昆，许靖波，等. 我国稻田镉污染现状、危害、来源及其生产措施[J]. 安徽农业科学，2014，42（30）：10540-10542.

[15] 陈基旺，屠乃美，易镇邪，等. 湖南镉污染稻区再生稻发展需解决的重点问题[J]. 农学学报，2020，10（1）：32-36.

[16] 方琳娜，方正，钟豫. 土壤重金属镉污染状况及其防治措施——以湖南省为例[J]. 现代农业科技，2016（7）：212-213.

[17] 徐晶晶，吴波，张玲妍，等. 基于贝叶斯方法的湖南湘潭稻米 Cd 超标风险评估[J]. 应用生态学报，2016，27（10）：3221-3227.

[18] 张建辉，王芳斌，汪霞丽，等. 湖南稻米镉和土壤镉锌的关系分析[J]. 食品科学，2015，36（22）：156-160.

[19] 雷鸣，曾敏，王利红，等. 湖南市场和污染区稻米中 As、Pb、Cd 污染及其健康风险评价[J]. 环境科学学报，2010，30（11）：2314-2320.

[20] 唐秋香，缪新. 土壤镉污染的现状及修复研究进展[J]. 环境工程，2013（S1）：747-750.

[21] 王世汶，陈青，熊雪莹. 从重大环境事件特点看中国城镇的脆弱性及其启示[J]. 中国发展观察，2019（7）：41-44.

[22] 中华人民共和国国家统计局. 中国统计年鉴（2019 年）[M]. 北京：中国统计出版社，2019.

[23] 舒丽萍，张文辉. 杭州市 2004—2018 年环境污染、食物和职业中毒突发公共卫生事件分析[J]. 实用预防医学，2020，27（6）：743-744.

[24] 陈莎，刘影影，李素梅，等. 京津冀典型城市 $PM_{2.5}$ 污染的健康风险及经济损失研究[J]. 安全与环境学报，2020，20（3）：1146-1153.

[25] 汪然. 上海市水环境污染的经济损失估算[J]. 上海环境科学，2020，39（2）：60-65.

[26] 朱美玲，吴旭. 新疆水环境污染成本评估[J]. 环境生态学，2020，2（5）：85-91.

[27] 倪岳峰. 深入学习贯彻习近平生态文明思想严厉打击洋垃圾走私[J]. 人民论坛，2019（29）：6-8.

[28] 黄国勤. 长江经济带稻田耕作制度绿色发展探讨[J]. 中国生态农业学报（中英文），2020，28（1）：1-7.

如何打好污染防治攻坚战

李　萍　黄国勤*

（江西农业大学生态科学研究中心，南昌 330045）

摘　要： 打好污染防治攻坚战，是党的十九大作出的重大战略部署，是全面建成小康社会决胜期的重大政治任务。近年来，市委、市政府高度重视生态文明建设，以前所未有的决心和力度打好污染防治攻坚战，取得了明显成效。但污染防治工作只有起点、没有终点，永远在路上。

关键词： 污染防治攻坚战　生态环境保护

　　打赢污染防治攻坚战是以习近平同志为核心的党中央从中华民族永续发展的高度、着眼党和国家发展全局、顺应人民群众对美好生活期待作出的重大战略部署。关系到全面建成小康社会能否得到人民认可、能否经得起历史的检验，是一项伟大而艰巨的历史任务和时代使命。我们要坚守增强人民群众生态环境幸福感的初心，勇担打赢污染防治攻坚战的使命，聚焦突出问题找差距，埋头苦干实干抓落实，切实做到愿担当愿作为、真担当真作为、善担当善作为、敢担当敢作为，做好三个必须、保持三个高度自觉，坚决打好打赢污染防治攻坚战，不断满足人民日益增长的优美生态环境需要。

---

* 通信作者：黄国勤，教授、博导，E-mail：hgqjxes@sina.com。

基金项目：江西农业大学生态学"十三五"重点建设学科项目。

一、做好三个必须

1．打好污染防治攻坚战必须全面深化改革、锐意创新

要采取切实可行的举措，把推动绿色发展方式和生活方式摆在更加突出的位置，积极主动推进相关领域改革创新。要在创新机制上下功夫，积极创新管理机制，使地方政府成为污染防治攻坚战的责、权、利统一体；勇于创新运行机制，充分发挥基层的积极性、主动性、创造性；大力创新促进机制，充分调动各级各部门的积极性，让广大干部群众积极投身污染防治攻坚战，形成整体推进、合力联动的局面，为人民群众创造良好生产生活环境。

2．打好污染防治攻坚战必须把握关键、重点突破

要在工作中找准"主攻点"、牵住"牛鼻子"，做好顶层谋划、基础设计和精心部署，确定时间表、任务书、路线图，有组织、有计划、有步骤地加以推进；要谋准污染防治攻坚战空间，把准污染防治攻坚战时机，精准污染防治攻坚战时序，分清轻重缓急，找到突破口，打到关键处；要在关键施策上出实招、在重点突破上下实功，落实好目标责任机制，充分发挥考核的"指挥棒"作用，层层传导、级级加压，才能在落地上见实效。

3．打好污染防治攻坚战必须远近结合、方法得当

要因地制宜，采取得当战术，贯通全局、上下同心、左右协调、同向发力；要有高度的紧迫感和使命感，也不能因急于求成而忽视过程中存在的风险。既要有"只争朝夕"的紧迫感，又要防止欲速则不达，打好污染防治攻坚战必须一步一个脚印，踏实前行；要以"功成不必在我"的胸襟和气度，坚持"新官理旧账"，多做打基础、利长远、惠民生的实事，确保"一张蓝图绘到底"。

二、保持三个高度自觉

1．高度政治自觉

党的十九大明确提出要确保实现全面建成小康社会的环境目标，使全面建成小康社会得到人民认可、经得起历史检验。自 2017 年以来，江苏省委、省政府按

照习近平总书记在视察江苏时对努力建设"强富美高"新江苏的新要求，着眼全面小康，大力实施"263"专项行动，成为全国生态文明建设的一面旗帜、一个标杆。盐城"两海两绿"路径，基于"生态立市"的政治考量，在生态环境建设上取得了明显成效。亭湖区历来高度重视生态文明建设，强化绿色发展，推进产业转型升级，加大污染防治力度，坚决整改人民群众反映强烈和影响绿色发展的突出环境问题，组建了区域环境综合治理公司、益农生态投资公司，生态环境质量正持续改善中。近年来的生态环境建设的探索和实践，使我们更加深刻地认识到，生态环境既是衡量高质量发展的特别显著标志，更是推动高质量发展的强大倒逼力量；优美生态环境是高水平全面建成小康社会的重要标杆，更是满足人民群众美好生活需要的核心内涵。我们必须提高政治站位，坚持以人民为中心的发展思想，牢牢把握生态环境高质量发展要求，清醒认识和把握污染防治攻坚战的艰巨性和复杂性，切实解决突出环境问题，增加优质生态产品供给，坚决扛起打好污染防治攻坚战的政治责任，以实际行动和实际成效抒写新时代生态文明建设的"亭湖篇章"。

2．高度行动自觉

"绿水青山"与"金山银山"的关系，根本上就是如何正确处理经济发展和生态环境保护的关系，两者在实践中辩证统一，这是实现可持续发展的内在要求，是坚持绿色发展、推进生态文明建设首先必须要解决的重大思想问题。"绿水青山"的守护和科学利用不能纸上谈兵、游离实践，"金山银山"的构建和绿色共享更不能等待观望、光说不练。当前是生态文明建设的关键期、攻坚期、窗口期，我们必须遵循问题导向，靶向发力、精准发力，既要在解决突出生态环境问题上迅捷行动，以图立竿见影；又要在制度建设和顶层设计上久久为功，以期长效管用。当前，坚决向环境污染宣战，应打好几场标志性的重大战役，让人民群众在生态环境高质量上有更多、更直接、更明显的获得感。

一要尊崇绿色促转型。我们面临的环境问题，从根本上还是长期粗放发展积累造成的。解决这些问题，需从发展源头上发力，尊崇绿色低碳循环发展，从根本上减少资源消耗、减少污染排放、减少生态破坏。要秉持"三个导向"，秉持绿色导向，不符合"强新绿智联特"标准的项目坚决不要、不批、不上；秉持底线导向，严格落实生态空间管控红线、环境质量安全底线、自然资源利用上线和环境准入负面清单"三线一单"制度；秉持示范导向，积极创建国家生态文明建设示范区。

二要综合施策保蓝天。紧扣 $PM_{2.5}$ 和臭氧浓度"双控双减"，重点推动工业污染、燃煤污染、VOCs、面源污染等治理和应急管控"五个升级"措施落实，保持空气综合质量指数的"亭湖蓝"。

三要城乡联动护碧水。着力打好水源地隐患、劣V类水体、黑臭水体等"三场歼灭战"，实施城乡联动的水环境整治工程，加快改善水环境质量，为百姓提供更多的亲水环境，更加彰显水绿亭湖的优势和特色。

四要扼控源头守净土。以耕地和建设用地土壤污染防治为重点，实施土壤环境安全保障工程，高度重视丹顶鹤自然保护区缓冲区的保护，促进土壤环境质量持续稳定改善。

五要严打违法出重拳。生态保护从严，变环境问题被动治理为生态环境主动保护，坚决守住环境安全底线；问题整改从严，实行整改清单、台账管理和销号制度，彻底整改、整改彻底；违法查处从严，采取按日计罚、查封扣押等综合手段，严肃查处，让环境违法者付出代价、无处藏身。

3．高度纪律自觉

生态环境问题本质上是发展方式、经济结构和消费模式问题。解决环境污染问题的根本之策有两条：一是加快形成绿色发展方式，二是加快构建生态环境保护的刚性屏障。我们要始终保持高度的纪律自觉和强大定力，筑牢污染防治的支撑保障体系。

一要落实责任保障。按照"党政同责、一岗双责"和"管发展必须管环保、管行业必须管环保、管生产必须管环保、管区域必须管环保"的要求，将环保责任压实到岗、传导到人、延伸到"最后一米"。在落实环保责任的同时，既要有底线思维，又要有法治思维，还要有系统思维，拎得清、捏得准保护与发展、保护与改革、保护与稳定、保护与未来的关系，系统谋划生态环境保护。

二要抓好政策保障。创新生态资本经营机制，启动编制自然资源资产负债表，推行节能量、碳排放、排污权、水权交易制度，深化生态补偿、水环境"双向"补偿、环保信用评价、企业排污许可等制度改革。把环境保护作为公共财政支出的重点，确保财政用于环境保护的支出稳定增长。完善多元化环保投入机制，抓紧谋划实施一批提升环境监管能力和基础设施建设重点工程,提高监管工作的专业性、权威性和科学性。

　　三要强化制度保障。进一步完善生态环境问题线索有奖举报制度,引导社会公众关注环境污染现象、举报环境违法行为,推动形成全社会污染防治合力。加大环境问题公开曝光力度。推行环保信访问题整改末位问责制度,既铁腕治污,又铁腕治吏,倒逼思想重视、倒逼整改落实、倒逼环境提升,让水绿如画的美好愿景在亭湖落地生根、开花结果。

三、结语

　　打好污染防治攻坚战,需要政府、企业、社会组织、公众等多主体共同参与,形成攻坚合力。政府要强化监管,全力推进治理工作;科研机构要增强生态环境保护技术创新能力,为打好污染防治攻坚战提供科学支撑;企业要承担主体责任,依法排放,主动治污;社会组织要发挥生态环境保护的监督、推动、倡导者作用;公众要提高保护生态环境的意识,养成绿色生活方式等。只有全社会凝聚共识、共同行动,才能切实打好打赢污染防治攻坚战。

参考文献

[1]　佚名. 坚决打好污染防治攻坚战　推动生态文明建设迈上新台阶[J]. 理论导报, 2018（5）：1.

[2]　马海峰. 勇担使命　砥砺奋进　扎实推进污染防治攻坚战深入开展[N]. 锦州日报, 2019-10-22（A02）.

[3]　梁瑜. 奋力打赢污染防治攻坚战[N]. 吕梁日报, 2019-08-30（2）.

[4]　李干杰. 坚决打好污染防治攻坚战[J]. 紫光阁, 2018（1）：9-10.

[5]　中共盐城市亭湖区委副书记区长张宏春. 以高度自觉坚决打好打赢污染防治攻坚战[N]. 中国环境报, 2019-10-29（3）.

[6]　郭倩. 环保科技创新助力污染攻坚战——2019 年中国环境科学学会科学技术年会生态环境执法技术分会在西安举行[J]. 中国环境监察, 2019（8）：29-30.

[7]　吴舜泽，郭红燕，李晓. 完善环境治理体系助力污染防治攻坚战[J]. 环境与可持续发展，2019，44（1）：8-12.

[8]　韦峰. 打赢污染防治攻坚战　助推江都高质量发展[N]. 中国环境报，2019-10-28（3）.

[9]　季江云. 环境科技创新要服务于地方生态环境治理——2019 中国环境科学学会科学技术年会在西安举行[J]. 环境与生活，2019（9）：90-97.

[10]　周宏春. 用"正确的方法"打好打赢污染防治攻坚战[N]. 中国城乡金融报，2019-10-16（B03）.

[11]　李海生. 加强生态环境科技创新　助力打好污染防治攻坚战[J]. 环境保护，2019，47（10）：15-19.

[12]　张恺. 基于改善环境质量为核心的污染防治攻坚策略[J]. 绿色科技，2019（16）：74-75.

[13]　打好污染防治攻坚战十大政策建议[J]. 领导决策信息，2018（2）：24-25.

[14]　申世良. 走好绿色发展之路　打好污染防治攻坚战[N]. 衡水日报，2019-10-18（A03）.

[15]　榆林市生态环境局党组书记局长王海洋. 坚决打赢大气污染防治攻坚战[N]. 榆林日报，2019-10-18（5）.

[16]　打好污染防治攻坚战　我们在行动[J]. 环境保护，2019，47（10）：8.

[17]　污染防治攻坚战经验总结与展望——生态环境部环境与经济政策研究中心举办第十二期中国环境战略与政策沙龙[J]. 环境与可持续发展，2019，44（5）：8-32.

基于 Citespace 分析我国近 20 年环境污染领域发展的现状

张　鹏　黄国勤*

（江西农业大学生态科学研究中心，南昌330045）

摘　要： 以中国知网（CNKI）数据库中 1998—2018 年我国环境污染与土壤质量领域方面的研究论文为对象，利用 Citespace 软件对文章中的关键词、作者、机构等节点进行共现网络、聚类分析、突现词分析，绘制作者合作网络、机构合作网络、关键词热点和时区视图等图谱，通过信息可视化手段分析我国近 20 年内环境污染与土壤质量领域的发展现状。结果表明，近 20 年我国环境污染与土壤质量领域发展迅速，伴随着社会的发展，环境问题越来越引起人们的重视，现今社会不光追求经济的快速增长，更要明确环境问题与经济发展和谐发展的关系。从文献计量学角度分析我国近 20 年来环境污染与土壤质量领域的发展现状，明晰经济发展与环境污染两者的关系，在保障环境安全的前提下，使我国经济持续健康发展，为今后环境污染的改善与保障土壤质量的良性发展提供参考。

关键词： 环境污染　土壤质量　Citespace 软件分析　中国知网　数据库

　　环境污染是被人们利用的物质或能量直接或间接地进入大气、水体、土壤等环境，以至于危及人类健康、危害生命资源和生态系统，以及损害或者妨害舒适性和环境的其他合法用途的现象。环境污染是经济合作与发展组织（Organization for Economic Co-operation and Development，OECD）环境委员会于 1974 年提出的一个宽泛概念。环境问题与人类活动密不可分，其研究角度包括经济发展、外商直接投资、产业集聚或产业结构调整、环境规制、财政分权以及人口等。环境污

* 通信作者：黄国勤，教授、博导，E-mail：hgqjxes@sina.com。

基金项目：江西农业大学生态学"十三五"重点建设学科项目。

染具有公害性、潜伏性、长久性三大基本特点，其不受地区的限制，并且不易发现，而爆发后会带来严重后果，此外，污染将长期存在人类身边，随时危害人们的身体健康，不易消除。2014 年 12 月 27 日，国务院办公厅印发《关于推行环境污染第三方治理的意见》（国办发〔2014〕69 号），该意见分总体要求、推进环境公用设施投资运营市场化、创新企业第三方治理机制、健全第三方治理市场、强化政策引导和支持、加强组织实施 6 部分 22 条。通过环境污染的特点以及国家的政策，可以看出环境污染问题与我们息息相关，并且国家对于环境污染的重视程度越来越高。2007 年 10 月，党的十七大第一次提出要建设生态文明；党的十八大报告以大力推进生态文明建设为题，独立成篇地系统论述了生态文明建设，将生态文明建设提到一个前所未有的高度；党的十九大进一步强调了推进绿色发展，加快生态文明建设的重要意义。可见保障我们的生存环境，防止、防治环境污染是推进生态文明建设的重要一步。环境污染导致环境健康危害问题变得日益严重，影响社会稳定和经济发展。因此，加强环境与健康调查研究，建立环境健康管理机制与战略对策具有重要意义。本研究利用文献计量学分析方法，借助前人多年的研究结果分析近 20 年来我国环境污染与土壤质量领域方面的发展现状。

文献计量学可视化分析是集绘图、数据采集、分析、整理和展现已有知识结构为一体的新型方法，已经逐渐成为预测各个学科领域发展态势的重要手段，常用的分析方法有 ArnetMiner、Meta-analysis、TDA、Citespace 等。Citespace 较其他软件具有聚类分析、多维尺度分析、社会网络分析等优势，侧重于探测和分析学科研究前沿的演变趋势、研究前沿与其知识基础之间的关系及不同研究前沿之间的内部联系，与早期的可视化工具相比，它拥有更高的可视化清晰度和可解释性，能够清晰展示不同论文群体中的知识基础、热点、新兴趋势和关键点等。

一、数据来源和分析方法

1．数据来源

本研究所有数据样本均来源于中国知网（CNKI），由于中国知网所包含的期刊较多，范围较广，因此以其中较高水平核心期刊为数据来源，检索条件：篇名为环境污染或者土壤质量，选择时间为 1998—2018 年，模糊匹配检索，共得到

2 695 条检索结果，对检索结果进行筛查，去除重复、期刊会议征稿、研究单位简介、司法对策及项目成果简介等不相关检索结果后，共有 2 571 篇文献。

2．分析方法

运用 Citespace 软件，选择时间区间为 1998—2018 年，单个时间分区长度为 5 年，主题词来源选择 Title、Abstrace、Author、keyword、keywords Plus，Term type 选择 Noun phrases，分别设置 Keyword、Institution、Author 等网络节点，并设置节点数量、大小，根据需求设置阈值的高频词，获得文献记录的研究机构、突现词和被引次数等指标，通过聚类分析，完成科学知识图谱。

二、我国环境污染及土壤质量的文献计量分析

1．发文量

通过统计图表描述，可以清晰地看出我国环境污染及土壤质量方面文献发表的情况。由图 1 可知，目前，关于我国环境污染及土壤质量方面的研究大致分为三个阶段：缓慢增长阶段（1998—2003 年）、快速增长阶段（2004—2011 年）、

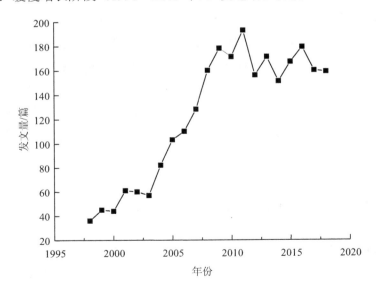

图 1　我国环境污染及土壤质量相关文献发表情况（1998—2018 年）

稳步发展阶段（2012—2018 年）。我国环境污染研究在 1998—2011 年总体发展迅速，研究机构的发文量约增加了 5 倍，于 2011 年达到高峰，之后 1 年发展热度有所下降；2012—2018 年发文量较稳定，每年发文量在 163 篇左右。由此可见，近 20 年我国环境污染及土壤质量相关方面的研究在快速发展后逐渐趋于稳定，关注度不断增加且形成一定的规模。

2．发文机构

通过对 2 571 篇文献的发文机构进行分析，在 Citespace 中选择 Institution，设置阈值为 10，得到图 2，其中节点大小表示机构发文量多少。在 2 571 篇文献中，包含 198 个机构（节点），58 次连接，密度为 0.003，说明各个机构间有一定的合作，但机构间学术交流还有提升空间。由表 1 可知，在各个机构（1998—2018 年）的发文量中，中国科学院南京土壤研究所和湖南大学经济与贸易学院并列第一，其次是西安交通大学经济与金融学院，中国科学院研究生院居第 3 名，这四所科研院所占总发文数的 3.31%。

表 1　1998—2018 年环境污染及土壤质量相关研究发文量 10 篇以上的机构排名　单位：篇

排名	机构	发文量
1	中国科学院南京土壤研究所	23
1	湖南大学经济与贸易学院	23
2	西安交通大学经济与金融学院	21
3	中国科学院研究生院	18
4	兰州大学经济学院	16
5	南开大学经济学院	15
6	武汉大学经济与管理学院	14
7	中国科学院地理科学与资源研究所	12
8	西北农林科技大学资源环境学院	11
8	中国环境科学研究所	11
8	重庆大学经济与工商管理学院	11
9	中国科学院南京地理与湖泊研究所	10
9	中国科学院大学	10
9	西南大学资源环境学院	10
9	华中科技大学经济学院	10
9	陕西师范大学旅游与环境学院	10

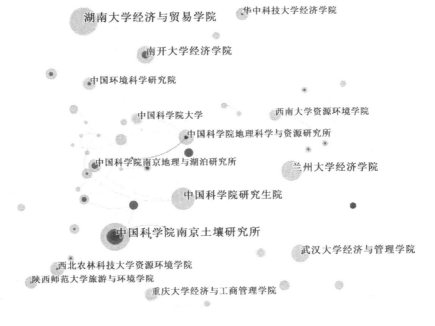

图2　1998—2018年环境污染及土壤质量相关研究发文机构关系图谱

3. 作者群体

通过 Citespace 软件对研究对象的发文作者群体进行分析,设置相关参数,调整阈值为5,得出作者合作分析图谱(图3)。图谱共有 409 个节点,321 次连接,密度为 0.003 8。按照发文量统计,我国环境污染及土壤质量相关作者发文量最多的是周启星,发文量为 9 篇,其次是傅伯杰、杨劲松、张伟,发文量均为 8 篇。从图 3 来看,我国环境污染及土壤质量领域相关研究中群体间合作较为稀疏,不同作者间学术合作较少,总体呈现为部分集中、整体分散的局面。

图 3　1998—2018 年环境污染及土壤质量相关研究发文作者合作关系图谱

注：图中圆点大小表示作者发文量多少，线条粗细表示作者之间的合作密度。

三、综合分析

1．知识基础

关键词的出现频次在图中反映为年轮的大小，其与学者对该方向的关注程度息息相关，往往代表着该研究领域的研究热点，而关键词的中心度能够衡量其在该领域中的转折意义和枢纽作用，高中心度的节点是整个知识网络的基础，在不同知识结构中起着桥梁的作用。由表 2 可知，中心度的排序和频次的排序大致相同，但也有部分存在差异，其中环境污染的频次为 857 次，中心度为 0.57，两者均排名第一，土壤质量的频次居环境污染之后，位居第二，而中心度却只为 0.16。经济增长和环境库兹涅茨曲线分别排名第三、第四，说明环境问题与经济发展关系密切，在以后的发展中要权衡环境与经济，不能以牺牲环境为代价而单方面追求经济的增长。从后续排名中可以看出，关于环境污染治理和环境综合评价的研究在逐渐完善和发展，特别是农村环境污染问题也开始得到相应的关注。

表 2　关键词的中心度排前 20 名的词汇

序号	中心度	频次/次	词汇
1	0.57	857	环境污染
2	0.16	300	土壤质量
3	0.1	157	经济增长
4	0.06	78	环境库兹涅茨曲线
5	0.17	59	污染
6	0.04	49	土壤质量评价
7	0.08	48	主成分分析
8	0.18	43	环境污染治理
9	0.06	40	重金属
10	0.08	39	对策
11	0.06	39	环境污染责任保险
12	0.15	38	水环境
13	0.03	36	财政分权
14	0.03	31	经济发展
15	0.03	30	外商直接投资
16	0.08	30	环境保护
17	0.16	28	污染治理
18	0.15	27	环境
19	0.08	27	综合评价
20	0.05	26	农村环境污染

2．领域热点

关键词作为文章的中心点，是整篇文章的高度概括。对论文进行关键词分析，能够得到该领域的发展路径，挖掘研究热点问题。使用 Citespace 软件对近 20 年来我国环境污染及土壤质量领域的相关文献进行关键词聚类分析，设置时间跨度为 1998—2018 年，单个时间分区为 5 年，调整阈值为 45，生成近 20 年环境污染及土壤质量领域热点图谱(图 4)。图 4 中共出现关键词 235 个,418 根连线(N=235,E=418)。不同模块代表不同聚类，模块大小代表聚类大小，表示词频的高低。高频关键词有：环境污染、土壤质量、经济增长、环境库兹涅茨曲线、污染、土壤质量评价、主成分分析、环境污染治理，这些高频关键词代表了当前研究的热点。由于本研究是分析我国环境污染及土壤质量的发展状况，环境污染中包含了土壤污染及土壤质量情况，并且以环境污染及土壤质量作为论文数据的检索词进行检索，因此具有较高的词频。从这些高频词中可以看出，近 20 年来我国环境污染及土壤质量领域的发展与经济增长有密切关系，并且关于环境责任、清洁生产等方面的制度和生产方式在逐步增强完善，兼顾环境的高效经济增长模式是稳定、持续发展的重要道路；在土壤质量方面，关于土壤质量的综合评价以及土壤微生物的研究可能是今后重点的研究方向。

图 4　1998—2018 年我国环境污染及土壤质量的关键词领域热点图谱

四、小结与展望

本研究运用可视化软件 Citespace，以 CNKI 数据库中核心期刊的环境污染及土壤质量文献为样本数据,对近 20 年来环境污染及土壤质量研究进行高频关键词汇总,分析了环境污染及土壤质量的现状及趋势。可以看出,截至目前,关于环境污染及土壤质量的相关研究经历了缓慢增长、快速增长、稳步发展的三大发展阶段,环境污染往往与经济发展密切相关,并且随着现代科技水平的发展,关于土壤质量的研究从以前相关综合评价逐渐面向土壤微生物方面的研究,更加从分子等微观角度研究土壤质量。此外,在今后的研究中,应该加强机构之间、学者之间的学术交流,完善我国环境治理方案以及清洁安全化生产工艺,注重生态、经济、社会三大效益。

参考文献

[1] 王一镗. 中华医学百科全书 临床医学 灾难医学[M]. 北京:中国协和医科大学出版社. 2017.

[2] 谭志雄,张阳阳. 财政分权与环境污染关系实证研究[J]. 中国人口·资源与环境,2015,25(4):110-117.

[3] Lauf S,Haase D,Kleinschmit B . The effects of growth,shrinkage,population aging and preference shifts on urban development—A spatial scenario analysis of Berlin,Germany[J]. Land Use Policy,2016,52:240-254.

[4] 苏启陶,杜志喧,钟川,等. 基于 Citespace 分析我国近 20 年绿色生态农业领域发展现状[J]. 江苏农业科学,2019,47(2):321-326.

[5] Fang Y,Yin J,Wu B H. Climate change and tourism:a scientometric analysis using CiteSpace[J]. Journal of Sustainable Tourism,2018,26(1):108-126.

[6] Chen C,Hu Z,Liu S, et al. Emerging trends in regenerative medicine:a scientometric analysis in CiteSpace[J]. Expert Opin Biol Ther,2012,12(5):593-608.

[7] 黄晓军,王博,刘萌萌,等. 社会-生态系统恢复力研究进展——基于 CiteSpace 的文献计量分析[J]. 生态学报,2019,39(8):3007-3017.

[8] 常雪玲,张宗文,李艳琴,等. 荞麦 mate 的克隆及表达分析[J]. 中国农业科学,2018,51(11):2038-2048.

[9] 秦晓楠,卢小丽,武春友. 国内生态安全研究知识图谱——基于 Citespace 的计量分析[J].

生态学报，2014，34（13）：3693-3703.

[10] Chen C. Citespace II：detecting and visualizing emerging trends and transient patterns in scientific literature[J]. Journal of the China Society for Scientific & Technical Information，2006，57（3）：359-377.

[11] 毕学成，苏勤. 生态经济领域研究热点与前沿——基于 Citespace III的分析[J]. 重庆交通大学学报（社会科学版），2017，17（1）：74-81.

农田 N₂O 排放机理研究进展

胡　瑞　徐新彤　郭晓敏*

（江西农业大学林学院/江西省森林培育重点实验室，南昌 330045）

摘　要： 近年来，大气中的氧化亚氮（N_2O）含量不断增加，已成为全球关注的问题。农田土壤是 N_2O 的重要产生源，其排放量约占全球 N_2O 排放总量的 70%。地表土壤中硝化、反硝化、硝化微生物反硝化和硝态氮异化还原成铵等作用是农田土壤 N_2O 生成的主要过程。本文提出的 N_2O 的减排措施建立在研究土壤 N_2O 排放方式和影响因子基础上，对于减少农田 N_2O 排放、粮食的绿色可持续生产等都具有十分重要的科学意义。

关键词： 农田土壤　N_2O 排放　影响因素　减排措施

　　氧化亚氮（N_2O）是影响全球变暖的第三大重要的温室气体（GHG）。据统计，全球大气中 N_2O 浓度已经从工业革命时期前的 270 $\mu L/m^3$ 增至 2016 年的 329 $\mu L/m^3$。温室气体（GHG）排放的主要来源包含土壤中气体的排放，其中 N_2O 排放量占中国农业 N_2O 排放量的 8%～11%。随着世界人口的增长，到 21 世纪中叶人类对农田生产粮食的需求预计达到 1.373 亿 t。由于人类不断增长的食物需求和农业扩张，为确保世界的粮食安全，未来全球农业生产效率应提高 60%～110%。为此，人们大量施用氮肥以达到增产目的，但这极大地促进了农田中 N_2O 的排放。近年来，农业科学家对如何在保持农田高产的同时减少 N_2O 排放做了诸多研究。本文以此为基础，综合评述农田土壤 N_2O 产生途径及影响因素以及深入研究农田土壤 N_2O 排放机制，为温室气体减排措施提供科学技术及理论依据。

---

* 郭晓敏，E-mail：gxmjxau@163.com。

一、N_2O 的产生途径

硝化作用（包括自养硝化和异养硝化）、反硝化作用（包括微生物自养反硝化、微生物异养反硝化和化学反硝化）、硝化细菌反硝化和硝态氮异化还原成铵作用等都能产生农田土壤 N_2O。其中，土壤微生物主导的以铵态氮（NH_4^+-N）为反应底物的硝化作用（主要指自养硝化）、以硝态氮（NO_3^--N）为反应底物的反硝化作用（主要指微生物异养反硝化）和硝化细菌反硝化作用是土壤 N_2O 产生的最基本途径。作为硝化作用的副产物和反硝化作用的中间产物，N_2O 在此过程中的产生量占由生物圈释放到大气层当中 N_2O 总量的 70%～90%。硝酸盐异化还原成铵作用也能产生 N_2O，但是在自然条件下，硝酸盐异化还原成铵作用中 N_2O 产生量基本可以忽略。

硝化作用是指在有氧气的条件下，土壤中硝化微生物将 NH_4^+-N、NH_3 或含氮有机化合物（RNH_2）等氧化为硝酸盐的过程，包括自养硝化作用和异养硝化作用，自养硝化作用下微生物以无机碳为碳源、以 NH_4^+（或 NH_3）与氧气作用释放的化学能为生物热能，而异养硝化作用下微生物以有机碳为碳源。与前者自养硝化作用不同，异养硝化作用的底物既可以是二氧化碳，也可以是有机碳。其中，自养硝化过程为 $NH_4^+ \rightarrow NH_2OH \rightarrow [NOH] \rightarrow NO_2^- \rightarrow NO_3^-$。而异养硝化过程包括：①以无机氮为反应底物：$NH_4^+ \rightarrow NH_2OH \rightarrow [NOH] \rightarrow NO_2^- \rightarrow NO_3^-$；②以有机氮为反应底物：$RNH_2 \rightarrow RNHOH \rightarrow RNO \rightarrow RNO_2 \rightarrow NO_3^-$。通常条件下，异养硝化过程产生的 N_2O 仅占土壤 N_2O 总排放量的很小部分，仅在特定环境条件下（如低 pH、高氧气含量和高有机碳含量等）异养硝化过程会产生大量 N_2O。硝化过程主要产物为 NO_2^- 和 NO_3^-，同时伴有微量 N_2O、NO 等含氮气体。

反硝化作用是指在厌氧条件下，NO_3 或 NO_2^- 被还原为气态氮（N_2、NO 和 N_2O）的过程：$NO_3^- \rightarrow NO_2^- \rightarrow NO \rightarrow N_2O \rightarrow N_2$，可分为生物反硝化和化学反硝化两类。在微生物作用下的生物反硝化作用又可根据反应所需能源的不同分为异养反硝化和自养反硝化两类。其中，异养反硝化是微生物利用 NO_3^- 作为电子受体氧化有机化合物获得能量的过程；而自养反硝化则是微生物利用 NO_3^- 作为电子受体氧化无机化合物如 S^{2-}、Fe^{2+} 和 Cu^{2+} 等的过程。异养反硝化是比自养反硝化更重要的产生

N_2O 的途径。化学反硝化则指 NO_2^- 自身的化学分解或与其他物质的化学反应作用，反应主要受 NO_2^- 积累、土壤 pH、有机质含量和还原态金属离子浓度等因素影响，产物主要为 NO_x、N_2O 和 N_2。化学反硝化通常只在酸性或酸化土壤中才被认作是 N_2O 的一个重要产生途径。一般而言，反硝化作用的最终产物是 N_2，但反硝化细菌会因为缺少某些相关还原酶而只能完成反硝化过程中的某些步骤，因而在反硝化过程中常伴有 N_2O 的产生，产生的 N_2O 总量远远多于硝化过程。虽然反硝化过程是一个还原过程，但在结构良好的通气土壤中，反硝化作用的还原反应依然可以发生。在硝态氮异化还原过程中，除以气态氮化物为主要产物的反硝化作用外，还有以 NH_4^+ 为终产物的硝态氮异化还原成铵（dissimilatory nitrate reduction to ammonium，DNRA）作用。DNRA 作用生成 N_2O 排放量占施氮量的 1%～8%。仅在某些特定条件下（如高 pH、高 C/N 和厌氧环境），硝态氮异化还原成铵作用会在土壤氮素转化过程中起到重要作用。硝化细菌反硝化作用同样也是 N_2O 产生的主要机制之一，指在低氧条件下仅在硝化细菌驱动下，NO_2^- 被还原为 N_2O 或 N_2 的过程。该过程分为两个阶段：第 1 阶段是将 NH_4^+（NH_3）氧化成 NO_2^-，第 2 阶段是将 NO_2^- 还原为 NO、N_2O 或 N_2，整个过程中没有 NO_3^- 生成，且仅由氨氧化细菌这类微生物参与。高 NH_4^+-N（或 NH_3）含量、低有机碳和 O_2 含量以及低 pH 环境更有利于硝化细菌进行反硝化。

二、影响 N_2O 排放的因素

N_2O 排放过程是 N_2O 的产生过程，转化过程及传输过程的具体表现。影响农田土壤 N_2O 排放的因子有很多，例如与土壤微生物生存息息相关的各类因子：土壤环境因子、气候因子、作物类型、田间管理措施等。

1．土壤环境因子

（1）土壤的氧化还原条件

土壤氧化还原电位（Eh）是反映土壤溶液氧化还原状态的重要指标，与土壤供氧耗氧过程密切相关，是反映土壤通风状况的重要指标之一。土壤的氧化还原状态对土壤有广泛的影响，如土壤矿物组分的氧化还原反应、土壤稳定性、植物根系对活性离子的吸收、土壤微生物种群组成和酶活性等。土壤水分是通过土壤

含氧量和养分利用效率的途径来直接影响 Eh 的，当土壤水分增加时，Eh 也会随着土壤环境从好氧状态到厌氧状态的变化而降低。土壤氧化还原电位降低是导致兼性厌氧菌和专性厌氧菌在厌氧条件下活性增强的主要原因。这些因素因为土壤水分的影响，进一步影响 N_2O 的排放。

（2）土壤水分

土壤水分通过改变土壤中的氧含量来影响硝化和反硝化过程，从而影响 N_2O 的产生。在土壤含水量较低的情况下，土壤中高氧含量有利于微生物的硝化作用。当土壤中水分高时，土壤通气性差，土壤氧含量低，容易在土壤中形成无氧气环境，这就有利于反硝化作用。在 45% 的土壤孔隙含水（WFPS）条件下，氨氧化过程中产生的 N_2O 量占土壤中产生的 N_2O 总量的 88%。当土壤 WFPS 为 70% 时，N_2O 产生量最高，其中 35%～57% 来自氨氧化过程，44%～58% 来自硝化细菌的反硝化过程，只有 2%～9% 来自异养反硝化过程。在 30%～70% 的土壤孔隙含水时，N_2O 主要来源于硝化作用；当 WFPS 大于 80% 时，反硝化作用是土壤中 N_2O 产生的主要过程。

（3）土壤温度

土壤微生物代谢和土壤有机质分解中的酶活性受土壤温度控制进而影响土壤 N_2O 的释放。0～75℃ 的温度范围内反硝化作用可以发生，低温会导致土壤可利用水分的减少，高温会导致微生物的死亡，N_2O 排放通量与温度呈正相关关系。硝化作用和反硝化作用适宜的土壤环境为 5℃ 以上。硝化作用的最佳温度为 25～35℃，最大 N_2O 排放通量在此温度下产生，反硝化的最佳温度为 30～37℃。在温度为 40℃ 时，反硝化作用产生的 N_2O 量约占总 N_2O 排放量的 88%。当温度较低时，由于微生物活性降低，N_2O 溶解度和扩散率降低，N_2O 排放量也会减少。

（4）土壤 pH

土壤 pH 是影响土壤硝化和反硝化作用的重要因素。$N_2O/（N_2+N_2O）$ 比值与土壤 pH 呈负相关。N_2O 在较低的 pH 时更容易排放，原因是酸性土壤会抑制 N_2O 还原酶的活性或影响微生物过程并增加 N_2O 排放。在酸性条件下硝酸盐还原过程、亚硝酸盐还原过程和一氧化氮还原过程会变得更加活跃。当 pH>7 时，会增强土壤中 N_2O 还原酶的活性；pH<7 时还原酶活性降低，而其他反硝化酶活性升高，导致反硝化过程中产生更多的 N_2O。Yang 等发现氨氧化速率随着土壤 pH 的增加

而增加，导致 N_2O 形成过程中无机氮源（NH_4^+）的含量降低，从而减少 N_2O 的排放。

（5）土壤质地

土壤质地会影响土壤持水能力、通气性和氧化还原电位，进而影响硝化和反硝化过程中 N_2O 的排放。Beare M H 等研究发现，由于气体在砂土中的快速扩散、氧化还原电位的缓冲能力弱以及 N_2O 微生物中有机质的大量供应，砂土的 N_2O 排放量明显高于壤土和黏土。人为压实可以改变土壤的体积、通气量和含水量，进而影响土壤碳、氮的转化过程。由于压实可以增强土壤反硝化潜力，压实土壤的 N_2O 排放量通常高于未压实土壤。

2．气候因子

（1）气温

研究表明，N_2O 显著排放发生的频率随气温的变化呈正态分布，67%的排放量都集中在 15～25℃。

（2）降水

降水会让农田土壤含水率在短时间上升，土壤的通透性下降。同时，土壤溶液中土壤的理化性质也会受到相应影响，如可溶性有机质的浓度以及微生物会发生相应的变化，特别是对于旱作农田，当土壤因降水从干变得湿润时，随着土壤 WFPS 含量的增加，为反硝化微生物营造了很好的厌氧环境，提高了反硝化过程中 N_2O 的生成，使得 N_2O 排放通量呈现出直线上升的趋势。

3．作物类型

作物对 N_2O 排放的影响具有两面性：作物生长会竞争吸收土壤中的氮素，使得硝化、反硝化作用因为缺少氮素导致土壤中 N_2O 排放量减少；但土壤反硝化细菌的活性又因作物生长中根系分泌物分泌而增强，进而加速 N_2O 的排放。在种植不同作物的情况下，N_2O 排放通量表现为：土壤—水稻系统＜土壤—大豆系统＜土壤—玉米系统。在水旱轮作稻田旱作季，N_2O 平均排放通量的顺序为油菜＞冬小麦＞黑麦草＞休闲＞紫云英，并且季节对 N_2O 总排放量的影响达到了极显著水平。

4．田间管理

（1）施肥管理

反应底物含量限制土壤 N_2O 排放。有机肥或氮肥的施用、外源 C 和 N 的分解为硝化和反硝化的微生物提供能源，从而增强土壤微生物的活性，促进硝化和反硝化作用，进而增强 N_2O 的产生和排放。Kelliher 等的研究发现，使用尿素设置 8 个氮素水平梯度，N_2O 排放通量与施氮量呈显著正相关关系。研究人员研究了不同种类有机肥对稻田 N_2O 排放量的影响，发现在研究施用有机肥对稻田 N_2O 排放影响的过程中，N_2O 排放与有机肥中 C、N 含量之间不存在线性关系，与有机肥的种类和成熟度有关。然而，暴雨后施用有机肥可以减少土壤中的 N_2O 排放，主要是因为有机质的矿化作用会消耗土壤中的 O_2，抑制硝化作用，但不影响土壤的反硝化作用，N_2O 还原为 N_2，从而减少土壤的 N_2O 排放。

（2）水分管理

研究认为，由于干湿交替增加了死亡微生物的量，打乱了土壤环境和有机物之间的相互作用，从而使得土壤有效氮的矿化量增加，使土壤的硝化和反硝化量显著高于长期湿润的土壤，增加了土壤 N_2O 的排放量。在作物生长季，每次灌溉后通常都会出现小的 N_2O 排放高峰，滴灌系统产生稳定且少量的 N_2O 通量，而沟灌系统则产生一次或更多次的大峰值，漫灌则只产生一次较低的 N_2O 排放峰，因而灌溉方式对 N_2O 的排放影响显著。

（3）耕作方式

耕作方式是否影响农田 N_2O 的排放，目前的研究结果也无定论。研究表明，翻耕对土壤的扰动促进了存储于土壤中的 N_2O 剧烈排放；翻耕使得施入的肥料与土壤很好地混合，促进了 N_2O 的产生与排放。也有研究表明，与翻耕相比，免耕土壤含有较多的水分和较小的孔隙，并且在一定范围内，反硝化强度会增强，因而能产生和排放更多的 N_2O。

三、减缓农田 N_2O 排放的对策

农田 N_2O 的排放是各种因素共同作用的结果，其中不受人为控制的占大部分。截至目前，N_2O 的减排仍是亟待解决的问题。农田 N_2O 排放的减缓措施主要切入点应在保证作物产量的前提下，减少土壤中产生 N_2O 的基质，改变影响硝化和反硝化作用的土壤环境，控制 N_2O 生成的内部因素。因此土壤养分的控制应当是研究重点。

1．减少氮肥用量，提高氮素利用率

施用氮肥所引起的 N_2O 排放究其原因主要在于氮肥利用效率过低，即氮肥利用率过低使得在生产上通过增加氮肥施用量来满足作物对氮素的需求，造成大量氮素的损失，从而导致 N_2O 的大量排放。因而，最大限度地提高作物氮肥利用效率，减少氮素的过度施入，是降低 N_2O 排放的有效途径。孔雅丽等研究发现，与常规施氮相比，基于作物不同生育期对氮素的需求增加追肥比例能有效减少土壤 N_2O 的排放。在江苏省实行的水稻实时氮肥管理和实地氮肥管理技术，在保证了产量的前提下减少了氮肥的用量，从而减少了 N_2O 的排放。前人在江苏稻麦两熟区进行精确施肥试验发现，平均纯氮用量比习惯施肥用量减少 $52.5\ kg/hm^2$，由于化肥尤其是氮肥利用效率的提高，直接减少了 30% 以上的 N_2O 排放量；另外，同产量下施肥量减少，也减少了生产化肥所排放的温室气体。不同品种的氮肥对 N_2O 排放量的影响不同，对氮肥品种的选择应该在满足当地生产条件的前提下尽量选择 N_2O 排放系数小的。有人提出使用控释肥可以抑制在土壤孔隙水中 N_2O 的产生。包膜尿素是采用一种涂层物质，以特定的技术将该物质均匀地涂于尿素颗粒表面并固化成膜而做成的一种缓效型氮素肥料；尿素涂层包膜后物理性质发生了变化，除颗粒大小与涂层前基本一致外，因其外层包膜的阻隔作用，使肥料颗粒间的亲和力变小，可长时间保持原有的粒状结构，使其能够有效地控制氮素的释放、降低氮素的挥发损失、降低稻田 N_2O 的排放、提高氮素利用率，减少因氮素损失对环境造成的污染。

使用脲酶抑制剂和硝化抑制剂抑制硝化速率，减缓铵态氮向硝态氮的转化，延长肥效期、提高氮素利用率，从而减少氮素的损失和 N_2O 的产生。研究表明，向稻田中加入脲酶抑制剂和硝化抑制剂，能够减少 N_2O 30%～62% 的排放量。氢醌和双氰胺是目前研究较多的脲酶/硝化抑制剂组合，与尿素混施应用于稻田生态系统可减少 N_2O 10%～60% 的排放量。

施肥方式的不同可使氮肥处于不同的环境条件下，这也是控制 N_2O 排放量的重要手段之一。尽量选择更深度地施用化肥以及将所需氮肥一次性施入。如需分段施肥时，由于对基肥和分蘖肥的施入间隔时间较短，易造成土壤中氮素的过量累积，适当降低前期氮肥用量，可提高氮肥的利用率，减缓 N_2O 的排放。

2．秸秆还田和生物炭的施用

作物还田后，由于秸秆具有低氮量和高 C/N 的性质，微生物在分解秸秆初期要利用土壤中的 N 素来构成自身的体细胞，减少土壤进行硝化和反硝化作用的基质，造成对 N 素的争夺利用。也有研究认为，可能是秸秆腐解过程产生了某种化感物质，影响了反硝化细菌和硝化细菌的活性，进而降低 N_2O 的排放量。

生物碳是生物质（如作物秸秆）在无氧或缺氧环境条件下缓慢高温分解得到的富含碳的有机物质。研究表明：向土壤中施用生物质炭提高了土壤的阳离子交换量，增加了土壤对 NH_4^+ 的吸附，减少了土壤溶液中无机氮的含量，从而抑制了硝化过程，降低了 N_2O 排放量。并且施用生物质炭可以使土壤 pH 升高，使得还原性微生物活性增加，将 N_2O 还原为 N_2；此外，生物质炭由于增加了土壤孔隙度和土壤透气性，也可能降低了反硝化细菌的活性。

四、展望

在全球气候变暖的背景下，近年来大气中 N_2O 浓度仍呈不断上升趋势的问题仍未得到解决。针对当前研究现状，还应加强以下方面的探索：

（1）在研究土壤环境因子对 N_2O 排放的影响过程中，建议研究各个环境因子对 N_2O 排放影响的程度，并对它们的交互作用展开深入的探讨，以期探寻出影响最大的因子，进而为减排措施提供理论依据。

（2）水、肥是作物栽培中最重要的因素，同时也是影响 N_2O 排放的重要因子。前人研究水、肥对 N_2O 排放影响大多为单一因素的影响。研究水肥耦合效应对 N_2O 排放的影响是值得探索的，这可为现代农业水肥一体化背景下提供新的温室气体减排思路。

（3）考虑到土壤微生物在 N_2O 生产和消费的所有过程中的重要作用，建议探索功能基因和酶及其调节机制，这可能是控制土壤生态系统 N_2O 排放的未来战略的核心。将微生物的作用过程与土壤碳氮循环、农业生态系统建立关系模型，以提高模拟 N_2O 排放的准确性，并探索出新的减排措施。

参考文献

[1]   Y Yang，Q Huang，H Yu，et al. Winter tillage with the incorporation of stubble reduces the net global warming potential and greenhouse gas intensity of double-cropping rice fields[J]. Soil & Tillage Research，2018，183：19-27.

[2]   J Yu，L Ping，N V Gestel，et al. Lime application lowers theglobal warming potential of a double rice cropping system[J]. Geoderma，2018，325：1-8.

[3]   L Alexander，S Allen，N L Bindoff. Climate Change 2013：The Physical Science Basis – Summary for Policymakers[J]. Intergovernmental Panel on Climate Change，2013.

[4]   D Gorh，K K Baruah. Estimation of methane and nitrous oxide emission from wetland rice paddies with reference to global warming potential[J]. Environmental Science and Pollution Research，2019，26（12）.

[5]   D K Ray，N D Mueller，P C West，et al. Yield Trends AreInsufficient to Double Global Crop Production by 2050[J]. PLoS One，2013，8（6）：e66428.

[6]   J A Burney，S J Davis，D B Lobell. Greenhouse gas mitigation by agricultural intensification[J]. Proceedings of the National Academy of Sciences，2010，107（26）：12052-12057.

[7]   C M Pittelkow，M A Adviento-Borbe，K C Van，et al.Optimizing rice yields while minimizing yield-scaled global warming potential[J]. Global Change Biology，2014，20（5）：1382-1393.

[8]   E Tokarz，D Urban，A Szafraneknakonieczna，et al. Selectedchemical and physicochemical properties of sediments in Moszne Lake and mire（Polesie National Park）[J]. Journal of Elementology，2015，20（4）：1041-1052.

[9]   A L Peralta，S Ludmer，J W Matthews，et al. Bacterial community response to changes in soil redox potential along a moisture gradient in restored wetlands[J]. Ecological Engineering，2014，73：246-253.

[10]   C Wang，D Y Lai，J Sardans，et al. Factors Related with CH_4 and N_2O Emissions from a Paddy Field：Clues for Management implications[J]. Plos One，2017，12（1）：e0169254.

[11] Y Liu，Y Li，P Harris，et al. Modelling field scale spatial variation in water run-off，soil moisture，N_2O emissions and herbage biomass of a grazed pasture using the SPACSYS model[J]. Geoderma，2018，315：49-58.

[12] Zhou W，Lin S，Wu L，et al. Substantial N_2O emission during the initial period of the wheat season due to the conversion of winter-flooded paddy to rice-wheat rotation[J]. Atmospheric Environment，2017，170（dec.）：269-278.

[13] Q Cui，C Song，X Wang，et al. Effects of warming on N_2O fluxes in a boreal peatland of Permafrost region，Northeast China[J]. Science of the Total Environment，2017，616-617：427.

[14] J Shan，P Yang，X Shang，et al. Anaerobic ammonium oxidation and denitrification in a paddy soil as affected by temperature，pH，organic carbon，and substrates[J]. Biology & Fertility of Soils，2018，54（3）：341-348.

[15] S Agehara，D D Warncke. Soil Moisture and Temperature Effects on Nitrogen Release from Organic Nitrogen Sources[J]. Soil Science Society of America Journal，2005，69（6）：1844-1855.

[16] S Oalo，R Conrad. Temperature dependence of nitrification，denitrification，and turnover of nitric oxide in different soils[J]. Biology & Fertility of Soils，1993，15（1）：21-27.

[17] M Shaaban，Y Wu，M S Khalid，et al. Reduction in soil N_2O emissions by pH manipulation and enhanced nosZ gene transcription under different water regimes[J]. Environmental Pollution，2018，235：625-631.

[18] A Robinson，J D Hong，K C Cameron，et al. The effect of soil pH and dicyandiamide（DCD）on N_2O emissions and ammonia oxidiser abundance in a stimulated grazed pasture soil[J]. Journal of Soils & Sediments，2014，14（8）：1434-1444.

[19] W H Yang，K A Weber，W L Silver. Nitrogen loss from soil through anaerobic ammonium oxidation coupled to iron reduction[J]. Nature Geoscience，2012，5（8）：538-541.

[20] P Rochette，D A Angers，M H Chantigny，et al. N_2O fluxesoils of contrasting textures fertilized with liquid and solid dairy cattle manures[J]. Canadian Journal of Soil Science，2010，88（2）：175-187.

[21] M H Beare，E G Gregorich，P St-Georges. Compaction effects on CO_2 and N_2O production

during drying and rewetting of soil[J]. Soil Biology & Biochemistry，2009，41（3）：611-621.

[22] J R Brown，J C Blankinship，A Niboyet，et al. Effects of multiple global change treatments on soil N_2O fluxes[J]. Biogeochemistry，2012，109（1-3）：85-100.

[23] 陈书涛，黄耀，郑循华，等. 种植不同作物对农田 N_2O 和 CH_4 排放的影响及其驱动因子[J]. 气候与环境研究，2007，12（2）：147-155.

[24] 张岳芳，郑建初，陈留根，等. 水旱轮作稻田旱作季种植不同作物对 CH_4 和 N_2O 排放的影响[N]. 生态环境学报，2012-09-02.

[25] F M Kelliher，Z Li，A Nobel. Nitrogen application rate and nitrous oxide flux from a pastoral soil[J]. New Zealand Journal of Agricultural Research，2014，57（4）：370-376.

[26] 梁东丽，同延安，Ove，等. 灌溉和降水对旱地土壤 N_2O 气态损失的影响[J]. 植物营养与肥料学报，2002，8（3）：298-302.

[27] L Sanchez-Martní，A Meijide，L Garcia-Torres，et al. Combination of drip irrigation and organic fertilizer for mitigating emissions of nitrogen oxides in semiarid climate[J]. Agriculture Ecosystems & Environment，2010，137（1）：99-107.

[28] C M Kallenbach，D E Rolston，W R Horwath. Cover cropping affects soil N_2O and CO_2 emissions differently depending on type of irrigation[J]. Agriculture，Ecosystems & Environment，2010，137（3-4）：251-260.

[29] L Sánchez-Martní，A Arce，A Benito，et al. Influence of drip and furrow irrigation systems on nitrogen oxide emissions from a horticultural crop[J]. Soil Biology & Biochemistry，2008，40（7）：1698-1706.

[30] Y Yang，Q Huang，H Yu，et al. Winter tillage with the incorporation of stubble reduces the net global warming potential and greenhouse gas intensity of double-cropping rice fields[J]. Soil and Tillage Research，2018，183：19-27.

[31] X Yan，L Du，S Shi，et al. Nitrous oxide emission from wetland rice soil as affected by the application of controlled-availability fertilizers and mid-season aeration[J]. Biology & Fertility of Soils，2000，32（1）：60-66.

[32] R Tao，J Li，Y Guan，et al. Effects of urease and nitrification inhibitors on the soil mineral nitrogen dynamics and nitrous oxide（N_2O）emissions on calcareous soil[J]. Environmental

Science & Pollution Research International，2018，25（9）：1-10.

[33]　Y Kong，N Ling，C Xue，et al. Long‐term fertilizationregimes change soil nitrification potential by impacting active autotrophic ammonia oxidizers and nitrite oxidizers as assessed by DNA stable isotope probing[J]. Environmental Microbiology，2019，21（4）.

[34]　X Gao，O Deng，L Jing，et al. Effects of controlled-release fertilizer on nitrous oxide and nitric oxide emissions during wheat-growing season：field and pot experiments[J]. Paddy & Water Environment，2018，16（1621）：1-10.

[35]　X Xu，P Boeckx，Y Wang，et al. Nitrous oxide and methane emissions during rice growth and through rice plants：effect of dicyandiamide and hydroquinone[J]. Biology & Fertility of Soils，2002，36（1）：53-58.

[36]　D R Chadwick，B F Pain，S K E Brookman. Nitrous oxide and methane emissions following application of animal manures to grassland[J]. Journal of Environment Quality，2000，29（1）：277.

[37]　D A Angers，S Recous. Decomposition of wheat straw and rye residues as affected by particle size[J]. Plant & Soil，1997，189（2）：197-203.

[38]　D Coskun，D T Britto，W Shi，et al. Nitrogen transformations in modern agriculture and the role of biological nitrification inhibition[J]. Nature Plants，2017，3（6）：17074.

[39]　X Peng，S E Fawcett，N V Oostende，et al. Nitrogen uptake and nitrification in the subarctic North Atlantic Ocean[J]. Limnology & Oceanography，2018.

[40]　L He，Z Xu，S Wang，et al. The effects of rice-straw biochar addition on nitrification activity and nitrous oxide emissions in two Oxisols[J]. Soil & Tillage Research，2016，164：52-62.

[41]　M Zhang，Sheng dao S，Yong gen C，et al. Biochar reduces cadmium accumulation in rice grains in a tungsten mining area-field experiment：effects of biochar type and dosage，rice variety，and pollution level[J]. Environmental Geochemistry & Health，2019，41（1）：43-52.

[42]　H Zhou，H Meng，L Zhao，et al. Effect of biochar and humic acid on the copper，lead，and cadmium passivation during composting[J]. Bioresource Technology，2018，258：279-286.

[43] Y Feng，H Sun，L Xue，et al. Sawdust biochar application to rice paddy field：reduced nitrogen loss in floodwater accompanied with increased NH_3 volatilization[J]. Environmental Science & Pollution Research，2018，25（9）：1-8.

[44] M A Cavigelli，G P Robertson. Role of denitrifier diversityin rates of nitrous oxide consumption in a terrestrial ecosystem[J]. Soil Biology & Biochemistry，2001，33（3）：297-310.

稻田温室气体排放的影响研究进展

胡启良　黄国勤[*]

（江西农业大学生态科学研究中心，南昌 330045）

摘　要：20 世纪以来，随着人类活动不断增加，温室气体排放量也随之上升，从而导致各种灾害频发，严重影响人类活动。为此，全世界科学家都在研究温室气体的排放与减排措施。有研究表明，农田生态系统是甲烷（CH_4）、氧化亚氮（N_2O）两种主要温室气体的排放源之一。为此，通过查阅相关文献，从绿肥还田、水分管理、秸秆还田和控制施肥四个影响稻田温室气体排放的影响因子，分析它们分别对稻田 CH_4 和 N_2O 在水稻生长季的影响。

关键词：稻田　温室气体　CH_4　N_2O　研究进展

自 20 世纪 50 年代以来，全球气候不断升温，导致两极冰川融化、海平面上升、极端天气灾害频发。有研究发现，气候变化与温室气体的排放有着紧密的关系。甲烷（CH_4）和氧化亚氮（N_2O）是大气中两种重要的温室气体。在 100 年的时间尺度下，CH_4 和 N_2O 的全球增温潜势（Global Warming Potential，GWP）分别是 CO_2 的 25 倍和 298 倍。水稻是世界主要粮食作物之一，种植面积约占粮食作物总面积的 1/3。稻田系统被认为是大气 CH_4、N_2O 排放的一个重要来源，CH_4 排放量占大气总 CH_4 排放的 15%~20%，N_2O 排放量占大气总 N_2O 排放的 28%。

* 通信作者：黄国勤，江西余江人，农学博士后，江西农业大学生态科学研究中心主任（所长），二级教授、博士生导师，研究方向：耕作制度、农业生态、农业绿色发展理论与实践等。E-mail：hgqjxes@sina.com。
基金项目：国家重点研发计划课题"长江中游双季稻三熟区资源优化配置机理与高效种植模式"（项目编号：2016YFD0300208）、国家自然科学基金项目"秸秆还田条件下紫云英施氮对土壤有机碳和温室气体排放的影响"（项目编号：41661070）、中国工程院咨询研究项目"长江经济带水稻生产绿色发展战略研究"（项目编号：2017-XY-28）。

因此，科学家有必要研究稻田温室气体排放，以便满足粮食需求且降低稻田对气候的影响，做到农田生态系统的可持续发展。

一、稻田温室气体排放途径

1．CH_4 产出机制

稻田土壤 CH_4 的排放是土壤中 CH_4 产生、氧化和传输共同作用的结果。稻田甲烷排放主要受土壤性质、灌溉和水分状况、施肥、水稻生长和气候等因素的影响。当土壤处于淹水还原条件时，厌氧环境中易分解的有机质例如水稻植株根系分泌物和脱落物进行厌氧发酵生成产甲烷基质。稻田土壤 CH_4 的产生主要有两条途径：①以 H_2 或有机分子作为电子供体，将 CO_2 还原形成 CH_4；②乙酸裂解脱甲基后生成 CH_4。

2．N_2O 产生机制

土壤中硝化、反硝化作用是稻田 N_2O 的主要来源。在通气良好的条件下，土壤微生物（硝化细菌）将铵盐转化为硝酸盐，并在转化过程中释放部分 N_2O，即为硝化过程；通气不良条件下，土壤微生物（反硝化细菌）将硝酸盐、硝态氮还原成氮气（N_2）或氧化氮（N_2O，NO），即为反硝化过程。

二、稻田温室气体的采集与检测方法

稻田测温室气体排放主要使用静态暗箱—气相色谱法。箱体表面包裹海绵和锡箔纸，避免气体采集过程中太阳照射导致暗箱内温度升高过快。暗箱内需要安装小型风扇，外接便携式蓄电池，气体采集过程中，使暗箱内气体充分混匀。田间气体采集时，暗箱与底座或暗箱与暗箱连接处的凹槽内注水以隔绝空气。水稻生长季，稻田温室气体每 7 d 采集一次，在冬闲、绿肥种植季温室气体排放变化不明显，一般两个星期或 15 d 采集一次。采集方法为分别在 0、10 min、20 min、30 min 用针孔注射器来回抽取箱内气体多次后采集，以便气体充分混合。温室气体排放通量计算公式如下：

$$F = \rho \times h \times \frac{\mathrm{d}c}{\mathrm{d}t} \times \frac{273}{273+T}$$

式中，F 为温室气体排放通量；ρ 为标准状态下的气体密度；h 为采气暗箱的净高度；$\mathrm{d}c/\mathrm{d}t$ 为单位时间内暗箱内温室气体的排放速率；T 为采气过程中暗箱内的平均温度；273 为气态方程常数。根据 CH_4 和 N_2O 在 100 年尺度上的全球增温潜势（GWP）分别为 CO_2 的 28 倍和 265 倍，计算不同处理排放温室气体产生的综合增温潜势：

$$GWP = CH_4\text{排放量} \times 28 + N_2O\text{排放量} \times 265$$

三、稻田温室气体排放的影响因素

1. 绿肥还田

紫云英—水稻轮作是一种资源高效生态环保的种植模式，研究表明，紫云英—水稻轮作不仅可以减少化肥用量、提高水稻产量、增加生态系统稳定性，还能减少稻田温室气体 N_2O、CH_4 的排放。石生伟研究表明，紫云英还田能够效减少 N_2O 和 CH_4 的排放，减缓全球增温潜势。但是也有不同的研究结果，聂江文表明，紫云英还田对双季稻田 CH_4 与 N_2O 排放季节特征无显著影响，CH_4 排放峰主要在水稻移栽初期至分蘖末期，N_2O 排放峰主要出现在田间水稻种植初期至分蘖及田间水分干湿交替阶段。

2. 水分管理

杨丹等研究表明，在稻田淹水处理后出现明显的 CH_4 排放峰，后期逐渐降低并趋于稳定。这是因为稻田淹水后土壤处于厌氧环境，从而促进了 CH_4 的产生，但土壤中高浓度 CH_4 又促进了甲烷氧化菌的生长，使土壤中尚未排放的 CH_4 被氧化，所以后期的排放量降低。徐莹研究表明，从节水灌溉对水稻生长季温室气体排放的环境效应来看，随稻田灌水量的减少，CH_4 排放量极显著降低，而 N_2O 和 CO_2 的排放量则显著增加。谢立勇等研究表明，控制水分管理能降低稻田温室气体增温潜势，是稻田温室气体减排最有效的措施之一。控制灌溉时稻田 CH_4 排放降低，而 N_2O 排放却明显增加，这主要是因为控制灌溉保持田间湿润无水层或整个生育期保持干湿交替的状态，破坏了产 CH_4 菌适宜的厌氧环境，营造了硝化反

应产生 N_2O 的有利环境。与增加的 N_2O 排放相比，减少的 CH_4 排放份额大得多。成臣研究表明，与持续淹水处理相比，中期烤田和间歇灌溉处理均能显著降低 CH_4 周年累积排放量。与持续淹水相比，中期烤田和间歇灌溉处理可显著降低稻田全球增温潜势和温室气体排放强度。王利华研究表明，通过适当延长晒田天数和采用常规灌溉的水分管理方式来减少稻田 CH_4 的排放量。

3．秸秆与秸秆碳化还田

顾泽海研究表明，在水稻生长季，不同秸秆还田对稻田 CH_4 排放影响很大。不同秸秆还田均在移栽后的 30 d 左右出现 CH_4 的排放高峰，但秸秆不还田处理稻田 CH_4 的排放通量总体呈初期大后期小的趋势，整个阶段无明显的 CH_4 的排放峰。孟梦等通过对华南早稻田研究发现施用秸秆炭能降低稻田 CH_4 和 N_2O，生物炭添加量越高，CH_4 排放量越低，但 N_2O 排放量随着生物炭添加量的增加呈上升趋势，但依然小于对照处理。张卫红等表示，小麦秸秆炭高量还田能够有效抑制稻田温室气体排放，因为生物炭施入土壤后易与土壤中的矿物质结合，难以被土壤微生物利用，从而降低 CH_4、N_2O 排放。王国强等表示，与传统的施肥稻草还田相比，稻田还田添加硝化抑制剂特别是双氰胺（DCD）能够显著降低 CH_4 排放量和 N_2O 排放量，显著降低稻田温室气体排放的增温潜势，并且还能增加粮食产量。

4．肥料控施

马艳芹等表示，减氮 40% 对减少稻田 N_2O 排放无显著影响，但高施氮量（增施 50% 氮）条件下，N_2O 排放总量则显著增加；从 N_2O 和 CH_4 的排放综合温室效应来看，不施氮处理的净增温潜势最低，N_2O 和 CH_4 的净增温潜势随施氮量的增加逐渐增加；就温室气体排放强度而言，减氮 40% 处理下的温室气体排放强度最低，增氮 50% 处理的温室气体排放强度最高；与农民常规施氮量相比，减氮 40% 对水稻产量并无显著影响，但能减少 CO_2 和 CH_4 的排放总量，有利于稻田节能减排。苏荣瑞也表示，增施氮肥会促进 N_2O 排放和抑制 CH_4 排放，导致平原湖地区氮素负荷增大，不利于生态环境的可持续发展。姜珊珊表示，增施氮肥会明显增加温室气体的排放，但是在保证产量不减少的情况下，合理施用化肥，是可以做到少施减排的，进而为遏制全球气候变暖作出贡献。郑洁敏研究表明，N_2O 和 CH_4 排放量受氮肥施用量影响，N_2O 随施氮水平提高而增加，CH_4 随施氮水平提高而降低；合理的施氮量不仅能保持较高的水稻产量，还能降低全球变暖潜能。石生伟等研究表明,有机肥的施入能够促进稻田 CH_4 的排放,其主要原因是有机肥不仅为产甲烷菌提供丰富的 CH_4,还能进一步降低土壤的氧化还原电位,有利于 CH_4 的产生。

四、小结

农业是重要的温室气体排放源,尤其是 CH_4 和 N_2O 排放量的增加主要来源于农业活动。水稻是最重要的粮食作物之一,稻田面积约占世界耕地面积的 10%。我国稻田 CH_4 排放量占大气中人类活动造成的 CH_4 增加量的 17.9%,随着化学氮肥施用量的增加,稻田 N_2O 排放也对大气温室效应造成一定影响。

影响稻田 CH_4 和 N_2O 排放的因素很多,其中主要有水分管理条件、施肥方式、还田作物等。目前较普遍的观点是冬季轮作绿肥等作物,增加植被率,防止冬季泡水,既可以减少当季 N_2O 的排放,也可以减少施肥;而减少碳排放,能够降低农田增温潜势。 CH_4 和 N_2O 互为消长关系,如淹水条件增加了 CH_4 排放,而 N_2O 排放量大大降低;施用有机肥会增加 CH_4 排放量,而能够抑制 N_2O 的产生,但是采用间歇灌溉、湿润灌溉、适时烤田等节水栽培技术,能够达到减排效果。秸秆还田会明显增加温室气体的排放,但是添加硝化抑制剂可以增加土壤养分和减排。总之,水稻种植面积大,分布广,积极研究探索有效的稻田温室气体综合减排措施,对发展低碳农业,减轻因人类活动产生的温室气体对全球气候变暖及其所带来的一系列环境问题具有重要意义。

参考文献

[1] Christian Knoblauch,Arina-Ann Maarifat,Eva-Maria Pfeiffer,et al. Haefele. Degradability of black carbon and its impact on trace gas fluxes and carbon turnover in paddy soils[J]. Soil Biology and Biochemistry,2010,43(9).

[2] 聂江文,王幼娟,田媛,等. 紫云英与化学氮肥配施对双季稻田 CH_4 与 N_2O 排放的影响[J]. 植物营养与肥料学报,2018,24(3):676-684.

[3] 刘威. 冬种绿肥和稻草还田对水稻生长、土壤性质及周年温室气体排放影响的研究[D]. 武汉:华中农业大学,2015.

[4] 常单娜，刘春增，李本银，等. 翻压紫云英对稻田土壤还原物质变化特征及温室气体排放的影响[J]. 草业学报，2018，27（12）：133-144.

[5] 聂江文，王幼娟，吴邦魁，等. 紫云英还田对早稻直播稻田温室气体排放的影响[J]. 农业环境科学学报，2018，37（10）：2334-2341.

[6] 李虎，邱建军，王立刚，等. 中国农田主要温室气体排放特征与控制技术[J]. 生态环境学报，2012，21（1）：159-165.

[7] 王强盛. 稻田种养结合循环农业温室气体排放的调控与机制[J]. 中国生态农业学报，2018，26（5）：633-642.

[8] 荣湘民，袁正平，胡瑞芝，等. 稻作制有机肥地下水位对稻田甲烷排放的影响[J]. 农业环境保护，2001，20（6）：394-397.

[9] 田卡，张丽，钟旭华，等. 稻草还田和冬种绿肥对华南双季稻产量及稻田 CH_4 排放的影响[J]. 农业环境科学学报，2015，34（3）：592-598.

[10] 杨滨娟，黄国勤. 双季稻田冬种紫云英"双减双增"绿色高效循环农业模式[J]. 江苏农业科学，2018，46（16）：51-56.

[11] 石生伟，李玉娥，李明德，等. 不同施肥处理下双季稻田 CH_4 和 N_2O 排放的全年观测研究[J]. 大气科学，2011，35（4）：707-720.

[12] 杨丹，叶祝弘，肖珣，等. 化肥减量配施有机肥对早稻田温室气体排放的影响[J]. 农业环境科学学报，2018，37（11）：2443-2450.

[13] 徐莹. 稻田节水灌溉对稻—油轮作温室气体排放及土壤有机碳的影响机制[D]. 武汉：华中农业大学，2016.

[14] 谢立勇，许婧，郭李萍，等. 水肥管理对稻田 CH_4 排放及其全球增温潜势影响的评估[J]. 中国生态农业学报，2017，25（7）：958-967。

[15] 成臣，杨秀霞，汪建军，等. 秸秆还田条件下灌溉方式对双季稻产量及农田温室气体排放的影响[J]. 农业环境科学学报，2018，37（1）：186-195.

[16] 王利华，万海波，邵小云，等. 典型大嵩江流域稻田 CH_4 和 N_2O 排放的分析与控制研究[J]. 科技通报，2017，33（5）：217-223.

[17] 顾泽海. 周年不同秸秆还田方式对农田温室气体排放、土壤碳库、养分及作物产量的影响[D]. 南京：南京农业大学，2017.

[18] 孟梦，吕成文，李玉娥，等. 添加生物炭对华南早稻田 CH_4 和 N_2O 排放的影响[J]. 中国

农业气象，2013，34（4）：396-402.

[19] 张卫红，李玉娥，秦晓波，等. 长期定位双季稻田施用生物炭的温室气体减排生命周期评估[J]. 农业工程学报，2018，34（20）：132-140.

[20] 王妙莹，许旭萍，王维奇，等. 炉渣与生物炭施加对稻田温室气体排放及其相关微生物影响[J]. 环境科学学报，2017，37（3）：1046-1056.

[21] 王国强，常玉妍，宋星星，等. 稻草还田下添加DCD对稻田CH_4、N_2O和CO_2排放的影响[J]. 农业环境科学学报，2016，35（12）：2431-2439.

[22] 马艳芹，钱晨晨，孙丹平，等. 施氮水平对稻田土壤温室气体排放的影响[J]. 农业工程学报，2016，32（S2）：128-134.

[23] 苏荣瑞，刘凯文，王斌，等. 江汉平原施氮水平对稻田CH_4和N_2O排放及水稻产量的影响[J]. 中国农业科技导报，2016，18（5）：118-125.

[24] 商庆银. 长期不同施肥制度下双季稻田土壤肥力与温室气体排放规律的研究[D]. 南京：南京农业大学，2012.

[25] 姜珊珊. 氮肥减量及不同品种肥料配施对稻麦农田CH_4和N_2O（直接和间接）排放的影响[D]. 南京：南京农业大学，2017.

[26] 郑洁敏，钟一铭，戈长水，等. 不同施氮水平下水稻田温室气体排放影响研究[J]. 核农学报，2016，30（10）：2020-2025.

[27] 马小婷. 秸秆还田下氮肥减施对农田土壤温室气体排放的影响[D]. 青岛：青岛大学，2017.

稻田土壤重金属污染防治及修复研究进展

李　娜　黄国勤[*]

（江西农业大学生态科学研究中心，南昌 330045）

摘　要： 土壤作为人类赖以生存的关键资源，在人类的生产生活中占据着至关重要的位置。然而，现阶段我国土壤重金属污染问题日渐严重，引起了社会各界的广泛关注。本文概述了稻田土壤金属污染治理的研究现状，结合国内外稻田金属污染修复技术，简要分析了国内对土壤重金属污染的措施，并对未来的发展方向进行了展望。

关键词： 稻田土壤　重金属污染　修复技术

一、引言

目前，我国环境形势依然严峻，大气、水、土壤等污染问题仍较突出，广大人民群众热切期盼加快提高生态环境质量。打好污染防治攻坚战，解决好人民群众反映强烈的突出环境问题，既是改善环境民生的迫切需要，也是加强生态文明建设的当务之急。近年来，随着工农业生产的迅速发展和城市化进程的加快，耕地土壤污染，特别是重金属污染日益严重。国内不少学者对耕地土壤重金属污染及风险评价进行了研究，结果表明，我国受 Cd、As、Pb 等重金属污染的耕地面

---

[*] 通信作者：黄国勤，江西余江人，农学博士后，江西农业大学生态科学研究中心主任（所长），二级教授、博士生导师，研究方向：耕作制度、农业生态、农业绿色发展理论与实践等。E-mail：hgqjxes@sina.com。

基金项目：国家重点研发计划课题"长江中游双季稻三熟区资源优化配置机理与高效种植模式"（项目编号：2016YFD0300208）、国家自然科学基金项目"秸秆还田条件下紫云英施氮对土壤有机碳和温室气体排放的影响"（项目编号：41661070）、中国工程院咨询研究项目"长江经济带水稻生产绿色发展战略研究"（项目编号：2017-XY-28）。

积近 $2.0 \times 10^7 hm^2$，约占总耕地面积的 1/5。土壤重金属污染来源主要有两个方面：一方面是重金属本身存在于成土母质；另一方面是固体废物进入土壤、污水灌溉、农用物资进入土壤、大气沉降进入土壤等人为原因造成。

我国 2019 年的"中央一号"文件也提出了"推进重金属污染耕地治理修复和种植结构调整试点"，表明我国对于土壤重金属污染问题非常重视。水稻是我国最主要的粮食作物，我国 65%以上的人口以稻米为主食，因此，水稻产地环境质量对我国食品安全总体水平具有决定性影响。近 30 年来，随着工业化和农业现代化进程的推进，我国农业产地环境退化、农田土壤污染问题日趋严重，以南方"镉米"为代表的食品安全问题已经引起社会的广泛关注。了解水稻重要产区土壤重金属污染防控技术及修复技术，全面了解土壤环境质量对保障粮食安全生产具有十分重要的意义。

二、土壤重金属污染的现状

现阶段我国约有 20%的土地已经受到了严重的重金属污染，面积总计约为 0.11 亿 km^2，其将引起的后果不堪设想。不仅如此，我国农业粮食产量正在以 $1 \times 10^7 t/a$ 的速度持续锐减，遭受重金属污染的粮食产量达到了上千万吨，直接导致经济损失达到 200 亿余元。我国的东、中、西部地区由于区域不同，污染程度存在一定的差异性，以中部地区污染较为严重，东部与西部地区的污染相对较弱。究其原因在于中部地区的煤炭矿区与金属矿区较多，其开采过程中导致土壤受到重金属的污染。现阶段，就我国土壤污染现状来看，存在土壤点位超标的情况，主要以无机元素作为污染源，其中包括 Pb、Cr、Zn、As、Hg、Cd、Ni、Cu 等。其中，以 Cd 超标点位最多。土壤重金属污染治理相对复杂，一旦土壤遭受重金属污染以后，是难以轻易降解的，而耕地如果遭受重金属污染，基本无法恢复。

穆莉等的实验表明，在重金属污染中 Cd 对稻田生态系统产生危害的比例为 65.97%，在所有金属污染中占比例最大。Cd 污染主要与工业污染源有关，Pb 污染主要与交通运输有关，As 污染主要与生活区居民活动有关，Hg 污染主要与生活及工业废弃物堆放及污水灌溉有关。而牟力等在山区的农田常年种植水稻的实验表明，Cd 与畜禽粪便和磷肥等农业活动有关，Zn、Cu 与交通行业汽车零件及汽车轮胎的损耗有关。二者结论不一样的原因是每个场地的土壤情况不一样，周边的环境不一样，但是二者都表明金属污染都是人为因素造成的，所以人的活动要考虑自然环境，也要了解一些金属污染修复措施。

三、稻田土壤重金属污染修复技术

重金属污染场地中重金属的污染状态与污染场地进行的生产活动直接相关，这些污染物的浓度和物理化学形态同样取决于场地的生产活动和废弃物处置等，还可能影响到当地的土壤、地下水和迁移转化机制。而场地污染土壤的修复是利用物理、化学或生物及复合的手段吸收、固定和转化土壤中的重金属，使其浓度或浸出毒性降低到法律、法规和标准规定的水平以下，满足相应土地利用类型的要求。按照技术类别可以将场地土壤污染修复分为物理修复、化学修复、生物修复及联合修复等。

1. 物理修复

物理修复是最早发展起来的修复技术之一，采用物理技术将土壤中重金属去除的方法，对于污染面积小但污染重的土壤修复效果明显，且适应性广，但存在二次污染问题，容易导致土壤的结构破坏和肥力下降，对污染面积较大的土壤需要消耗大量的人力与财力。

换土法是将受污染的土壤运走，然后运入无污染的干净土壤。客土法是通过运来干净土壤覆盖住原来受污染的土壤或者将两者混合。深耕翻土法是翻动上下层土壤，将干净土壤和受污染土壤进行置换。去表层土法是去掉表层受污染土壤，从而达到土壤修复的目的。该类方法治理污染土壤周期短、见效快、土壤能很快地再次被使用，但其工程量大、投资费用高，且存在污染土壤的二次处理问题，一般适用于小面积且污染较为严重的土壤的治理。

热脱附法，是指通过微波、蒸汽、红外辐射等方式对污染土壤进行加热升温，使土壤中的污染物（如 Hg、As、Se 等）挥发并进行收集处理，从而减少土壤中易挥发的重金属，达到土壤修复效果的技术。该技术工艺简单、技术成熟，且对土壤中易挥发重金属去除效果好，可以对重金属再利用。玻璃化法是将受重金属污染的土壤置于高温高压环境下，待其熔化冷却后形成坚硬的玻璃体物质将重金属包裹固定住，从而达到阻抗重金属迁移的技术。该技术快速有效，几乎不会产生二次污染，但由于土壤难以统一熔化、工程量大、成本高等方面的问题，该技术适用于重污染小面积区域土壤的抢救性修复，难以广泛使用。

2. 化学修复

土壤淋洗法是利用装置向受到重金属污染的土壤中注入淋洗剂，其与重金属发生一系列的离子交换、沉淀、螯合、吸附等反应，最后把重金属从固相转移到液相中去除，再用清水清除残余淋洗剂的技术。土壤淋洗法设备简单，操作周期短，修复效果好，但其对土壤的渗透系数有一定要求，且存在淋洗剂的再处理问题，适用于大面积、重度污染土壤的治理，在轻质土和砂质土中应用效果较好。固化/稳定法是土壤稳定化修复，是向受污染的土壤中加入特定的稳定剂来改变土壤的理化性质，或者直接通过稳定剂与重金属的作用，如沉淀、吸附、配位、有机络合和氧化还原作用等来改变重金属的赋存形态，从而降低重金属的浓度、迁移性及生物有效性，达到土壤修复目的的技术。该技术操作简单，治理费用、难度相对较低，且药剂较为常见，成本投入低，适用于大面积中、低浓度重金属污染土壤的修复，有着广阔的应用前景。

3. 生物修复

对于土壤重金属污染来说，生物治理技术主要借助于植物、微生物等生物来降低土壤中的金属含量或者金属毒性等，主要分为植物治理与微生物治理两种方法。其中，植物治理技术是针对积累于土壤中的重金属污染物，培育可以吸附重金属的植物来实现对土壤重金属污染的治理。总体来看，这种方法成本投入较低，技术工艺较为简易，适用范围较广，是一种被广泛应用的土壤治理手段。但是，这种技术对于植物的要求相对较高，治理期限相对较长，甚至存在一定的潜在风险。

植物修复原理是利用一些超积累有毒元素、可以忍耐的植物及与植物共存微生物共同净化污染物即植物吸收、转移元素及其化合物，通过积累、代谢和固定污染物，从而降低污染量，是从根本上解决土壤污染的重要途径之一。因此，植物修复在土壤重金属污染治理中具有不可替代的作用。其次还可以采用种植结构的调整修复水稻土壤金属污染，如水旱轮作，它是一种新型生态农作模式，能较好应对传统水稻种植模式存在的以上弊端，同时还可以提高水稻产量，降低农作物发病率，调节土壤理化性质，遏制土壤酸化，提高土壤养分含量，增加土壤微生物丰富度和活性，强化土壤呼吸作用，已在我国大面积推广。

四、展望

生态环境是时代永恒的话题，其保护情况与人类生存有着不可分割的联系，而土壤作为农作物成长的必要资源，在人类生活中至关重要。同时，由于污染土壤中的重金属来源广泛，形态各异，每种修复技术又有其适应条件和限制范围，所以根据不同情况发展相关修复技术和研发经济高效的设备将是今后重金属污染土壤修复研究工作的重点，进而为打好污染防治攻坚战贡献一份力量。

参考文献

[1]　陈同斌. 土壤污染将成为中国的世纪难题[J]. 科学文萃，2005，30（90）：30-32.

[2]　吴丹亚，庞欣欣，王明湖，等. 宁波市稻田土壤重金属污染状况及潜在生态风险分析[J]. 中国农业信息，2017（7）：38-42.

[3]　穆莉，王跃华，徐亚平，等. 湖南省某县稻田土壤重金属污染特征及来源解析[J]. 农业环境科学学报，2019，38（3）：573-582.

[4]　章秀福，王丹英，方福平，等. 中国粮食安全和水稻生产[J]. 农业现代化研究，2005（2）：85-88.

[5]　段梅红. 镉米使重金属污染受关注[J]. 食品安全导刊，2013（7）：26.

[6]　刘君，张猛，张士荣，等. 山东省水稻产地土壤重金属污染风险评价[J]. 青岛农业大学学报（自然科学版），2019，36（2）：112-118+125.

[7]　郑越. 土壤重金属污染的现状及其治理[J]. 中国资源综合利用，2019（37）：390，118-120.

[8]　宋玉婷，彭世逞. 我国土壤重金属污染状况及其防治对策[J]. 吉首大学学报（自然科学版），2018（39）：141，76-81.

[9]　杨蕾. 我国土壤重金属污染的来源、现状、特点及治理技术[J]. 中国资源综合利用，2018（36）：157-159，375.

[10]　牟力，张弛，滕浪，等. 山区谷地铅锌矿区稻田土壤重金属污染特征及风险评价[J]. 山地

农业生物学报，2018，37（2）：20-26.

[11]　王确，张今大，陈哲晗，等. 重金属污染土壤修复技术研究进展[J]. 能源环境保护，2019，33（3）：5-9.

[12]　何益波，李立清，曾清如. 重金属污染土壤修复技术的进展[J]. 广州环境科学，2006，21（4）：26-31.

[13]　张金妹. 重金属 Pb 和 Cr（Ⅵ）污染土壤洗脱技术研究[D]. 上海：华东理工大学，2017.

[14]　孟蝶. 鼠李糖脂-柠檬酸对有机-无机复合污染土壤的同步洗脱研究[D]. 南京：南京农业大学，2014.

[15]　Adriano D C. Trace elements in terrestrial environments in Biogeochemistry，Bioavailability and Risks of Metals[M]. New York：Springer-Verlag，2001.

[16]　郑越. 土壤重金属污染的现状及其治理[J]. 中国资源综合利用，2019，37（5）：114-116.

[17]　张强. 湖南省农田重金属污染的修复方法——以植物修护为例[J]. 世界有色金属，2016（5）：130，132.

[18]　徐浩然，肖广全，陈玉成，等. 水旱轮作原位钝化削减技术修复土壤镉污染[J]. 环境工程学报，2020，14（3）：789-797.

我国农药污染现状及防治对策

李淑娟　　黄国勤*

（江西农业大学生态科学研究中心，南昌 330045）

摘　要：农药污染问题是一个全球性问题，我国作为农业大国，对于农药的生产、消费和使用量十分可观。农药一方面帮助我们有效控制病虫草害，另一方面污染了农产品和大气、土壤、水体等生物生态环境。但是，在耕地资源日益紧张、全球气候变化形势日益严峻的今天，农药将继续在我国农业系统中占据重要地位，我们无法完全摒弃农药。因此，对于农药污染的研究尤为重要。本文概述了我国农药污染现状，并提出相应的防治对策，为解决农药污染问题提供基础信息支撑。

关键词：农药污染　现状　对策　修复技术

一、引言

有毒化学品污染是一个全球性问题，其中化学农药是有毒化学品中使用量、使用面积、毒性均为最高的一类化合物。农药是人类长期以来与大自然进行抗争出现的产物，已经有 4 000 多年的历史，不可否认，在漫长的农耕文化中，人们为了抵御病、虫、草害的侵袭，发明、开发并应用农药，这是人类进步的表现。

* 通信作者：黄国勤，江西余江人，农学博士后，江西农业大学生态科学研究中心主任（所长），二级教授、博士生导师，研究方向：耕作制度、农业生态、农业绿色发展理论与实践等。E-mail：hgqjxes@sina.com。
基金项目：国家重点研发计划课题"长江中游双季稻三熟区资源优化配置机理与高效种植模式"（项目编号：2016YFD0300208）、国家自然科学基金项目"秸秆还田条件下紫云英施氮对土壤有机碳和温室气体排放的影响"（项目编号：41661070）、中国工程院咨询研究项目"长江经济带水稻生产绿色发展战略研究"（项目编号：2017-XY-28）。

但是，我国作为一个农业大国，对农药的消费十分可观，由于多年来农药的连续大量使用，产生了一系列负面影响，危害人类及自然生态环境。对人类主要是通过直接污染土壤、水体和农产品造成间接危害，也会造成部分直接危害，例如服用农药致死。近年来，人们从监督管理、研究污染修复技术以及法律规范等方面入手，期望能够研究出适宜的防治对策应对农药污染问题，并且已经取得了一些进展。但是农药监管力度仍旧薄弱，修复技术没有重大突破和推广应用，法律法规尚未得到完善。由此来看，农药污染问题仍旧严峻。

二、农药污染现状

1．来源

农药污染来自农业施洒，再通过直接或间接的方式污染环境。农药通过拌种、浸种等形式直接污染土壤，大气中悬浮的农药则直接污染空气，然后在降水过程中经过淋溶降落在地表或水体，间接污染了土壤和水体，进入水体的农药，通过地表径流再次污染其他区域。

虽然目前农药污染严重，但短时间内我国农药的生产和使用量都不会减少。近年来我国农药使用量呈上升趋势（图1），后逐渐趋于平缓，与此同时在环境污染治理方面的资金投入呈快速上升趋势，这说明我国民众对于减少农药使用的意识不断增强，国家在污染治理方面愈加重视。

2．危害

大部分农药在环境中能够快速分解，使结构复杂的农药分子分解成为简单的对人、对其他生物机体无害的化合物，但各种农药的分解速度并不相同，一些不易分解，化学性质稳定的农药可以在环境中长期残留，并以不同的形式扩散，从而在大气、土壤、水体、人和其他生物机体内富集。当这种富集超过一定的程度时，就会产生危害。农药污染对于人类和自然生态环境的危害分为直接危害和间接危害两大类。

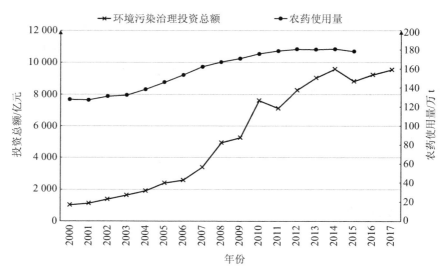

图 1　2000—2017 年我国农药使用量和环境污染治理投资总额增长状况

（1）直接危害

直接危害是农药通过拌种、浸种等方式，直接进入土壤，破坏土壤生态环境。农药污染的程度变得更加严重的同时，也杀死了大量益虫。高毒农药的使用有效抑制了病虫害，却造成了 90% 以上的益虫——蚯蚓死亡，这势必引起农业生态系统中生物群落的变化。大量研究发现，长年累月反复使用同一种杀虫剂后，害虫密度并没有减少，甚至越来越多，这是因为害虫在长期进化过程中出现了抗药性。残留农药破坏了土壤微生物的繁殖，使敏感的菌种受到抑制，土壤微生物的种群趋于单一化。

（2）间接危害

间接危害是农药进入土壤，直接污染土壤后，农作物根系从周围的土壤环境中吸收农药，间接污染了农产品。农药会经过食物网富集，越是处于食物网的终端，对于残留农药的富集量就越多，而人类往往处于各种食物网的终端，进而间接危害了人体健康。例如，人类摄入被污染的农产品和水源，造成对人体健康的损害。自然界的各种生物存在着彼此依赖、相互制约的关系，农药进入土壤杀死了蚯蚓等益虫，就会导致蚯蚓所参与的生态系统的平衡会因此而遭到破坏，例如"鸟—土壤—微生物—蚯蚓—鸟"系统，土壤里的农药残毒杀死蚯蚓，鸟通过摄入蚯蚓中毒，跟蚯蚓和鸟有联系的其他生物也会相应地受到影响。

3. 农药污染分布

（1）大气污染

农药因其化学性质不同，有些易渗入土壤，有些易溶于水，有些易挥发，那些易挥发的农药就会对大气造成污染。农药对大气的污染途径主要来源于农药生产企业排出的废气、农药喷洒时的扩散、残留农药的挥发等，其中农药生产企业排出的废气为最严重，大气中的残留农药漂浮物或被大气中的飘尘所吸附，或以气体与气溶胶的状态悬浮于空气中。空气中残留的农药随着大气的运动而扩散，使污染范围不断扩大。江苏省某农药化工股份有限公司退役场地，检出的污染物有苯系物、卤代烃、氯苯类、烷烃、烯烃、酯类、醇、醚、萘、酮、二硫化碳和其他挥发性有机污染物，共 12 大类，合计 59 种。2011—2012 年对某农药厂开展了大气中毒死蜱含量的采样监测工作，结果表明，毒死蜱广泛存在于各采样点大气中，且采样点距离厂区越近，大气中毒死蜱浓度越高，颗粒物中毒死蜱浓度在 $1.05\times10^{-8}\sim1.04\times10^{-6}$ mg/m^3。

（2）土壤污染

农药对土壤的污染主要表现为除草剂、杀虫剂、灭菌剂的污染。近年来，除草剂产量的增长率远高于杀虫剂和杀菌剂，约占到农药产量比重的 1/3，截至 2017 年，全国农田化学除草面积较 1980 年增加了十多倍。现阶段杀虫剂包括新烟碱类、拟除虫菊酯类、有机磷类、氨基甲酸酯类、天然类、其他结构类六大主类，有机氯农药（OCPs）因高生物富集性、放大性和高毒性的原因在大多数国家已禁止使用，但是 OCPs 的污染问题仍是世界各国所面临的重大环境和公共健康问题之一。农药杀菌剂是防治作物病害最重要的武器，杀菌剂近年来一直成为研发的热点，2012—2014 年全球杀菌剂销售额分别占农药总销售额的 26.3%、25.8%和 25.9%，由于大部分杀菌剂为较低效或低效农药，见效缓慢，因此使用过程中其用量常被提高数倍甚至数十倍，杀菌剂就成了蔬菜生产的重要污染源之一。

（3）水体污染

农药在农业生产上作出了极大的贡献，但农药易经雨水冲淋或经地表径流等途径进入水体，由此对水体造成的污染不容小觑。水体中的残留农药破坏了水生态系统，对水生生物造成严重的危害，通过食物网还会对人类健康构成威胁，目前，水体农药污染状况逐渐受到人们的广泛关注。农药对于水体的污染主要集中于河流、地下水、湖泊水库和海域。农田水流失为农药进入水体的最主要途径，可溶性和不可溶性的农药均可通过雨水或农用灌溉水冲淋而汇集入河流中，而农药厂的污水排放也可引起河流的污染。有学者分别在 2010 年 7 月、8 月、10 月、11 月、12 月对珠江河口流域进行定期采样研究，结果表明，珠江河口流域水体中有机磷农药的浓度范围在 18.76～344.94 μg/L，以敌敌畏、甲拌磷、乙拌磷、乐果 4 种组分为主，占 9 种监测有机磷农药总量的 50%以上，尤其是甲拌磷，环境质量以及初步的风险评价表明，虽然珠江河口区域水体中各种有机磷农药的浓度都在人类可以接受的范围内，但是甲拌磷已经接近可接受范围的临界点，无论对环境质量还是对人体健康，都存在着潜在风险。在成都府南河选取 17 个采样点进行研究，共检出 7 种有机磷农药，其浓度范围为（0.318～211）×10^{-3} μg/L，检出频率较高的有氧乐果、乐果、氯唑磷、毒死蜱等，其浓度范围均符合国家标准限值及欧盟地面水农药限量标准。湖泊与水库由于水体相对静止，因此，受农药污染状况也较河流等相对流动的水体严重。有学者通过 PFU 采样对云南 11 个湖泊水体中 OCPs 含量进行了测定，结果表明，滇池、星云湖、泸沽湖和阳宗海 OCPs 含量较高，且以 β-HCH 为主。地下水污染比地表水污染更难以治理，尤其是深层地下水。有学者于 2013 年 4 月在重庆老龙洞地下河进行取样，研究发现该水体与国内外河流相比较，有机氯农药含量处于较高水平。海水由于水体稀释能力强，因而受农药的污染较轻，但是河口及海岸带等近海区域的农药污染却不可轻视。有学者于 2007 年 5 月在渤海湾主要入河口进行采样，研究分析入海口沉积物中 OCPs 的分布和污染特征，发现主要入海河流河口沉积物的 OCPs 含量为 34.0～518.3 μg/g，与国内外其他地区沉积物相比，该地区沉积物中 OCPs 污染处于较高水平。

（4）农产品污染

农药对于农产品的污染是指在农作物种植过程中，在其表面喷洒农药，其残留物的标准超过了限定值，而这些农作物经过简单加工生产成各种农产品，人们食用农产品，农药残留则会在人体中富集，危害人体健康。我国作为农业大国，农产品加工总量巨大，但是每年出现的农产品安全问题也有很多，人们对于农产品安全问题也愈加重视。农产品污染主要集中在蔬菜、水果、粮食的农药残留污染。蔬菜设施种植面积迅速增加，重茬、连作导致蔬菜病虫害加重，刺激菜农大量使用化学农药，造成蔬菜表叶受损，农药在蔬菜组织里长时间不能降解，从而蔬菜农残过高，危害人体健康。近年来，全国各省（区、市）不同程度地开展采样检测，抽样检查结果显示，农药残留合格率较低。天津市消费者协会发布的蔬菜比较试验报告显示，认证蔬菜样品单项农药残留检出率比常规蔬菜样品高，70%的有机样品被检测出农药残留，其中大葱、小白菜、甘蓝、芹菜、韭菜等 9 种有机认证蔬菜样品中检测出百菌清单项农残，检出值在 0.02～0.08 mg/kg，占比为 69.23%。

三、农药污染防治对策

1. 监管

目前农药监管力度不足是一大问题，尤其是灭菌剂的使用。加强监管一方面要做到对农药生产、销售、使用全过程进行有效管理，禁止生产、销售高毒禁用农药；另一方面应建立农药和农产品监管体系，对违反规定、制造销售假冒伪劣农药的行为依照有关法律法规进行处罚。制订农药使用管理标准，规定农药标签中必须注明农药的使用对象、方法、剂量、使用期和安全间隔期，并加强宣传、培训和引导。

2. 修复技术

为应对我国农药污染问题，国内外学者都做了许多修复技术的研究工作，已经取得一些进展。目前，农药污染修复方法主要为物理修复技术、化学修复技术、生物修复技术（植物修复技术、微生物修复技术、植物微生物联合修复技术）。物理修复技术主要是通过利用压力等物理相关因素进行控制，将土壤中的污染物提取出来，包含蒸汽浸提、热脱附技术，近年来又更新了微波热脱附技术和远红外技术，但这些修复技术存在一个共同问题——破坏土壤。化学修复技术是向土壤当中加入相应的化学试剂，利用特定的化学反应对污染物进行分解，从而达到处理污染物的目的，其中化学淋洗技术最为常见。生物修复技术就是利用植物或者微生物进行修复的技术。有研究表明，沉水植物系统构建完成后，水体中毒死蜱、氰戊菊酯、腐霉利、甲拌磷和乙草胺 5 种农药的平均去除率均大于 75%，马拉硫磷和乐果的平均去除率约为 50%，较修复前均有显著下降（$P<0.05$）。微生物修复农药污染的生物资源丰富，包含细菌、真菌、放线菌、藻类等，主要分为土著微生物和外源微生物两大类。诸如甲基杆菌、节杆菌、顶孢霉菌这些一旦改变外界环境（添加营养元素、改变环境理化性质等）就会刺激其对目标残留农药的降解的微生物为土著微生物。外源微生物修复主要依靠选取具有强降解功能的外源微生物，例如在农药厂污水中分离得到的节杆菌可降解氯菊酯、钾菊酯。

3．法律

我国对农药的管理一向重视，早在 20 世纪 50 年代就由国务院有关部门颁布了农药安全管理的若干规定，内容涉及防止农药中毒、农药质量与生产、使用的安全管理，如《关于严防农药中毒的联合通知》（1956 年），此后近 70 年间不断地补充改善相关法律规定，但我国防治农药污染的现行法律制度仍然存在着若干较为严重的缺陷，主要表现在农药污染的专门立法滞后、现行立法关于防治农药污染的规定可操作性不强、监督管理体制不完善、农药污染的法律责任不健全、缺乏生态病虫害防治机制体系等方面。针对现存的问题，建议完善农药污染防治法律体系，强化农药污染防治的法律责任，全面建立病虫害生态防治机制。

四、小结

总之，我国作为农业大国，在耕地资源日益紧张、气候变化形势越发严峻的今天，不可否认农药带给我们的益处。农药的使用在一定程度上有效控制了病虫草害，保证了粮食产量稳步提升，在未来一段时间里，仍然需要继续使用农药。但是，我们同样不可忽视和逃避农药污染所带来的危害，要直面现状，加大监管力度和研究力度。极力促进产学研相结合、政府有效监管，使农药的使用绿色安全、高质高效，市场井然有序，修复技术多样高效。

参考文献

[1]　国家环境保护总局. 我国农药污染现状、存在问题及建议[J]. 环境保护，2001（6）：23-24.

[2]　王春华. 浅谈农药污染现状及环境保护措施[J]. 今日农药，2019（6）：29-30.

[3]　王鑫，任玉瑛，韩超，等. 天津市蔬菜农药污染现状及农药残留危害[J]. 农业工程技术，2018，38（32）：44-48.

[4]　孙肖瑜，王静，金永堂. 我国水环境农药污染现状及健康影响研究进展[J]. 环境与健康杂志，2009，26（7）：649-652.

[5]　杨璇. 珠江河口水体常见有机磷农药污染现状及风险评价[D]. 广州：暨南大学，2011.

[6]　黄佳盛，郭凯先，尤李俊. 中国农田土壤农药污染现状和防控对策[J]. 南方农业，2019，13（14）：165-166.

[7]　赵玲，滕应，骆永明. 中国农田土壤农药污染现状和防控对策[J]. 土壤，2017，49（3）：417-427.

[8]　徐昕，孙玉川，J A Md. 重庆老龙洞地下河流域水体有机氯农药污染及来源初步研究[J]. 中国岩溶，2013，32（2）：189-194.

[9]　李莲华. 土壤农药污染的来源及危害[J]. 现代农业科技，2013（5）：238-240.

[10]　李永玉，洪华生，王新红，等. 厦门海域有机磷农药污染现状与来源分析[J]. 环境科学学报，2005（8）：1071-1077.

[11]　王守敏，冯建军. 有机氯农药污染、危害及防治[J]. 河北化工，1981（3）：52-68.

[12]　张俊，王定勇. 蔬菜的农药污染现状及农药残留危害[J]. 河南预防医学杂志，2004（3）：182-186.

[13]　周维娜. 有机磷农药对人类和环境的危害[J]. 中国农业信息，2013（15）：164.

[14]　高桂枝，王圣巍，王俏，等. 残留农药污染危害及其防治[J]. 延安大学学报（自然科学版），2002（1）：52-55.

[15]　杜蕙. 农药污染对生态环境的影响及可持续治理对策[J]. 甘肃农业科技，2010（11）：24-28.

[16]　张孝飞，邓绍坡，龙涛，等. 农药污染场地修复过程中近地面大气气态污染物含量变化特征及影响因素[J]. 南京农业大学学报，2017，40（3）：481-487.

[17]　王娜，吉贵祥，孙娟，等. 大气中毒死蜱农药污染的环境监测技术与健康风险研究[C]. 2013中国环境科学学会学术年会. 中国云南昆明，2013.

[18]　赵玲，滕应，骆永明. 我国有机氯农药场地污染现状与修复技术研究进展[J]. 土壤，2018，50（3）：435-445.

[19]　秦延文，张雷，郑丙辉，等. 渤海湾主要入海河流入海口沉积物有机氯农药污染特征及其来源分析[J]. 农业环境科学学报，2010，29（10）：1900-1906.

[20] 刘琳，江阳，雍莉，等. 成都市府南河中有机磷农药污染现状初步研究[J]. 现代预防医学，2018，45（16）：2920-2923.

[21] Yang J，Zhang W，Shen Y，et al. Monitoring of organochlorine pesticides using PFU systems in Yunnan lakes and rivers，China[J]. Chemosphere，2007，66（2）：219-225.

[22] 袁雪松. 蔬菜农药污染现状及对策分析[J]. 中国果菜，2018，38（5）：39-40.

[23] 卢鑫. 有机农药污染土壤现状及其修复技术研究综述[J]. 绿色环保建材，2019（3）：36-39.

[24] 靳聪聪，杨扬，刘帅磊，等. 农村废水农药污染的生态修复技术研究[J]. 生态环境学报，2017，26（1）：142-148.

[25] 崔燕玲，刘丹丹，刘长风，等. 土壤农药污染的微生物修复研究概况[J]. 安徽农业科学，2015，43（16）：75-76.

[26] 王新，姚梦琴，祝虹钰，等. 土壤农药污染原位生物修复技术及其研究进展[J]. 安徽农业科学，2016，44（31）：67-71.

[27] 宁清同，欧冬良. 我国农药污染防治的法律思考[J]. 生态经济，2012（9）：164-168.

我国水污染的现状、原因及防治对策

封 亮 黄国勤*

（江西农业大学生态科学研究中心，南昌330045）

摘 要：水污染已经成为困扰社会发展的一个非常重要的问题。如果水污染不能得到及时有效的控制，其他工作也就无法正常进行。造成水污染的原因有农业面源污染、生活垃圾污染、工业生产污染和畜禽排泄物污染等。防治水污染的对策：一是加强农村污染源控制；二是加强城市污水污染控制；三是加强工业废水源头治理；四是加强养殖业排泄物处理；五是加大对江河湖泊的监管力度；六是增强全民环境保护意识；七是加大《水污染防治法》宣传力度。
关键词：水污染 现状 治理 措施

"水是生命之源"，水是人们赖以生存的基本保障，同时也是人们日常生活中必不可少的重要资源。无论是对人类现阶段生活、经济建设还是国家发展、生态平衡等各个方面都起着巨大的作用。但是在当前社会经济快速发展的背景下，工业化、城市化进程不断加快，各个行业虽然取得了良好的发展成效，但是水污染现象日益严重。

目前，我国地下水的供给量占到了全国总供水量的20%，北方一些缺水城市达到了一半多，华北和西北城市甚至达到了70%左右。我国地下水开采量每年以25 亿 m^3 的速度递增。在我国大部分农村地区，主要的饮用水水源都是地下水。

* 通信作者：黄国勤，江西余江人，农学博士后，江西农业大学生态科学研究中心主任（所长），二级教授、博士生导师，研究方向：耕作制度、农业生态、农业绿色发展理论与实践等。E-mail：hgqjxes@sina.com。
基金项目：国家重点研发计划课题"长江中游双季稻三熟区资源优化配置机理与高效种植模式"（项目编号：2016YFD0300208）、国家自然科学基金项目"秸秆还田条件下紫云英施氮对土壤有机碳和温室气体排放的影响"（项目编号：41661070）、中国工程院咨询研究项目"长江经济带水稻生产绿色发展战略研究"（项目编号：2017-XY-28）。

根据中国地质环境监测院公布的信息，对北京、上海等 8 个省（区、市）的 641 口井的水质进行监测，结果显示，仅有 2.3%的监测井达到Ⅰ～Ⅱ类水质；达到Ⅲ类水质的监测井占 23.9%；达到Ⅳ～Ⅴ类的监测井占总数的 73.8%。

在环境问题日益严峻的今天，环境污染问题受到了很大的关注，我国的环保事业也取得了巨大的进步。但是农村水体污染问题尤为突出，不仅造成了环境问题，制约了农村的经济发展，甚至威胁到了村民的生命安全。我国是农业大国，农村水环境问题一直是我国环保工作的薄弱环节。因此，对于农村水污染问题必须引起高度重视，并采取有效的治理措施。

一、水污染现状

我国是一个水资源严重短缺的国家，现阶段不仅水资源供不应求，而且水污染现象越来越严重。与此同时，我国水资源在分布上严重不均衡，开发利用的难度比较大，加之频繁发生的旱灾、水污染等一系列与水有关的问题，造成的经济损失巨大。在现代社会不断快速发展的背景下，对水资源的整体要求越来越高，但是水资源短缺现象也越来越严重，特别是水污染问题已经逐渐成为影响人们生活和社会发展的重要条件。

1. 农业面源污染源引起水污染

农业方面出现的污染源是多种多样的，农药、化肥、畜禽粪便均能造成水体污染。在农业污水中有机质和病原微生物的数量非常多，农药和化肥的含量也非常多。据统计，我国水土流失状况在世界居首位，每年表层土壤流失的数量都在不断地升高，导致很多农药化肥也进入江河当中，这种情况使得水中氮元素和磷元素的含量也在不断升高，导致很多湖泊都在不同程度上受到了污染，其富营养化的程度也在不断提升，藻类和植物繁殖能力骤然上升，水的清澈度和水中溶解氧的浓度都有了十分明显的下降，致使水质发生了急剧转变。

2. 城市生活垃圾引起水污染

生活污水是人们日常生活中产生的各种污水混合物，其污染成分复杂、污染量大，分布分散，不利于收集处理。目前我国农村生活污水处理系统尚未完善，绝大部分的生活污水都直接排入农村周围的河流、湖泊或水库，造成水体污染。

农村公共设施匮乏，生活垃圾随处堆放，在经过长期的堆积后会产生垃圾渗滤液，直接污染地下水。经过降水的冲刷，生活垃圾中的大量污染物会进入地表水体，污染水体环境。城市生活垃圾越来越多，生活污水当中存在大量洗涤剂和垃圾，其中氮元素和磷元素的含量非常高，这样也就使得水污染程度进一步加重。

3．工业生产引起水污染

随着城市化进程的加快，不少企业开始在乡镇农村建设工厂，使乡镇企业得到了迅速的发展。乡镇企业能耗大，技术含量较低，尤其以造纸、纺织、染厂、化工厂、食品厂为主。这些工业废水的毒性和污染危害比较严重，并且在水中不易净化。一些对环境污染危害大的冶金、建材等企业在农村建设工厂，向地表水体中排入大量污水，造成严重污染。工业生产过程中所排放的废水对水环境的影响是最大的，虽然排放量远不及生活污水，但是其在污染的危害性上要比生活污水大很多倍，如果这些废水不经过处理就直接排放，对生态环境会造成非常大的负面影响。工业生产中还存在着一些废气和废渣，这种情况会使土壤和空气环境受到非常不利的影响，废气则会以降水的形式污染水体。

4．畜禽业的污染

家禽及牲畜饲养大多采用散养形式，圈养不多，村庄到处都散落着禽畜粪便。加之大部分厕所设计不合理，遇到连续下雨时期，极易导致厕所粪便溢出，对水体造成严重的污染。为追求经济利益，不少水产养殖业更是大量采用化学肥料，导致水体富营养化。

二、水污染原因

1．地下水污染严重

造成地下水污染的原因主要包括以下因素：第一，垃圾填埋场造成的地下水污染。由于垃圾填埋场建设时工艺技术简单，防渗措施落后，大量渗沥液渗入地下造成水体污染。第二，工业生产厂家实施生产过程中在下水道、河道等处排放大量工业废水，造成地下水污染。第三，城市化进程造成的地下水污染。如一些沿海城市在城市建设中进行大量的开挖作业引起海水倒灌，使地下水受到污染，导致了严重的生态问题。

2．城市水处理技术不足

城市水处理技术不足也是主要问题。目前所采用的水处理工艺存在的问题主要包括以下两种：其一，处理过程复杂，工艺要求严格，管理困难且增加了运行成本，先进的处理工艺在现有生产中未能得到应用。其二，化学处理虽可以起到一定效果，但加入处理剂增加了处理成本，且一定程度上造成了水体的二次污染。结合以上分析，如不能采取有效的技术进行改进及应用，则会在一定程度上对水处理造成影响，不利于该类技术的广泛使用。

3．环保意识淡薄

环保意识淡薄集中体现在以下三个方面：其一，企业环保意识淡薄。如对企业的环保责任意识淡薄，认为企业向生态环境部门缴纳了排污费，治理污染是生态环境部门的事；另一种认为企业只管生产和纳税，治理污染是政府的事，从而造成责任心不强，肆意排放情况严重。其二，个人环保意识淡薄。由于国民缺乏对于环保知识的全面认知和系统理解，受制于受教育渠道和自我学习能力意识较弱，缺乏对环保的深入理解，对于环保的态度甚是消极，参与环保行为的主观意愿不强。其三，环保问题处罚力度不足。如部分企业未经处理的工业废水直接排放或处理不达标造成地下水二次污染，将会面临刑事处罚，但在实际操作过程中，落实难度较大，很多情况无法得以处罚而影响环境的治理与水体保护。

三、水污染防治对策

1．加强对农业污染源的控制

在农业生产过程中，大力推广先进农业技术：①大力推广有机肥替代化肥技术，积极开展农作物秸秆还田和绿肥还田，有效控制和减少化肥用量；②大力推广测土配方施肥技术，积极推行田间合理灌溉、发展节水农业等技术，科学施肥，提高肥料利用率，减少肥料流失；③积极推广病虫草害绿色防控和综防统治技术，推广使用高效、低毒、低残留、低用量农药和精准提升治理效果；④加大产业结构调整力度，加大对生态农业的扶持力度，同时使用更多的科技手段对环保工作加以改进。

2．加强城市污水污染的控制

城市污水也是导致水资源被严重污染的重点原因，在针对城市污水污染实施有效控制的过程中，要结合实际情况，采用科学合理的方式。首先，要科学合理地对城市水资源进行利用，在坚持可持续发展战略的基础上，结合城市的实际发展情况，制订出初期、中期以及长期的水资源总体利用规划方案。在针对水污染现象采取有效措施进行控制的同时，要对治水、排水以及污水处理进行综合考量。与此同时，在处理过程中，要坚持排渍、减污、分流、净化以及再利用等原则，根据城市水城功能区的具体要求，以及水环境本身的容量，对水质质量的目标进行确定，这样有利于开展区域水污染的有效防治工作。

3．加强工业废水的源头治理

工业废水是导致水体被污染的重要原因之一，在对工业废水进行治理时，要按照节能、降耗、减污的原则对废水进行处理，在保证处理质量的基础上，提高处理效率。首先，要加强对工业企业执法力度，坚持有法必依、执法必严、违法必究的原则，对工业企业实施有效的监督和管理。一旦在监管过程中发现非法排污现象，要对其进行严肃处理，根据法律法规，可以对企业提出处罚金额，提高企业违法排污的成本。要对造成水污染的污染源予以严格控制，其中最为重要的就是对排污的总量进行有效的控制，同时还要不断加强相关内容的管理，对于超标的污水，要经过处理达标之后才能排放。

4．加强养殖污染物处理

一是要控制养殖业规模的扩张，引导其进行生态养殖，要合理规划、科学管理。二是要合理布局，使养殖业远离居民区饮用水水源。三是要推进养殖业的污水处理设施的建设，严格要求其污水处理达标后排放。四是要提高管理水平，制定畜禽养殖业的污水排放标准、技术规范等，并加强监督，使其严格按照相关标准进行处理排放。五是禁止养殖业使用含添加剂的化肥饲料、动物内脏做饲料，降低养殖废水的污染程度。同时也应做好农村环卫设施建设，在新农村建设过程中，加快农村污水处理设施、生活垃圾堆放点、生活污水收集系统、厕所的改建等环保工程的建设，使生活污水和生活垃圾得到合理的排放，并得到相应的处理，切断水体污染源头。

5. 加大对江河湖泊的监管力度

湖泊和河流的污染防治措施有着很大的差异,所以在其监管力度上也需要不断增强。主要措施有控制生活污水和农业污水的排放,制订更加科学有效的水量调度和河流湖泊水资源的保护方案,这样才能有效地提高江河湖泊水自净的能力,使水质得到大幅提升。

6. 增强乡镇领导干部和村民环境保护意识

基于乡镇政府领导干部环保意识的不足,应加强对其的环保教育,提高环保意识,增强对水污染防治工作的责任感,促使他们对乡镇企业的污染起到监督作用。基于村民对环境保护工作认识不够的窘境,加强对村民的环保宣传,引导村民掌握基本的环境保护技术,正确采用绿色生产方式,建设远离饮用水水源的固定垃圾堆,分类整理生活垃圾,杜绝向河流倾倒生活污水和垃圾等。

7. 继续加大对《水污染防治法》的宣传力度

通过宣传增强人们的水资源忧患意识和水环境保护责任意识,把治理水污染提高到经济可持续发展、水资源可持续利用的高度,促进形成人人维护环境的良好社会氛围。

综上所述,水资源在我国行业以及社会经济发展过程中起到了必不可少的重要作用。但是在现阶段,水污染现象越来越严重,对人们的健康、社会经济发展等都造成了严重影响。因此,针对这一现状,应从工业废水治理、生活污水治理两个角度出发,对污水源头进行处理,采取有效措施对水污染进行控制,提高污水治理效率和质量。

参考文献

[1]　赵艳茹,高殿华. 合理利用水资源　推进水生态治理与保护[J]. 中国资源综合利用,2019,37(9):61-63.

[2]　周爱萍. 我国农村水污染现状及防治措施[J]. 安徽农业科学,2009,37(9):4345-4346,4348.

[3]　刘小毅. 水资源开发利用状况及保护策略分析[J]. 能源与节能,2019(7):85-86.

[4]　蔺文辉. 水资源管理现状问题分析及应对措施探索[J]. 农业科技与信息,2019(16):

99-101.

[5] 李金莲. 浅析我国水资源管理的现状[J]. 中国水运（下半月），2019，19（10）：39-40.

[6] 王世军. 水污染现状及其治理措施[J]. 资源节约与环保，2015（2）：29.

[7] 黄山松. 我国农村水污染现状及防治对策[J]. 工程与建设，2008（2）：224-226.

[8] 郭妮娜. 浅析我国水资源现状、问题及治理对策[J]. 安徽农学通报，2018，24（10）：79-81.

[9] 李贵宝，王东胜，谭红武，等. 中国农村水环境恶化成因及其保护治理对策[J]. 南水北调与水利科技，2003（02）：29-33.

[10] 龙凌，李为华. 我国水资源利用的现状、问题及对策分析[J]. 科技信息（科学教研），2007（34）：534，560.

[11] 夏开祥，周鑫. 农村水污染现状与防治对策研究[J]. 资源节约与环保，2014（10）：165.

第五部分

附　录

中共中央　国务院
关于全面加强生态环境保护
坚决打好污染防治攻坚战的意见*

（2018 年 6 月 16 日）

良好生态环境是实现中华民族永续发展的内在要求，是增进民生福祉的优先领域。为深入学习贯彻习近平新时代中国特色社会主义思想和党的十九大精神，决胜全面建成小康社会，全面加强生态环境保护，打好污染防治攻坚战，提升生态文明，建设美丽中国，现提出如下意见。

一、深刻认识生态环境保护面临的形势

党的十八大以来，以习近平同志为核心的党中央把生态文明建设作为统筹推进"五位一体"总体布局和协调推进"四个全面"战略布局的重要内容，谋划开展了一系列根本性、长远性、开创性工作，推动生态文明建设和生态环境保护从实践到认识发生了历史性、转折性、全局性变化。各地区各部门认真贯彻落实党中央、国务院决策部署，生态文明建设和生态环境保护制度体系加快形成，全面节约资源有效推进，大气、水、土壤污染防治行动计划深入实施，生态系统保护和修复重大工程进展顺利，核与辐射安全得到有效保障，生态文明建设成效显著，美丽中国建设迈出重要步伐，我国成为全球生态文明建设的重要参与者、贡献者、引领者。

同时，我国生态文明建设和生态环境保护面临不少困难和挑战，存在许多不足。一些地方和部门对生态环境保护认识不到位，责任落实不到位；经济社会发展同生态环境保护的矛盾仍然突出，资源环境承载能力已经达到或接近上限；城乡区域统筹不够，新老环境问题交织，区域性、布局性、结构性环境风险凸显，重污染天气、黑臭水体、垃圾围城、生态破坏等问题时有发生。这些问题，成为重要的民生之患、民心之痛，成为经济社会可持续发展的瓶颈制约，

---

* 原载《中国生态文明》2018 年第 3 期第 6～14 页。

成为全面建成小康社会的明显短板。

进入新时代,解决人民日益增长的美好生活需要和不平衡不充分的发展之间的矛盾对生态环境保护提出许多新要求。当前,生态文明建设正处于压力叠加、负重前行的关键期,已进入提供更多优质生态产品以满足人民日益增长的优美生态环境需要的攻坚期,也到了有条件有能力解决突出生态环境问题的窗口期。必须加大力度、加快治理、加紧攻坚,打好标志性的重大战役,为人民创造良好生产生活环境。

二、深入贯彻习近平生态文明思想

习近平总书记传承中华民族传统文化、顺应时代潮流和人民意愿,站在坚持和发展中国特色社会主义、实现中华民族伟大复兴中国梦的战略高度,深刻回答了为什么建设生态文明、建设什么样的生态文明、怎样建设生态文明等重大理论和实践问题,系统形成了习近平生态文明思想,有力指导生态文明建设和生态环境保护取得历史性成就、发生历史性变革。

坚持生态兴则文明兴。建设生态文明是关系中华民族永续发展的根本大计,功在当代、利在千秋,关系人民福祉,关乎民族未来。

坚持人与自然和谐共生。保护自然就是保护人类,建设生态文明就是造福人类。必须尊重自然、顺应自然、保护自然,像保护眼睛一样保护生态环境,像对待生命一样对待生态环境,推动形成人与自然和谐发展现代化建设新格局,还自然以宁静、和谐、美丽。

坚持绿水青山就是金山银山。绿水青山既是自然财富、生态财富,又是社会财富、经济财富。保护生态环境就是保护生产力,改善生态环境就是发展生产力。必须坚持和贯彻绿色发展理念,平衡和处理好发展与保护的关系,推动形成绿色发展方式和生活方式,坚定不移走生产发展、生活富裕、生态良好的文明发展道路。

坚持良好生态环境是最普惠的民生福祉。生态文明建设同每个人息息相关。环境就是民生,青山就是美丽,蓝天也是幸福。必须坚持以人民为中心,重点解决损害群众健康的突出环境问题,提供更多优质生态产品。

坚持山水林田湖草是生命共同体。生态环境是统一的有机整体。必须按照系统工程的思路,构建生态环境治理体系,着力扩大环境容量和生态空间,全方位、全地域、全过程开展生态环境保护。

坚持用最严格制度最严密法治保护生态环境。保护生态环境必须依靠制度、依靠法治。必须构建产权清晰、多元参与、激励约束并重、系统完整的生态文明制度体系,让制度成为刚性约束和不可触碰的高压线。

坚持建设美丽中国全民行动。美丽中国是人民群众共同参与共同建设共同享有的事业。必须加强生态文明宣传教育，牢固树立生态文明价值观念和行为准则，把建设美丽中国化为全民自觉行动。

坚持共谋全球生态文明建设。生态文明建设是构建人类命运共同体的重要内容。必须同舟共济、共同努力，构筑尊崇自然、绿色发展的生态体系，推动全球生态环境治理，建设清洁美丽世界。

习近平生态文明思想为推进美丽中国建设、实现人与自然和谐共生的现代化提供了方向指引和根本遵循，必须用以武装头脑、指导实践、推动工作。要教育广大干部增强"四个意识"，树立正确政绩观，把生态文明建设重大部署和重要任务落到实处，让良好生态环境成为人民幸福生活的增长点、成为经济社会持续健康发展的支撑点、成为展现我国良好形象的发力点。

三、全面加强党对生态环境保护的领导

加强生态环境保护、坚决打好污染防治攻坚战是党和国家的重大决策部署，各级党委和政府要强化对生态文明建设和生态环境保护的总体设计和组织领导，统筹协调处理重大问题，指导、推动、督促各地区各部门落实党中央、国务院重大政策措施。

（一）落实党政主体责任。落实领导干部生态文明建设责任制，严格实行党政同责、一岗双责。地方各级党委和政府必须坚决扛起生态文明建设和生态环境保护的政治责任，对本行政区域的生态环境保护工作及生态环境质量负总责，主要负责人是本行政区域生态环境保护第一责任人，至少每季度研究一次生态环境保护工作，其他有关领导成员在职责范围内承担相应责任。各地要制定责任清单，把任务分解落实到有关部门。抓紧出台中央和国家机关相关部门生态环境保护责任清单。各相关部门要履行好生态环境保护职责，制定生态环境保护年度工作计划和措施。各地区各部门落实情况每年向党中央、国务院报告。

健全环境保护督察机制。完善中央和省级环境保护督察体系，制定环境保护督察工作规定，以解决突出生态环境问题、改善生态环境质量、推动高质量发展为重点，夯实生态文明建设和生态环境保护政治责任，推动环境保护督察向纵深发展。完善督查、交办、巡查、约谈、专项督察机制，开展重点区域、重点领域、重点行业专项督察。

（二）强化考核问责。制定对省（自治区、直辖市）党委、人大、政府以及中央和国家机关有关部门污染防治攻坚战成效考核办法，对生态环境保护立法执法情况、年度工作目标任务

完成情况、生态环境质量状况、资金投入使用情况、公众满意程度等相关方面开展考核。各地参照制定考核实施细则。开展领导干部自然资源资产离任审计。考核结果作为领导班子和领导干部综合考核评价、奖惩任免的重要依据。

严格责任追究。对省（自治区、直辖市）党委和政府以及负有生态环境保护责任的中央和国家机关有关部门贯彻落实党中央、国务院决策部署不坚决不彻底、生态文明建设和生态环境保护责任制执行不到位、污染防治攻坚任务完成严重滞后、区域生态环境问题突出的，约谈主要负责人，同时责成其向党中央、国务院作出深刻检查。对年度目标任务未完成、考核不合格的市、县，党政主要负责人和相关领导班子成员不得评优评先。对在生态环境方面造成严重破坏负有责任的干部，不得提拔使用或者转任重要职务。对不顾生态环境盲目决策、违法违规审批开发利用规划和建设项目的，对造成生态环境质量恶化、生态严重破坏的，对生态环境事件多发高发、应对不力、群众反映强烈的，对生态环境保护责任没有落实、推诿扯皮、没有完成工作任务的，依纪依法严格问责、终身追责。

四、总体目标和基本原则

（一）总体目标。到 2020 年，生态环境质量总体改善，主要污染物排放总量大幅减少，环境风险得到有效管控，生态环境保护水平同全面建成小康社会目标相适应。

具体指标：全国细颗粒物（$PM_{2.5}$）未达标地级及以上城市浓度比 2015 年下降 18%以上，地级及以上城市空气质量优良天数比率达到 80%以上；全国地表水 I～III 类水体比例达到 70%以上，劣 V 类水体比例控制在 5%以内；近岸海域水质优良（一、二类）比例达到 70%左右；二氧化硫、氮氧化物排放量比 2015 年减少 15%以上，化学需氧量、氨氮排放量减少 10%以上；受污染耕地安全利用率达到 90%左右，污染地块安全利用率达到 90%以上；生态保护红线面积占比达到 25%左右；森林覆盖率达到 23.04%以上。

通过加快构建生态文明体系，确保到 2035 年节约资源和保护生态环境的空间格局、产业结构、生产方式、生活方式总体形成，生态环境质量实现根本好转，美丽中国目标基本实现。到本世纪中叶，生态文明全面提升，实现生态环境领域国家治理体系和治理能力现代化。

（二）基本原则

——坚持保护优先。落实生态保护红线、环境质量底线、资源利用上线硬约束，深化供给侧结构性改革，推动形成绿色发展方式和生活方式，坚定不移走生产发展、生活富裕、生态良好的文明发展道路。

——强化问题导向。以改善生态环境质量为核心，针对流域、区域、行业特点，聚焦问题、分类施策、精准发力，不断取得新成效，让人民群众有更多获得感。

——突出改革创新。深化生态环境保护体制机制改革，统筹兼顾、系统谋划，强化协调、整合力量，区域协作、条块结合，严格环境标准，完善经济政策，增强科技支撑和能力保障，提升生态环境治理的系统性、整体性、协同性。

——注重依法监管。完善生态环境保护法律法规体系，健全生态环境保护行政执法和刑事司法衔接机制，依法严惩重罚生态环境违法犯罪行为。

——推进全民共治。政府、企业、公众各尽其责、共同发力，政府积极发挥主导作用，企业主动承担环境治理主体责任，公众自觉践行绿色生活。

五、推动形成绿色发展方式和生活方式

坚持节约优先，加强源头管控，转变发展方式，培育壮大新兴产业，推动传统产业智能化、清洁化改造，加快发展节能环保产业，全面节约能源资源，协同推动经济高质量发展和生态环境高水平保护。

（一）促进经济绿色低碳循环发展。对重点区域、重点流域、重点行业和产业布局开展规划环评，调整优化不符合生态环境功能定位的产业布局、规模和结构。严格控制重点流域、重点区域环境风险项目。对国家级新区、工业园区、高新区等进行集中整治，限期进行达标改造。加快城市建成区、重点流域的重污染企业和危险化学品企业搬迁改造，2018 年年底前，相关城市政府就此制订专项计划并向社会公开。促进传统产业优化升级，构建绿色产业链体系。继续化解过剩产能，严禁钢铁、水泥、电解铝、平板玻璃等行业新增产能，对确有必要新建的必须实施等量或减量置换。加快推进危险化学品生产企业搬迁改造工程。提高污染排放标准，加大钢铁等重点行业落后产能淘汰力度，鼓励各地制定范围更广、标准更严的落后产能淘汰政策。构建市场导向的绿色技术创新体系，强化产品全生命周期绿色管理。大力发展节能环保产业、清洁生产产业、清洁能源产业，加强科技创新引领，着力引导绿色消费，大力提高节能、环保、资源循环利用等绿色产业技术装备水平，培育发展一批骨干企业。大力发展节能和环境服务业，推行合同能源管理、合同节水管理，积极探索区域环境托管服务等新模式。鼓励新业态发展和模式创新。在能源、冶金、建材、有色、化工、电镀、造纸、印染、农副食品加工等行业，全面推进清洁生产改造或清洁化改造。

（二）推进能源资源全面节约。强化能源和水资源消耗、建设用地等总量和强度双控行动，

实行最严格的耕地保护、节约用地和水资源管理制度。实施国家节水行动，完善水价形成机制，推进节水型社会和节水型城市建设，到 2020 年，全国用水总量控制在 6 700 亿立方米以内。健全节能、节水、节地、节材、节矿标准体系，大幅降低重点行业和企业能耗、物耗，推行生产者责任延伸制度，实现生产系统和生活系统循环链接。鼓励新建建筑采用绿色建材，大力发展装配式建筑，提高新建绿色建筑比例。以北方采暖地区为重点，推进既有居住建筑节能改造。积极应对气候变化，采取有力措施确保完成 2020 年控制温室气体排放行动目标。扎实推进全国碳排放权交易市场建设，统筹深化低碳试点。

（三）引导公众绿色生活。加强生态文明宣传教育，倡导简约适度、绿色低碳的生活方式，反对奢侈浪费和不合理消费。开展创建绿色家庭、绿色学校、绿色社区、绿色商场、绿色餐馆等行动。推行绿色消费，出台快递业、共享经济等新业态的规范标准，推广环境标志产品、有机产品等绿色产品。提倡绿色居住，节约用水用电，合理控制夏季空调和冬季取暖室内温度。大力发展公共交通，鼓励自行车、步行等绿色出行。

六、坚决打赢蓝天保卫战

编制实施打赢蓝天保卫战三年作战计划，以京津冀及周边、长三角、汾渭平原等重点区域为主战场，调整优化产业结构、能源结构、运输结构、用地结构，强化区域联防联控和重污染天气应对，进一步明显降低 $PM_{2.5}$ 浓度，明显减少重污染天数，明显改善大气环境质量，明显增强人民的蓝天幸福感。

（一）加强工业企业大气污染综合治理。全面整治"散乱污"企业及集群，实行拉网式排查和清单式、台账式、网格化管理，分类实施关停取缔、整合搬迁、整改提升等措施，京津冀及周边区域 2018 年年底前完成，其他重点区域 2019 年年底前完成。坚决关停用地、工商手续不全并难以通过改造达标的企业，限期治理可以达标改造的企业，逾期依法一律关停。强化工业企业无组织排放管理，推进挥发性有机物排放综合整治，开展大气氨排放控制试点。到 2020 年，挥发性有机物排放总量比 2015 年下降 10%以上。重点区域和大气污染严重城市加大钢铁、铸造、炼焦、建材、电解铝等产能压减力度，实施大气污染物特别排放限值。加大排放高、污染重的煤电机组淘汰力度，在重点区域加快推进。到 2020 年，具备改造条件的燃煤电厂全部完成超低排放改造，重点区域不具备改造条件的高污染燃煤电厂逐步关停。推动钢铁等行业超低排放改造。

（二）大力推进散煤治理和煤炭消费减量替代。增加清洁能源使用，拓宽清洁能源消纳渠道，落实可再生能源发电全额保障性收购政策。安全高效发展核电。推动清洁低碳能源优先上网。加快重点输电通道建设，提高重点区域接受外输电比例。因地制宜、加快实施北方地区冬季清洁取暖五年规划。鼓励余热、浅层地热能等清洁能源取暖。加强煤层气（煤矿瓦斯）综合利用，实施生物天然气工程。到 2020 年，京津冀及周边、汾渭平原的平原地区基本完成生活和冬季取暖散煤替代；北京、天津、河北、山东、河南及珠三角区域煤炭消费总量比 2015 年均下降 10%左右，上海、江苏、浙江、安徽及汾渭平原煤炭消费总量均下降 5%左右；重点区域基本淘汰每小时 35 蒸吨以下燃煤锅炉。推广清洁高效燃煤锅炉。

（三）打好柴油货车污染治理攻坚战。以开展柴油货车超标排放专项整治为抓手，统筹开展油、路、车治理和机动车船污染防治。严厉打击生产销售不达标车辆、排放检验机构检测弄虚作假等违法行为。加快淘汰老旧车，鼓励清洁能源车辆、船舶的推广使用。建设"天地车人"一体化的机动车排放监控系统，完善机动车遥感监测网络。推进钢铁、电力、电解铝、焦化等重点工业企业和工业园区货物由公路运输转向铁路运输。显著提高重点区域大宗货物铁路水路货运比例，提高沿海港口集装箱铁路集疏港比例。重点区域提前实施机动车国六排放标准，严格实施船舶和非道路移动机械大气排放标准。鼓励淘汰老旧船舶、工程机械和农业机械。落实珠三角、长三角、环渤海京津冀水域船舶排放控制区管理政策，全国主要港口和排放控制区内港口靠港船舶率先使用岸电。到 2020 年，长江干线、西江航运干线、京杭运河水上服务区和待闸锚地基本具备船舶岸电供应能力。2019 年 1 月 1 日起，全国供应符合国六标准的车用汽油和车用柴油，力争重点区域提前供应。尽快实现车用柴油、普通柴油和部分船舶用油标准并轨。内河和江海直达船舶必须使用硫含量不大于 10 毫克/千克的柴油。严厉打击生产、销售和使用非标车（船）用燃料行为，彻底清除黑加油站点。

（四）强化国土绿化和扬尘管控。积极推进露天矿山综合整治，加快环境修复和绿化。开展大规模国土绿化行动，加强北方防沙带建设，实施京津风沙源治理工程、重点防护林工程，增加林草覆盖率。在城市功能疏解、更新和调整中，将腾退空间优先用于留白增绿。落实城市道路和城市范围内施工工地等扬尘管控。

（五）有效应对重污染天气。强化重点区域联防联控联治，统一预警分级标准、信息发布、应急响应，提前采取应急减排措施，实施区域应急联动，有效降低污染程度。完善应急预案，明确政府、部门及企业的应急责任，科学确定重污染期间管控措施和污染源减排清单。指导公众做好重污染天气健康防护。推进预测预报预警体系建设，2018 年年底前，进一步提升国家级空气质量预报能力，区域预报中心具备 7～10 天空气质量预报能力，省级预报中心具备 7 天空气质量预报能力并精确到所辖各城市。重点区域采暖季节，对钢铁、焦化、建材、铸造、电解铝、化工等重点行业企业实施错峰生产。重污染期间，对钢铁、焦化、有色、电力、化工等涉及大宗原材料及产品运输的重点企业实施错峰运输；强化城市建设施工工地扬尘管控措施，加强道路机扫。依法严禁秸秆露天焚烧，全面推进综合利用。到 2020 年，地级及以上城市重污染天数比 2015 年减少 25%。

七、着力打好碧水保卫战

深入实施水污染防治行动计划，扎实推进河长制湖长制，坚持污染减排和生态扩容两手发力，加快工业、农业、生活污染源和水生态系统整治，保障饮用水安全，消除城市黑臭水体，减少污染严重水体和不达标水体。

（一）打好水源地保护攻坚战。加强水源水、出厂水、管网水、末梢水的全过程管理。划定集中式饮用水水源保护区，推进规范化建设。强化南水北调水源地及沿线生态环境保护。深化地下水污染防治。全面排查和整治县级及以上城市水源保护区内的违法违规问题，长江经济带于 2018 年年底前、其他地区于 2019 年年底前完成。单一水源供水的地级及以上城市应当建设应急水源或备用水源。定期监（检）测、评估集中式饮用水水源、供水单位供水和用户水龙头水质状况，县级及以上城市至少每季度向社会公开一次。

（二）打好城市黑臭水体治理攻坚战。实施城镇污水处理"提质增效"三年行动，加快补齐城镇污水收集和处理设施短板，尽快实现污水管网全覆盖、全收集、全处理。完善污水处理收费政策，各地要按规定将污水处理收费标准尽快调整到位，原则上应补偿到污水处理和污泥处置设施正常运营并合理盈利。对中西部地区，中央财政给予适当支持。加强城市初期雨水收集处理设施建设，有效减少城市面源污染。到 2020 年，地级及以上城市建成区黑臭水体消除比例达 90% 以上。鼓励京津冀、长三角、珠三角区域城市建成区尽早全面消除黑臭水体。

（三）打好长江保护修复攻坚战。开展长江流域生态隐患和环境风险调查评估，划定高风险区域，从严实施生态环境风险防控措施。优化长江经济带产业布局和规模，严禁污染型产业、企业向上中游地区转移。排查整治入河入湖排污口及不达标水体，市、县级政府制定实施不达标水体限期达标规划。到 2020 年，长江流域基本消除劣 V 类水体。强化船舶和港口污染防治，现有船舶到 2020 年全部完成达标改造，港口、船舶修造厂环卫设施、污水处理设施纳入城市设施建设规划。加强沿河环湖生态保护，修复湿地等水生态系统，因地制宜建设人工湿地水质净化工程。实施长江流域上中游水库群联合调度，保障干流、主要支流和湖泊基本生态用水。

（四）打好渤海综合治理攻坚战。以渤海海区的渤海湾、辽东湾、莱州湾、辽河口、黄河口等为重点，推动河口海湾综合整治。全面整治入海污染源，规范入海排污口设置，全部清理非法排污口。严格控制海水养殖等造成的海上污染，推进海洋垃圾防治和清理。率先在渤海实施主要污染物排海总量控制制度，强化陆海污染联防联控，加强入海河流治理与监管。实施最严格的围填海和岸线开发管控，统筹安排海洋空间利用活动。渤海禁止审批新增围填海项目，引导符合国家产业政策的项目消化存量围填海资源，已审批但未开工的项目要依法重新进行评估和清理。

（五）打好农业农村污染治理攻坚战。以建设美丽宜居村庄为导向，持续开展农村人居环境整治行动，实现全国行政村环境整治全覆盖。到 2020 年，农村人居环境明显改善，村庄环境基本干净整洁有序，东部地区、中西部城市近郊区等有基础、有条件的地区人居环境质量全面提升，管护长效机制初步建立；中西部有较好基础、基本具备条件的地区力争实现 90%左右的村庄生活垃圾得到治理，卫生厕所普及率达到 85%左右，生活污水乱排乱放得到管控。减少化肥农药使用量，制修订并严格执行化肥农药等农业投入品质量标准，严格控制高毒高风险农药使用，推进有机肥替代化肥、病虫害绿色防控替代化学防治和废弃农膜回收，完善废旧地膜和包装废弃物等回收处理制度。到 2020 年，化肥农药使用量实现零增长。坚持种植和养殖相结合，就地就近消纳利用畜禽养殖废弃物。合理布局水产养殖空间，深入推进水产健康养殖，开展重点江河湖库及重点近岸海域破坏生态环境的养殖方式综合整治。到 2020 年，全国畜禽粪污综合利用率达到 75%以上，规模养殖场粪污处理设施装备配套率达到 95%以上。

八、扎实推进净土保卫战

全面实施土壤污染防治行动计划，突出重点区域、行业和污染物，有效管控农用地和城市建设用地土壤环境风险。

（一）强化土壤污染管控和修复。加强耕地土壤环境分类管理。严格管控重度污染耕地，严禁在重度污染耕地种植食用农产品。实施耕地土壤环境治理保护重大工程，开展重点地区涉重金属行业排查和整治。2018 年年底前，完成农用地土壤污染状况详查。2020 年年底前，编制完成耕地土壤环境质量分类清单。建立建设用地土壤污染风险管控和修复名录，列入名录且未完成治理修复的地块不得作为住宅、公共管理与公共服务用地。建立污染地块联动监管机制，将建设用地土壤环境管理要求纳入用地规划和供地管理，严格控制用地准入，强化暂不开发污染地块的风险管控。2020 年年底前，完成重点行业企业用地土壤污染状况调查。严格土壤污染重点行业企业搬迁改造过程中拆除活动的环境监管。

（二）加快推进垃圾分类处理。到 2020 年，实现所有城市和县城生活垃圾处理能力全覆盖，基本完成非正规垃圾堆放点整治；直辖市、计划单列市、省会城市和第一批分类示范城市基本建成生活垃圾分类处理系统。推进垃圾资源化利用，大力发展垃圾焚烧发电。推进农村垃圾就地分类、资源化利用和处理，建立农村有机废弃物收集、转化、利用网络体系。

（三）强化固体废物污染防治。全面禁止洋垃圾入境，严厉打击走私，大幅减少固体废物进口种类和数量，力争 2020 年年底前基本实现固体废物零进口。开展"无废城市"试点，推动固体废物资源化利用。调查、评估重点工业行业危险废物产生、贮存、利用、处置情况。完善危险废物经营许可、转移等管理制度，建立信息化监管体系，提升危险废物处理处置能力，实施全过程监管。严厉打击危险废物非法跨界转移、倾倒等违法犯罪活动。深入推进长江经济带固体废物大排查活动。评估有毒有害化学品在生态环境中的风险状况，严格限制高风险化学品生产、使用、进出口，并逐步淘汰、替代。

九、加快生态保护与修复

坚持自然恢复为主，统筹开展全国生态保护与修复，全面划定并严守生态保护红线，提升生态系统质量和稳定性。

（一）划定并严守生态保护红线。按照应保尽保、应划尽划的原则，将生态功能重要区域、生态环境敏感脆弱区域纳入生态保护红线。到 2020 年，全面完成全国生态保护红线划定、勘界定标，形成生态保护红线全国"一张图"，实现一条红线管控重要生态空间。制定实施生态保护红线管理办法、保护修复方案，建设国家生态保护红线监管平台，开展生态保护红线监测预警与评估考核。

（二）坚决查处生态破坏行为。2018 年年底前，县级及以上地方政府全面排查违法违规挤占生态空间、破坏自然遗迹等行为，制订治理和修复计划并向社会公开。开展病危险尾矿库和"头顶库"专项整治。持续开展"绿盾"自然保护区监督检查专项行动，严肃查处各类违法违规行为，限期进行整治修复。

（三）建立以国家公园为主体的自然保护地体系。到 2020 年，完成全国自然保护区范围界限核准和勘界立标，整合设立一批国家公园，自然保护地相关法规和管理制度基本建立。对生态严重退化地区实行封禁管理，稳步实施退耕还林还草和退牧还草，扩大轮作休耕试点，全面推行草原禁牧休牧和草畜平衡制度。依法依规解决自然保护地内的矿业权合理退出问题。全面保护天然林，推进荒漠化、石漠化、水土流失综合治理，强化湿地保护和恢复。加强休渔禁渔管理，推进长江、渤海等重点水域禁捕限捕，加强海洋牧场建设，加大渔业资源增殖放流。推动耕地草原森林河流湖泊海洋休养生息。

十、改革完善生态环境治理体系

深化生态环境保护管理体制改革，完善生态环境管理制度，加快构建生态环境治理体系，健全保障举措，增强系统性和完整性，大幅提升治理能力。

（一）完善生态环境监管体系。整合分散的生态环境保护职责，强化生态保护修复和污染防治统一监管，建立健全生态环境保护领导和管理体制、激励约束并举的制度体系、政府企业公众共治体系。全面完成省以下生态环境机构监测监察执法垂直管理制度改革，推进综合执法队伍特别是基层队伍的能力建设。完善农村环境治理体制。健全区域流域海域生态环境管理体制，推进跨地区环保机构试点，加快组建流域环境监管执法机构，按海域设置监管机构。建立独立权威高效的生态环境监测体系，构建天地一体化的生态环境监测网络，实现国家和区域生态环境质量预报预警和质控，按照适度上收生态环境质量监测事权的要求加快推进有关工作。省级党委和政府加快确定生态保护红线、环境质量底线、资源利用上线，制定生态环境准入清单，在地方立法、政策制定、规划编制、执法监管中不得变通突破、降低标准，不符合不衔接不适应的于 2020 年年底前完成调整。实施生态环境统一监管。推行生态环境损害赔偿制度。编制生态环境保护规划，开展全国生态环境状况评估，建立生态环境保护综合监控平台。推动生态文明示范创建、绿水青山就是金山银山实践创新基地建设活动。

严格生态环境质量管理。生态环境质量只能更好、不能变坏。生态环境质量达标地区要保持稳定并持续改善；生态环境质量不达标地区的市、县级政府，要于 2018 年年底前制定实施限期达标规划，向上级政府备案并向社会公开。加快推行排污许可制度，对固定污染源实施全过程管理和多污染物协同控制，按行业、地区、时限核发排污许可证，全面落实企业治污责任，强化证后监管和处罚。在长江经济带率先实施入河污染源排放、排污口排放和水体水质联动管理。2020 年，将排污许可证制度建设成为固定源环境管理核心制度，实现"一证式"管理。健全环保信用评价、信息强制性披露、严惩重罚等制度。将企业环境信用信息纳入全国信用信息共享平台和国家企业信用信息公示系统，依法通过"信用中国"网站和国家企业信用信息公示系统向社会公示。监督上市公司、发债企业等市场主体全面、及时、准确地披露环境信息。建立跨部门联合奖惩机制。完善国家核安全工作协调机制，强化对核安全工作的统筹。

（二）健全生态环境保护经济政策体系。资金投入向污染防治攻坚战倾斜，坚持投入同攻坚任务相匹配，加大财政投入力度。逐步建立常态化、稳定的财政资金投入机制。扩大中央财政支持北方地区清洁取暖的试点城市范围，国有资本要加大对污染防治的投入。完善居民取暖用气用电定价机制和补贴政策。增加中央财政对国家重点生态功能区、生态保护红线区域等生态功能重要地区的转移支付，继续安排中央预算内投资对重点生态功能区给予支持。各省（自治区、直辖市）合理确定补偿标准，并逐步提高补偿水平。完善助力绿色产业发展的价格、财税、投资等政策。大力发展绿色信贷、绿色债券等金融产品。设立国家绿色发展基金。落实有利于资源节约和生态环境保护的价格政策，落实相关税收优惠政策。研究对从事污染防治的第三方企业比照高新技术企业实行所得税优惠政策，研究出台"散乱污"企业综合治理激励政策。推动环境污染责任保险发展，在环境高风险领域建立环境污染强制责任保险制度。推进社会化生态环境治理和保护。采用直接投资、投资补助、运营补贴等方式，规范支持政府和社会资本合作项目；对政府实施的环境绩效合同服务项目，公共财政支付水平同治理绩效挂钩。鼓励通过政府购买服务方式实施生态环境治理和保护。

（三）健全生态环境保护法治体系。依靠法治保护生态环境，增强全社会生态环境保护法治意识。加快建立绿色生产消费的法律制度和政策导向。加快制定和修改土壤污染防治、固体废物污染防治、长江生态环境保护、海洋环境保护、国家公园、湿地、生态环境监测、排污许可、资源综合利用、空间规划、碳排放权交易管理等方面的法律法规。鼓励地方在生态环境保护领域先于国家进行立法。建立生态环境保护综合执法机关、公安机关、检察机关、审判机关信息共享、案情通报、案件移送制度，完善生态环境保护领域民事、行政公益诉讼制度，加大生态环境违法犯罪行为的制裁和惩处力度。加强涉生态环境保护的司法力量建设。整合组建生态环境保护综合执法队伍，统一实行生态环境保护执法。将生态环境保护综合执法机构列入政府行政执法机构序列，推进执法规范化建设，统一着装、统一标识、统一证件、统一保障执法用车和装备。

（四）强化生态环境保护能力保障体系。增强科技支撑，开展大气污染成因与治理、水体污染控制与治理、土壤污染防治等重点领域科技攻关，实施京津冀环境综合治理重大项目，推进区域性、流域性生态环境问题研究。完成第二次全国污染源普查。开展大数据应用和环境承载力监测预警。开展重点区域、流域、行业环境与健康调查，建立风险监测网络及风险评估体系。健全跨部门、跨区域环境应急协调联动机制，建立全国统一的环境应急预案电子备案系统。国家建立环境应急物资储备信息库，省、市级政府建设环境应急物资储备库，企业环境应急装备和储备物资应纳入储备体系。落实全面从严治党要求，建设规范化、标准化、专业化的生态环境保护人才队伍，打造政治强、本领高、作风硬、敢担当，特别能吃苦、特别能战斗、特别能奉献的生态环境保护铁军。按省、市、县、乡不同层级工作职责配备相应工作力量，保障履职需要，确保同生态环境保护任务相匹配。加强国际交流和履约能力建设，推进生态环境保护国际技术交流和务实合作，支撑核安全和核电共同"走出去"，积极推动落实 2030 年可持续发展议程和绿色"一带一路"建设。

（五）构建生态环境保护社会行动体系。把生态环境保护纳入国民教育体系和党政领导干部培训体系，推进国家及各地生态环境教育设施和场所建设，培育普及生态文化。公共机构尤其是党政机关带头使用节能环保产品，推行绿色办公，创建节约型机关。健全生态环境新闻发布机制，充分发挥各类媒体作用。省、市两级要依托党报、电视台、政府网站，曝光突出环境问题，报道整改进展情况。建立政府、企业环境社会风险预防与化解机制。完善环境信息公开制度，加强重特大突发环境事件信息公开，对涉及群众切身利益的重大项目及时主动公开。2020年年底前，地级及以上城市符合条件的环保设施和城市污水垃圾处理设施向社会开放，接受公众参观。强化排污者主体责任，企业应严格守法，规范自身环境行为，落实资金投入、物资保障、生态环境保护措施和应急处置主体责任。实施工业污染源全面达标排放计划。2018年年底前，重点排污单位全部安装自动在线监控设备并同生态环境主管部门联网，依法公开排污信息。到 2020 年，实现长江经济带入河排污口监测全覆盖，并将监测数据纳入长江经济带综合信息平台。推动环保社会组织和志愿者队伍规范健康发展，引导环保社会组织依法开展生态环境保护公益诉讼等活动。按照国家有关规定表彰对保护和改善生态环境有显著成绩的单位和个人。完善公众监督、举报反馈机制，保护举报人的合法权益，鼓励设立有奖举报基金。

新思想引领新时代，新使命开启新征程。让我们更加紧密地团结在以习近平同志为核心的党中央周围，以习近平新时代中国特色社会主义思想为指导，不忘初心、牢记使命，锐意进取、勇于担当，全面加强生态环境保护，坚决打好污染防治攻坚战，为决胜全面建成小康社会、实现中华民族伟大复兴的中国梦不懈奋斗。

中华人民共和国环境保护法*

（1989 年 12 月 26 日第七届全国人民代表大会常务委员会第十一次会议通过

2014 年 4 月 24 日第十二届全国人民代表大会常务委员会第八次会议修订）

第一章 总 则

第一条 为保护和改善环境，防治污染和其他公害，保障公众健康，推进生态文明建设，促进经济社会可持续发展，制定本法。

第二条 本法所称环境，是指影响人类生存和发展的各种天然的和经过人工改造的自然因素的总体，包括大气、水、海洋、土地、矿藏、森林、草原、湿地、野生生物、自然遗迹、人文遗迹、自然保护区、风景名胜区、城市和乡村等。

第三条 本法适用于中华人民共和国领域和中华人民共和国管辖的其他海域。

第四条 保护环境是国家的基本国策。

国家采取有利于节约和循环利用资源、保护和改善环境、促进人与自然和谐的经济、技术政策和措施，使经济社会发展与环境保护相协调。

第五条 环境保护坚持保护优先、预防为主、综合治理、公众参与、损害担责的原则。

第六条 一切单位和个人都有保护环境的义务。

地方各级人民政府应当对本行政区域的环境质量负责。

企业事业单位和其他生产经营者应当防止、减少环境污染和生态破坏，对所造成的损害依法承担责任。

公民应当增强环境保护意识，采取低碳、节俭的生活方式，自觉履行环境保护义务。

第七条 国家支持环境保护科学技术研究、开发和应用，鼓励环境保护产业发展，促进环

---

* 原载《人民日报》2014 年 7 月 25 日（第 008 版）。

境保护信息化建设，提高环境保护科学技术水平。

第八条　各级人民政府应当加大保护和改善环境、防治污染和其他公害的财政投入，提高财政资金的使用效益。

第九条　各级人民政府应当加强环境保护宣传和普及工作，鼓励基层群众性自治组织、社会组织、环境保护志愿者开展环境保护法律法规和环境保护知识的宣传，营造保护环境的良好风气。

教育行政部门、学校应当将环境保护知识纳入学校教育内容，培养学生的环境保护意识。

新闻媒体应当开展环境保护法律法规和环境保护知识的宣传，对环境违法行为进行舆论监督。

第十条　国务院环境保护主管部门，对全国环境保护工作实施统一监督管理；县级以上地方人民政府环境保护主管部门，对本行政区域环境保护工作实施统一监督管理。

县级以上人民政府有关部门和军队环境保护部门，依照有关法律的规定对资源保护和污染防治等环境保护工作实施监督管理。

第十一条　对保护和改善环境有显著成绩的单位和个人，由人民政府给予奖励。

第十二条　每年6月5日为环境日。

第二章　监督管理

第十三条　县级以上人民政府应当将环境保护工作纳入国民经济和社会发展规划。

国务院环境保护主管部门会同有关部门，根据国民经济和社会发展规划编制国家环境保护规划，报国务院批准并公布实施。

县级以上地方人民政府环境保护主管部门会同有关部门，根据国家环境保护规划的要求，编制本行政区域的环境保护规划，报同级人民政府批准并公布实施。

环境保护规划的内容应当包括生态保护和污染防治的目标、任务、保障措施等，并与主体功能区规划、土地利用总体规划和城乡规划等相衔接。

第十四条　国务院有关部门和省、自治区、直辖市人民政府组织制定经济、技术政策，应当充分考虑对环境的影响，听取有关方面和专家的意见。

第十五条　国务院环境保护主管部门制定国家环境质量标准。

省、自治区、直辖市人民政府对国家环境质量标准中未作规定的项目，可以制定地方环境质量标准；对国家环境质量标准中已作规定的项目，可以制定严于国家环境质量标准的地方环境质量标准。地方环境质量标准应当报国务院环境保护主管部门备案。

国家鼓励开展环境基准研究。

第十六条　国务院环境保护主管部门根据国家环境质量标准和国家经济、技术条件，制定国家污染物排放标准。

省、自治区、直辖市人民政府对国家污染物排放标准中未作规定的项目，可以制定地方污染物排放标准；对国家污染物排放标准中已作规定的项目，可以制定严于国家污染物排放标准的地方污染物排放标准。地方污染物排放标准应当报国务院环境保护主管部门备案。

第十七条　国家建立、健全环境监测制度。国务院环境保护主管部门制定监测规范，会同有关部门组织监测网络，统一规划国家环境质量监测站（点）的设置，建立监测数据共享机制，加强对环境监测的管理。

有关行业、专业等各类环境质量监测站（点）的设置应当符合法律法规规定和监测规范的要求。

监测机构应当使用符合国家标准的监测设备，遵守监测规范。监测机构及其负责人对监测数据的真实性和准确性负责。

第十八条　省级以上人民政府应当组织有关部门或者委托专业机构，对环境状况进行调查、评价，建立环境资源承载能力监测预警机制。

第十九条　编制有关开发利用规划，建设对环境有影响的项目，应当依法进行环境影响评价。

未依法进行环境影响评价的开发利用规划，不得组织实施；未依法进行环境影响评价的建设项目，不得开工建设。

第二十条　国家建立跨行政区域的重点区域、流域环境污染和生态破坏联合防治协调机制，实行统一规划、统一标准、统一监测、统一的防治措施。

前款规定以外的跨行政区域的环境污染和生态破坏的防治，由上级人民政府协调解决，或者由有关地方人民政府协商解决。

第二十一条　国家采取财政、税收、价格、政府采购等方面的政策和措施，鼓励和支持环境保护技术装备、资源综合利用和环境服务等环境保护产业的发展。

第二十二条　企业事业单位和其他生产经营者，在污染物排放符合法定要求的基础上，进一步减少污染物排放的，人民政府应当依法采取财政、税收、价格、政府采购等方面的政策和措施予以鼓励和支持。

第二十三条　企业事业单位和其他生产经营者，为改善环境，依照有关规定转产、搬迁、关闭的，人民政府应当予以支持。

第二十四条　县级以上人民政府环境保护主管部门及其委托的环境监察机构和其他负有环境保护监督管理职责的部门，有权对排放污染物的企业事业单位和其他生产经营者进行现场检查。被检查者应当如实反映情况，提供必要的资料。实施现场检查的部门、机构及其工作人员应当为被检查者保守商业秘密。

第二十五条　企业事业单位和其他生产经营者违反法律法规规定排放污染物，造成或者可能造成严重污染的，县级以上人民政府环境保护主管部门和其他负有环境保护监督管理职责的部门，可以查封、扣押造成污染物排放的设施、设备。

第二十六条　国家实行环境保护目标责任制和考核评价制度。县级以上人民政府应当将环境保护目标完成情况纳入对本级人民政府负有环境保护监督管理职责的部门及其负责人和下级人民政府及其负责人的考核内容，作为对其考核评价的重要依据。考核结果应当向社会公开。

第二十七条　县级以上人民政府应当每年向本级人民代表大会或者人民代表大会常务委员会报告环境状况和环境保护目标完成情况，对发生的重大环境事件应当及时向本级人民代表大会常务委员会报告，依法接受监督。

第三章　保护和改善环境

第二十八条　地方各级人民政府应当根据环境保护目标和治理任务，采取有效措施，改善环境质量。

未达到国家环境质量标准的重点区域、流域的有关地方人民政府，应当制定限期达标规划，并采取措施按期达标。

第二十九条　国家在重点生态功能区、生态环境敏感区和脆弱区等区域划定生态保护红线，实行严格保护。

各级人民政府对具有代表性的各种类型的自然生态系统区域，珍稀、濒危的野生动植物自然分布区域，重要的水源涵养区域，具有重大科学文化价值的地质构造、著名溶洞和化石分布区、冰川、火山、温泉等自然遗迹，以及人文遗迹、古树名木，应当采取措施予以保护，严禁破坏。

第三十条　开发利用自然资源，应当合理开发，保护生物多样性，保障生态安全，依法制定有关生态保护和恢复治理方案并予以实施。

引进外来物种以及研究、开发和利用生物技术，应当采取措施，防止对生物多样性的破坏。

第三十一条　国家建立、健全生态保护补偿制度。

国家加大对生态保护地区的财政转移支付力度。有关地方人民政府应当落实生态保护补偿资金，确保其用于生态保护补偿。

国家指导受益地区和生态保护地区人民政府通过协商或者按照市场规则进行生态保护补偿。

第三十二条　国家加强对大气、水、土壤等的保护，建立和完善相应的调查、监测、评估和修复制度。

第三十三条　各级人民政府应当加强对农业环境的保护，促进农业环境保护新技术的使用，加强对农业污染源的监测预警，统筹有关部门采取措施，防治土壤污染和土地沙化、盐渍化、贫瘠化、石漠化、地面沉降以及防治植被破坏、水土流失、水体富营养化、水源枯竭、种源灭绝等生态失调现象，推广植物病虫害的综合防治。

县级、乡级人民政府应当提高农村环境保护公共服务水平，推动农村环境综合整治。

第三十四条　国务院和沿海地方各级人民政府应当加强对海洋环境的保护。向海洋排放污染物、倾倒废弃物，进行海岸工程和海洋工程建设，应当符合法律法规规定和有关标准，防止和减少对海洋环境的污染损害。

第三十五条　城乡建设应当结合当地自然环境的特点，保护植被、水域和自然景观，加强城市园林、绿地和风景名胜区的建设与管理。

第三十六条　国家鼓励和引导公民、法人和其他组织使用有利于保护环境的产品和再生产品，减少废弃物的产生。

国家机关和使用财政资金的其他组织应当优先采购和使用节能、节水、节材等有利于保护环境的产品、设备和设施。

第三十七条　地方各级人民政府应当采取措施，组织对生活废弃物的分类处置、回收利用。

第三十八条　公民应当遵守环境保护法律法规，配合实施环境保护措施，按照规定对生活废弃物进行分类放置，减少日常生活对环境造成的损害。

第三十九条　国家建立、健全环境与健康监测、调查和风险评估制度；鼓励和组织开展环境质量对公众健康影响的研究，采取措施预防和控制与环境污染有关的疾病。

第四章　防治污染和其他公害

第四十条　国家促进清洁生产和资源循环利用。

国务院有关部门和地方各级人民政府应当采取措施，推广清洁能源的生产和使用。

企业应当优先使用清洁能源，采用资源利用率高、污染物排放量少的工艺、设备以及废弃物综合利用技术和污染物无害化处理技术，减少污染物的产生。

第四十一条 建设项目中防治污染的设施，应当与主体工程同时设计、同时施工、同时投产使用。防治污染的设施应当符合经批准的环境影响评价文件的要求，不得擅自拆除或者闲置。

第四十二条 排放污染物的企业事业单位和其他生产经营者，应当采取措施，防治在生产建设或者其他活动中产生的废气、废水、废渣、医疗废物、粉尘、恶臭气体、放射性物质以及噪声、振动、光辐射、电磁辐射等对环境的污染和危害。

排放污染物的企业事业单位，应当建立环境保护责任制度，明确单位负责人和相关人员的责任。

重点排污单位应当按照国家有关规定和监测规范安装使用监测设备，保证监测设备正常运行，保存原始监测记录。

严禁通过暗管、渗井、渗坑、灌注或者篡改、伪造监测数据，或者不正常运行防治污染设施等逃避监管的方式违法排放污染物。

第四十三条 排放污染物的企业事业单位和其他生产经营者，应当按照国家有关规定缴纳排污费。排污费应当全部专项用于环境污染防治，任何单位和个人不得截留、挤占或者挪作他用。

依照法律规定征收环境保护税的，不再征收排污费。

第四十四条 国家实行重点污染物排放总量控制制度。重点污染物排放总量控制指标由国务院下达，省、自治区、直辖市人民政府分解落实。企业事业单位在执行国家和地方污染物排放标准的同时，应当遵守分解落实到本单位的重点污染物排放总量控制指标。

对超过国家重点污染物排放总量控制指标或者未完成国家确定的环境质量目标的地区，省级以上人民政府环境保护主管部门应当暂停审批其新增重点污染物排放总量的建设项目环境影响评价文件。

第四十五条 国家依照法律规定实行排污许可管理制度。

实行排污许可管理的企业事业单位和其他生产经营者应当按照排污许可证的要求排放污染物；未取得排污许可证的，不得排放污染物。

第四十六条 国家对严重污染环境的工艺、设备和产品实行淘汰制度。任何单位和个人不得生产、销售或者转移、使用严重污染环境的工艺、设备和产品。

禁止引进不符合我国环境保护规定的技术、设备、材料和产品。

第四十七条　各级人民政府及其有关部门和企业事业单位,应当依照《中华人民共和国突发事件应对法》的规定,做好突发环境事件的风险控制、应急准备、应急处置和事后恢复等工作。

县级以上人民政府应当建立环境污染公共监测预警机制,组织制定预警方案;环境受到污染,可能影响公众健康和环境安全时,依法及时公布预警信息,启动应急措施。

企业事业单位应当按照国家有关规定制定突发环境事件应急预案,报环境保护主管部门和有关部门备案。在发生或者可能发生突发环境事件时,企业事业单位应当立即采取措施处理,及时通报可能受到危害的单位和居民,并向环境保护主管部门和有关部门报告。

突发环境事件应急处置工作结束后,有关人民政府应当立即组织评估事件造成的环境影响和损失,并及时将评估结果向社会公布。

第四十八条　生产、储存、运输、销售、使用、处置化学物品和含有放射性物质的物品,应当遵守国家有关规定,防止污染环境。

第四十九条　各级人民政府及其农业等有关部门和机构应当指导农业生产经营者科学种植和养殖,科学合理施用农药、化肥等农业投入品,科学处置农用薄膜、农作物秸秆等农业废弃物,防止农业面源污染。

禁止将不符合农用标准和环境保护标准的固体废物、废水施入农田。施用农药、化肥等农业投入品及进行灌溉,应当采取措施,防止重金属和其他有毒有害物质污染环境。

畜禽养殖场、养殖小区、定点屠宰企业等的选址、建设和管理应当符合有关法律法规规定。从事畜禽养殖和屠宰的单位和个人应采取措施,对畜禽粪便、尸体和污水等废弃物进行科学处置,防止污染环境。

县级人民政府负责组织农村生活废弃物的处置工作。

第五十条　各级人民政府应当在财政预算中安排资金,支持农村饮用水水源地保护、生活污水和其他废弃物处理、畜禽养殖和屠宰污染防治、土壤污染防治和农村工矿污染治理等环境保护工作。

第五十一条　各级人民政府应当统筹城乡建设污水处理设施及配套管网,固体废物的收集、运输和处置等环境卫生设施,危险废物集中处置设施、场所以及其他环境保护公共设施,并保障其正常运行。

第五十二条　国家鼓励投保环境污染责任保险。

第五章　信息公开和公众参与

第五十三条　公民、法人和其他组织依法享有获取环境信息、参与和监督环境保护的权利。

各级人民政府环境保护主管部门和其他负有环境保护监督管理职责的部门,应当依法公开环境信息、完善公众参与程序,为公民、法人和其他组织参与和监督环境保护提供便利。

第五十四条　国务院环境保护主管部门统一发布国家环境质量、重点污染源监测信息及其他重大环境信息。省级以上人民政府环境保护主管部门定期发布环境状况公报。

县级以上人民政府环境保护主管部门和其他负有环境保护监督管理职责的部门,应当依法公开环境质量、环境监测、突发环境事件以及环境行政许可、行政处罚、排污费的征收和使用情况等信息。

县级以上地方人民政府环境保护主管部门和其他负有环境保护监督管理职责的部门,应当将企业事业单位和其他生产经营者的环境违法信息记入社会诚信档案,及时向社会公布违法者名单。

第五十五条　重点排污单位应当如实向社会公开其主要污染物的名称、排放方式、排放浓度和总量、超标排放情况,以及防治污染设施的建设和运行情况,接受社会监督。

第五十六条　对依法应当编制环境影响报告书的建设项目,建设单位应当在编制时向可能受影响的公众说明情况,充分征求意见。

负责审批建设项目环境影响评价文件的部门在收到建设项目环境影响报告书后,除涉及国家秘密和商业秘密的事项外,应当全文公开;发现建设项目未充分征求公众意见的,应当责成建设单位征求公众意见。

第五十七条　公民、法人和其他组织发现任何单位和个人有污染环境和破坏生态行为的,有权向环境保护主管部门或者其他负有环境保护监督管理职责的部门举报。

公民、法人和其他组织发现地方各级人民政府、县级以上人民政府环境保护主管部门和其他负有环境保护监督管理职责的部门不依法履行职责的,有权向其上级机关或者监察机关举报。

接受举报的机关应当对举报人的相关信息予以保密,保护举报人的合法权益。

第五十八条　对污染环境、破坏生态,损害社会公共利益的行为,符合下列条件的社会组织可以向人民法院提起诉讼:

(一)依法在设区的市级以上人民政府民政部门登记;

(二)专门从事环境保护公益活动连续五年以上且无违法记录。

符合前款规定的社会组织向人民法院提起诉讼,人民法院应当依法受理。

提起诉讼的社会组织不得通过诉讼牟取经济利益。

第六章　法律责任

第五十九条　企业事业单位和其他生产经营者违法排放污染物,受到罚款处罚,被责令改正,拒不改正的,依法作出处罚决定的行政机关可以自责令改正之日的次日起,按照原处罚数额按日连续处罚。

前款规定的罚款处罚,依照有关法律法规按照防治污染设施的运行成本、违法行为造成的直接损失或者违法所得等因素确定的规定执行。

地方性法规可以根据环境保护的实际需要,增加第一款规定的按日连续处罚的违法行为的种类。

第六十条　企业事业单位和其他生产经营者超过污染物排放标准或者超过重点污染物排放总量控制指标排放污染物的,县级以上人民政府环境保护主管部门可以责令其采取限制生产、停产整治等措施;情节严重的,报经有批准权的人民政府批准,责令停业、关闭。

第六十一条　建设单位未依法提交建设项目环境影响评价文件或者环境影响评价文件未经批准,擅自开工建设的,由负有环境保护监督管理职责的部门责令停止建设,处以罚款,并可以责令恢复原状。

第六十二条　违反本法规定,重点排污单位不公开或者不如实公开环境信息的,由县级以上地方人民政府环境保护主管部门责令公开,处以罚款,并予以公告。

第六十三条　企业事业单位和其他生产经营者有下列行为之一,尚不构成犯罪的,除依照有关法律法规规定予以处罚外,由县级以上人民政府环境保护主管部门或者其他有关部门将案件移送公安机关,对其直接负责的主管人员和其他直接责任人员,处十日以上十五日以下拘留;情节较轻的,处五日以上十日以下拘留:

(一)建设项目未依法进行环境影响评价,被责令停止建设,拒不执行的;

(二)违反法律规定,未取得排污许可证排放污染物,被责令停止排污,拒不执行的;

(三)通过暗管、渗井、渗坑、灌注或者篡改、伪造监测数据,或者不正常运行防治污染设施等逃避监管的方式违法排放污染物的;

(四)生产、使用国家明令禁止生产、使用的农药,被责令改正,拒不改正的。

第六十四条　因污染环境和破坏生态造成损害的,应当依照《中华人民共和国侵权责任法》的有关规定承担侵权责任。

第六十五条　环境影响评价机构、环境监测机构以及从事环境监测设备和防治污染设施维护、运营的机构，在有关环境服务活动中弄虚作假，对造成的环境污染和生态破坏负有责任的，除依照有关法律法规规定予以处罚外，还应当与造成环境污染和生态破坏的其他责任者承担连带责任。

第六十六条　提起环境损害赔偿诉讼的时效期间为三年，从当事人知道或者应当知道其受到损害时起计算。

第六十七条　上级人民政府及其环境保护主管部门应当加强对下级人民政府及其有关部门环境保护工作的监督。发现有关工作人员有违法行为，依法应当给予处分的，应当向其任免机关或者监察机关提出处分建议。

依法应当给予行政处罚，而有关环境保护主管部门不给予行政处罚的，上级人民政府环境保护主管部门可以直接作出行政处罚的决定。

第六十八条　地方各级人民政府、县级以上人民政府环境保护主管部门和其他负有环境保护监督管理职责的部门有下列行为之一的，对直接负责的主管人员和其他直接责任人员给予记过、记大过或者降级处分；造成严重后果的，给予撤职或者开除处分，其主要负责人应当引咎辞职：

（一）不符合行政许可条件准予行政许可的；

（二）对环境违法行为进行包庇的；

（三）依法应当作出责令停业、关闭的决定而未作出的；

（四）对超标排放污染物、采用逃避监管的方式排放污染物、造成环境事故以及不落实生态保护措施造成生态破坏等行为，发现或者接到举报未及时查处的；

（五）违反本法规定，查封、扣押企业事业单位和其他生产经营者的设施、设备的；

（六）篡改、伪造或者指使篡改、伪造监测数据的；

（七）应当依法公开环境信息而未公开的；

（八）将征收的排污费截留、挤占或者挪作他用的；

（九）法律法规规定的其他违法行为。

第六十九条　违反本法规定，构成犯罪的，依法追究刑事责任。

第七章　附　　则

第七十条　本法自 2015 年 1 月 1 日起施行。

大气污染防治行动计划[*]

　　大气环境保护事关人民群众根本利益，事关经济持续健康发展，事关全面建成小康社会，事关实现中华民族伟大复兴中国梦。当前，我国大气污染形势严峻，以可吸入颗粒物（PM_{10}）、细颗粒物（$PM_{2.5}$）为特征污染物的区域性大气环境问题日益突出，损害人民群众身体健康，影响社会和谐稳定。随着我国工业化、城镇化的深入推进，能源资源消耗持续增加，大气污染防治压力继续加大。为切实改善空气质量，制定本行动计划。

　　总体要求：以邓小平理论、"三个代表"重要思想、科学发展观为指导，以保障人民群众身体健康为出发点，大力推进生态文明建设，坚持政府调控与市场调节相结合、全面推进与重点突破相配合、区域协作与属地管理相协调、总量减排与质量改善相同步，形成政府统领、企业施治、市场驱动、公众参与的大气污染防治新机制，实施分区域、分阶段治理，推动产业结构优化、科技创新能力增强、经济增长质量提高，实现环境效益、经济效益与社会效益多赢，为建设美丽中国而奋斗。

　　奋斗目标：经过五年努力，全国空气质量总体改善，重污染天气较大幅度减少；京津冀、长三角、珠三角等区域空气质量明显好转。力争再用五年或更长时间，逐步消除重污染天气，全国空气质量明显改善。

　　具体指标：到 2017 年，全国地级及以上城市可吸入颗粒物浓度比 2012 年下降 10%以上，优良天数逐年提高；京津冀、长三角、珠三角等区域细颗粒物浓度分别下降 25%、20%、15%左右，其中北京市细颗粒物年均浓度控制在 60 微克/立方米左右。

一、加大综合治理力度，减少多污染物排放

　　（一）加强工业企业大气污染综合治理。全面整治燃煤小锅炉。加快推进集中供热、"煤改气""煤改电"工程建设，到 2017 年，除必要保留的以外，地级及以上城市建成区基本淘

---

[*] 原载《人民日报》2013 年 9 月 13 日（第 020 版）。

汰每小时 10 蒸吨及以下的燃煤锅炉，禁止新建每小时 20 蒸吨以下的燃煤锅炉；其他地区原则上不再新建每小时 10 蒸吨以下的燃煤锅炉。在供热供气管网不能覆盖的地区，改用电、新能源或洁净煤，推广应用高效节能环保型锅炉。在化工、造纸、印染、制革、制药等产业集聚区，通过集中建设热电联产机组逐步淘汰分散燃煤锅炉。

加快重点行业脱硫、脱硝、除尘改造工程建设。所有燃煤电厂、钢铁企业的烧结机和球团生产设备、石油炼制企业的催化裂化装置、有色金属冶炼企业都要安装脱硫设施，每小时 20 蒸吨及以上的燃煤锅炉要实施脱硫。除循环流化床锅炉以外的燃煤机组均应安装脱硝设施，新型干法水泥窑要实施低氮燃烧技术改造并安装脱硝设施。燃煤锅炉和工业窑炉现有除尘设施要实施升级改造。

推进挥发性有机物污染治理。在石化、有机化工、表面涂装、包装印刷等行业实施挥发性有机物综合整治，在石化行业开展"泄漏检测与修复"技术改造。限时完成加油站、储油库、油罐车的油气回收治理，在原油成品油码头积极开展油气回收治理。完善涂料、胶粘剂等产品挥发性有机物限值标准，推广使用水性涂料，鼓励生产、销售和使用低毒、低挥发性有机溶剂。

京津冀、长三角、珠三角等区域要于 2015 年年底前基本完成燃煤电厂、燃煤锅炉和工业窑炉的污染治理设施建设与改造，完成石化企业有机废气综合治理。

（二）深化面源污染治理。综合整治城市扬尘。加强施工扬尘监管，积极推进绿色施工，建设工程施工现场应全封闭设置围挡墙，严禁敞开式作业，施工现场道路应进行地面硬化。渣土运输车辆应采取密闭措施，并逐步安装卫星定位系统。推行道路机械化清扫等低尘作业方式。大型煤堆、料堆要实现封闭储存或建设防风抑尘设施。推进城市及周边绿化和防风防沙林建设，扩大城市建成区绿地规模。

开展餐饮油烟污染治理。城区餐饮服务经营场所应安装高效油烟净化设施，推广使用高效净化型家用吸油烟机。

（三）强化移动源污染防治。加强城市交通管理。优化城市功能和布局规划，推广智能交通管理，缓解城市交通拥堵。实施公交优先战略，提高公共交通出行比例，加强步行、自行车交通系统建设。根据城市发展规划，合理控制机动车保有量，北京、上海、广州等特大城市要严格限制机动车保有量。通过鼓励绿色出行、增加使用成本等措施，降低机动车使用强度。

提升燃油品质。加快石油炼制企业升级改造，力争在 2013 年年底前，全国供应符合国家第四阶段标准的车用汽油，在 2014 年年底前，全国供应符合国家第四阶段标准的车用柴油，在 2015 年年底前，京津冀、长三角、珠三角等区域内重点城市全面供应符合国家第五阶段标准的车用汽、柴油，在 2017 年年底前，全国供应符合国家第五阶段标准的车用汽、柴油。加强油品质量监督检查，严厉打击非法生产、销售不合格油品行为。

加快淘汰黄标车和老旧车辆。采取划定禁行区域、经济补偿等方式，逐步淘汰黄标车和老旧车辆。到 2015 年，淘汰 2005 年年底前注册营运的黄标车，基本淘汰京津冀、长三角、珠三角等区域内的 500 万辆黄标车。到 2017 年，基本淘汰全国范围的黄标车。

加强机动车环保管理。环保、工业和信息化、质检、工商等部门联合加强新生产车辆环保监管，严厉打击生产、销售环保不达标车辆的违法行为；加强在用机动车年度检验，对不达标车辆不得发放环保合格标志，不得上路行驶。加快柴油车车用尿素供应体系建设。研究缩短公交车、出租车强制报废年限。鼓励出租车每年更换高效尾气净化装置。开展工程机械等非道路移动机械和船舶的污染控制。

加快推进低速汽车升级换代。不断提高低速汽车（三轮汽车、低速货车）节能环保要求，减少污染排放，促进相关产业和产品技术升级换代。自 2017 年起，新生产的低速货车执行与轻型载货车同等的节能与排放标准。

大力推广新能源汽车。公交、环卫等行业和政府机关要率先使用新能源汽车，采取直接上牌、财政补贴等措施鼓励个人购买。北京、上海、广州等城市每年新增或更新的公交车中新能源和清洁燃料车的比例达到 60%以上。

二、调整优化产业结构，推动产业转型升级

（四）严控"两高"行业新增产能。修订高耗能、高污染和资源性行业准入条件，明确资源能源节约和污染物排放等指标。有条件的地区要制定符合当地功能定位、严于国家要求的产业准入目录。严格控制"两高"行业新增产能，新、改、扩建项目要实行产能等量或减量置换。

（五）加快淘汰落后产能。结合产业发展实际和环境质量状况，进一步提高环保、能耗、安全、质量等标准，分区域明确落后产能淘汰任务，倒逼产业转型升级。

按照《部分工业行业淘汰落后生产工艺装备和产品指导目录（2010 年本）》《产业结构调整指导目录（2011 年本）（修正）》的要求，采取经济、技术、法律和必要的行政手段，提前一年完成钢铁、水泥、电解铝、平板玻璃等 21 个重点行业的"十二五"落后产能淘汰任务。2015 年再淘汰炼铁 1 500 万吨、炼钢 1 500 万吨、水泥（熟料及粉磨能力）1 亿吨、平板玻璃 2 000 万重量箱。对未按期完成淘汰任务的地区，严格控制国家安排的投资项目，暂停对该地区重点行业建设项目办理审批、核准和备案手续。2016 年、2017 年，各地区要制定范围更宽、标准

更高的落后产能淘汰政策，再淘汰一批落后产能。

　　对布局分散、装备水平低、环保设施差的小型工业企业进行全面排查，制定综合整改方案，实施分类治理。

　　（六）压缩过剩产能。加大环保、能耗、安全执法处罚力度，建立以节能环保标准促进"两高"行业过剩产能退出的机制。制定财政、土地、金融等扶持政策，支持产能过剩"两高"行业企业退出、转型发展。发挥优强企业对行业发展的主导作用，通过跨地区、跨所有制企业兼并重组，推动过剩产能压缩。严禁核准产能严重过剩行业新增产能项目。

　　（七）坚决停建产能严重过剩行业违规在建项目。认真清理产能严重过剩行业违规在建项目，对未批先建、边批边建、越权核准的违规项目，尚未开工建设的，不准开工；正在建设的，要停止建设。地方人民政府要加强组织领导和监督检查，坚决遏制产能严重过剩行业盲目扩张。

三、加快企业技术改造，提高科技创新能力

　　（八）强化科技研发和推广。加强灰霾、臭氧的形成机理、来源解析、迁移规律和监测预警等研究，为污染治理提供科学支撑。加强大气污染与人群健康关系的研究。支持企业技术中心、国家重点实验室、国家工程实验室建设，推进大型大气光化学模拟仓、大型气溶胶模拟仓等科技基础设施建设。

　　加强脱硫、脱硝、高效除尘、挥发性有机物控制、柴油机（车）排放净化、环境监测，以及新能源汽车、智能电网等方面的技术研发，推进技术成果转化应用。加强大气污染治理先进技术、管理经验等方面的国际交流与合作。

　　（九）全面推行清洁生产。对钢铁、水泥、化工、石化、有色金属冶炼等重点行业进行清洁生产审核，针对节能减排关键领域和薄弱环节，采用先进适用的技术、工艺和装备，实施清洁生产技术改造；到 2017 年，重点行业排污强度比 2012 年下降 30% 以上。推进非有机溶剂型涂料和农药等产品创新，减少生产和使用过程中挥发性有机物排放。积极开发缓释肥料新品种，减少化肥施用过程中氨的排放。

　　（十）大力发展循环经济。鼓励产业集聚发展，实施园区循环化改造，推进能源梯级利用、水资源循环利用、废物交换利用、土地节约集约利用，促进企业循环式生产、园区循环式发展、产业循环式组合，构建循环型工业体系。推动水泥、钢铁等工业窑炉、高炉实施废物协同处置。大力发展机电产品再制造，推进资源再生利用产业发展。到 2017 年，单位工业增加值能耗比 2012 年降低 20% 左右，在 50% 以上的各类国家级园区和 30% 以上的各类省级园区实施循环化

改造，主要有色金属品种以及钢铁的循环再生比重达到 40% 左右。

（十一）大力培育节能环保产业。着力把大气污染治理的政策要求有效转化为节能环保产业发展的市场需求，促进重大环保技术装备、产品的创新开发与产业化应用。扩大国内消费市场，积极支持新业态、新模式，培育一批具有国际竞争力的大型节能环保企业，大幅增加大气污染治理装备、产品、服务产业产值，有效推动节能环保、新能源等战略性新兴产业发展。鼓励外商投资节能环保产业。

四、加快调整能源结构，增加清洁能源供应

（十二）控制煤炭消费总量。制定国家煤炭消费总量中长期控制目标，实行目标责任管理。到 2017 年，煤炭占能源消费总量比重降低到 65% 以下。京津冀、长三角、珠三角等区域力争实现煤炭消费总量负增长，通过逐步提高接受外输电比例、增加天然气供应、加大非化石能源利用强度等措施替代燃煤。

京津冀、长三角、珠三角等区域新建项目禁止配套建设自备燃煤电站。耗煤项目要实行煤炭减量替代。除热电联产外，禁止审批新建燃煤发电项目；现有多台燃煤机组装机容量合计达到 30 万千瓦以上的，可按照煤炭等量替代的原则建设为大容量燃煤机组。

（十三）加快清洁能源替代利用。加大天然气、煤制天然气、煤层气供应。到 2015 年，新增天然气干线管输能力 1 500 亿立方米以上，覆盖京津冀、长三角、珠三角等区域。优化天然气使用方式，新增天然气应优先保障居民生活或用于替代燃煤；鼓励发展天然气分布式能源等高效利用项目，限制发展天然气化工项目；有序发展天然气调峰电站，原则上不再新建天然气发电项目。

制定煤制天然气发展规划，在满足最严格的环保要求和保障水资源供应的前提下，加快煤制天然气产业化和规模化步伐。

积极有序发展水电，开发利用地热能、风能、太阳能、生物质能，安全高效发展核电。到 2017 年，运行核电机组装机容量达到 5 000 万千瓦，非化石能源消费比重提高到 13%。

京津冀区域城市建成区、长三角城市群、珠三角区域要加快现有工业企业燃煤设施天然气替代步伐；到 2017 年，基本完成燃煤锅炉、工业窑炉、自备燃煤电站的天然气替代改造任务。

（十四）推进煤炭清洁利用。提高煤炭洗选比例，新建煤矿应同步建设煤炭洗选设施，现有煤矿要加快建设与改造；到 2017 年，原煤入选率达到 70% 以上。禁止进口高灰分、高硫分的劣质煤炭，研究出台煤炭质量管理办法。限制高硫石油焦的进口。

扩大城市高污染燃料禁燃区范围，逐步由城市建成区扩展到近郊。结合城中村、城乡接合部、棚户区改造，通过政策补偿和实施峰谷电价、季节性电价、阶梯电价、调峰电价等措施，逐步推行以天然气或电替代煤炭。鼓励北方农村地区建设洁净煤配送中心，推广使用洁净煤和型煤。

（十五）提高能源使用效率。严格落实节能评估审查制度。新建高耗能项目单位产品（产值）能耗要达到国内先进水平，用能设备达到一级能效标准。京津冀、长三角、珠三角等区域，新建高耗能项目单位产品（产值）能耗要达到国际先进水平。

积极发展绿色建筑，政府投资的公共建筑、保障性住房等要率先执行绿色建筑标准。新建建筑要严格执行强制性节能标准，推广使用太阳能热水系统、地源热泵、空气源热泵、光伏建筑一体化、"热—电—冷"三联供等技术和装备。

推进供热计量改革，加快北方采暖地区既有居住建筑供热计量和节能改造；新建建筑和完成供热计量改造的既有建筑逐步实行供热计量收费。加快热力管网建设与改造。

五、严格节能环保准入，优化产业空间布局

（十六）调整产业布局。按照主体功能区规划要求，合理确定重点产业发展布局、结构和规模，重大项目原则上布局在优化开发区和重点开发区。所有新、改、扩建项目，必须全部进行环境影响评价；未通过环境影响评价审批的，一律不准开工建设；违规建设的，要依法进行处罚。加强产业政策在产业转移过程中的引导与约束作用，严格限制在生态脆弱或环境敏感地区建设"两高"行业项目。加强对各类产业发展规划的环境影响评价。

在东部、中部和西部地区实施差别化的产业政策，对京津冀、长三角、珠三角等区域提出更高的节能环保要求。强化环境监管，严禁落后产能转移。

（十七）强化节能环保指标约束。提高节能环保准入门槛，健全重点行业准入条件，公布符合准入条件的企业名单并实施动态管理。严格实施污染物排放总量控制，将二氧化硫、氮氧化物、烟粉尘和挥发性有机物排放是否符合总量控制要求作为建设项目环境影响评价审批的前置条件。

京津冀、长三角、珠三角区域以及辽宁中部、山东、武汉及其周边、长株潭、成渝、海峡西岸、山西中北部、陕西关中、甘宁、乌鲁木齐城市群等"三区十群"中的 47 个城市，新建火电、钢铁、石化、水泥、有色、化工等企业以及燃煤锅炉项目要执行大气污染物特别排放限值。各地区可根据环境质量改善的需要，扩大特别排放限值实施的范围。

对未通过能评、环评审查的项目，有关部门不得审批、核准、备案，不得提供土地，不得

批准开工建设，不得发放生产许可证、安全生产许可证、排污许可证，金融机构不得提供任何形式的新增授信支持，有关单位不得供电、供水。

（十八）优化空间格局。科学制定并严格实施城市规划，强化城市空间管制要求和绿地控制要求，规范各类产业园区和城市新城、新区设立和布局，禁止随意调整和修改城市规划，形成有利于大气污染物扩散的城市和区域空间格局。研究开展城市环境总体规划试点工作。

结合化解过剩产能、节能减排和企业兼并重组，有序推进位于城市主城区的钢铁、石化、化工、有色金属冶炼、水泥、平板玻璃等重污染企业环保搬迁、改造，到 2017 年基本完成。

六、发挥市场机制作用，完善环境经济政策

（十九）发挥市场机制调节作用。本着"谁污染、谁负责，多排放、多负担，节能减排得收益、获补偿"的原则，积极推行激励与约束并举的节能减排新机制。

分行业、分地区对水、电等资源类产品制定企业消耗定额。建立企业"领跑者"制度，对能效、排污强度达到更高标准的先进企业给予鼓励。

全面落实"合同能源管理"的财税优惠政策，完善促进环境服务业发展的扶持政策，推行污染治理设施投资、建设、运行一体化特许经营。完善绿色信贷和绿色证券政策，将企业环境信息纳入征信系统。严格限制环境违法企业贷款和上市融资。推进排污权有偿使用和交易试点。

（二十）完善价格税收政策。根据脱硝成本，结合调整销售电价，完善脱硝电价政策。现有火电机组采用新技术进行除尘设施改造的，要给予价格政策支持。实行阶梯式电价。

推进天然气价格形成机制改革，理顺天然气与可替代能源的比价关系。

按照合理补偿成本、优质优价和污染者付费的原则合理确定成品油价格，完善对部分困难群体和公益性行业成品油价格改革补贴政策。

加大排污费征收力度，做到应收尽收。适时提高排污收费标准，将挥发性有机物纳入排污费征收范围。

研究将部分"两高"行业产品纳入消费税征收范围。完善"两高"行业产品出口退税政策和资源综合利用税收政策。积极推进煤炭等资源税从价计征改革。符合税收法律法规规定，使用专用设备或建设环境保护项目的企业以及高新技术企业，可以享受企业所得税优惠。

（二十一）拓宽投融资渠道。深化节能环保投融资体制改革，鼓励民间资本和社会资本进入大气污染防治领域。引导银行业金融机构加大对大气污染防治项目的信贷支持。探索排污权抵押融资模式，拓展节能环保设施融资、租赁业务。

地方人民政府要对涉及民生的"煤改气"项目、黄标车和老旧车辆淘汰、轻型载货车替代低速货车等加大政策支持力度，对重点行业清洁生产示范工程给予引导性资金支持。要将空气质量监测站点建设及其运行和监管经费纳入各级财政预算予以保障。

在环境执法到位、价格机制理顺的基础上，中央财政统筹整合主要污染物减排等专项，设立大气污染防治专项资金，对重点区域按治理成效实施"以奖代补"；中央基本建设投资也要加大对重点区域大气污染防治的支持力度。

七、健全法律法规体系，严格依法监督管理

（二十二）完善法律法规标准。加快大气污染防治法修订步伐，重点健全总量控制、排污许可、应急预警、法律责任等方面的制度，研究增加对恶意排污、造成重大污染危害的企业及其相关负责人追究刑事责任的内容，加大对违法行为的处罚力度。建立健全环境公益诉讼制度。研究起草环境税法草案，加快修改环境保护法，尽快出台机动车污染防治条例和排污许可证管理条例。各地区可结合实际，出台地方性大气污染防治法规、规章。

加快制（修）订重点行业排放标准以及汽车燃料消耗量标准、油品标准、供热计量标准等，完善行业污染防治技术政策和清洁生产评价指标体系。

（二十三）提高环境监管能力。完善国家监察、地方监管、单位负责的环境监管体制，加强对地方人民政府执行环境法律法规和政策的监督。加大环境监测、信息、应急、监察等能力建设力度，达到标准化建设要求。

建设城市站、背景站、区域站统一布局的国家空气质量监测网络，加强监测数据质量管理，客观反映空气质量状况。加强重点污染源在线监控体系建设，推进环境卫星应用。建设国家、省、市三级机动车排污监管平台。到 2015 年，地级及以上城市全部建成细颗粒物监测点和国家直管的监测点。

（二十四）加大环保执法力度。推进联合执法、区域执法、交叉执法等执法机制创新，明确重点，加大力度，严厉打击环境违法行为。对偷排偷放、屡查屡犯的违法企业，要依法停产关闭。对涉嫌环境犯罪的，要依法追究刑事责任。落实执法责任，对监督缺位、执法不力、徇私枉法等行为，监察机关要依法追究有关部门和人员的责任。

（二十五）实行环境信息公开。国家每月公布空气质量最差的 10 个城市和最好的 10 个城市的名单。各省（区、市）要公布本行政区域内地级及以上城市空气质量排名。地级及以上城市要在当地主要媒体及时发布空气质量监测信息。

各级环保部门和企业要主动公开新建项目环境影响评价、企业污染物排放、治污设施运行情况等环境信息，接受社会监督。涉及群众利益的建设项目，应充分听取公众意见。建立重污染行业企业环境信息强制公开制度。

八、建立区域协作机制，统筹区域环境治理

（二十六）建立区域协作机制。建立京津冀、长三角区域大气污染防治协作机制，由区域内省级人民政府和国务院有关部门参加，协调解决区域突出环境问题，组织实施环评会商、联合执法、信息共享、预警应急等大气污染防治措施，通报区域大气污染防治工作进展，研究确定阶段性工作要求、工作重点和主要任务。

（二十七）分解目标任务。国务院与各省（区、市）人民政府签订大气污染防治目标责任书，将目标任务分解落实到地方人民政府和企业。将重点区域的细颗粒物指标、非重点地区的可吸入颗粒物指标作为经济社会发展的约束性指标，构建以环境质量改善为核心的目标责任考核体系。

国务院制定考核办法，每年年初对各省（区、市）上年度治理任务完成情况进行考核；2015年进行中期评估，并依据评估情况调整治理任务；2017年对行动计划实施情况进行终期考核。考核和评估结果经国务院同意后，向社会公布，并交由干部主管部门，按照《关于建立促进科学发展的党政领导班子和领导干部考核评价机制的意见》《地方党政领导班子和领导干部综合考核评价办法（试行）》《关于开展政府绩效管理试点工作的意见》等规定，作为对领导班子和领导干部综合考核评价的重要依据。

（二十八）实行严格责任追究。对未通过年度考核的，由环保部门会同组织部门、监察机关等部门约谈省级人民政府及其相关部门有关负责人，提出整改意见，予以督促。

对因工作不力、履职缺位等导致未能有效应对重污染天气的，以及干预、伪造监测数据和没有完成年度目标任务的，监察机关要依法依纪追究有关单位和人员的责任，环保部门要对有关地区和企业实施建设项目环评限批，取消国家授予的环境保护荣誉称号。

九、建立监测预警应急体系，妥善应对重污染天气

（二十九）建立监测预警体系。环保部门要加强与气象部门的合作，建立重污染天气监测预警体系。到2014年，京津冀、长三角、珠三角区域要完成区域、省、市级重污染天气监测预警系统建设；其他省（区、市）、副省级市、省会城市于2015年年底前完成。要做好重污

染天气过程的趋势分析，完善会商研判机制，提高监测预警的准确度，及时发布监测预警信息。

（三十）制定完善应急预案。空气质量未达到规定标准的城市应制定和完善重污染天气应急预案并向社会公布；要落实责任主体，明确应急组织机构及其职责、预警预报及响应程序、应急处置及保障措施等内容，按不同污染等级确定企业限产停产、机动车和扬尘管控、中小学校停课以及可行的气象干预等应对措施。开展重污染天气应急演练。

京津冀、长三角、珠三角等区域要建立健全区域、省、市联动的重污染天气应急响应体系。区域内各省（区、市）的应急预案，应于2013年年底前报环境保护部备案。

（三十一）及时采取应急措施。将重污染天气应急响应纳入地方人民政府突发事件应急管理体系，实行政府主要负责人负责制。要依据重污染天气的预警等级，迅速启动应急预案，引导公众做好卫生防护。

十、明确政府企业和社会的责任，动员全民参与环境保护

（三十二）明确地方政府统领责任。地方各级人民政府对本行政区域内的大气环境质量负总责，要根据国家的总体部署及控制目标，制定本地区的实施细则，确定工作重点任务和年度控制指标，完善政策措施，并向社会公开；要不断加大监管力度，确保任务明确、项目清晰、资金保障。

（三十三）加强部门协调联动。各有关部门要密切配合、协调力量、统一行动，形成大气污染防治的强大合力。环境保护部要加强指导、协调和监督，有关部门要制定有利于大气污染防治的投资、财政、税收、金融、价格、贸易、科技等政策，依法做好各自领域的相关工作。

（三十四）强化企业施治。企业是大气污染治理的责任主体，要按照环保规范要求，加强内部管理，增加资金投入，采用先进的生产工艺和治理技术，确保达标排放，甚至达到"零排放"；要自觉履行环境保护的社会责任，接受社会监督。

（三十五）广泛动员社会参与。环境治理，人人有责。要积极开展多种形式的宣传教育，普及大气污染防治的科学知识。加强大气环境管理专业人才培养。倡导文明、节约、绿色的消费方式和生活习惯，引导公众从自身做起、从点滴做起、从身边的小事做起，在全社会树立起"同呼吸、共奋斗"的行为准则，共同改善空气质量。

我国仍然处于社会主义初级阶段，大气污染防治任务繁重艰巨，要坚定信心、综合治理，突出重点、逐步推进，重在落实、务求实效。各地区、各有关部门和企业要按照本行动计划的要求，紧密结合实际，狠抓贯彻落实，确保空气质量改善目标如期实现。

水污染防治行动计划[*]

　　水环境保护事关人民群众切身利益，事关全面建成小康社会，事关实现中华民族伟大复兴中国梦。当前，我国一些地区水环境质量差、水生态受损重、环境隐患多等问题十分突出，影响和损害群众健康，不利于经济社会持续发展。为切实加大水污染防治力度，保障国家水安全，制定本行动计划。

　　总体要求：全面贯彻党的十八大和十八届二中、三中、四中全会精神，大力推进生态文明建设，以改善水环境质量为核心，按照"节水优先、空间均衡、系统治理、两手发力"原则，贯彻"安全、清洁、健康"方针，强化源头控制，水陆统筹、河海兼顾，对江河湖海实施分流域、分区域、分阶段科学治理，系统推进水污染防治、水生态保护和水资源管理。坚持政府市场协同，注重改革创新；坚持全面依法推进，实行最严格环保制度；坚持落实各方责任，严格考核问责；坚持全民参与，推动节水洁水人人有责，形成"政府统领、企业施治、市场驱动、公众参与"的水污染防治新机制，实现环境效益、经济效益与社会效益多赢，为建设"蓝天常在、青山常在、绿水常在"的美丽中国而奋斗。

　　工作目标：到 2020 年，全国水环境质量得到阶段性改善，污染严重水体较大幅度减少，饮用水安全保障水平持续提升，地下水超采得到严格控制，地下水污染加剧趋势得到初步遏制，近岸海域环境质量稳中趋好，京津冀、长三角、珠三角等区域水生态环境状况有所好转。到 2030 年，力争全国水环境质量总体改善，水生态系统功能初步恢复。到本世纪中叶，生态环境质量全面改善，生态系统实现良性循环。

　　主要指标：到 2020 年，长江、黄河、珠江、松花江、淮河、海河、辽河等七大重点流域水质优良（达到或优于Ⅲ类）比例总体达到 70%以上，地级及以上城市建成区黑臭水体均控制在 10%以内，地级及以上城市集中式饮用水水源水质达到或优于Ⅲ类比例总体高于 93%，全国地下水质量极差的比例控制在 15%左右，近岸海域水质优良（一、二类）比例达到 70%左右。

---

[*] 原载《中国环保产业》2015 年第 5 期第 4～12 页。

京津冀区域丧失使用功能（劣于Ⅴ类）的水体断面比例下降 15 个百分点左右，长三角、珠三角区域力争消除丧失使用功能的水体。

到 2030 年，全国七大重点流域水质优良比例总体达到 75%以上，城市建成区黑臭水体总体得到消除，城市集中式饮用水水源水质达到或优于Ⅲ类比例总体为 95%左右。

一、全面控制污染物排放

（一）狠抓工业污染防治。取缔"十小"企业。全面排查装备水平低、环保设施差的小型工业企业。2016 年年底前，按照水污染防治法律法规要求，全部取缔不符合国家产业政策的小型造纸、制革、印染、染料、炼焦、炼硫、炼砷、炼油、电镀、农药等严重污染水环境的生产项目。（环境保护部牵头，工业和信息化部、国土资源部、能源局等参与，地方各级人民政府负责落实。以下均需地方各级人民政府落实，不再列出）

专项整治十大重点行业。制定造纸、焦化、氮肥、有色金属、印染、农副食品加工、原料药制造、制革、农药、电镀等行业专项治理方案，实施清洁化改造。新建、改建、扩建上述行业建设项目实行主要污染物排放等量或减量置换。2017 年年底前，造纸行业力争完成纸浆无元素氯漂白改造或采取其他低污染制浆技术，钢铁企业焦炉完成干熄焦技术改造，氮肥行业尿素生产完成工艺冷凝液水解解析技术改造，印染行业实施低排水染整工艺改造，制药（抗生素、维生素）行业实施绿色酶法生产技术改造，制革行业实施铬减量化和封闭循环利用技术改造。（环境保护部牵头，工业和信息化部等参与）

集中治理工业集聚区水污染。强化经济技术开发区、高新技术产业开发区、出口加工区等工业集聚区污染治理。集聚区内工业废水必须经预处理达到集中处理要求，方可进入污水集中处理设施。新建、升级工业集聚区应同步规划、建设污水、垃圾集中处理等污染治理设施。2017 年年底前，工业集聚区应按规定建成污水集中处理设施，并安装自动在线监控装置，京津冀、长三角、珠三角等区域提前一年完成；逾期未完成的，一律暂停审批和核准其增加水污染物排放的建设项目，并依照有关规定撤销其园区资格。（环境保护部牵头，科技部、工业和信息化部、商务部等参与）

（二）强化城镇生活污染治理。加快城镇污水处理设施建设与改造。现有城镇污水处理设施，要因地制宜进行改造，2020 年年底前达到相应排放标准或再生利用要求。敏感区域（重点湖泊、重点水库、近岸海域汇水区域）城镇污水处理设施应于 2017 年年底前全面达到一级 A 排放标准。建成区水体水质达不到地表水Ⅳ类标准的城市，新建城镇污水处理设施要执行一级

A 排放标准。按照国家新型城镇化规划要求，到 2020 年，全国所有县城和重点镇具备污水收集处理能力，县城、城市污水处理率分别达到 85%、95% 左右。京津冀、长三角、珠三角等区域提前一年完成。（住房城乡建设部牵头，发展改革委、环境保护部等参与）

全面加强配套管网建设。强化城中村、老旧城区和城乡接合部污水截流、收集。现有合流制排水系统应加快实施雨污分流改造，难以改造的，应采取截流、调蓄和治理等措施。新建污水处理设施的配套管网应同步设计、同步建设、同步投运。除干旱地区外，城镇新区建设均实行雨污分流，有条件的地区要推进初期雨水收集、处理和资源化利用。到 2017 年，直辖市、省会城市、计划单列市建成区污水基本实现全收集、全处理，其他地级城市建成区于 2020 年年底前基本实现。（住房城乡建设部牵头，发展改革委、环境保护部等参与）

推进污泥处理处置。污水处理设施产生的污泥应进行稳定化、无害化和资源化处理处置，禁止处理处置不达标的污泥进入耕地。非法污泥堆放点一律予以取缔。现有污泥处理处置设施应于 2017 年年底前基本完成达标改造，地级及以上城市污泥无害化处理处置率应于 2020 年年底前达到 90% 以上。（住房城乡建设部牵头，发展改革委、工业和信息化部、环境保护部、农业部等参与）

（三）推进农业农村污染防治。防治畜禽养殖污染。科学划定畜禽养殖禁养区，2017 年年底前，依法关闭或搬迁禁养区内的畜禽养殖场（小区）和养殖专业户，京津冀、长三角、珠三角等区域提前一年完成。现有规模化畜禽养殖场（小区）要根据污染防治需要，配套建设粪便污水贮存、处理、利用设施。散养密集区要实行畜禽粪便污水分户收集、集中处理利用。自 2016 年起，新建、改建、扩建规模化畜禽养殖场（小区）要实施雨污分流、粪便污水资源化利用。（农业部牵头，环境保护部参与）

控制农业面源污染。制定实施全国农业面源污染综合防治方案。推广低毒、低残留农药使用补助试点经验，开展农作物病虫害绿色防控和统防统治。实行测土配方施肥，推广精准施肥技术和机具。完善高标准农田建设、土地开发整理等标准规范，明确环保要求，新建高标准农田要达到相关环保要求。敏感区域和大中型灌区，要利用现有沟、塘、窖等，配置水生植物群落、格栅和透水坝，建设生态沟渠、污水净化塘、地表径流集蓄池等设施，净化农田排水及地表径流。到 2020 年，测土配方施肥技术推广覆盖率达到 90% 以上，化肥利用率提高到 40% 以上，农作物病虫害统防统治覆盖率达到 40% 以上；京津冀、长三角、珠三角等区域提前一年完成。（农业部牵头，发展改革委、工业和信息化部、国土资源部、环境保护部、水利部、质检总局等参与）

调整种植业结构与布局。在缺水地区试行退地减水。地下水易受污染地区要优先种植需肥需药量低、环境效益突出的农作物。地表水过度开发和地下水超采问题较严重，且农业用水比重较大的甘肃、新疆（含新疆生产建设兵团）、河北、山东、河南等五省（区），要适当减少用水量较大的农作物种植面积，改种耐旱作物和经济林；2018 年年底前，对 3 300 万亩灌溉面积实施综合治理，退减水量 37 亿立方米以上。（农业部、水利部牵头，发展改革委、国土资源部等参与）

加快农村环境综合整治。以县级行政区域为单元，实行农村污水处理统一规划、统一建设、统一管理，有条件的地区积极推进城镇污水处理设施和服务向农村延伸。深化"以奖促治"政策，实施农村清洁工程，开展河道清淤疏浚，推进农村环境连片整治。到 2020 年，新增完成环境综合整治的建制村 13 万个。（环境保护部牵头，住房城乡建设部、水利部、农业部等参与）

（四）加强船舶港口污染控制。积极治理船舶污染。依法强制报废超过使用年限的船舶。分类分级修订船舶及其设施、设备的相关环保标准。2018 年起投入使用的沿海船舶、2021 年起投入使用的内河船舶执行新的标准；其他船舶于 2020 年年底前完成改造，经改造仍不能达到要求的，限期予以淘汰。航行于我国水域的国际航线船舶，要实施压载水交换或安装压载水灭活处理系统。规范拆船行为，禁止冲滩拆解。（交通运输部牵头，工业和信息化部、环境保护部、农业部、质检总局等参与）

增强港口码头污染防治能力。编制实施全国港口、码头、装卸站污染防治方案。加快垃圾接收、转运及处理处置设施建设，提高含油污水、化学品洗舱水等接收处置能力及污染事故应急能力。位于沿海和内河的港口、码头、装卸站及船舶修造厂，分别于 2017 年年底前和 2020 年年底前达到建设要求。港口、码头、装卸站的经营人应制定防治船舶及其有关活动污染水环境的应急计划。（交通运输部牵头，工业和信息化部、住房城乡建设部、农业部等参与）

二、推动经济结构转型升级

（五）调整产业结构。依法淘汰落后产能。自 2015 年起，各地要依据部分工业行业淘汰落后生产工艺装备和产品指导目录、产业结构调整指导目录及相关行业污染物排放标准，结合水质改善要求及产业发展情况，制定并实施分年度的落后产能淘汰方案，报工业和信息化部、环境保护部备案。未完成淘汰任务的地区，暂停审批和核准其相关行业新建项目。（工业和信息化部牵头，发展改革委、环境保护部等参与）

严格环境准入。根据流域水质目标和主体功能区规划要求，明确区域环境准入条件，细化功能分区，实施差别化环境准入政策。建立水资源、水环境承载能力监测评价体系，实行承载能力监测预警，已超过承载能力的地区要实施水污染物削减方案，加快调整发展规划和产业结构。到 2020 年，组织完成市、县域水资源、水环境承载能力现状评价。（环境保护部牵头，住房城乡建设部、水利部、海洋局等参与）

（六）优化空间布局。合理确定发展布局、结构和规模。充分考虑水资源、水环境承载能力，以水定城、以水定地、以水定人、以水定产。重大项目原则上布局在优化开发区和重点开发区，并符合城乡规划和土地利用总体规划。鼓励发展节水高效现代农业、低耗水高新技术产业以及生态保护型旅游业，严格控制缺水地区、水污染严重地区和敏感区域高耗水、高污染行业发展，新建、改建、扩建重点行业建设项目实行主要污染物排放减量置换。七大重点流域干流沿岸，要严格控制石油加工、化学原料和化学制品制造、医药制造、化学纤维制造、有色金属冶炼、纺织印染等项目环境风险，合理布局生产装置及危险化学品仓储等设施。（发展改革委、工业和信息化部牵头，国土资源部、环境保护部、住房城乡建设部、水利部等参与）

推动污染企业退出。城市建成区内现有钢铁、有色金属、造纸、印染、原料药制造、化工等污染较重的企业应有序搬迁改造或依法关闭。（工业和信息化部牵头，环境保护部等参与）

积极保护生态空间。严格城市规划蓝线管理，城市规划区范围内应保留一定比例的水域面积。新建项目一律不得违规占用水域。严格水域岸线用途管制，土地开发利用应按照有关法律法规和技术标准要求，留足河道、湖泊和滨海地带的管理和保护范围，非法挤占的应限期退出。（国土资源部、住房城乡建设部牵头，环境保护部、水利部、海洋局等参与）

（七）推进循环发展。加强工业水循环利用。推进矿井水综合利用，煤炭矿区的补充用水、周边地区生产和生态用水应优先使用矿井水，加强洗煤废水循环利用。鼓励钢铁、纺织印染、造纸、石油石化、化工、制革等高耗水企业废水深度处理回用。（发展改革委、工业和信息化部牵头，水利部、能源局等参与）

促进再生水利用。以缺水及水污染严重地区城市为重点，完善再生水利用设施，工业生产、城市绿化、道路清扫、车辆冲洗、建筑施工以及生态景观等用水，要优先使用再生水。推进高速公路服务区污水处理和利用。具备使用再生水条件但未充分利用的钢铁、火电、化工、制浆造纸、印染等项目，不得批准其新增取水许可。自 2018 年起，单体建筑面积超过 2 万平方米的新建公共建筑，北京市 2 万平方米、天津市 5 万平方米、河北省 10 万平方米以上集中新建的保障性住房，应安装建筑中水设施。积极推动其他新建住房安装建筑中水设施。到 2020 年，缺水城市再生水利用率达到 20% 以上，京津冀区域达到 30% 以上。（住房城乡建设部牵头，发展改革委、工业和信息化部、环境保护部、交通运输部、水利部等参与）

推动海水利用。在沿海地区电力、化工、石化等行业，推行直接利用海水作为循环冷却等工业用水。在有条件的城市，加快推进淡化海水作为生活用水补充水源。（发展改革委牵头，工业和信息化部、住房城乡建设部、水利部、海洋局等参与）

三、着力节约保护水资源

（八）控制用水总量。实施最严格水资源管理。健全取用水总量控制指标体系。加强相关规划和项目建设布局水资源论证工作，国民经济和社会发展规划以及城市总体规划的编制、重大建设项目的布局，应充分考虑当地水资源条件和防洪要求。对取用水总量已达到或超过控制指标的地区，暂停审批其建设项目新增取水许可。对纳入取水许可管理的单位和其他用水大户实行计划用水管理。新建、改建、扩建项目用水要达到行业先进水平，节水设施应与主体工程同时设计、同时施工、同时投运。建立重点监控用水单位名录。到 2020 年，全国用水总量控制在 6 700 亿立方米以内。（水利部牵头，发展改革委、工业和信息化部、住房城乡建设部、农业部等参与）

严控地下水超采。在地面沉降、地裂缝、岩溶塌陷等地质灾害易发区开发利用地下水，应进行地质灾害危险性评估。严格控制开采深层承压水，地热水、矿泉水开发应严格实行取水许可和采矿许可。依法规范机井建设管理，排查登记已建机井，未经批准的和公共供水管网覆盖范围内的自备水井，一律予以关闭。编制地面沉降区、海水入侵区等区域地下水压采方案。开展华北地下水超采区综合治理，超采区内禁止工农业生产及服务业新增取用地下水。京津冀区域实施土地整治、农业开发、扶贫等农业基础设施项目，不得以配套打井为条件。2017 年年底前，完成地下水禁采区、限采区和地面沉降控制区范围划定工作，京津冀、长三角、珠三角等区域提前一年完成。（水利部、国土资源部牵头，发展改革委、工业和信息化部、财政部、住房城乡建设部、农业部等参与）

（九）提高用水效率。建立万元国内生产总值水耗指标等用水效率评估体系，把节水目标任务完成情况纳入地方政府政绩考核。将再生水、雨水和微咸水等非常规水源纳入水资源统一配置。到 2020 年，全国万元国内生产总值用水量、万元工业增加值用水量比 2013 年分别下降 35%、30% 以上。（水利部牵头，发展改革委、工业和信息化部、住房城乡建设部等参与）

抓好工业节水。制定国家鼓励和淘汰的用水技术、工艺、产品和设备目录，完善高耗水行业取用水定额标准。开展节水诊断、水平衡测试、用水效率评估，严格用水定额管理。到 2020 年，电力、钢铁、纺织、造纸、石油石化、化工、食品发酵等高耗水行业达到先进定额标准。（工业和信息化部、水利部牵头，发展改革委、住房城乡建设部、质检总局等参与）

加强城镇节水。禁止生产、销售不符合节水标准的产品、设备。公共建筑必须采用节水器具，限期淘汰公共建筑中不符合节水标准的水嘴、便器水箱等生活用水器具。鼓励居民家庭选用节水器具。对使用超过 50 年和材质落后的供水管网进行更新改造，到 2017 年，全国公共供水管网漏损率控制在 12% 以内；到 2020 年，控制在 10% 以内。积极推行低影响开发建设模式，建设滞、渗、蓄、用、排相结合的雨水收集利用设施。新建城区硬化地面，可渗透面积要达到 40% 以上。到 2020 年，地级及以上缺水城市全部达到国家节水型城市标准要求，京津冀、长三角、珠三角等区域提前一年完成。（住房城乡建设部牵头，发展改革委、工业和信息化部、水利部、质检总局等参与）

发展农业节水。推广渠道防渗、管道输水、喷灌、微灌等节水灌溉技术，完善灌溉用水计量设施。在东北、西北、黄淮海等区域，推进规模化高效节水灌溉，推广农作物节水抗旱技术。到 2020 年，大型灌区、重点中型灌区续建配套和节水改造任务基本完成，全国节水灌溉工程面积达到 7 亿亩左右，农田灌溉水有效利用系数达到 0.55 以上。（水利部、农业部牵头，发展改革委、财政部等参与）

（十）科学保护水资源。完善水资源保护考核评价体系。加强水功能区监督管理，从严核定水域纳污能力。（水利部牵头，发展改革委、环境保护部等参与）

加强江河湖库水量调度管理。完善水量调度方案。采取闸坝联合调度、生态补水等措施，合理安排闸坝下泄水量和泄流时段，维持河湖基本生态用水需求，重点保障枯水期生态基流。加大水利工程建设力度，发挥好控制性水利工程在改善水质中的作用。（水利部牵头，环境保护部参与）

科学确定生态流量。在黄河、淮河等流域进行试点，分期分批确定生态流量（水位），作为流域水量调度的重要参考。（水利部牵头，环境保护部参与）

四、强化科技支撑

（十一）推广示范适用技术。加快技术成果推广应用，重点推广饮用水净化、节水、水污染治理及循环利用、城市雨水收集利用、再生水安全回用、水生态修复、畜禽养殖污染防治等适用技术。完善环保技术评价体系，加强国家环保科技成果共享平台建设，推动技术成果共享与转化。发挥企业的技术创新主体作用，推动水处理重点企业与科研院所、高等学校组建产学研技术创新战略联盟，示范推广控源减排和清洁生产先进技术。（科技部牵头，发展改革委、工业和信息化部、环境保护部、住房城乡建设部、水利部、农业部、海洋局等参与）

（十二）攻关研发前瞻技术。整合科技资源，通过相关国家科技计划（专项、基金）等，加快研发重点行业废水深度处理、生活污水低成本高标准处理、海水淡化和工业高盐废水脱盐、饮用水微量有毒污染物处理、地下水污染修复、危险化学品事故和水上溢油应急处置等技术。开展有机物和重金属等水环境基准、水污染对人体健康影响、新型污染物风险评价、水环境损害评估、高品质再生水补充饮用水水源等研究。加强水生态保护、农业面源污染防治、水环境监控预警、水处理工艺技术装备等领域的国际交流合作。（科技部牵头，发展改革委、工业和信息化部、国土资源部、环境保护部、住房城乡建设部、水利部、农业部、卫生计生委等参与）

（十三）大力发展环保产业。规范环保产业市场。对涉及环保市场准入、经营行为规范的法规、规章和规定进行全面梳理，废止妨碍形成全国统一环保市场和公平竞争的规定和做法。健全环保工程设计、建设、运营等领域招投标管理办法和技术标准。推进先进适用的节水、治污、修复技术和装备产业化发展。（发展改革委牵头，科技部、工业和信息化部、财政部、环境保护部、住房城乡建设部、水利部、海洋局等参与）

加快发展环保服务业。明确监管部门、排污企业和环保服务公司的责任和义务，完善风险分担、履约保障等机制。鼓励发展包括系统设计、设备成套、工程施工、调试运行、维护管理的环保服务总承包模式、政府和社会资本合作模式等。以污水、垃圾处理和工业园区为重点，推行环境污染第三方治理。（发展改革委、财政部牵头，科技部、工业和信息化部、环境保护部、住房城乡建设部等参与）

五、充分发挥市场机制作用

（十四）理顺价格税费。加快水价改革。县级及以上城市应于 2015 年年底前全面实行居民阶梯水价制度，具备条件的建制镇也要积极推进。2020 年年底前，全面实行非居民用水超定额、超计划累进加价制度。深入推进农业水价综合改革。（发展改革委牵头，财政部、住房城乡建设部、水利部、农业部等参与）

完善收费政策。修订城镇污水处理费、排污费、水资源费征收管理办法，合理提高征收标准，做到应收尽收。城镇污水处理收费标准不应低于污水处理和污泥处理处置成本。地下水水资源费征收标准应高于地表水，超采地区地下水水资源费征收标准应高于非超采地区。（发展

改革委、财政部牵头，环境保护部、住房城乡建设部、水利部等参与）

健全税收政策。依法落实环境保护、节能节水、资源综合利用等方面税收优惠政策。对国内企业为生产国家支持发展的大型环保设备，必需进口的关键零部件及原材料，免征关税。加快推进环境保护税立法、资源税税费改革等工作。研究将部分高耗能、高污染产品纳入消费税征收范围。（财政部、税务总局牵头，发展改革委、工业和信息化部、商务部、海关总署、质检总局等参与）

（十五）促进多元融资。引导社会资本投入。积极推动设立融资担保基金，推进环保设备融资租赁业务发展。推广股权、项目收益权、特许经营权、排污权等质押融资担保。采取环境绩效合同服务、授予开发经营权益等方式，鼓励社会资本加大水环境保护投入。（人民银行、发展改革委、财政部牵头，环境保护部、住房城乡建设部、银监会、证监会、保监会等参与）

增加政府资金投入。中央财政加大对属于中央事权的水环境保护项目支持力度，合理承担部分属于中央和地方共同事权的水环境保护项目，向欠发达地区和重点地区倾斜；研究采取专项转移支付等方式，实施"以奖代补"。地方各级人民政府要重点支持污水处理、污泥处理处置、河道整治、饮用水水源保护、畜禽养殖污染防治、水生态修复、应急清污等项目和工作。对环境监管能力建设及运行费用分级予以必要保障。（财政部牵头，发展改革委、环境保护部等参与）

（十六）建立激励机制。健全节水环保"领跑者"制度。鼓励节能减排先进企业、工业集聚区用水效率、排污强度等达到更高标准，支持开展清洁生产、节约用水和污染治理等示范。（发展改革委牵头，工业和信息化部、财政部、环境保护部、住房城乡建设部、水利部等参与）

推行绿色信贷。积极发挥政策性银行等金融机构在水环境保护中的作用，重点支持循环经济、污水处理、水资源节约、水生态环境保护、清洁及可再生能源利用等领域。严格限制环境违法企业贷款。加强环境信用体系建设，构建守信激励与失信惩戒机制，环保、银行、证券、保险等方面要加强协作联动，于2017年年底前分级建立企业环境信用评价体系。鼓励涉重金属、石油化工、危险化学品运输等高环境风险行业投保环境污染责任保险。（人民银行牵头，工业和信息化部、环境保护部、水利部、银监会、证监会、保监会等参与）

实施跨界水环境补偿。探索采取横向资金补助、对口援助、产业转移等方式，建立跨界水环境补偿机制，开展补偿试点。深化排污权有偿使用和交易试点。（财政部牵头，发展改革委、环境保护部、水利部等参与）

六、严格环境执法监管

（十七）完善法规标准。健全法律法规。加快水污染防治、海洋环境保护、排污许可、化学品环境管理等法律法规制修订步伐，研究制定环境质量目标管理、环境功能区划、节水及循环利用、饮用水水源保护、污染责任保险、水功能区监督管理、地下水管理、环境监测、生态流量保障、船舶和陆源污染防治等法律法规。各地可结合实际，研究起草地方性水污染防治法规。（法制办牵头，发展改革委、工业和信息化部、国土资源部、环境保护部、住房城乡建设部、交通运输部、水利部、农业部、卫生计生委、保监会、海洋局等参与）

完善标准体系。制修订地下水、地表水和海洋等环境质量标准，城镇污水处理、污泥处理处置、农田退水等污染物排放标准。健全重点行业水污染物特别排放限值、污染防治技术政策和清洁生产评价指标体系。各地可制定严于国家标准的地方水污染物排放标准。（环境保护部牵头，发展改革委、工业和信息化部、国土资源部、住房城乡建设部、水利部、农业部、质检总局等参与）

（十八）加大执法力度。所有排污单位必须依法实现全面达标排放。逐一排查工业企业排污情况，达标企业应采取措施确保稳定达标；对超标和超总量的企业予以"黄牌"警示，一律限制生产或停产整治；对整治仍不能达到要求且情节严重的企业予以"红牌"处罚，一律停业、关闭。自2016年起，定期公布环保"黄牌""红牌"企业名单。定期抽查排污单位达标排放情况，结果向社会公布。（环境保护部负责）

完善国家督查、省级巡查、地市检查的环境监督执法机制，强化环保、公安、监察等部门和单位协作，健全行政执法与刑事司法衔接配合机制，完善案件移送、受理、立案、通报等规定。加强对地方人民政府和有关部门环保工作的监督，研究建立国家环境监察专员制度。（环境保护部牵头，工业和信息化部、公安部、中央编办等参与）

严厉打击环境违法行为。重点打击私设暗管或利用渗井、渗坑、溶洞排放，倾倒含有毒有害污染物废水、含病原体污水，监测数据弄虚作假，不正常使用水污染物处理设施，或者未经批准拆除、闲置水污染物处理设施等环境违法行为。对造成生态损害的责任者严格落实赔偿制度。严肃查处建设项目环境影响评价领域越权审批、未批先建、边批边建、久试不验等违法违规行为。对构成犯罪的，要依法追究刑事责任。（环境保护部牵头，公安部、住房城乡建设部等参与）

（十九）提升监管水平。完善流域协作机制。健全跨部门、区域、流域、海域水环境保护议事协调机制，发挥环境保护区域督查派出机构和流域水资源保护机构作用，探索建立陆海统筹的生态系统保护修复机制。流域上下游各级政府、各部门之间要加强协调配合、定期会商，实施联合监测、联合执法、应急联动、信息共享。京津冀、长三角、珠三角等区域要于2015年年底前建立水污染防治联动协作机制。建立严格监管所有污染物排放的水环境保护管理制度。（环境保护部牵头，交通运输部、水利部、农业部、海洋局等参与）

完善水环境监测网络。统一规划设置监测断面（点位）。提升饮用水水源水质全指标监测、水生生物监测、地下水环境监测、化学物质监测及环境风险防控技术支撑能力。2017年年底前，京津冀、长三角、珠三角等区域、海域建成统一的水环境监测网。（环境保护部牵头，发展改革委、国土资源部、住房城乡建设部、交通运输部、水利部、农业部、海洋局等参与）

提高环境监管能力。加强环境监测、环境监察、环境应急等专业技术培训，严格落实执法、监测等人员持证上岗制度，加强基层环保执法力量，具备条件的乡镇（街道）及工业园区要配备必要的环境监管力量。各市、县应自2016年起实行环境监管网格化管理。（环境保护部负责）

七、切实加强水环境管理

（二十）强化环境质量目标管理。明确各类水体水质保护目标，逐一排查达标状况。未达到水质目标要求的地区要制定达标方案，将治污任务逐一落实到汇水范围内的排污单位，明确防治措施及达标时限，方案报上一级人民政府备案，自2016年起，定期向社会公布。对水质不达标的区域实施挂牌督办，必要时采取区域限批等措施。（环境保护部牵头，水利部参与）

（二十一）深化污染物排放总量控制。完善污染物统计监测体系，将工业、城镇生活、农业、移动源等各类污染源纳入调查范围。选择对水环境质量有突出影响的总氮、总磷、重金属等污染物，研究纳入流域、区域污染物排放总量控制约束性指标体系。（环境保护部牵头，发展改革委、工业和信息化部、住房城乡建设部、水利部、农业部等参与）

（二十二）严格环境风险控制。防范环境风险。定期评估沿江河湖库工业企业、工业集聚区环境和健康风险，落实防控措施。评估现有化学物质环境和健康风险，2017年年底前公布优先控制化学品名录，对高风险化学品生产、使用进行严格限制，并逐步淘汰替代。（环境保护部牵头，工业和信息化部、卫生计生委、安全监管总局等参与）

稳妥处置突发水环境污染事件。地方各级人民政府要制定和完善水污染事故处置应急预案，落实责任主体，明确预警预报与响应程序、应急处置及保障措施等内容，依法及时公布预

警信息。(环境保护部牵头,住房城乡建设部、水利部、农业部、卫生计生委等参与)

(二十三)全面推行排污许可。依法核发排污许可证。2015年年底前,完成国控重点污染源及排污权有偿使用和交易试点地区污染源排污许可证的核发工作,其他污染源于2017年年底前完成。(环境保护部负责)

加强许可证管理。以改善水质、防范环境风险为目标,将污染物排放种类、浓度、总量、排放去向等纳入许可证管理范围。禁止无证排污或不按许可证规定排污。强化海上排污监管,研究建立海上污染排放许可证制度。2017年年底前,完成全国排污许可证管理信息平台建设。(环境保护部牵头,海洋局参与)

八、全力保障水生态环境安全

(二十四)保障饮用水水源安全。从水源到水龙头全过程监管饮用水安全。地方各级人民政府及供水单位应定期监测、检测和评估本行政区域内饮用水水源、供水厂出水和用户水龙头水质等饮水安全状况,地级及以上城市自2016年起每季度向社会公开。自2018年起,所有县级及以上城市供水安全状况信息都要向社会公开。(环境保护部牵头,发展改革委、财政部、住房城乡建设部、水利部、卫生计生委等参与)

强化饮用水水源环境保护。开展饮用水水源规范化建设,依法清理饮用水水源保护区内违法建筑和排污口。单一水源供水的地级及以上城市应于2020年年底前基本完成备用水源或应急水源建设,有条件的地方可以适当提前。加强农村饮用水水源保护和水质检测。(环境保护部牵头,发展改革委、财政部、住房城乡建设部、水利部、卫生计生委等参与)

防治地下水污染。定期调查评估集中式地下水型饮用水水源补给区等区域环境状况。石化生产存贮销售企业和工业园区、矿山开采区、垃圾填埋场等区域应进行必要的防渗处理。加油站地下油罐应于2017年年底前全部更新为双层罐或完成防渗池设置。报废矿井、钻井、取水井应实施封井回填。公布京津冀等区域内环境风险大、严重影响公众健康的地下水污染场地清单,开展修复试点。(环境保护部牵头,财政部、国土资源部、住房城乡建设部、水利部、商务部等参与)

(二十五)深化重点流域污染防治。编制实施七大重点流域水污染防治规划。研究建立流域水生态环境功能分区管理体系。对化学需氧量、氨氮、总磷、重金属及其他影响人体健康的污染物采取针对性措施,加大整治力度。汇入富营养化湖库的河流应实施总氮排放控制。到2020年,长江、珠江总体水质达到优良,松花江、黄河、淮河、辽河在轻度污染基础上进一步改善,海河污染程度得到缓解。三峡库区水质保持良好，南水北调、引滦入津等调水工程确保水质安全。太湖、巢湖、滇池富营养化水平有所好转。白洋淀、乌梁素海、呼伦湖、艾比湖等湖泊污染程度减轻。环境容量较小、生态环境脆弱，环境风险高的地区，应执行水污染物特别排放限值。各地可根据水环境质量改善需要，扩大特别排放限值实施范围。（环境保护部牵头，发展改革委、工业和信息化部、财政部、住房城乡建设部、水利部等参与）

加强良好水体保护。对江河源头及现状水质达到或优于III类的江河湖库开展生态环境安全评估，制定实施生态环境保护方案。东江、滦河、千岛湖、南四湖等流域于 2017 年年底前完成。浙闽片河流、西南诸河、西北诸河及跨界水体水质保持稳定。（环境保护部牵头，外交部、发展改革委、财政部、水利部、林业局等参与）

（二十六）加强近岸海域环境保护。实施近岸海域污染防治方案。重点整治黄河口、长江口、闽江口、珠江口、辽东湾、渤海湾、胶州湾、杭州湾、北部湾等河口海湾污染。沿海地级及以上城市实施总氮排放总量控制。研究建立重点海域排污总量控制制度。规范入海排污口设置，2017 年年底前全面清理非法或设置不合理的入海排污口。到 2020 年，沿海省（区、市）入海河流基本消除劣于 V 类的水体。提高涉海项目准入门槛。（环境保护部、海洋局牵头，发展改革委、工业和信息化部、财政部、住房城乡建设部、交通运输部、农业部等参与）

推进生态健康养殖。在重点河湖及近岸海域划定限制养殖区。实施水产养殖池塘、近海养殖网箱标准化改造，鼓励有条件的渔业企业开展海洋离岸养殖和集约化养殖。积极推广人工配合饲料，逐步减少冰鲜杂鱼饲料使用。加强养殖投入品管理，依法规范、限制使用抗生素等化学药品，开展专项整治。到 2015 年，海水养殖面积控制在 220 万公顷左右。（农业部负责）

严格控制环境激素类化学品污染。2017 年年底前完成环境激素类化学品生产使用情况调查，监控评估水源地、农产品种植区及水产品集中养殖区风险，实施环境激素类化学品淘汰、限制、替代等措施。（环境保护部牵头，工业和信息化部、农业部等参与）

（二十七）整治城市黑臭水体。采取控源截污、垃圾清理、清淤疏浚、生态修复等措施，加大黑臭水体治理力度，每半年向社会公布治理情况。地级及以上城市建成区应于 2015 年年底前完成水体排查，公布黑臭水体名称、责任人及达标期限；于 2017 年年底前实现河面无大面积漂浮物，河岸无垃圾，无违法排污口；于 2020 年年底前完成黑臭水体治理目标。直辖市、省会城市、计划单列市建成区要于 2017 年年底前基本消除黑臭水体。（住房城乡建设部牵头，环境保护部、水利部、农业部等参与）

（二十八）保护水和湿地生态系统。加强河湖水生态保护，科学划定生态保护红线。禁止侵占自然湿地等水源涵养空间，已侵占的要限期予以恢复。强化水源涵养林建设与保护，开展湿地保护与修复，加大退耕还林、还草、还湿力度。加强滨河（湖）带生态建设，在河道两侧建设植被缓冲带和隔离带。加大水生野生动植物类自然保护区和水产种质资源保护区保护力度，开展珍稀濒危水生生物和重要水产种质资源的就地和迁地保护，提高水生生物多样性。2017年年底前，制定实施七大重点流域水生生物多样性保护方案。（环境保护部、林业局牵头，财政部、国土资源部、住房城乡建设部、水利部、农业部等参与）

保护海洋生态。加大红树林、珊瑚礁、海草床等滨海湿地、河口和海湾典型生态系统，以及产卵场、索饵场、越冬场、洄游通道等重要渔业水域的保护力度，实施增殖放流，建设人工鱼礁。开展海洋生态补偿及赔偿等研究，实施海洋生态修复。认真执行围填海管制计划，严格围填海管理和监督，重点海湾、海洋自然保护区的核心区及缓冲区、海洋特别保护区的重点保护区及预留区、重点河口区域、重要滨海湿地区域、重要砂质岸线及沙源保护海域、特殊保护海岛及重要渔业海域禁止实施围填海，生态脆弱敏感区、自净能力差的海域严格限制围填海。严肃查处违法围填海行为，追究相关人员责任。将自然海岸线保护纳入沿海地方政府政绩考核。到2020年，全国自然岸线保有率不低于35%（不包括海岛岸线）。（环境保护部、海洋局牵头，发展改革委、财政部、农业部、林业局等参与）

九、明确和落实各方责任

（二十九）强化地方政府水环境保护责任。各级地方人民政府是实施本行动计划的主体，要于2015年年底前分别制定并公布水污染防治工作方案，逐年确定分流域、分区域、分行业的重点任务和年度目标。要不断完善政策措施，加大资金投入，统筹城乡水污染治理，强化监管，确保各项任务全面完成。各省（区、市）工作方案报国务院备案。（环境保护部牵头，发展改革委、财政部、住房城乡建设部、水利部等参与）

（三十）加强部门协调联动。建立全国水污染防治工作协作机制，定期研究解决重大问题。各有关部门要认真按照职责分工，切实做好水污染防治相关工作。环境保护部要加强统一指导、协调和监督，工作进展及时向国务院报告。（环境保护部牵头，发展改革委、科技部、工业和信息化部、财政部、住房城乡建设部、水利部、农业部、海洋局等参与）

（三十一）落实排污单位主体责任。各类排污单位要严格执行环保法律法规和制度，加强污染治理设施建设和运行管理，开展自行监测，落实治污减排、环境风险防范等责任。中央企业和国有企业要带头落实，工业集聚区内的企业要探索建立环保自律机制。（环境保护部牵头，

国资委参与）

（三十二）严格目标任务考核。国务院与各省（区、市）人民政府签订水污染防治目标责任书，分解落实目标任务，切实落实"一岗双责"。每年分流域、分区域、分海域对行动计划实施情况进行考核，考核结果向社会公布，并作为对领导班子和领导干部综合考核评价的重要依据。（环境保护部牵头，中央组织部参与）

将考核结果作为水污染防治相关资金分配的参考依据。（财政部、发展改革委牵头，环境保护部参与）

对未通过年度考核的，要约谈省级人民政府及其相关部门有关负责人，提出整改意见，予以督促；对有关地区和企业实施建设项目环评限批。对因工作不力、履职缺位等导致未能有效应对水环境污染事件的，以及干预、伪造数据和没有完成年度目标任务的，要依法依纪追究有关单位和人员责任。对不顾生态环境盲目决策，导致水环境质量恶化，造成严重后果的领导干部，要记录在案，视情节轻重，给予组织处理或党纪政纪处分，已经离任的也要终身追究责任。（环境保护部牵头，监察部参与）

十、强化公众参与和社会监督

（三十三）依法公开环境信息。综合考虑水环境质量及达标情况等因素，国家每年公布最差、最好的 10 个城市名单和各省（区、市）水环境状况。对水环境状况差的城市，经整改后仍达不到要求的，取消其环境保护模范城市、生态文明建设示范区、节水型城市、园林城市、卫生城市等荣誉称号，并向社会公告。（环境保护部牵头，发展改革委、住房城乡建设部、水利部、卫生计生委、海洋局等参与）

各省（区、市）人民政府要定期公布本行政区域内各地级市（州、盟）水环境质量状况。国家确定的重点排污单位应依法向社会公开其产生的主要污染物名称、排放方式、排放浓度和总量、超标排放情况，以及污染防治设施的建设和运行情况，主动接受监督。研究发布工业集聚区环境友好指数、重点行业污染物排放强度、城市环境友好指数等信息。（环境保护部牵头，发展改革委、工业和信息化部等参与）

（三十四）加强社会监督。为公众、社会组织提供水污染防治法规培训和咨询，邀请其全程参与重要环保执法行动和重大水污染事件调查。公开曝光环境违法典型案件。健全举报制度，充分发挥"12369"环保举报热线和网络平台作用。限期办理群众举报投诉的环境问题，一经查实，可给予举报人奖励。通过公开听证、网络征集等形式，充分听取公众对重大决策和建设

项目的意见。积极推行环境公益诉讼。（环境保护部负责）

（三十五）构建全民行动格局。树立"节水洁水，人人有责"的行为准则。加强宣传教育，把水资源、水环境保护和水情知识纳入国民教育体系，提高公众对经济社会发展和环境保护客观规律的认识。依托全国中小学节水教育、水土保持教育、环境教育等社会实践基地，开展环保社会实践活动。支持民间环保机构、志愿者开展工作。倡导绿色消费新风尚，开展环保社区、学校、家庭等群众性创建活动，推动节约用水，鼓励购买使用节水产品和环境标志产品。（环境保护部牵头，教育部、住房城乡建设部、水利部等参与）

我国正处于新型工业化、信息化、城镇化和农业现代化快速发展阶段，水污染防治任务繁重艰巨。各地区、各有关部门要切实处理好经济社会发展和生态文明建设的关系，按照"地方履行属地责任、部门强化行业管理"的要求，明确执法主体和责任主体，做到各司其职，恪尽职守，突出重点，综合整治，务求实效，以抓铁有痕、踏石留印的精神，依法依规狠抓贯彻落实，确保全国水环境治理与保护目标如期实现，为实现"两个一百年"奋斗目标和中华民族伟大复兴中国梦作出贡献。

土壤污染防治行动计划[*]

土壤是经济社会可持续发展的物质基础，关系人民群众身体健康，关系美丽中国建设，保护好土壤环境是推进生态文明建设和维护国家生态安全的重要内容。当前，我国土壤环境总体状况堪忧，部分地区污染较为严重，已成为全面建成小康社会的突出短板之一。为切实加强土壤污染防治，逐步改善土壤环境质量，制定本行动计划。

总体要求：全面贯彻党的十八大和十八届三中、四中、五中全会精神，按照"五位一体"总体布局和"四个全面"战略布局，牢固树立创新、协调、绿色、开放、共享的新发展理念，认真落实党中央、国务院决策部署，立足我国国情和发展阶段，着眼经济社会发展全局，以改善土壤环境质量为核心，以保障农产品质量和人居环境安全为出发点，坚持预防为主、保护优先、风险管控，突出重点区域、行业和污染物，实施分类别、分用途、分阶段治理，严控新增污染、逐步减少存量，形成政府主导、企业担责、公众参与、社会监督的土壤污染防治体系，促进土壤资源永续利用，为建设"蓝天常在、青山常在、绿水常在"的美丽中国而奋斗。

工作目标：到 2020 年，全国土壤污染加重趋势得到初步遏制，土壤环境质量总体保持稳定，农用地和建设用地土壤环境安全得到基本保障，土壤环境风险得到基本管控。到 2030 年，全国土壤环境质量稳中向好，农用地和建设用地土壤环境安全得到有效保障，土壤环境风险得到全面管控。到本世纪中叶，土壤环境质量全面改善，生态系统实现良性循环。

主要指标：到 2020 年，受污染耕地安全利用率达到 90%左右，污染地块安全利用率达到 90%以上。到 2030 年，受污染耕地安全利用率达到 95%以上，污染地块安全利用率达到 95%以上。

一、开展土壤污染调查，掌握土壤环境质量状况

（一）深入开展土壤环境质量调查。在现有相关调查基础上，以农用地和重点行业企业用

---

[*] 原载《光明日报》2016 年 6 月 1 日（第 016 版）。

地为重点，开展土壤污染状况详查，2018 年年底前查明农用地土壤污染的面积、分布及其对农产品质量的影响；2020 年年底前掌握重点行业企业用地中的污染地块分布及其环境风险情况。制定详查总体方案和技术规定，开展技术指导、监督检查和成果审核。建立土壤环境质量状况定期调查制度，每 10 年开展 1 次。（环境保护部牵头，财政部、国土资源部、农业部、国家卫生计生委等参与，地方各级人民政府负责落实。以下均需地方各级人民政府落实，不再列出）

（二）建设土壤环境质量监测网络。统一规划、整合优化土壤环境质量监测点位，2017 年年底前，完成土壤环境质量国控监测点位设置，建成国家土壤环境质量监测网络，充分发挥行业监测网作用，基本形成土壤环境监测能力。各省（区、市）每年至少开展 1 次土壤环境监测技术人员培训。各地可根据工作需要，补充设置监测点位，增加特征污染物监测项目，提高监测频次。2020 年年底前，实现土壤环境质量监测点位所有县（市、区）全覆盖。（环境保护部牵头，国家发展改革委、工业和信息化部、国土资源部、农业部等参与）

（三）提升土壤环境信息化管理水平。利用环境保护、国土资源、农业等部门相关数据，建立土壤环境基础数据库，构建全国土壤环境信息化管理平台，力争 2018 年年底前完成。借助移动互联网、物联网等技术，拓宽数据获取渠道，实现数据动态更新。加强数据共享，编制资源共享目录，明确共享权限和方式，发挥土壤环境大数据在污染防治、城乡规划、土地利用、农业生产中的作用。（环境保护部牵头，国家发展改革委、教育部、科技部、工业和信息化部、国土资源部、住房城乡建设部、农业部、国家卫生计生委、国家林业局等参与）

二、推进土壤污染防治立法，建立健全法规标准体系

（四）加快推进立法进程。配合完成土壤污染防治法起草工作。适时修订污染防治、城乡规划、土地管理、农产品质量安全相关法律法规，增加土壤污染防治有关内容。2016 年年底前，完成农药管理条例修订工作，发布污染地块土壤环境管理办法、农用地土壤环境管理办法。2017年年底前，出台农药包装废弃物回收处理、工矿用地土壤环境管理、废弃农膜回收利用等部门规章。到 2020 年，土壤污染防治法律法规体系基本建立。各地可结合实际，研究制定土壤污染防治地方性法规。（国务院法制办、环境保护部牵头，工业和信息化部、国土资源部、住房城乡建设部、农业部、国家林业局等参与）

（五）系统构建标准体系。健全土壤污染防治相关标准和技术规范。2017 年年底前，发布农用地、建设用地土壤环境质量标准；完成土壤环境监测、调查评估、风险管控、治理与修复等技术规范以及环境影响评价技术导则制修订工作；修订肥料、饲料、灌溉用水中有毒有害物

质限量和农用污泥中污染物控制等标准，进一步严格污染物控制要求；修订农膜标准，提高厚度要求，研究制定可降解农膜标准；修订农药包装标准，增加防止农药包装废弃物污染土壤的要求。适时修订污染物排放标准，进一步明确污染物特别排放限值要求。完善土壤中污染物分析测试方法，研制土壤环境标准样品。各地可制定严于国家标准的地方土壤环境质量标准。（环境保护部牵头，工业和信息化部、国土资源部、住房城乡建设部、水利部、农业部、质检总局、国家林业局等参与）

（六）全面强化监管执法。明确监管重点。重点监测土壤中镉、汞、砷、铅、铬等重金属和多环芳烃、石油烃等有机污染物，重点监管有色金属矿采选、有色金属冶炼、石油开采、石油加工、化工、焦化、电镀、制革等行业，以及产粮（油）大县、地级以上城市建成区等区域。（环境保护部牵头，工业和信息化部、国土资源部、住房城乡建设部、农业部等参与）

加大执法力度。将土壤污染防治作为环境执法的重要内容，充分利用环境监管网格，加强土壤环境日常监管执法。严厉打击非法排放有毒有害污染物、违法违规存放危险化学品、非法处置危险废物、不正常使用污染治理设施、监测数据弄虚作假等环境违法行为。开展重点行业企业专项环境执法，对严重污染土壤环境、群众反映强烈的企业进行挂牌督办。改善基层环境执法条件，配备必要的土壤污染快速检测等执法装备。对全国环境执法人员每3年开展1轮土壤污染防治专业技术培训。提高突发环境事件应急能力，完善各级环境污染事件应急预案，加强环境应急管理、技术支撑、处置救援能力建设。（环境保护部牵头，工业和信息化部、公安部、国土资源部、住房城乡建设部、农业部、安全监管总局、国家林业局等参与）

三、实施农用地分类管理，保障农业生产环境安全

（七）划定农用地土壤环境质量类别。按污染程度将农用地划为三个类别，未污染和轻微污染的划为优先保护类，轻度和中度污染的划为安全利用类，重度污染的划为严格管控类，以耕地为重点，分别采取相应管理措施，保障农产品质量安全。2017年年底前，发布农用地土壤环境质量类别划分技术指南。以土壤污染状况详查结果为依据，开展耕地土壤和农产品协同监测与评价，在试点基础上有序推进耕地土壤环境质量类别划定，逐步建立分类清单，2020年年底前完成。划定结果由各省级人民政府审定，数据上传全国土壤环境信息化管理平台。根据土地利用变更和土壤环境质量变化情况，定期对各类别耕地面积、分布等信息进行更新。有条件的地区要逐步开展林地、草地、园地等其他农用地土壤环境质量类别划定等工作。（环境保护部、农业部牵头，国土资源部、国家林业局等参与）

（八）切实加大保护力度。各地要将符合条件的优先保护类耕地划为永久基本农田，实行严格保护，确保其面积不减少、土壤环境质量不下降，除法律规定的重点建设项目选址确实无法避让外，其他任何建设不得占用。产粮（油）大县要制定土壤环境保护方案。高标准农田建设项目向优先保护类耕地集中的地区倾斜。推行秸秆还田、增施有机肥、少耕免耕、粮豆轮作、农膜减量与回收利用等措施。继续开展黑土地保护利用试点。农村土地流转的受让方要履行土壤保护的责任，避免因过度施肥、滥用农药等掠夺式农业生产方式造成土壤环境质量下降。各省级人民政府要对本行政区域内优先保护类耕地面积减少或土壤环境质量下降的县（市、区），进行预警提醒并依法采取环评限批等限制性措施。（国土资源部、农业部牵头，国家发展改革委、环境保护部、水利部等参与）

防控企业污染。严格控制在优先保护类耕地集中区域新建有色金属冶炼、石油加工、化工、焦化、电镀、制革等行业企业，现有相关行业企业要采用新技术、新工艺，加快提标升级改造步伐。（环境保护部、国家发展改革委牵头，工业和信息化部参与）

（九）着力推进安全利用。根据土壤污染状况和农产品超标情况，安全利用类耕地集中的县（市、区）要结合当地主要作物品种和种植习惯，制定实施受污染耕地安全利用方案，采取农艺调控、替代种植等措施，降低农产品超标风险。强化农产品质量检测。加强对农民、农民合作社的技术指导和培训。2017 年年底前，出台受污染耕地安全利用技术指南。到 2020 年，轻度和中度污染耕地实现安全利用的面积达到 4 000 万亩。（农业部牵头，国土资源部等参与）

（十）全面落实严格管控。加强对严格管控类耕地的用途管理，依法划定特定农产品禁止生产区域，严禁种植食用农产品；对威胁地下水、饮用水水源安全的，有关县（市、区）要制定环境风险管控方案，并落实有关措施。研究将严格管控类耕地纳入国家新一轮退耕还林还草实施范围，制定实施重度污染耕地种植结构调整或退耕还林还草计划。继续在湖南长株潭地区开展重金属污染耕地修复及农作物种植结构调整试点。实行耕地轮作休耕制度试点。到 2020 年，重度污染耕地种植结构调整或退耕还林还草面积力争达到 2 000 万亩。（农业部牵头，国家发展改革委、财政部、国土资源部、环境保护部、水利部、国家林业局参与）

（十一）加强林地草地园地土壤环境管理。严格控制林地、草地、园地的农药使用量，禁止使用高毒、高残留农药。完善生物农药、引诱剂管理制度，加大使用推广力度。优先将重度污染的牧草地集中区域纳入禁牧休牧实施范围。加强对重度污染林地、园地产出食用农（林）产品质量检测，发现超标的，要采取种植结构调整等措施。（农业部、国家林业局负责）

四、实施建设用地准入管理，防范人居环境风险

（十二）明确管理要求。建立调查评估制度。2016 年年底前，发布建设用地土壤环境调查评估技术规定。自 2017 年起，对拟收回土地使用权的有色金属冶炼、石油加工、化工、焦化、电镀、制革等行业企业用地，以及用途拟变更为居住和商业、学校、医疗、养老机构等公共设施的上述企业用地，由土地使用权人负责开展土壤环境状况调查评估；已经收回的，由所在地市、县级人民政府负责开展调查评估。自 2018 年起，重度污染农用地转为城镇建设用地的，由所在地市、县级人民政府负责组织开展调查评估。调查评估结果向所在地环境保护、城乡规划、国土资源部门备案。（环境保护部牵头，国土资源部、住房城乡建设部参与）

分用途明确管理措施。自 2017 年起，各地要结合土壤污染状况详查情况，根据建设用地土壤环境调查评估结果，逐步建立污染地块名录及其开发利用的负面清单，合理确定土地用途。符合相应规划用地土壤环境质量要求的地块，可进入用地程序。暂不开发利用或现阶段不具备治理修复条件的污染地块，由所在地县级人民政府组织划定管控区域，设立标识，发布公告，开展土壤、地表水、地下水、空气环境监测；发现污染扩散的，有关责任主体要及时采取污染物隔离、阻断等环境风险管控措施。（国土资源部牵头，环境保护部、住房城乡建设部、水利部等参与）

（十三）落实监管责任。地方各级城乡规划部门要结合土壤环境质量状况，加强城乡规划论证和审批管理。地方各级国土资源部门要依据土地利用总体规划、城乡规划和地块土壤环境质量状况，加强土地征收、收回、收购以及转让、改变用途等环节的监管。地方各级环境保护部门要加强对建设用地土壤环境状况调查、风险评估和污染地块治理与修复活动的监管。建立城乡规划、国土资源、环境保护等部门间的信息沟通机制，实行联动监管。（国土资源部、环境保护部、住房城乡建设部负责）

（十四）严格用地准入。将建设用地土壤环境管理要求纳入城市规划和供地管理，土地开发利用必须符合土壤环境质量要求。地方各级国土资源、城乡规划等部门在编制土地利用总体规划、城市总体规划、控制性详细规划等相关规划时，应充分考虑污染地块的环境风险，合理确定土地用途。（国土资源部、住房城乡建设部牵头，环境保护部参与）

五、强化未污染土壤保护，严控新增土壤污染

（十五）加强未利用地环境管理。按照科学有序原则开发利用未利用地，防止造成土壤污

染。拟开发为农用地的，有关县（市、区）人民政府要组织开展土壤环境质量状况评估；不符合相应标准的，不得种植食用农产品。各地要加强纳入耕地后备资源的未利用地保护，定期开展巡查。依法严查向沙漠、滩涂、盐碱地、沼泽地等非法排污、倾倒有毒有害物质的环境违法行为。加强对矿山、油田等矿产资源开采活动影响区域内未利用地的环境监管，发现土壤污染问题的，要及时督促有关企业采取防治措施。推动盐碱地土壤改良，自 2017 年起，在新疆生产建设兵团等地开展利用燃煤电厂脱硫石膏改良盐碱地试点。（环境保护部、国土资源部牵头，国家发展改革委、公安部、水利部、农业部、国家林业局等参与）

（十六）防范建设用地新增污染。排放重点污染物的建设项目，在开展环境影响评价时，要增加对土壤环境影响的评价内容，并提出防范土壤污染的具体措施；需要建设的土壤污染防治设施，要与主体工程同时设计、同时施工、同时投产使用；有关环境保护部门要做好有关措施落实情况的监督管理工作。自 2017 年起，有关地方人民政府要与重点行业企业签订土壤污染防治责任书，明确相关措施和责任，责任书向社会公开。（环境保护部负责）

（十七）强化空间布局管控。加强规划区划和建设项目布局论证，根据土壤等环境承载能力，合理确定区域功能定位、空间布局。鼓励工业企业集聚发展，提高土地节约集约利用水平，减少土壤污染。严格执行相关行业企业布局选址要求，禁止在居民区、学校、医疗和养老机构等周边新建有色金属冶炼、焦化等行业企业；结合推进新型城镇化、产业结构调整和化解过剩产能等，有序搬迁或依法关闭对土壤造成严重污染的现有企业。结合区域功能定位和土壤污染防治需要，科学布局生活垃圾处理、危险废物处置、废旧资源再生利用等设施和场所，合理确定畜禽养殖布局和规模。（国家发展改革委牵头，工业和信息化部、国土资源部、环境保护部、住房城乡建设部、水利部、农业部、国家林业局等参与）

六、加强污染源监管，做好土壤污染预防工作

（十八）严控工矿污染。加强日常环境监管。各地要根据工矿企业分布和污染排放情况，确定土壤环境重点监管企业名单，实行动态更新，并向社会公布。列入名单的企业每年要自行对其用地进行土壤环境监测，结果向社会公开。有关环境保护部门要定期对重点监管企业和工业园区周边开展监测，数据及时上传全国土壤环境信息化管理平台，结果作为环境执法和风险预警的重要依据。适时修订国家鼓励的有毒有害原料（产品）替代品目录。加强电器电子、汽车等工业产品中有害物质控制。有色金属冶炼、石油加工、化工、焦化、电镀、制革等行业企业拆除生产设施设备、构筑物和污染治理设施，要事先制定残留污染物清理和安全处置方案，

并报所在地县级环境保护、工业和信息化部门备案；要严格按照有关规定实施安全处理处置，防范拆除活动污染土壤。2017年年底前，发布企业拆除活动污染防治技术规定。（环境保护部、工业和信息化部负责）

严防矿产资源开发污染土壤。自2017年起，内蒙古、江西、河南、湖北、湖南、广东、广西、四川、贵州、云南、陕西、甘肃、新疆等省（区）矿产资源开发活动集中的区域，执行重点污染物特别排放限值。全面整治历史遗留尾矿库，完善覆膜、压土、排洪、堤坝加固等隐患治理和闭库措施。有重点监管尾矿库的企业要开展环境风险评估，完善污染治理设施，储备应急物资。加强对矿产资源开发利用活动的辐射安全监管，有关企业每年要对本矿区土壤进行辐射环境监测。（环境保护部、安全监管总局牵头，工业和信息化部、国土资源部参与）

加强涉重金属行业污染防控。严格执行重金属污染物排放标准并落实相关总量控制指标，加大监督检查力度，对整改后仍不达标的企业，依法责令其停业、关闭，并将企业名单向社会公开。继续淘汰涉重金属重点行业落后产能，完善重金属相关行业准入条件，禁止新建落后产能或产能严重过剩行业的建设项目。按计划逐步淘汰普通照明白炽灯。提高铅酸蓄电池等行业落后产能淘汰标准，逐步退出落后产能。制定涉重金属重点工业行业清洁生产技术推行方案，鼓励企业采用先进适用生产工艺和技术。2020年重点行业的重点重金属排放量要比2013年下降10%。（环境保护部、工业和信息化部牵头，国家发展改革委参与）

加强工业废物处理处置。全面整治尾矿、煤矸石、工业副产石膏、粉煤灰、赤泥、冶炼渣、电石渣、铬渣、砷渣以及脱硫、脱硝、除尘产生固体废物的堆存场所，完善防扬散、防流失、防渗漏等设施，制定整治方案并有序实施。加强工业固体废物综合利用。对电子废物、废轮胎、废塑料等再生利用活动进行清理整顿，引导有关企业采用先进适用加工工艺、集聚发展，集中建设和运营污染治理设施，防止污染土壤和地下水。自2017年起，在京津冀、长三角、珠三角等地区的部分城市开展污水与污泥、废气与废渣协同治理试点。（环境保护部、国家发展改革委牵头，工业和信息化部、国土资源部参与）

（十九）控制农业污染。合理使用化肥农药。鼓励农民增施有机肥，减少化肥使用量。科学施用农药，推行农作物病虫害专业化统防统治和绿色防控，推广高效低毒低残留农药和现代植保机械。加强农药包装废弃物回收处理，自2017年起，在江苏、山东、河南、海南等省份选择部分产粮（油）大县和蔬菜产业重点县开展试点；到2020年，推广到全国30%的产粮（油）大县和所有蔬菜产业重点县。推行农业清洁生产，开展农业废弃物资源化利用试点，形成一批可复制、可推广的农业面源污染防治技术模式。严禁将城镇生活垃圾、污泥、工业废物直接用作肥料。到 2020 年，全国主要农作物化肥、农药使用量实现零增长，利用率提高到 40%以上，测土配方施肥技术推广覆盖率提高到 90%以上。（农业部牵头，国家发展改革委、环境保护部、住房城乡建设部、供销合作总社等参与）

加强废弃农膜回收利用。严厉打击违法生产和销售不合格农膜的行为。建立健全废弃农膜回收贮运和综合利用网络，开展废弃农膜回收利用试点；到 2020 年，河北、辽宁、山东、河南、甘肃、新疆等农膜使用量较高省份力争实现废弃农膜全面回收利用。（农业部牵头，国家发展改革委、工业和信息化部、公安部、工商总局、供销合作总社等参与）

强化畜禽养殖污染防治。严格规范兽药、饲料添加剂的生产和使用，防止过量使用，促进源头减量。加强畜禽粪便综合利用，在部分生猪大县开展种养业有机结合、循环发展试点。鼓励支持畜禽粪便处理利用设施建设，到 2020 年，规模化养殖场、养殖小区配套建设废弃物处理设施比例达到 75%以上。（农业部牵头，国家发展改革委、环境保护部参与）

加强灌溉水水质管理。开展灌溉水水质监测。灌溉用水应符合农田灌溉水水质标准。对因长期使用污水灌溉导致土壤污染严重、威胁农产品质量安全的，要及时调整种植结构。（水利部牵头，农业部参与）

（二十）减少生活污染。建立政府、社区、企业和居民协调机制，通过分类投放收集、综合循环利用，促进垃圾减量化、资源化、无害化。建立村庄保洁制度，推进农村生活垃圾治理，实施农村生活污水治理工程。整治非正规垃圾填埋场。深入实施"以奖促治"政策，扩大农村环境连片整治范围。推进水泥窑协同处置生活垃圾试点。鼓励将处理达标后的污泥用于园林绿化。开展利用建筑垃圾生产建材产品等资源化利用示范。强化废氧化汞电池、镍镉电池、铅酸蓄电池和含汞荧光灯管、温度计等含重金属废物的安全处置。减少过度包装，鼓励使用环境标志产品。（住房城乡建设部牵头，国家发展改革委、工业和信息化部、财政部、环境保护部参与）

七、开展污染治理与修复，改善区域土壤环境质量

（二十一）明确治理与修复主体。按照"谁污染，谁治理"原则，造成土壤污染的单位或个人要承担治理与修复的主体责任。责任主体发生变更的，由变更后继承其债权、债务的单位或个人承担相关责任；土地使用权依法转让的，由土地使用权受让人或双方约定的责任人承担相关责任。责任主体灭失或责任主体不明确的，由所在地县级人民政府依法承担相关责任。（环境保护部牵头，国土资源部、住房城乡建设部参与）

（二十二）制定治理与修复规划。各省（区、市）要以影响农产品质量和人居环境安全的突出土壤污染问题为重点，制定土壤污染治理与修复规划，明确重点任务、责任单位和分年度实施计划，建立项目库，2017 年年底前完成。规划报环境保护部备案。京津冀、长三角、珠三角地区要率先完成。（环境保护部牵头，国土资源部、住房城乡建设部、农业部等参与）

（二十三）有序开展治理与修复。确定治理与修复重点。各地要结合城市环境质量提升和发展布局调整，以拟开发建设居住、商业、学校、医疗和养老机构等项目的污染地块为重点，开展治理与修复。在江西、湖北、湖南、广东、广西、四川、贵州、云南等省份污染耕地集中区域优先组织开展治理与修复；其他省份要根据耕地土壤污染程度、环境风险及其影响范围，确定治理与修复的重点区域。到 2020 年，受污染耕地治理与修复面积达到 1 000 万亩。（国土资源部、农业部、环境保护部牵头，住房城乡建设部参与）

强化治理与修复工程监管。治理与修复工程原则上在原址进行，并采取必要措施防止污染土壤挖掘、堆存等造成二次污染；需要转运污染土壤的，有关责任单位要将运输时间、方式、线路和污染土壤数量、去向、最终处置措施等，提前向所在地和接收地环境保护部门报告。工程施工期间，责任单位要设立公告牌，公开工程基本情况、环境影响及其防范措施；所在地环境保护部门要对各项环境保护措施落实情况进行检查。工程完工后，责任单位要委托第三方机构对治理与修复效果进行评估，结果向社会公开。实行土壤污染治理与修复终身责任制，2017年年底前，出台有关责任追究办法。（环境保护部牵头，国土资源部、住房城乡建设部、农业部参与）

（二十四）监督目标任务落实。各省级环境保护部门要定期向环境保护部报告土壤污染治理与修复工作进展；环境保护部要会同有关部门进行督导检查。各省（区、市）要委托第三方机构对本行政区域各县（市、区）土壤污染治理与修复成效进行综合评估，结果向社会公开。2017 年年底前，出台土壤污染治理与修复成效评估办法。（环境保护部牵头，国土资源部、住房城乡建设部、农业部参与）

八、加大科技研发力度，推动环境保护产业发展

（二十五）加强土壤污染防治研究。整合高等学校、研究机构、企业等科研资源，开展土壤环境基准、土壤环境容量与承载能力、污染物迁移转化规律、污染生态效应、重金属低积累作物和修复植物筛选，以及土壤污染与农产品质量、人体健康关系等方面基础研究。推进土壤污染诊断、风险管控、治理与修复等共性关键技术研究，研发先进适用装备和高效低成本功能

材料（药剂），强化卫星遥感技术应用，建设一批土壤污染防治实验室、科研基地。优化整合科技计划（专项、基金等），支持土壤污染防治研究。（科技部牵头，国家发展改革委、教育部、工业和信息化部、国土资源部、环境保护部、住房城乡建设部、农业部、国家卫生计生委、国家林业局、中科院等参与）

（二十六）加大适用技术推广力度。建立健全技术体系。综合土壤污染类型、程度和区域代表性，针对典型受污染农用地、污染地块，分批实施 200 个土壤污染治理与修复技术应用试点项目，2020 年年底前完成。根据试点情况，比选形成一批易推广、成本低、效果好的适用技术。（环境保护部、财政部牵头，科技部、国土资源部、住房城乡建设部、农业部等参与）

加快成果转化应用。完善土壤污染防治科技成果转化机制，建成以环保为主导产业的高新技术产业开发区等一批成果转化平台。2017 年年底前，发布鼓励发展的土壤污染防治重大技术装备目录。开展国际合作研究与技术交流，引进消化土壤污染风险识别、土壤污染物快速检测、土壤及地下水污染阻隔等风险管控先进技术和管理经验。（科技部牵头，国家发展改革委、教育部、工业和信息化部、国土资源部、环境保护部、住房城乡建设部、农业部、中科院等参与）

（二十七）推动治理与修复产业发展。放开服务性监测市场，鼓励社会机构参与土壤环境监测评估等活动。通过政策推动，加快完善覆盖土壤环境调查、分析测试、风险评估、治理与修复工程设计和施工等环节的成熟产业链，形成若干综合实力雄厚的龙头企业，培育一批充满活力的中小企业。推动有条件的地区建设产业化示范基地。规范土壤污染治理与修复从业单位和人员管理，建立健全监督机制，将技术服务能力弱、运营管理水平低、综合信用差的从业单位名单通过企业信用信息公示系统向社会公开。发挥"互联网+"在土壤污染治理与修复全产业链中的作用，推进大众创业、万众创新。（国家发展改革委牵头，科技部、工业和信息化部、国土资源部、环境保护部、住房城乡建设部、农业部、商务部、工商总局等参与）

九、发挥政府主导作用，构建土壤环境治理体系

（二十八）强化政府主导。完善管理体制。按照"国家统筹、省负总责、市县落实"原则，完善土壤环境管理体制，全面落实土壤污染防治属地责任。探索建立跨行政区域土壤污染防治联动协作机制。（环境保护部牵头，国家发展改革委、科技部、工业和信息化部、财政部、国土资源部、住房城乡建设部、农业部等参与）

加大财政投入。中央和地方各级财政加大对土壤污染防治工作的支持力度。中央财政整合重金属污染防治专项资金等，设立土壤污染防治专项资金，用于土壤环境调查与监测评估、监

督管理、治理与修复等工作。各地应统筹相关财政资金，通过现有政策和资金渠道加大支持，将农业综合开发、高标准农田建设、农田水利建设、耕地保护与质量提升、测土配方施肥等涉农资金，更多用于优先保护类耕地集中的县（市、区）。有条件的省（区、市）可对优先保护类耕地面积增加的县（市、区）予以适当奖励。统筹安排专项建设基金，支持企业对涉重金属落后生产工艺和设备进行技术改造。（财政部牵头，国家发展改革委、工业和信息化部、国土资源部、环境保护部、水利部、农业部等参与）

完善激励政策。各地要采取有效措施，激励相关企业参与土壤污染治理与修复。研究制定扶持有机肥生产、废弃农膜综合利用、农药包装废弃物回收处理等企业的激励政策。在农药、化肥等行业，开展环保领跑者制度试点。（财政部牵头，国家发展改革委、工业和信息化部、国土资源部、环境保护部、住房城乡建设部、农业部、税务总局、供销合作总社等参与）

建设综合防治先行区。2016 年年底前，在浙江省台州市、湖北省黄石市、湖南省常德市、广东省韶关市、广西壮族自治区河池市和贵州省铜仁市启动土壤污染综合防治先行区建设，重点在土壤污染源头预防、风险管控、治理与修复、监管能力建设等方面进行探索，力争到 2020 年先行区土壤环境质量得到明显改善。有关地方人民政府要编制先行区建设方案，按程序报环境保护部、财政部备案。京津冀、长三角、珠三角等地区可因地制宜开展先行区建设。（环境保护部、财政部牵头，国家发展改革委、国土资源部、住房城乡建设部、农业部、国家林业局等参与）

（二十九）发挥市场作用。通过政府和社会资本合作（PPP）模式，发挥财政资金撬动功能，带动更多社会资本参与土壤污染防治。加大政府购买服务力度，推动受污染耕地和以政府为责任主体的污染地块治理与修复。积极发展绿色金融，发挥政策性和开发性金融机构引导作用，为重大土壤污染防治项目提供支持。鼓励符合条件的土壤污染治理与修复企业发行股票。探索通过发行债券推进土壤污染治理与修复，在土壤污染综合防治先行区开展试点。有序开展重点行业企业环境污染强制责任保险试点。（国家发展改革委、环境保护部牵头，财政部、人民银行、银监会、证监会、保监会等参与）

（三十）加强社会监督。推进信息公开。根据土壤环境质量监测和调查结果，适时发布全国土壤环境状况。各省（区、市）人民政府定期公布本行政区域各地级市（州、盟）土壤环境状况。重点行业企业要依据有关规定，向社会公开其产生的污染物名称、排放方式、排放浓度、排放总量，以及污染防治设施建设和运行情况。（环境保护部牵头，国土资源部、住房城乡建设部、农业部等参与）

引导公众参与。实行有奖举报，鼓励公众通过"12369"环保举报热线、信函、电子邮件、政府网站、微信平台等途径，对乱排废水、废气，乱倒废渣、污泥等污染土壤的环境违法行为进行监督。有条件的地方可根据需要聘请环境保护义务监督员，参与现场环境执法、土壤污染事件调查处理等。鼓励种粮大户、家庭农场、农民合作社以及民间环境保护机构参与土壤污染防治工作。（环境保护部牵头，国土资源部、住房城乡建设部、农业部等参与）

推动公益诉讼。鼓励依法对污染土壤等环境违法行为提起公益诉讼。开展检察机关提起公益诉讼改革试点的地区，检察机关可以以公益诉讼人的身份，对污染土壤等损害社会公共利益的行为提起民事公益诉讼；也可以对负有土壤污染防治职责的行政机关，因违法行使职权或者不作为造成国家和社会公共利益受到侵害的行为提起行政公益诉讼。地方各级人民政府和有关部门应当积极配合司法机关的相关案件办理工作和检察机关的监督工作。（最高人民检察院、最高人民法院牵头，国土资源部、环境保护部、住房城乡建设部、水利部、农业部、国家林业局等参与）

（三十一）开展宣传教育。制定土壤环境保护宣传教育工作方案。制作挂图、视频，出版科普读物，利用互联网、数字化放映平台等手段，结合世界地球日、世界环境日、世界土壤日、世界粮食日、全国土地日等主题宣传活动，普及土壤污染防治相关知识，加强法律法规政策宣传解读，营造保护土壤环境的良好社会氛围，推动形成绿色发展方式和生活方式。把土壤环境保护宣传教育融入党政机关、学校、工厂、社区、农村等的环境宣传和培训工作。鼓励支持有条件的高等学校开设土壤环境专门课程。（环境保护部牵头，中央宣传部、教育部、国土资源部、住房城乡建设部、农业部、新闻出版广电总局、国家网信办、国家粮食局、中国科协等参与）

十、加强目标考核，严格责任追究

（三十二）明确地方政府主体责任。地方各级人民政府是实施本行动计划的主体，要于2016年年底前分别制定并公布土壤污染防治工作方案，确定重点任务和工作目标。要加强组织领导，完善政策措施，加大资金投入，创新投融资模式，强化监督管理，抓好工作落实。各省（区、市）工作方案报国务院备案。（环境保护部牵头，国家发展改革委、财政部、国土资源部、住房城乡建设部、农业部等参与）

（三十三）加强部门协调联动。建立全国土壤污染防治工作协调机制，定期研究解决重大问题。各有关部门要按照职责分工，协同做好土壤污染防治工作。环境保护部要抓好统筹协调，加强督促检查，每年 2 月底前将上年度工作进展情况向国务院报告。（环境保护部牵头，国家发展改革委、科技部、工业和信息化部、财政部、国土资源部、住房城乡建设部、水利部、农业部、国家林业局等参与）

（三十四）落实企业责任。有关企业要加强内部管理，将土壤污染防治纳入环境风险防控体系，严格依法依规建设和运营污染治理设施，确保重点污染物稳定达标排放。造成土壤污染的，应承担损害评估、治理与修复的法律责任。逐步建立土壤污染治理与修复企业行业自律机制。国有企业特别是中央企业要带头落实。（环境保护部牵头，工业和信息化部、国务院国资委等参与）

（三十五）严格评估考核。实行目标责任制。2016 年年底前，国务院与各省（区、市）人民政府签订土壤污染防治目标责任书，分解落实目标任务。分年度对各省（区、市）重点工作进展情况进行评估，2020 年对本行动计划实施情况进行考核，评估和考核结果作为对领导班子和领导干部综合考核评价、自然资源资产离任审计的重要依据。（环境保护部牵头，中央组织部、审计署参与）

评估和考核结果作为土壤污染防治专项资金分配的重要参考依据。（财政部牵头，环境保护部参与）

对年度评估结果较差或未通过考核的省（区、市），要提出限期整改意见，整改完成前，对有关地区实施建设项目环评限批；整改不到位的，要约谈有关省级人民政府及其相关部门负责人。对土壤环境问题突出、区域土壤环境质量明显下降、防治工作不力、群众反映强烈的地区，要约谈有关地市级人民政府和省级人民政府相关部门主要负责人。对失职渎职、弄虚作假的，区分情节轻重，予以诫勉、责令公开道歉、组织处理或党纪政纪处分；对构成犯罪的，要依法追究刑事责任，已经调离、提拔或者退休的，也要终身追究责任。（环境保护部牵头，中央组织部、监察部参与）

我国正处于全面建成小康社会决胜阶段，提高环境质量是人民群众的热切期盼，土壤污染防治任务艰巨。各地区、各有关部门要认清形势，坚定信心，狠抓落实，切实加强污染治理和生态保护，如期实现全国土壤污染防治目标，确保生态环境质量得到改善、各类自然生态系统安全稳定，为建设美丽中国、实现"两个一百年"奋斗目标和中华民族伟大复兴的中国梦作出贡献。